二技、插大、甄試、普考

電子學題庫大全（下）

（結合補習界及院校教學精華的著作）

（含最新試題及詳解）

賀　升　蔡曜光

賀序

　　電子學是一門繁重的科目,如果沒有一套研讀的技巧,往往是讀後忘前,本人累積補界經驗,將本書歸納分類成題型及考型,並將歷屆研究所、高考、特考題目依題型考型分類。如此,有助同學在研讀時加深印象,熟悉解題技巧。並能在考試時,遇到題目,立即判知是屬何類題型下的考型,且知解題技巧。

　　本人深知同學在研讀電子學時的困擾:教科書內容繁雜,難以吞嚥。坊間考試叢書,雖然有許多優良著作,但依然分章分節,且將二技、甄試、插大、普考等,全包含在內,造成同學無法掌握出題的方向。其實不同等級的考試,自然有不同的出題方向,及解題技巧。混雜一起,不但不能使自己功力加深,反而遇題難以下筆。本人深知以出題方向而言,二技、插大、甄試、普考是屬於同一類型。而高考、高等特考、研究所又是屬於另一類型。因此本書方向正確。再則,同學看題解時,往往不知此式如何得來?為何如此解題?也就是說題解交待不清,反而增加同學的困惑。本人站在同學的立場,加以深思,如何編著方能有助同學自習?因此本書有以下的重大的特色:

1. 應考方向正確──不混雜不同等級的考試內容
2. 題型考型清晰──即出題教授的出題方向
3. 題解井然有序──以建立邏輯思考能力
4. 理論精簡扼要──去蕪存菁方便理解
5. 英文題有簡譯──增加應考的臨場感

本人才疏學淺，疏漏之處在所難免。尚祈各界先進不吝指正，不勝感激（板橋郵政 13 之 60 號信箱，e-mail：ykt@kimo.com.tw）

誌謝

謝謝揚智文化公司於出版此書時大力協助。

謝謝母親黃麗燕女士、姊姊蔡念勳女士及愛妻謝馥蔓女士與女兒蔡沅芳、蔡妮芳小姐的鼓勵，本書方能完成。並謝謝所有關心我的朋友，及我深愛的家人。

賀升　謹誌

2000 年 5 月

蔡序

　　對理工科的同學而言，電子學是一門令人又喜又恨的科目。因為只要下功夫把電子學學好，幾乎在高考、研究所、博、碩士班的考試中，皆能無往不利。但面對電子學如此龐大的科目中，為了應考死背公式，死記解法，背了後面忘了前面，真是苦不堪言。因此有許多同學面臨升學考試的抉擇中，總是會因對電子學沒信心，而升起「我是不是該轉系？」唉！其實各位同學在理工科系的領域中已數載，早已奠下相關領域的基本基礎，而今只為了怕考電子學，卻升起另起爐灶，值得嗎？實在可惜！因此下定決心，把電子學學好，乃是應考電子學的首要條件。想想！還有哪幾種科目，可以讓您在高考、碩士班乃至博士班，一魚多吃，無往不利？

　　一般而言，許多同學習慣把電子學各章節視為獨立的，所以總覺得每一章有好多的公式要背。事實上電子學是一連貫的觀念，唯有建立好連貫的觀念，才能呼前應後。因此想考高分的條件，就是：

$$\boxed{連貫的觀念} + \boxed{重點認識} + \boxed{解題技巧} = \boxed{金榜題名}$$

電子學連貫觀念的流程：

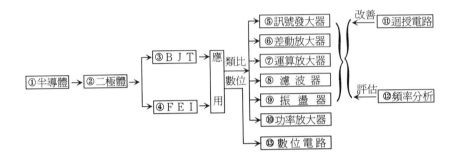

本書有助同學建立解題的邏輯思考模式。例如：BJT放大器的題型，其邏輯思考方式如下：

一、 直流分析

    1. 判斷 BJT 的工作區 ⇒ 求 I_B，I_C，I_E

        (1)若在主動區，則

            ①包含 V_{BE} 的迴路，求出 I_B

            ②再求出 $I_C = \beta I_B$，$I_E = （1+\beta）I_E$

        (2)若在飽和區，則

            ①包含 V_{BE} 的迴路，求出 I_B

            ②包含 V_{CE} 的迴路，求出 I_C

            ③$I_E = I_C + I_B$

    2. 求參數

$$r_\pi = \frac{V_T}{I_B} ，\ r_e = \frac{V_T}{I_E} ，\ r_o = \frac{V_A}{I_C}$$

二、 小訊號分析

　　1. 繪出小訊號等效模型

　　2. 代入參數（r_π，r_e，r_o 等）

　　3. 分析電路（依題求解）

　　如此的邏輯思考模式，幾乎可解所有 BJT AMP 的題目。所以同學在研讀此書時，記得要多注意，每一題題解所註明的題型及解題步驟，方能功力大增。

　　預祝各位同學金榜題名！

蔡曜光　謹誌

2000 年 5 月

目　　錄

CH9　頻率響應(Frequency Response)

引讀

1. 本章由於完整的頻率分析，相當龐大，所以在二技出題上，較不易考完整的頻率分析，而是選擇較簡單的獨立題型出題。例如考型126。但若是甄試或普考、插大，則仍需注意完整頻率分析的計算題。

2. 在頻率分析上，著重於 FET 的 CS Amp 及 BJT 的 CE Amp 之高頻響應

3. 無論何種類型的考試，在高頻分析時，常需利用傳輸頻率（f_T）求出 BJT 的 C_π。所以傳輸頻率的公式需記牢。

4. 在多級放大器的題型中，雖然有相當多的考型，但以二技而言，多偏重於考型141。

5. 在頻率分析求高頻主極點，或低頻主極點時，主極點多位於輸入部。

6. 計算頻率分析的技巧上，首重於 STC 法。

7. 本章難度頗高，但對二技及甄試而言，仍是選擇較簡單的考型出題。

9-1〔題型五十八〕：頻率轉移函數及波德圖

考型125　頻率響應的分析及重要觀念

一、觀念：

1. 任一電路，在不同頻率的輸入下，會有不同輸出的增益。此種頻率對輸出增益的關係，可用增益—頻率響應圖表示：

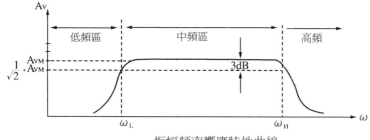
振幅頻率響應特性曲線

(1)由低頻區可知，頻率越低，輸出增益越低。對音頻放大器而言，輸出會隨頻率變化，是一種不好的現象。但對高通濾波器而言，只准高頻通過，而需濾除低頻，這卻是應有的結果。

(2)由中頻區可知，輸出增益不受頻率影響。對音頻放大器及全通濾波器而言，這是理想狀況。

(3)由高頻區可知，輸入頻率越高，輸出增益就越低。對音頻放大器而言，這是不好的響應，但對低通濾波器而言，這是必備的條件。

2.任一電路的頻率響應分析，包含有（低頻、中頻、高頻）響應的結果，稱之為完全響應。

3.上圖的低、中、高頻區域是由 ω_L 及 ω_H 來分界

　(1)$\omega_L = 2\pi f_L$，$\omega_H = 2\pi f_H$，

　　其中

　　ω：角頻率，單位：rad／sec（弧度／秒）

　　f：頻率，單位：H_Z（赫芝）

　(2)ω_L：稱為低頻主極點，或下三分貝頻率，或下半功率頻率。

　(3)ω_H：稱為高頻主極點，或上三分貝頻率，或上半功率頻率。

4.ω_L 及 ω_H 取決於由中頻增益（AvM），下取三分貝（$\frac{AvM}{\sqrt{2}}$）的交叉點所定義。

5. 頻寬 $BW = \omega_H - \omega_L$。

　　對音頻放大器而言，頻寬越大越好。但事實上在設計電路的困難下，**頻寬越大，增益卻會越小**，或反之。因此評估放大器的優劣是以「增益頻寬乘積」（GB 值）來比較。GB 值越大越好。

　　（註：對數位電路的反相器比較，是用「延遲時間損耗功率乘積」（DP 值）來評估。**DP 值越小越好。**）

6. **對放大器而言，造成低頻響應不佳是因電路中，外部耦合電容的影響。造成高頻響應不佳是受電晶體內部電容的影響。**

7. 振幅頻率響應特性曲線（上圖）及相位頻率響應特性曲線的方法如下：

(1) **先求轉移函數**

$$\boxed{T(S) = \frac{V_0(S)}{V_I(S)}} \Rightarrow \boxed{T(j\omega) = \frac{V_0(j\omega)}{V_I(j\omega)}} \Rightarrow \boxed{T(jf) = \frac{V_0(jf)}{V_I(jf)}}$$

分析電路求 $V_0(S)$，$V_I(S)$ 或 $V_0(j\omega)$，$V_I(j\omega)$ 或 $V_0(jf)$，$V_I(jf)$ 時，是先

① 令 $C \Rightarrow X_C = \dfrac{1}{SC}$ 或 $X_C = \dfrac{1}{j\omega C}$ 或 $X_C = \dfrac{1}{j2\pi fC}$

② 令 $L \Rightarrow X_L = SL$ 或 $X_L = SL$ 或 $X_L = j\omega L$ 或 $X_L = j2\pi fL$

③ 令 $R = R$（電阻 R 不受頻率影響）

再作 $\dfrac{V_0(S)}{V_I(S)}$ 或 $\dfrac{V_0(j\omega)}{V_I(j\omega)}$ 或 $\dfrac{V_0(jf)}{V_I(jf)}$ 的演算。

　　註：轉移函數表示符號有〔$T(S) = H(S) = F(S)$〕

(2) **再由轉移函數求出振幅分貝與頻率的關係：**

$$A_v(S)\Big|_{dB} = T(S)\Big|_{dB} = 20\log\left|\frac{V_0(S)}{V_I(S)}\right|$$

$$= 20\log\left|V_0(S)\right| - 20\log\left|V_I(S)\right|$$

(3)將(2)的結果再描繪於橫座標為 ω（f），縱座標為 $A_V\big|_{dB}$ 的座標

軸上，即可得振幅頻率響應特性曲線。

(4)由轉移函數求出角度與頻率的關係：

①設 $T(S) = \dfrac{V_0(S)}{V_I(S)} \Rightarrow T(a+jb) = \dfrac{(a_1+jb_1)}{(a_2+jb_2)}$

②$\phi = \tan^{-1}\dfrac{b}{a} = \tan^{-1}\left[\dfrac{(a_1+jb_1)}{(a_2+jb_2)}\right]$

$\quad = \left[\tan^{-1}\dfrac{b_1}{a_1}\right] - \left[\tan^{-1}\dfrac{b_2}{a_2}\right]$

(5)將(4)的結果，再描繪於橫座標為 ω（f），縱座標為 ϕ 的座標軸

上，即可得相位頻率響應特性曲線。

8.然上述的繪製法，會遇二個繁雜的問題：

(1)描繪相位及振幅特性曲線頗繁：

解決方法：用波德圖（一種近似趨勢線法）。

(2)計算龐大電路的轉移函數頗難：

解決方法（本章重點）：採用「單一時間常數法」

（STC 法 Simple Time Constant）

(3)STC 法：其步驟的選用方式如下：

①由 STC 法，找出主極點（ω_P）及零點（ω_Z）：

此時可用：〈主極點法〉

②若有二個以上的極點：

此時可用：〈近似主極點法〉

③若無法使用 STC 法：

此時則用：〈重疊法〉

9.綜論：作電路的頻率響應分析步驟如下：

〈**精確法**〉：缺點：計算繁雜

(1)由電路分析，計算出轉移函數 T（S）

$T(S) = \dfrac{V_0(S)}{V_I(S)}$

⑵繪製振幅及相位對頻率的特性曲線響應圖

⑶由特性曲線響應圖，找出主極點，

　由主極點的位置，可作以下分析

　　①高低頻響應情形（T_L（S），T_H（S））

　　②電路穩定分析

⑷求出完全響應 A（S）= $A_M \cdot T_L$（S）$\cdot T_H$（S）

〈 快速法 〉

⑴用 STC 法或重疊法等，先求出主極點及零點（ω_Z）或近似主極點，

⑵再求出轉移函數 T（S）。即將主極點（ω_P），零點（ω_Z）代入轉移函數 T（S）的標準式中，即可得 T_H（S）及 T_L（S）高頻分析時 T_H（S）的標準式：

　①$T_H（S）= \dfrac{K\omega_{PH}}{S + \omega_{PH}} = \dfrac{K}{1 + \dfrac{S}{\omega_{PH}}}$ ，ω_{PH}：高頻分析時的主極點

　②$T_L（S）= \dfrac{KS}{S + \omega_{PL}} = \dfrac{K}{1 + \dfrac{\omega_{PL}}{S}}$ ，ω_{PL}：低頻分析時的主極點

⑶由轉移函數可求出二項結果

　　①波德圖

　　②完全響應

二、放大器的頻率響應

1. 電容效應

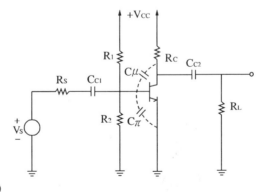

(1)耦合電容〔 C_{c1} ， C_{c2} 〕

⇒與周圍電阻形成串聯型式，是一種高通網路，具有低三分貝頻率 f_L。

(2)內部電容〔 C_π ， C_μ 〕

⇒與周圍電阻形成並聯型式，是一種低通網路，具有高三分貝頻率 f_H。

2. 低、高、中頻分析時之電容等效情形

$Z = \dfrac{1}{j\omega C}$	低頻	中頻	高頻
耦合電容（ μF ）	須考慮	視同短路	視同短路
內部電容（ PF ）	視同開路	視同開路	須考慮

3. 頻率響應

低頻響應	中頻響應	高頻響應
$\omega < \omega_L$	$\omega_L < \omega < \omega_H$	$\omega > \omega_H$
$A(S) = A_M \cdot T_L(S)$	$A(S) = A_M$	$A(S) = A_M \cdot T_H(S)$
高通，濾低頻信號	平坦響應	低通，濾高頻信號
$T_L(S) = \dfrac{KS}{S + \omega_P}$ $= \dfrac{K}{1 + \dfrac{\omega_P}{S}}$ $\omega_L = \omega_P$	$T_L(S) = T_H(S) = 1$	$T_H(S) = \dfrac{K\omega_P}{S + \omega_P}$ $= \dfrac{K}{1 + \dfrac{S}{\omega_P}}$ $\omega_H = \omega_P$
$T_L(S)$： C_B ， C_C ， C_E 要考慮。 C_π ， C_μ 忽略	C_B ， C_C ， C_E 忽略。 C_π ， C_μ 忽略	$T_H(S)$： C_B ， C_C ， C_E 忽略。 C_π ， C_μ 要考慮

考型126　頻率轉移函數

一、精確法

1. 求出轉移函數

將電路中的 $C \Rightarrow \dfrac{1}{SC}$，$L \Rightarrow SL$，$R \Rightarrow R$ 來表示，並代入 $\dfrac{V_O(S)}{V_I(S)}$ 計算，則可得轉移函數：

$$T(S) = \frac{V_O(S)}{V_I(S)} = \frac{a_m S^m + a_{m-1} S^{m-1} + \cdots\cdots a_o}{S^n + b_{n-1} S^{n-1} + \cdots\cdots b_o}$$

$$= a_m \frac{(S_Z + \omega_{Z_1})(S_Z + \omega_{Z_2}) \cdots\cdots (S_Z + \omega_{Z_m})}{(S_P + \omega_{P_1})(S_P + \omega_{P_2}) \cdots\cdots (S_P + \omega_{P_n})}$$

高、低頻時轉移函數的表示式

$$(1)\, T_L(S) = \frac{(S + \omega_{Z_1})(S + \omega_{Z_2}) \cdots\cdots (S + \omega_{Z_n})}{(S + \omega_{P_1})(S + \omega_{P_2}) \cdots\cdots (S + \omega_{P_n})}$$

$$(2)\, T_H(S) = \frac{\left(1 + \dfrac{S}{\omega_{Z_1}}\right)\left(1 + \dfrac{S}{\omega_{Z_2}}\right) \cdots\cdots \left(1 + \dfrac{S}{\omega_{Z_n}}\right)}{\left(1 + \dfrac{S}{\omega_{P_1}}\right)\left(1 + \dfrac{S}{\omega_{P_2}}\right) \cdots\cdots \left(1 + \dfrac{S}{\omega_{P_n}}\right)}$$

2. 找出零點及極點

(1) 零點：轉移函數 = 0 之 S 值。例：S_Z：ω_{Z_1}，ω_{Z_2}，$\cdots\cdots$。

(2) 極點：轉移函數 = ∞ 之 S 值。例：S_P：ω_{P_1}，ω_{P_2}，$\cdots\cdots$。

(3) 若電路為穩定，則極點位於 S 平面的左半邊。

(4) 若電路的極點為複數，則必為共軛複數之型式。（例 $a \pm jb$，a 若為負數，則電路穩定。若 a 為實數，則電路不穩定）

(5) 若（零點的冪次 m）$\leq$（極點的冪次 n），則電路穩定。否則為不穩定。

二、用 STC 法

1. 先求得每一耦合電容（C_1）兩端之等效電阻 R_i，則

$$\omega_{Pi} = \frac{1}{\tau_i} = \frac{1}{R_i C_i}$$

2. 寫出轉移函數之標準式

(1) 找主極點

① 低頻分析時，若有極點（ω_P）比其他所有極點，大

$$\begin{cases} 4倍（Smith）\\ 8倍（Millman）\end{cases}$$，則 ω_P 為低頻主極點，即 $\omega_L = \omega_P$，（ω_L：

稱下三分貝頻率）

② 高頻分析時，若有極點（ω_P）比其他所有極點，小

$$\begin{cases} 4倍（Smith）\\ 8倍（Millman）\end{cases}$$，則 ω_P 為高頻主極點，即 $\omega_H = \omega_P$，（ω_H：

稱上三分貝頻率）

(2) 代入轉移函數的標準式

① 低頻標準式：$T_L(S) = \dfrac{KS}{S + \omega_L} = \dfrac{K}{1 + \dfrac{\omega_L}{S}} = \dfrac{K}{1 - j\dfrac{\omega_L}{\omega}} = \dfrac{K}{1 - j\dfrac{f_L}{f}}$

② 高頻標準式：$T_H(S) = \dfrac{K\omega_H}{S + \omega_H} = \dfrac{K}{1 + \dfrac{S}{\omega_H}} = \dfrac{K}{1 + j\dfrac{\omega}{\omega_H}} = \dfrac{K}{1 + j\dfrac{f}{f_H}}$

(3) 求出高、低頻及完全響應

① $A_L(S) = A_M T_L(S) = \dfrac{A_M}{1 + \dfrac{\omega_L}{S}} = \dfrac{A_M}{1 - j\dfrac{\omega_L}{\omega}} = \dfrac{A_M}{1 - j\dfrac{f_L}{f}}$

② $A_H(S) = A_M T_H(S) = \dfrac{A_M}{1 + \dfrac{S}{\omega_H}} = \dfrac{A_M}{1 + j\dfrac{\omega}{\omega_H}} = \dfrac{A_M}{1 + j\dfrac{f}{f_H}}$

③$A(S) = A_M T_L(S) T_H(S)$

④$K = A_M$

三、近似主極點法

1.若無主極點存在時，則可用計算方式，求出近似主極點。

因爲在主極點，其增益爲$\dfrac{A_M}{\sqrt{2}}$由此$\sqrt{2} = (1 + j\dfrac{\omega_H}{\omega_{P_1}})(1 + j\dfrac{\omega_H}{\omega_{P_2}})$

求得

$$\omega_H = \left[\frac{-(\omega_{P_1}^2 + \omega_{P_2}^2) + \sqrt{(\omega_{P_1}^2 + \omega_{P_2}^2)^2 + 4\omega_{P_1}^2\omega_{P_2}^2}}{2} \right]^{\frac{1}{2}}$$

取其近似值主極點爲：

$$\begin{cases} ①\omega_L = \sqrt{(\omega_{P_1}^2 + \omega_{P_2}^2 + \cdots\cdots) - 2(\omega_{Z_1}^2 + \omega_{Z_2}^2 + \cdots\cdots)} \\[4mm] ②\dfrac{1}{\omega_H} = \sqrt{(\dfrac{1}{\omega_{P_1}^2} + \dfrac{1}{\omega_{P_2}^2} + \cdots\cdots) - 2(\dfrac{1}{\omega_{Z_1}^2} + \dfrac{1}{\omega_{Z_2}^2} + \cdots\cdots)} \end{cases}$$

2.再將此主極點代入上述 STC 法，即可求出轉移函數等。

四、重疊法

重疊定理，當放大器不是 STC 網路，則需使用重疊定理。

1.低頻響應

(1)一次只看一個耦合電容（C_c），而將其他耦合電容視爲短路，此時電路即成爲 STC 網路。

(2)$\omega_L = \omega_{P_1} + \omega_{P_2} + \cdots\cdots$

(3)$F_L(S) = \dfrac{K_S}{S + \omega_L} = \dfrac{K}{1 + \dfrac{\omega_L}{S}}$

(4)$F_L(\omega) = \dfrac{K}{1 - j\dfrac{\omega_L}{\omega}}$

⑸$A_L（S）= A_M F_L（S）$

⑹此法又稱爲短路 STC 法

2.高頻響應

⑴一次只看一個內部電容 C_i，而將其他內部電容視爲開路，此時電路即成爲 STC 網路。

⑵$\dfrac{1}{\omega_H} = \dfrac{1}{\omega_{P_1}} + \dfrac{1}{\omega_{P_2}} + \cdots\cdots + \dfrac{1}{\omega_{P_n}}$

⑶$F_H（S）= \dfrac{K\omega_H}{S + \omega_H} = \dfrac{K}{1 + \dfrac{S}{\omega_H}}$

⑷$F_H（\omega）= \dfrac{K}{1 + j\dfrac{\omega}{\omega_H}}$

⑸$A_H（S）= A_M F_H（S）$

⑹此法又稱爲斷路 STC 法

五、主極點近似與重疊定理所求得之比較

1.低頻時　$\boxed{f_{L1} < f_L < f_{L2}}$

$f_{L1} \Rightarrow$ 由主極點近似法所產生之低三分貝頻率

$f_{L2} \Rightarrow$ 由重疊定理法所產生之低三分貝頻率

$f_L \Rightarrow$ 精確法的低三分貝頻率

2.高頻時　$\boxed{f_{H2} < f_H < f_{H1}}$

$f_{H1} \Rightarrow$ 由主極點近似法所產生之高三分貝頻率

$f_{H2} \Rightarrow$ 由重疊定理法所產生之高三分貝頻率

$f_H \Rightarrow$ 精確法的高三分貝頻率

3. 記憶法

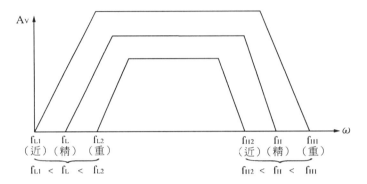

$f_{L1} < f_L < f_{L2}$ $f_{H2} < f_H < f_{H1}$

考型127　波德圖繪製法

用轉移函數來繪製振幅響應與相位響應圖

1. 將轉移函數表示成標準型式

$$T(j\omega) = \frac{K(j\omega)^n \left(1 + j\dfrac{\omega}{\omega_{Z1}}\right)\left(1 + j\dfrac{\omega}{\omega_{Z2}}\right) \cdots\cdots}{\left(1 + j\dfrac{\omega}{\omega_{P1}}\right)\left(1 + j\dfrac{\omega}{\omega_{P2}}\right)}$$

$$T(f) = \frac{K(j2\pi f)^n \left(1 + j\dfrac{f}{f_{Z1}}\right)\left(1 + j\dfrac{f}{f_{Z2}}\right) \cdots\cdots}{\left(1 + j\dfrac{f}{f_{P1}}\right)\left(1 + j\dfrac{f}{f_{P2}}\right)}$$

且座標之原點座標，取在 $\omega = 1$，or $f = \dfrac{1}{2\pi}$

2. 振幅響應圖之繪製法

(1)以 $20\log|K|$ 當作原點頻率的起點大小。

(2)前進每一轉折點（ω_Z，ω_P，f_Z，f_P）時

　①若為 ω_Z（f_Z），則以 20dB／decade 斜率上升。

　②若為 ω_P（f_P），則以 20dB／decade 斜率下降。

3. 相位響應圖之繪製法

(1)將轉移函數表示成標準型式（同上）

(2)以 $k(j)^n$ 當作原點頻率之起始角度，然後水平前進。

$$k\begin{cases}\text{正值}\Rightarrow 0° \\ \text{負值}\Rightarrow 180°\end{cases}, \quad \angle k + \angle n \cdot (90°) \Rightarrow \begin{cases}0° + \angle n \cdot 90° \\ 180° + \angle n \cdot 90°\end{cases}$$

(3)前進至每一轉折點（ω_Z，ω_P，f_Z，f_P）時

①若為 ω_Z（f_Z），則在 $0.1\omega_Z$ 及 $10\omega_Z$ 的頻率上升 90°。

②若為 ω_P（f_P），則在 $0.1\omega_P$ 及 $10\omega_P$ 的頻率間下降 90°。

〔例〕：已知轉移函數 T（S），繪出振幅響應圖及相位響應圖

$$T(S) = \frac{10S}{(1 + \dfrac{S}{10^2})(1 + \dfrac{S}{10^5})}$$

說明：

1.將轉移函數化成標準式

$$T(\omega) = \frac{K(j\omega)^n(1 + j\dfrac{\omega}{\omega_{Z1}})(1 + j\dfrac{\omega}{\omega_{Z2}})\cdots\cdots}{(1 + j\dfrac{\omega}{\omega_{P1}})(1 + j\dfrac{\omega}{\omega_{P2}})\cdots\cdots}$$

$$= \frac{10(j\omega)^1}{(1 + j\dfrac{\omega}{10^2})(1 + j\dfrac{\omega}{10^5})}$$

所以知極點為 $\omega_{P1} = 10^2$，$\omega_{P2} = 10^5$，零點 $\omega_Z = 0$

且 $K = 10$，$n = 1$

2.繪振幅響應圖

(1)決定起始點

起始點 $= 20\log|K| = 20\log|10| = 20\text{dB}$

(2)∵ $\omega_Z = 0 \Rightarrow$ 所以由起始點以 20dB／decade 上升，

如下圖(a)①線

(3)行至 $\omega_{P1} = 10^2$，應以20dB／decad 下降，如下②線

　　結果① ＋ ② ＝ 0，即水平前進。（如下圖(a)③線）

(4)至 $\omega_P = 10^5$，再以20dB／decad 下降

　　$\because$ ③ － 20 ＝ － 20dB／decad（如下圖(a)④線）

3. 相位響應圖

(1)決定起始點

　　$\because$ K ＞ 0 $\Rightarrow$ $\therefore$ K ＝ 0°

　　起始點 ＝ $\angle$K ＋ $\angle$(n)·(90°) ＝ $\angle$0° ＋ $\angle$(1)·(90°) ＝ 90°

(2)$\because \omega_Z = 0 \Rightarrow \therefore$ 先水平前進（下圖(b)①線）

(3)遇 $\omega_{P1} = 10^2$，則前十倍（即10^1）與後十倍（10^3）之二點

　　下降90°，繪連線。（即下降90°）（下圖(b)②線）

(4)然後再水平前進。（下圖(b)③線）

(5)遇 $\omega_{P2} = 10^5$，同③步驟，得下圖(b)④線

(6)然後再水平前進。如下圖(b)⑤線

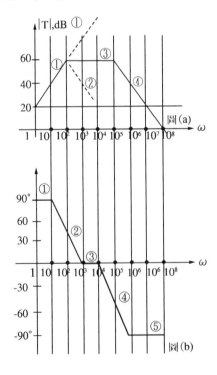

考型128 一階 RC 電路的頻率響應

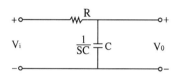

求①轉移函數
　②主極點
　③振幅響應圖
　④相位響應圖

一、求轉移函數及主極點

1.方法一：精確解

　(1)電路分析

$$T(S) = \frac{V_o(S)}{V_i(S)} = \frac{\frac{1}{SC}}{R + \frac{1}{SC}} = \frac{1}{1+SRC}$$

　(2)轉移函數及主極點

$$\therefore T(S) = \frac{1}{1+SRC} = \frac{1}{1+\frac{S}{\omega_P}} \Rightarrow \omega_P = \frac{1}{RC} \quad (主極點)$$

2.方法二：（STC：單一時間常數法）

```
    R                           R        C
○──WWW──┬──○       ⇒    ○─WWW─┐   ┌──┤├──
        │                      ▽   ▽
       ═╪═ C
        │
○───────┴──○
   (a)                        (b)
```

$$\therefore \omega_P = \frac{1}{\tau} = \frac{1}{RC} \quad (主極點)$$

二、振幅響應圖（如下圖）

討論：$T(S) = \dfrac{1}{1 + j\dfrac{\omega}{\omega_P}}$

(1) if $\dfrac{\omega}{\omega_P} = 0.1 \Rightarrow 20\log |\dfrac{1}{\sqrt{1 + (0.1)^2}}| \cong 0\,\text{dB}$

(2) if $\dfrac{\omega}{\omega_P} = 1 \Rightarrow 20\log |\dfrac{1}{\sqrt{1 + (1)^2}}| = -3\,\text{dB}$

(3) if $\dfrac{\omega}{\omega_P} = 10 \Rightarrow 20\log |\dfrac{1}{\sqrt{1 + 10^2}}| = -20\,\text{dB}$

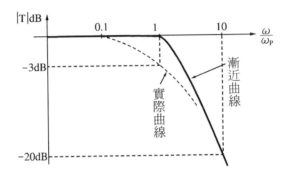

三、相位響應圖（如下圖）

$T(S) = \dfrac{1}{1 + j\dfrac{\omega}{\omega_P}}$

$\therefore \phi(\omega) = \tan^{-1}\dfrac{0}{1} - \tan^{-1}\dfrac{\omega}{\omega_P} = -\tan^{-1}\dfrac{\omega}{\omega_P}$

討論：$T(S) = \dfrac{1}{1 + j\dfrac{\omega}{\omega_P}}$

1. $\dfrac{\omega}{\omega_P} = 0.1 \Rightarrow \phi(\omega) = -\tan^{-1}(0.1) = -5.7°$

2. $\frac{\omega}{\omega_P} = 1 \Rightarrow \quad \phi(\omega) = -\tan^{-1}(1) = \quad -45°$

3. $\frac{\omega}{\omega_P} = 10 \Rightarrow \quad \phi(\omega) = -\tan^{-1}(10) = \quad -84.3°$

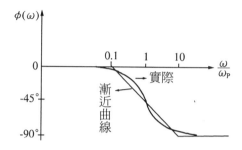

四、方波輸入的頻率響應

1. 傾斜（titl）失眞（P）

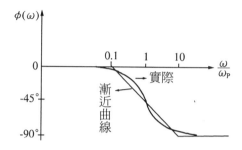

(a)　　　　　　　　(b)　　　　　　　　(c)

(1) $V_0 = Ve^{\frac{-t}{RC}} = V\left(1 - \frac{t}{RC} + \cdots\cdots\right) = V'$

(2) 令 $t = \frac{T}{2}$，則傾斜失眞爲：

$$P = \frac{V - V'}{V} \times 100\% = \frac{V - V\left[1 - \frac{T}{2RC}\right]}{V} \times 100\% = \frac{T}{2RC} \times 100\%$$

$$= \frac{\frac{1}{f}}{2\left(\frac{1}{2\pi f_L}\right)} \times 100\% = \frac{\pi f_L}{f} \times 100\%$$

(3)即傾斜失眞（傾斜度）：

$$P = \frac{\pi f_L}{f} \times 100\%$$

(4)其中上式

$RC = \dfrac{1}{2\pi f_L}$，因爲此電路爲高通濾波電路，所以由 STC 法知

$$\omega_L = \frac{1}{RC} \Rightarrow f_L = \frac{\omega}{2\pi} = \frac{1}{2\pi RC}$$

$$\therefore RC = \frac{1}{2\pi f_L}$$

2. 上升時間（t_r）

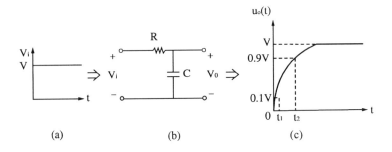

(a)　　　　　　　　(b)　　　　　　　　(c)

(1) $V_0 = V\left(1 - e^{\frac{-t}{RC}}\right)$

(2) $\because t_1$ 時，$V_{01} = 0.1V$，由①式知

$$0.1V = V\left(1 - e^{\frac{-t_1}{RC}}\right)$$

$$\therefore e^{\frac{-t_1}{RC}} = 0.9 \Rightarrow \frac{-t_1}{RC} = \ell n\,(0.9)$$

$$\therefore t_1 \cong 0.1RC$$

(3)∵ t_2時，$V_{02} = 0.9V$，由①式知

$$0.9V = V\left(1 - e^{\frac{-t_2}{RC}}\right) \Rightarrow t_2 \approx 2.3RC$$

(4)∴ $t_r = t_2 - t_1 = 2.2RC = \dfrac{2.2}{2\pi f_H} = \dfrac{0.35}{f_H}$

即上升時間：

$$\boxed{t_r = \dfrac{0.35}{f_H}}$$

(5)此電路為低通濾波電路，所以由 STC 法知，

$$\omega_H = \dfrac{1}{RC} \Rightarrow f_H = \dfrac{\omega}{2\pi} = \dfrac{1}{2\pi RC}$$

$$\therefore RC = \dfrac{1}{2\pi f_H}$$

歷屆試題

1.假設一交流放大器的增益函數為

$$A_v(S) = \dfrac{Ks^2}{(s+10)^2(s+10^4)(s+10^5)} \ ,$$

若中頻帶（midband）的增益為60dB，試求 K = ？

(A)10^{11} (B)10^{12} (C)10^{13} (D)10^{14} **(✥ 題型：轉移函數)**

【88年二技電子】

解 ☞ ：(B)

(1)$60dB = 20\log|A_v| \Rightarrow |A_v| = 1000 = 10^3$

(2)繪波德圖求主極點

由增益函數知 $\omega_Z = 0, 0$，$\omega_P : 10 , 10 , 10^4 , 10^5$

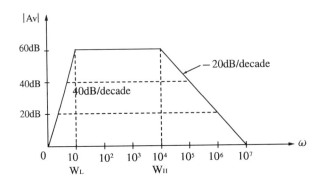

由波德圖知，中頻段位於10，10^4 rad／sec 之間，

即 $\omega_L = 10$，$\omega_H = 10^4$

$\therefore$ 頻寬 BW $= \omega_H - \omega_L \approx \omega_H = 10^4$ rad／sec

(3)將 S = jω = j100代入增益函數$|A_v（S）|$計算，

$$|A_v| = \frac{K（10^4）}{（\sqrt{10^4 + 100}）^2 \cdot （\sqrt{10^4 + 10^8}）\cdot （\sqrt{10^4 + 10^{10}}）}$$

$$= 10^{-9}K = 10^3$$

$$\therefore K = 10^{12}$$

---

2. 承題 1.，此放大器的增益頻寬乘積（gain－bandwidth product）約

   為：

   (A)10^7　(B)10^8　(C)10^9　(D)10^{10}　　　　　　　【88年二技電子】

   解 ☞：(A)

   GB $= A_v \cdot BW =（10^3）\cdot（10^4）= 10^7$

---

3. 一濾波器具有轉移函數$T(S) = 1／[(s + 1)(s^2 + s + 1)]$，當

   $\omega = 1$ rad／s 時，求$|T（jω）|$：

   (A)0.9　(B)0.7　(C)0.5　(D)0.3（✤**題型：轉移函數**）

   　　　　　　　　　　　　　　　　　　　　　　　　　　　【88年二技電機】

解 ☞ ：(B)

$$T (S) = \frac{1}{(s + 1) (s^2 + s + 1)}$$

$$T (j 1) = \frac{1}{(j\omega + 1) (- \omega^2 + j\omega + 1)} = \frac{1}{(1 + j) (j)}$$

$$= \frac{1}{(- 1 + j)}$$

$$\therefore | T (j\omega) |_{\omega = 1} = \frac{1}{\sqrt{2}} = 0.707$$

---

4. 一濾波器具有轉移函數 $T (S) = 1 / [(s + 1) (s^2 + s + 1)]$，當 $\omega = 1\,rad / s$ 時，求 $| T (j\omega) |$ ：

(A)0.9　(B)0.7　(C)0.5　(D)0.3 **(❖題型：轉移函數)**

【88年二技電機】

解 ☞ ：(B)

$$\because T (j\omega) = \frac{1}{(j\omega + 1) (- \omega^2 + j\omega + 1)}$$

$$\therefore | T (j 1) | = \frac{1}{(\sqrt{1 + 1^2}) (\sqrt{1})} = \frac{1}{\sqrt{2}} = 0.707$$

---

5. 有一系統的轉移函數為 $T (S) = \dfrac{10}{10 + s}$ ，試問下列敘述何者正確？

(A)高頻時相角接近 $- 90°$　(B)直流增益為10　(C)此為一高通電路　(D)3分貝頻率為$1\,rad / s$。 **(❖題型：轉移函數)**

【87年二技電子】

解 ☞ ：(A)

$$\because T (S) = \frac{10}{10 + s} = \frac{1}{1 + \dfrac{s}{10}}$$

所以

⑴是低通電路型式。

(2)直流增益為1

(3)$\omega_{3dB} = 10 \mathrm{rad} \diagup \mathrm{s}$

(4)$\phi = -\tan^{-1}(\infty) = -90°$

6.下圖(a)電路中，A 是理想電壓放大器，A 的電壓增益為 K（K
> 0），此電路之增益波德圖（Bode plot）如下圖(b)所示，則下
圖(a)中的電阻 R_1 及 R_2 分別為
(A)$R_1 = 50k\Omega$，$R_2 = 2k\Omega$　(B)$R_1 = 5\Omega$，$R_2 = 200M\Omega$　(C)$R_1 = 2k\Omega$，
$R_2 = 50k\Omega$　(D)$R_1 = 200M\Omega$，$R_2 = 5\Omega$。（✦題型：波德圖）

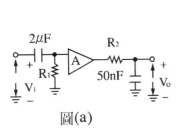
圖(a)

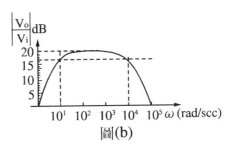
圖(b)

【87年二技電機】

解☞：(A)

1.由波德圖知 $\omega_L = 10$，$\omega_H = 10^4$

2.∵ $\omega_L = \dfrac{1}{(2\mu F)\,R_1} = 10 \Rightarrow R_1 = 50k\Omega$

$\omega_H = \dfrac{1}{(50nF)\,R_2} = 10^4 \Rightarrow R_2 = 2k\Omega$

7.同第 6.題，試求上圖(a)中理想電壓放大器 A 的增益 K 為　(A)1
(B)10　(C)20　(D)100。

解☞：(B)

∵ $A_v = 20dB = 20\log|A_v|$

$$\therefore A_v = 10$$

8.下列有關電晶體交流放大器低頻響應的敘述，何者有誤？

　(A)主要由於耦合及旁通電容所引起

　(B)可以利用短路時間常數法計算3分貝頻率

　(C)其轉移函數呈現低通特性

　(D)3分貝頻率時的電壓增益爲中頻帶增益的$1／\sqrt{2}$（ ✛ 題型：基本觀念 ）

【87年二技電子】

解☞：(C)

　⑴放大器低頻響應是濾波器的高通特性

　⑵放大器高頻響應是濾波器的低通特性

　⑶放大器中頻響應是濾波器的全通特性

9.繪出下列增益函數之大小（ magnitude ）及相位（ phase ）漸近曲線：

$$A（S）= 40\frac{1+\dfrac{S}{10}}{1+\dfrac{S}{50}}$$（ ✛ 題型：波德圖 ）

【85年二技保甄電子】

解☞：

　1.將轉移函數化成標準式

$$T（\omega）= \frac{K（j\omega）^n（1+j\dfrac{\omega}{\omega_{Z1}}）}{（1+j\dfrac{\omega}{\omega_{P1}}）} = \frac{KS^n（1+\dfrac{S}{\omega_{Z1}}）}{（1+\dfrac{S}{\omega_{P1}}）} = 40\cdot\frac{1+\dfrac{S}{10}}{1+\dfrac{S}{50}}$$

　$\therefore \omega_{P1} = 50$，$\omega_{Z1} = 10$，$K = 40$，$n = 0$

　2.決定振幅響應圖的起始點

起始點 = 20log | K | = 20log | 40 | = 32dB

3. 決定相位響應圖的起始點

∵ K > 0 ⇒ ∴ 取 K = 0°

起始點：∠K + ∠（n）‧（90°）= 0° +（0）‧（90°）= 0°

4. 振幅響應圖：

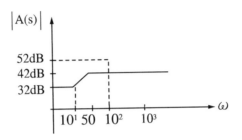

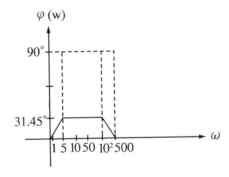

---

10. 下圖電路，其臨界頻率約為多少？

(A)4Hz　(B)12Hz　(C)16Hz　(D)124Hz。（✛題型：一階 RC 電路的頻率響應）

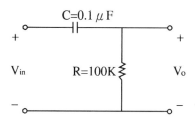

【 85年南臺電機 】

解☞：(C)

此為高通電路。用 STC 法可得

$$f_L = \frac{\omega_L}{2\pi} = \frac{1}{2\pi RC} = \frac{1}{(2\pi)(100K)(0.1 \times 10^{-6})} = 15.9 Hz$$

11. 下圖所示電路中 $RC = 1/\omega$，今於電路輸入端分別輸入兩個電壓 $V_{i1} = 20 \sin\omega t$ 與 $V_{i2} = 20 \sin 2\omega t$，其輸出電壓分別為 V_{01} 與 V_{02}，試比較其輸出電壓振幅大小之關係為

(A) $V_{01} > V_{02}$　(B) $V_{01} = V_{02}$　(C) $V_{01} < V_{02}$　(D) 無法決定 V_{01} 及 V_{02} 之大小關係。（❖題型：一階 RC 電路的頻率響應）

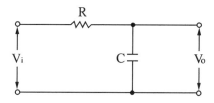

【 84年二技電子 】

解☞：(A)

此為低通電路,所以頻率越高,電壓增益越低。

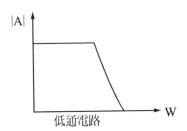

低通電路

12.(1)一電路的轉移函數為 $\dfrac{10^4}{\left(1+i\dfrac{f}{10^5}\right)\left(1+i\dfrac{f}{10^6}\right)\left(1+i\dfrac{f}{10^7}\right)}$,其

中 $j=\sqrt{-1}$,f代表頻率,則其3分貝頻率(3 – dB frequency)約

等於(A)10^7 Hz (B)10^6 Hz (C)10^5 Hz (D)10^4 Hz。

(2)接上題,該電路可視為一(A)凹陷濾波器 (B)帶通濾波器 (C)
低通濾波器 (D)高通濾波器。(✛ 題型:轉移函數)

【84年二技電機】

解☞:1.(C),2.(C)

(1)$\omega_{P1} < 4$(ω_{P2} 及 ω_{P3})

∴ω_{P1} 為高頻主極點 $\omega_H \approx 10^5$

(2)此電路為低通電路。

判斷法:

f (0) 時 $\Rightarrow$ T (f) $= 10^4 \Rightarrow$ 低頻可過

f (∞) 時 $\Rightarrow$ T (f) $= 0 \Rightarrow$ 高頻不通

13.放大器在截止頻率時的輸出功率較中頻段方輸出功率下降了:

(A)100% (B)70.7% (C)29.3% (D)50%。(✛ 題型:基本觀
念)

【84年二技電機】

解☞：(D)

截止頻率的電壓增益 $A_v = \dfrac{A_{VM}}{\sqrt{2}}$ ， $A_I = \dfrac{A_{IM}}{\sqrt{2}}$

所以功率為 $P = \dfrac{P_M}{2} \Rightarrow \dfrac{P}{P_M} = \dfrac{1}{2} \times 100\% = 50\%$

故截止頻率又稱為半功率頻率

---

14. 一放大器具有如下之電壓轉移函數，

$$H(S) = \dfrac{10S}{\left(1 + \dfrac{S}{10^2}\right)\left(1 + \dfrac{S}{10^5}\right)}$$

則當角頻率 $\omega = 10^7\,\text{rad}／\text{sec}$ 時，此轉移函數之相位（phase）為
(A)90° (B)45° (C) − 45° (D) − 90° （❖**題型：轉移函數**）

【84年二技電子】

解☞：(D)

$$\phi(\omega) = \tan^{-1}\left[\dfrac{10 \times 10^7}{0}\right] - \tan^{-1}\left[\dfrac{10^7}{10^2}\right] - \tan^{-1}\left[\dfrac{10^7}{10^5}\right]$$
$$= -90°$$

---

15. 一放大器具有如下之轉移函數

$$T(S) = \dfrac{s(s+10)}{(s+100)(s+25)}$$

則其低頻3 − dB 頻率約為
(A)0 (B)10 rad／sec (C)25 rad／sec (D)100 rad／sec。（❖**題型：轉移函數**）

【84年二技電機】

解☞：(D)

$\omega_{P1} = 100$ ， $\omega_{P2} = 25$

∵ $\omega_{P1} \geq 4\omega_{P2}$ ∴ $\omega_L = \omega_{P1} = 100\,\text{rad}／\text{sec}$

16.某一線性二階系統，其轉移函數為

$$T（S）= \frac{10000}{s^2 + 141.42s + 10000}，則此系統的頻寬為$$

(A)20　(B)60　(C)100　(D)140弳／秒。（✥題型：轉移函數）

【83年二技電機】

解☞：

① $BW = \omega_H$，

② 在 $\omega = \omega_H$ 時　$|T（S）| = \frac{1}{\sqrt{2}}$

$$\therefore |\frac{10000}{-\omega_H^2 + j141.42\omega_H + 10000}| = \frac{1}{\sqrt{2}}$$

解之得 $\omega_H \cong BW = 100$ rad／sec

17.以實驗方式量測某直接耦合（direct－coupled）電壓放大器之頻率響應特性時，獲得下表的數據，其中輸入信號 $V_i = V_1 \sin$（$2\pi ft$）伏特，輸出信號 $V_o = V_2 \sin$（$2\pi ft - \theta$）伏特。假設實驗過程中放大器沒有發生飽和現象，則此放大器的頻寬約為

(A)300赫芝　(B)1仟赫芝　(C)2.5仟赫芝　(D)12仟赫芝。

【註】假設此放大器為一階系統，且其零點之頻率為無窮大

V_1	F	V_2	θ
0.05伏特	1赫芝	5.00伏特	0°
0.05伏特	10赫芝	5.00伏特	0°
0.05伏特	100赫芝	4.99伏特	2.5°
0.05伏特	250赫芝	4.98伏特	5.6°
0.05伏特	1仟赫芝	4.64伏特	22°
0.05伏特	5仟赫芝	2.24伏特	63°
0.05伏特	10仟赫芝	1.21伏特	76°
0.05伏特	25仟赫芝	0.50伏特	84°
0.05伏特	50仟赫芝	0.25伏特	87°

（✛題型：波德圖）　　　　　　　　　　　【83年二技電機】

解☞：(C)

⑴觀念：在頻率 = f_H 時（即頻寬），輸出相位差為45°。

　　故知頻寬位於1KHz至5KHz之內。（符合觀念的答案只有(C)）

⑵解法

　①作波德圖（近似圖）

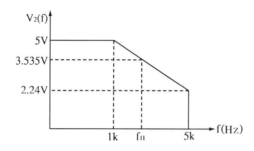

　②在 f_H 時，$V_2 = \dfrac{5}{\sqrt{2}} = 3.535V$

　③由斜率關係知

$$\frac{5 - 3.535}{1K - f_H} = \frac{5 - 2.24}{1K - 5K}$$

　∴ $f_H = 3.12K \approx 2.5KHz$

18.上題 17.中，如果輸入信號的頻率範圍均在1赫芝到50仟赫芝間，則此放大器的轉移函數最接近下列何者？

(A) $\dfrac{6.3 \times 10^5}{S + 6.3 \times 10^3}$　(B) $\dfrac{7.54 \times 10^6}{S + 7.54 \times 10^4}$　(C) $\dfrac{1.57 \times 10^6}{S + 1.57 \times 10^4}$　(D) $\dfrac{10^7}{S + 10^5}$。

（✛題型：轉移函數）

【83年二技電機】

解☞：(C)

　⑴由數據表知，此為低通電路，即為放大器的高頻響應。

$$\therefore T_H(S) = \frac{A_m}{1 + \dfrac{S}{\omega_H}} = \frac{A_m \omega_H}{S + \omega_H}$$

$$(2)\, A_m = \frac{V_2}{V_1} = \frac{5V}{0.05V} = 100$$

$$(3)\, \therefore T_H(S) = \frac{A_m \omega_H}{s + \omega_H} = \frac{(100)(2\pi f_H)}{s + 2\pi f_H}$$

$$= \frac{(100)(2\pi)(2.5K)}{S + (2\pi)(2.5K)} = \frac{1.57 \times 10^6}{S + 1.57 \times 10^4}$$

---

19. dBm 及 dBW 分別是以 1mW 及 1W 作爲參考的功率單位，若一放大器最大輸出功率爲 10dBW 即相當於

(A) 10dBm (B) 100dBm (C) 30dBm (D) 40dBm （❖題型：基本觀念）

【82年二技】

解 ☞：(D)

$$\because 10\text{dBW} = 10\log X \Rightarrow X = 10W = 10^4 \text{mW}$$

$$\therefore 10\log \frac{10^4 \text{mW}}{1\text{mW}} = 40\text{dBm}$$

---

20. 作波德（Bode）圖的漸近（asymptotic）線時，常用折角（corner or break）頻率及其

(A) 10，$\dfrac{1}{10}$ (B) 2，$\dfrac{1}{\sqrt{2}}$ (C) 3，$\dfrac{1}{\sqrt{3}}$ (D) π，$\dfrac{1}{\sqrt{\pi}}$ 倍　頻率畫線段。

（❖題型：波德圖）

【81年二技】

解 ☞：(A)

即（0.1f）及（10f）

21.一電子裝置的頻率響應規格中，註明其某一段的振幅對頻率下降率爲40dB／decade，此一數據也相當於

(A)4dB／octave　(B)5dB／octave　(C)8dB／octave　(D)12dB／octave

（✤題型：波德圖）

【81年二技電子】

解☞：(D)

∵ 20dB／dec = 6dB／oct

∴ 40dB／dec = 12dB／oct

22.經測試知一單極（One Pole）RC 低通濾波器具的時間常數爲0.159ms，則其三分貝頻帶寬應爲

(A)159Hz　(B)1KHz　(C)10KHz　(D)477Hz　**（✤題型：STC 法）**

【81年二技】

解☞：(B)

低通電路即爲高頻響應

$$\therefore BW \cong f_H = \frac{1}{2\pi RC} \cong 1KHz$$

23.下圖所示之電路是一 JFET 放大器的低頻效應等效電路，則低（lower）－3dB 頻率是：

(A)5Hz　(B)20Hz　(C)80Hz　(D)200Hz　**（✤題型：一階 RC 電路的頻率響應）**

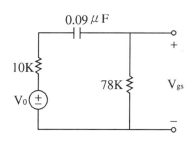

解 ☞ ：(B)

用 STC 法，知

$$f_L = \frac{\omega_L}{2\pi} = \frac{1}{2\pi RC} = \frac{1}{2\pi\,(\,10K + 78K\,)\,(\,0.09\mu\,)} = 20Hz$$

---

24. 下圖為一濾波器之波德曲線（Bode plot）的近似圖，根據此曲線，此濾波器之轉移函數（transfer function）應為：

(A) $H\,(\,s\,) = \dfrac{(\,s + 10\,)\,(\,s + 10^6\,)}{(\,s + 10^2\,)\,(\,s + 10^5\,)}$

(B) $H\,(\,s\,) = \dfrac{2\,(\,s + 10\,)\,(\,s + 10^6\,)}{(\,s + 10^2\,)\,(\,s + 10^5\,)}$

(C) $H\,(\,s\,) = \dfrac{10\,(\,s + 10\,)\,(\,s + 10^6\,)}{(\,s + 10^2\,)\,(\,s + 10^5\,)}$

(D) $H\,(\,s\,) = \dfrac{20\,(\,s + 10\,)\,(\,s + 10^6\,)}{(\,s + 10^2\,)\,(\,s + 10^5\,)}$ （❖題型：波德圖）

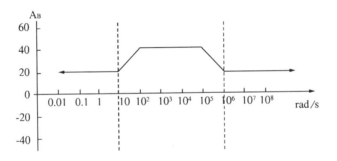

解 ☞ ：(C)

1. 由圖知，$\omega_{Z1} = 10$，$\omega_{Z2} = 10^6$，$\omega_{P1} = 10^2$，$\omega_{P2} = 10^5$

   在低頻時：（S = 0）

   $K = 20dB = 20\log|K| \Rightarrow K = 10$

2. $\therefore H(S) = \dfrac{K(s + \omega_{Z1})(s + \omega_{Z2})}{(s + \omega_{P1})(s + \omega_{P2})} = \dfrac{10(s + 10)(s + 10^6)}{(s + 10^2)(s + 10^5)}$

---

25. 示波器顯示之脈波爬升時間（rise time）是 3×10^{-9}，若示波器本身規格中之爬升時間為 $10^{-9} \sec$，則被測之脈波爬升時間為 (A)$2 \times 10^{-9} \sec$ (B)$2\sqrt{2} \times 10^{-9} \sec$ (C)$\sqrt{2} \times 10^{-9} \sec$ (D)$\sqrt{23} \times 10^{-9} \sec$（ ✥ 題型：方波響應 ）

【 79年二技 】

解 ☞：(B)

$\because$ 示波器顯示 t_{r1}^2 = 示波器規格 t_{r2}^2 + 輸入訊號 t_{r1}^2

$\therefore$ 輸入訊號 $t_{r1} = \sqrt{t_{r1}^2 - t_{r2}^2} = \sqrt{(3n)^2 - (1n)^2} = 2\sqrt{2} \times 10^{-9} \sec$

---

26. 上題 25. 之示波器，其半功率頻帶寬是

(A)$1\,GHz$ (B)$450\,MHz$ (C)$220\,MHz$ (D)$350\,MHz$。 【 79年二技 】

解 ☞：(D)

$f_H = \dfrac{0.35}{t_{r2}} = \dfrac{0.35}{1n} = 350\,MHz$

---

27. 某線性非時變電路之脈衝（impulse）響應為 $e^{-2\pi t}$，$t \geq 0$，則此電路之半功率頻帶寬是

(A)$\dfrac{1}{2}\,Hz$ (B)$1\,Hz$ (C)$2\pi\,Hz$ (D)$\dfrac{1}{2}\pi\,Hz$（ ✥ 題型：一階 RC 電路的響應 ）

【 79年二技 】

解 ☞：(B)

$\because V_0 = Ve^{-t/RC} = e^{-2\pi t}$

$\therefore \dfrac{1}{RC} = 2\pi = \omega_H$

$\therefore f_H = \dfrac{\omega_H}{2\pi} = \dfrac{2\pi}{2\pi} = 1\,Hz$

28.有一上升時間為10ns（10^{-8}秒）的脈波，欲由示波器觀測其特性，在不失真的情況下，示波器最小的頻寬須為 (A)100MHz (B)25MHz (C)35MHz (D)45MHz。（❖題型：方波響應）

【79年二技電子】

解☞：(C)

$$\because t_r = \frac{0.35}{f_H}$$

$$\therefore f_H = \frac{0.35}{t_r} = \frac{0.35}{10n} = 35MHz$$

29.如圖所示由電阻、電路所構成的電路，其負3dB的頻率 f_L 為： (A)10.12Hz (B)15.92Hz (C)120Hz (D)151Hz。（❖題型：一階 RC 電路的頻率響應）

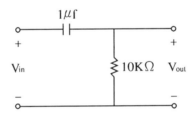

【77年二技電機】

解☞：(B)

$$f_L = \frac{\omega_L}{2\pi} = \frac{1}{2\pi RC} = 15.92Hz$$

30.設某反相放大器其頻率特性如下圖所示。試問開迴路時其3dB頻寬 $f_0 =$ ___(1)___ ，當放大40dB 時，其3dB 頻寬為___(2)___ ，而保證能穩定工作之頻率範圍為___(3)___ 。（❖題型：波德圖）

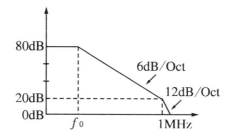

【76年二技】

解☞：

(1)利用同一放大器，GB 相同的觀念

∵ $80dB = 20\log A_{V_1} \Rightarrow A_{V_1} = 10^4$

$20dB = 20\log A_{V_2} \Rightarrow A_{V_2} = 10$

∴ $GB = (A_{V_1})(f_0) = (A_{V_2})(f_H)$

故 $f_0 = \dfrac{A_{V_2} f_H}{A_{V_1}} = \dfrac{(10)(1M)}{10^4} = 1KHz$

(2) $40dB = 20\log A_{V_3} \Rightarrow A_{V_3} = 10^2$

∴ $GB：(A_{V_2})(f_H) = (A_{V_3})(f_3)$

∴ $f_3 = \dfrac{A_{V_2} f_H}{A_{V_3}} = \dfrac{(10)(1M)}{10^2} = 100KHz$

(3)穩定工作需在傳輸頻率 f_T 之內

∴ $(20\log \dfrac{f_T}{2})^2 = 20 \Rightarrow f_T = 3.2MHz$

31.f_T 是電晶體共射極工作時，輸出短路下

(A)電流增益與頻帶寬度之乘積

(B)量參數時設定之頻率

(C)該電晶體可用頻率範圍與溫度之關係函數

(D)以上皆非（ ✛ 題型：傳輸頻率 ）

【 73年二技電子 】

解 ☞ ：(A)

32.放大器之高低頻失真可用一單時間常數電路來分析，則

(A)高通 RC 電路可用來分析其高頻響應

(B)低通 RC 電路可用來分析其高頻響應

(C)高頻時間常數為1微秒，可用半週期0.01秒來試其失真

(D)低通 RC 電路的上升時間為 t_r = RC（ ✛ 題型：**基本觀念** ）

【 70年二技電機 】

解 ☞ ：(B)

題型變化

1.繪製下列轉換函數 T（S）的振幅響應與相位響應，$\omega = 10^6$ 的大小與相位。

$$T（S） = \frac{10^4（1+S/10^5）}{（1+S/10^3）\cdot（1+S/10^4）} \quad （ ✛ 題型：波德圖 ）$$

解 ☞ ：

1.振幅響應圖的起始點

起始點 = 20log|K| = 20log|10^4| = 80dB

2.相位響應圖的起始點

起始點：

∵ K = 10^4 > 0⇒取 K = 0°

∴起始點 = ∠K° + ∠（n）（90°）= 0° +（0）（90°）= 0°

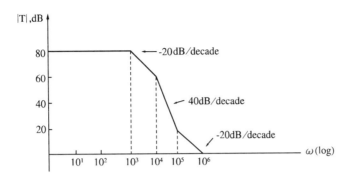

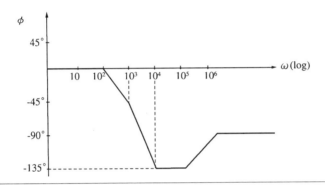

2. 由一電阻 $R = 10k\Omega$ 和一電容 $C = 2.2\mu F$ 所構成的低通網路，其上升時間為多大？（❖ 題型：方波響應的上升時間）

解 ☞ ：

   1. $f_H = \dfrac{\omega_H}{2\pi} = \dfrac{1}{2\pi RC}$

   2. $t_r = \dfrac{0.35}{f_H} = 4.84 \times 10^{-2}$

3. 試求出下圖中網路的電壓轉換函數$T(S) = V_0(S) / V_i(S)$。（ ✛
   題型：轉移函數 ）

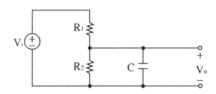

解 ☞ ：

$$T(S) = \frac{V_0(S)}{V_i(S)} = \frac{R_2 / \frac{1}{SC}}{R_1 + R_2 / \frac{1}{SC}} = \frac{R_2}{R_1 + R_2 + R_1 R_2 SC}$$

---

4. 在波德圖（ Bode Diagram 中 ），橫座標都是使用對數刻度，今在
   橫軸上任選二個頻率 f_1 及 f_2，則位於此二頻率之兩點間的中央
   點，其頻率為多少？（ ✛題型：波德圖 ）
   解 ☞ ：

$$中央點頻率 = \log f = \frac{\log f_1 + \log f_2}{2} = \frac{1}{2}(\log f_1 + \log f_2)$$

$$= \log(f_1 f_2)^{\frac{1}{2}}$$

$$\therefore f = \sqrt{f_1 f_2}$$

---

5. 一個放大器之轉換函數：零點在0與 ∞ 處，極點在 $S = -10$ 與 $S
   = -10^5$ 處，且在 $\omega = 10^3$ rad／sec 處時增益為1000，試列出此轉
   移函數。（ ✛題型：波德圖 ）
   解 ☞ ：

   1. 轉移函數（ $\omega_Z = 0$，∞ ），（ $\omega_P = 10$，10^5 ）

$$T(S) = A_m \cdot \frac{S + \omega_{Z1}}{S + \omega_{P1}} \cdot \frac{1 + \frac{S}{\omega_{Z2}}}{1 + \frac{S}{\omega_{P2}}}$$

$$= A_m \cdot \frac{S}{S+10} \cdot \frac{1}{1+\frac{S}{10^5}} = A_m \cdot \frac{j\omega}{10+j\omega} \cdot \frac{1}{1+j\frac{\omega}{10^5}}$$

2. 當 $\omega = 10^3$ 時，$|T(S)| = 1000$，代入上式得

   $A_m = 1000$

3. 故知

   $$T(S) = (\frac{1000S}{S+10})(\frac{1}{1+\frac{S}{10^5}}) = (\frac{1000S}{S+10})(\frac{10^5}{S+^5})$$

   $$= \frac{10^8 S}{(S+10)(S+10^5)}$$

---

6. 如下圖所示放大器，試計算中頻增益與3dB 與頻率 f_H，其中 g_m = 20mA／V。（✦題型：主極點計算法）

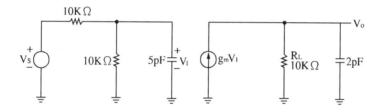

解☞：

一、求中頻增益

$$A_M = \frac{V_0}{V_S} = \frac{V_0}{V_I} \cdot \frac{V_I}{V_S} = (g_m R_L) \cdot \frac{10K}{10K+10K} = 100$$

二、求 f_H

1. 由 5PF 所產生的極點

   $$\omega_{PI} = \frac{1}{C_1 R_1} = \frac{1}{(5P)(10K // 10K)} = 40M \text{ rad／s}$$

2. 由 2PF 所產生的極點

$$\omega_{P2} = \frac{1}{C_2 R_2} = \frac{1}{(2P)(10K)} = 50M \text{ rad} \diagup s$$

3. 因無主極點存在，所以用計算法，求主極點

(1) $T(S) = \cfrac{A_m}{\left(1 + \cfrac{S}{\omega_{P1}}\right)\left(1 + \cfrac{S}{\omega_{P2}}\right)}$

(2) 在極點點 ω_H 處，增益為 $\dfrac{A_m}{\sqrt{2}}$

$\therefore 2 = \left[\left(1 + \dfrac{\omega_H}{\omega_{P1}}\right)^2\right]\left[\left(1 + \dfrac{\omega_H}{\omega_{P2}}\right)^2\right]$

解得

$\omega_H = \left\{\cfrac{-(\omega_{P1}^2 + \omega_{P2}^{-2}) + \sqrt{(\omega_{P1}^2 + \omega_{P2}^2)^2 + 4\omega_{P1}^2\omega_{P2}^2}}{2}\right\}^{\frac{1}{2}}$

$\qquad = 28.53M \text{ rad} \diagup s$

$\therefore f_H = \dfrac{\omega_H}{2\pi} = 4.54 MHz$

9–2〔題型五十九〕：FET Amp 的頻率響應

考型129 FET Amp 的低頻響應

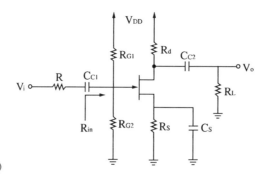

解題步驟：

一、低頻小訊號等效圖

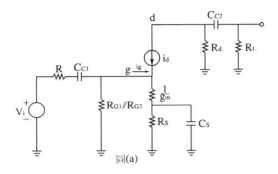

圖(a)

二、求主極點及轉移函數

(1)由 C_{c1} 產生之 STC

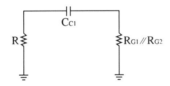

①$\omega_{Pl} = \dfrac{1}{C_{c1}\left[\left(R_{G1} /\!/ R_{G2}\right) + R\right]}$

②$F_{L1} = \dfrac{S}{S + \omega_{Pl}}$

(2)由 C_{c2} 產生之 STC

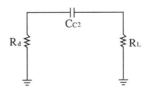

①$\omega_{P2} = \dfrac{1}{C_{C2} \left(R_d - R_L \right)}$

②$F_{L2} = \dfrac{S}{S + \omega_{P2}}$

(3)由 C_s 產生之 STC（S 端的 STC）

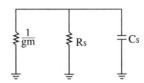

①$\omega_{P3} = \dfrac{1}{C_S \left(R_S // \dfrac{1}{g_m} \right)}$

②求零點

$\because F_L \left(S \right) = \dfrac{V_o \left(S \right)}{V_i \left(S \right)}$ 找零點 $\Rightarrow F_L \left(S \right) = 0 \Rightarrow V_o \left(S \right) = 0 \Rightarrow i_d = 0$

由下圖知

$i_d = \dfrac{V_s}{\dfrac{1}{g_m} + Z_s} = 0 \Rightarrow Z_s = \infty$

$Z_s = R_s // \dfrac{1}{SC_s} = \dfrac{\dfrac{R_s}{SC_s}}{R_s + \dfrac{1}{SC_s}} = \dfrac{R_s}{1 + SC_s R_s} = \infty$

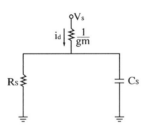

$$\Rightarrow \therefore 1 + SC_s R_s = 0$$

$$\Rightarrow S = -\frac{1}{C_s R_s} = -\omega_Z$$

$$\Rightarrow \omega_Z = \frac{1}{C_s R_s}$$

③ $F_{L3} = \dfrac{S + \omega_Z}{S + \omega_{P3}} = \dfrac{S + \dfrac{1}{C_s R_s}}{S + \dfrac{1}{C_S\left(R_S /\!/ \dfrac{1}{g_m}\right)}}$

三、求 A_M（將 C_{C1}，C_{C2}，C_{C3} 等視爲短路）

$$A_M = \frac{V_o}{V_s} = \frac{V_o}{V_s} \times \frac{V_g}{V_s} = \frac{-i_d\left(R_d /\!/ R_L\right)}{i_d \cdot \dfrac{1}{g_M}} \times \frac{R_{G1} /\!/ R_{G2}}{R + \left(R_{G1} /\!/ R_{G2}\right)}$$

$$= -g_m\left(R_d /\!/ R_L\right) \cdot \left[\frac{R_{G1} /\!/ R_{G2}}{R + \left(R_{G1} /\!/ R_{G2}\right)}\right]$$

四、求低頻響應

$$A_{L(S)} = A_M \cdot F_{L1} \cdot F_{L2} \cdot F_{L3}$$

(1)若主極點存在（設 ω_{P2} 爲主極點），則

$$A_L(S) \approx A_{L(S)} = A_M \frac{S}{S + \omega_L}$$

(2)若主極點不存在，則用近似主極點法

$$\omega_L = \sqrt{\omega_{P1}^2 + \omega_{P2}^2 + \omega_{P3}^2 - 2\omega_Z^2}$$

五、求零點的技巧

⑴耦合電容所產生的零點 $\Rightarrow \omega_Z = 0$

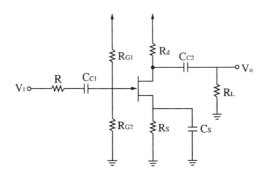

①當 $V_o = 0$ 時，可求出零點，（但 $V_i \neq 0$）

$$\therefore \frac{1}{SC_{c1}} = \infty \Rightarrow S = -\omega_Z = 0$$

②故零點 $\omega_Z = 0$

⑵旁路電路所產生的零點 $\Rightarrow \omega_Z = \dfrac{1}{R_s C_s}$

①當 $V_o = 0$ 時，可求出零點（但 $V_i \neq 0$）

$$Z_s = R_s /\!/ \frac{1}{SC_s} = \frac{R_s}{1 + SC_s R_s} = \infty$$

$$\therefore 1 + SC_s R_s = 0$$

故 $S = -\omega_Z = -\dfrac{1}{C_s R_s}$

②所以零點 $\omega_Z = \dfrac{1}{C_s R_s}$

考型130 FET Amp 的高頻響應

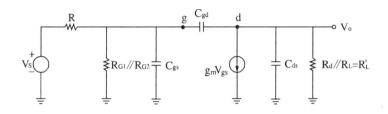

MOS：$C_{gs} = 0.1\,PF \sim 0.5\,PF$

$\quad\quad\quad C_{gd} = 0.01\,PF \sim 0.03\,PF$

JFET：$C_{gs} = 1\,PF \sim 3\,PF$

$\quad\quad\quad C_{gd} = 0.15\,PF \sim 0.5\,PF$

一、方法一：主極點近似法（用密勒效應）

$$k = \frac{V_o}{V_g}\bigg|_{設中頻}\ （\,C_{ds}，C_{gs}\ 等視為開路）= \frac{-g_m V_{gs}\,(\,R_d /\!/ R_L\,)}{V_{gs}}$$

$$= -g_m\,(\,R_d /\!/ R_L\,) = -g_m R'_L$$

1.由 C_{gs} 產生 STC

$$R /\!/ R_{G1} /\!/ R_{G2} \qquad C_{gs} + C_{gd}(1\text{-}K)$$

$$(1)\,\omega_{Pl} = \frac{1}{\left[\,C_{gs} + C_{gd}\,(\,1 - k\,)\,\right]\left[\,R /\!/ R_{G1} /\!/ R_{G2}\,\right]}$$

$$= \frac{1}{\left[\,C_{gs} + C_{gd}\,(\,1 + g_m R'_L\,)\,\right](\,R /\!/ R_{G1} /\!/ R_{G2}\,)}$$

(2)F_{H1}（S）$= \dfrac{1}{1 + \dfrac{S}{\omega_{P1}}}$

2.由 C_{ds}產生之 STC

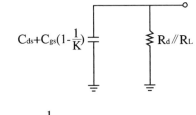

$$\omega_{P2} = \dfrac{1}{〔\,C_{ds} + C_{gd}\,（\,1 - \dfrac{1}{k}\,）\,〕\,〔\,R_d/\!\!/R_L\,〕}$$

$$= \dfrac{1}{〔\,C_{ds} + C_{gd}\,（\,1 + \dfrac{1}{g_m R'_L}\,）\,〕\,R'_L}$$

$$\approx \dfrac{1}{C_{gd}\,（\,1 + \dfrac{1}{g_m R'_L}\,）\,R'_L} \approx \dfrac{1}{C_{gd} R'_L}$$

若 $\omega_{P1} \ll \omega_{P2} \Rightarrow \omega_H \cong \omega_{P1}$

3.討論：若假設成立，則用節點分析法

（忽略 C_{gd}（ $1 - \dfrac{1}{k}$ ）之效應）

SC_{gd}（ $V_{gs} - V_o$ ）$= g_m V_{gs} + \dfrac{V_o}{R'_L}$

若 $k = \dfrac{V_o}{V_{gs}} = \dfrac{-g_m + SC_{gd}}{\dfrac{1}{R'_L} + SC_{gd}} = -g_m R'_L$

則需 $\begin{cases} (1)SC_{gd} \ll g_m \\ (2)\dfrac{1}{R'_L} \gg SC_{gd} \end{cases}$　由此可知：

∵ S = jω

∴ 則頻率不能太高

(1)**即頻率受限**

(2)**即此高頻響應不佳**⇒**頻寬 BW 小**（受密勒效應）

4. **求零點之技巧**（高頻）⇒令　$V_o = 0$

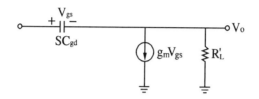

(1)令 $V_o = 0 \Rightarrow SC_{gd}V_{gs} = g_m V_{gs}$

$$\therefore S = \frac{g_m}{C_{gd}} = -\omega_Z$$

(2)所以 $F_{H2}(S) = \dfrac{(1 + \dfrac{S}{\omega_{Z1}})}{1 + \dfrac{S}{\omega_{P2}}}$

5. 高頻響應

(1)$A_H(S) = A_M \cdot F_{H1}(S) \cdot F_{H2}(S)$

(2)通常 $\omega_H = \omega_{P1}$（∵密勒效應關係 $C_{gd}(1-k)$ 值較大，∴ ω_{P1} 較小）

$$\therefore A_H(S) \approx A_m \cdot \frac{1}{1 + \dfrac{S}{\omega_{P1}}}$$

二、方法二：重疊定理

1. 只看 C_{gs}（C_{gd}，C_{ds}開路）

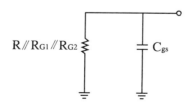

$$\Rightarrow \omega_{P1} = \cfrac{1}{C_{gs}\,(\,R /\!/ R_{G1} /\!/ R_{G2}\,)}$$

2.只看 C_{ds}（C_{gd}，C_{gs}開路）

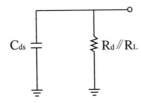

$$\Rightarrow \omega_{P2} = \cfrac{1}{C_{ds}\,(\,R_d /\!/ R_2\,)}$$

3.只看 C_{gd}（C_{gs}，C_{ds}開路）$\Rightarrow$需先求 C_{gd}二端等效電阻 R_{gd}

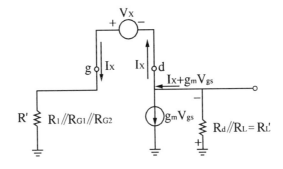

$(1) R_{gd} = \cfrac{V_x}{I_x} = \cfrac{I_x R' + (\,I_x + g_m V_{gs}\,)\,R'_L}{I_x}$ 又 $V_{gs} = I_x R'$

$(2) \therefore R_{gd} = R' + R'_L + g_m R'_L R' = R' + (\,1 + g_m R'\,)\,R'_L$

$(3) \omega_{P3} = \cfrac{1}{C_{gd} \cdot R_{gd}}$

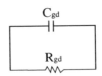

4.求 ω_H： $\dfrac{1}{\omega_H} = \dfrac{1}{\omega_{P1}} + \dfrac{1}{\omega_{P2}} + \dfrac{1}{\omega_{P3}}$

5.$A_H\,(\,S\,) = A_M\dfrac{1}{1+\dfrac{S}{\omega_H}}$

歷屆試題

1.如下圖，其中 $R = 100k\Omega$ ， $g_m = 4mA\diagup V$ ， $R_L = 5k\Omega$ ， $C_{gs} = C_{gd} = 1PF$ 。求低頻增益 $V_o\diagup V_i$ ：

(A) -20 (B) -10 (C) -5 (D) $+10$（**題型：FET 的頻率響應**）

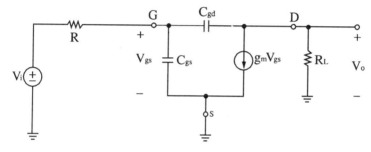

【88年二技電機】

解 ☞ ：(A)

低頻分析

1.小訊號等效電路

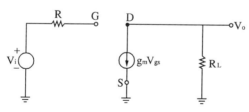

2.分析電路

$\therefore A_V = \dfrac{V_o}{V_i} = \dfrac{V_o}{V_{GS}} = -g_m R_L = (-4m)(5k) = -20$

2.續第 1.題，求上三分貝頻率 ω_H 約：

(A)160krad／s　(B)270krad／s　(C)450krad／s　(D)750krad／s（**題型：FET 的高頻響應**）

【88年二技電機】

解 ☞ ：(C)

1.高頻等效電路（取密勒效應）

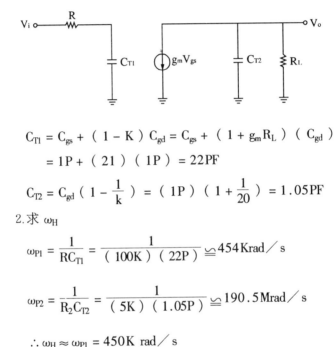

$$C_{T1} = C_{gs} + （1 - K）C_{gd} = C_{gs} + （1 + g_m R_L）（C_{gd}）$$

$$= 1P + （21）（1P）= 22PF$$

$$C_{T2} = C_{gd}（1 - \frac{1}{k}）=（1P）（1 + \frac{1}{20}）= 1.05PF$$

2.求 ω_H

$$\omega_{P1} = \frac{1}{RC_{T1}} = \frac{1}{（100K）（22P）} \cong 454\,\text{Krad}／s$$

$$\omega_{P2} = \frac{1}{R_2 C_{T2}} = \frac{1}{（5K）（1.05P）} \cong 190.5\,\text{Mrad}／s$$

$$\therefore \omega_H \approx \omega_{P1} = 450K\ \text{rad}／s$$

3.下圖為共源極 FET 放大器的高頻等效電路，若其3分貝頻率為 90KHz，請問 g_m 值為 (A)4mA／V　(B)8mA／V　(C)40mA／V　(D) 80mA／V（**題型：轉移函數 FET Amp 高頻響應**）

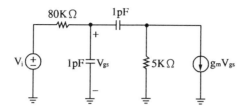

【87年二技電子類】

解☞：(A)

1.用密勒效應，繪出小訊號等效

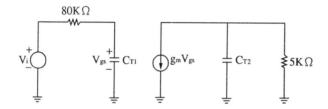

$C_{T1} = 1P + 1P（1 + g_m R_L）= 2P +（1P）（5K）g_m$

$= 2P +（5n）g_m$

$\therefore f_H = \dfrac{\omega_H}{2\pi} = \dfrac{1}{2\pi R C_{T1}} = \dfrac{1}{(2\pi)(80K)\left[2P + (5n)g_m\right]} = 90KHz$

故 $g_m \cong 4mA／V$

4.(1)下圖爲一 FET 高頻等效電路，若欲使高頻截止頻率（upper 3 − dB frequency）$f_h = 180KHz$，則 R_L = ？

(A)$2.23k\Omega$ (B)$3.33k\Omega$ (C)$4.23k\Omega$ (D)$5.33k\Omega$

(2)同上題，請求電路之增益頻寬比值（gain − bandwidth product）

(A)$9.21MHz$ (B)$6.75MHz$ (C)$3.4MHz$ (D)$1.3MHz$（題型：FET Amp 高頻響應）

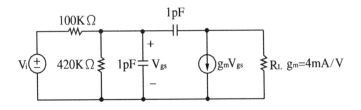

【86年二技電子】

解☞ : 1.(A) , 2.(D)

(1)用密勒效應，繪出等效圖

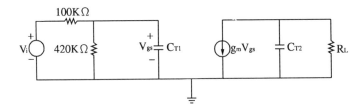

$$C_{T1} = 1P + 1P (1 - K) = 1P + 1P (1 + g_m R_L)$$

$$f_h = 180KHz = \frac{\omega_H}{2\pi} = \frac{1}{2\pi (100K // 420K) C_{T1}}$$

$$\therefore R_L = 2.23k\Omega$$

(2) $A_V = \dfrac{V_o}{V_i} = \dfrac{V_o}{V_{gs}} \cdot \dfrac{V_{gs}}{V_i} = K \cdot \dfrac{420K}{100K + 420K} = -7.2$

$$\therefore GB = |A_v| |f_h| = (7.2) (180K) = 1.296MHz$$

5.(1)下圖爲一放大器，工作於 $I_D = 1mA$，g_m 值（Transconductance）爲 $1mA／V$，若忽略 r_0（Output resistance），則中頻增益（Midband gain）爲(A)30　(B)－20　(C)－10　(D)－1

(2)接上題，C_s 之值爲多大時，與其相對應之極點（Pole）爲 10Hz？

(A)$C_s = 16.6\mu F$　(B)$C_s = 17.6\mu F$　(C)$C_s = 18.6\mu F$　(D)$C_s = 19.6\mu F$（題型：FET Amp 低頻響應）

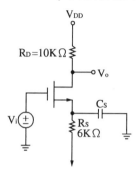

【85年二技電子】

解☞：1.(C)，2.(C)

(1)$A_m = - g_m R_D = （ - 1m ）（ 10K ）= - 10$

(2)繪出低頻小訊號電路

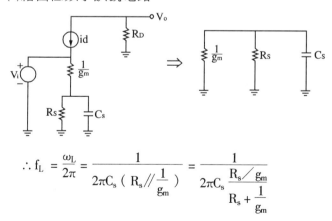

$$\therefore f_L = \frac{\omega_L}{2\pi} = \frac{1}{2\pi C_s （ R_s // \frac{1}{g_m} ）} = \frac{1}{2\pi C_s \dfrac{R_s／g_m}{R_s + \frac{1}{g_m}}}$$

$$= \frac{1}{(2\pi C_s)(\frac{R_s}{1 + g_m R_s})} = \frac{1 + g_m R_s}{2\pi C_s R_s} = \frac{1 + (1m)(6k)}{(2\pi)(6k)C_s}$$

$$= 10\,\mathrm{Hz}$$

$$\therefore C_s = 18.6\mu\mathrm{F}$$

6. 下圖為一共源極入大器（common－source amplifier），若 R_s 被一理想化固定電源取代，則由 C_s 產生之零點 $\omega_Z = ?$

(A)0　(B)$\frac{1}{R_c C_1}$　(C)$\frac{1}{R_D C_{C2}}$　(D)$\frac{1}{RC_s}$。（**題型：FET Amp 頻率響應**）

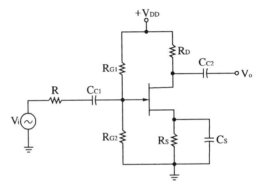

【84年二技電子】

解 ☞ ：(A)

$$\omega_Z = \frac{1}{C_s R_s} = 0$$

∵當 R_s 以電流鏡替代時 $R_s \approx \infty$

7. 下圖中已知直流偏壓 $V_{GS} = -1.8\mathrm{V}$，在此偏壓點，計算該電路之輸入電容 C_{in} 為何？

(A)40.2PF　(B)9PF　(C)21.7PF　(D)65PF（**題型：FET Amp 的頻率響應**）

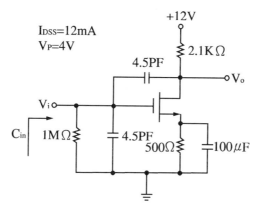

IDSS=12mA
VP=4V

4.5PF

2.1KΩ

+12V

Vo

Vi

Cin   1MΩ   4.5PF   500Ω   100μF

【84年二技電子】

解☞：(A)

1.用密勒效應繪出等效圖（只繪輸入部）

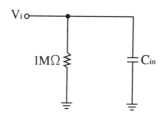

Vi

1MΩ   Cin

$C_{in} = 45\mu F + 4.5PF（1-K）$

2.求參數 g_m（此為 DMOS 的空乏型）

$$g_m = 2k〔V_{GS} - V_P〕= 2\frac{I_{DSS}}{V_P^2}〔V_{GS} - V_P〕$$

$$= （2）\frac{（12mA）}{16}〔-1.8+4〕= 3.3mA／V$$

$$K' = -g_m R_D = -（3.3m）（2.1K）= -6.93$$

3. 求 C_{in}

$$C_{in} = 4.5P + 4.5P（1 - K'）= 4.5P +（4.5P）（7.93）$$
$$= 40.185PF$$

---

8. 下圖中電壓增益 $V_o／V_i$ 為 -3.3，試以密勒定理（Miller's theorem）求其輸入電阻（Input Resistance）值為多少？

(A)$100k\Omega$　(B)$2.33M\Omega$　(C)$5.2M\Omega$　(D)$10M\Omega$（題型：密勒效應）

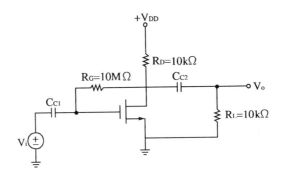

【84年二技電子】

解☞：(B)

$\because k = \dfrac{V_o}{V_i} = -3.3$

$\therefore R_{in} = \dfrac{R_G}{1 - K} = \dfrac{10M}{4.3} = 2.33M\Omega$

---

9. MOSFET 工作於飽和區，此電路之低頻頻率響應可寫成

$$\frac{V_o（s）}{V_s（s）} = \frac{A_o（s + z）}{s + p}，$$

則極點頻率 $f_P = \dfrac{P}{2\pi} = $ ＿＿ Hz。

及零點頻率 $f_Z = \dfrac{Z}{2\pi} = $ ＿＿ Hz。（題型：FET 低頻響應）

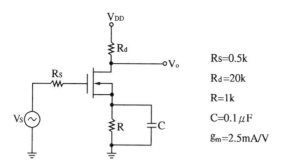

Rs=0.5k

Rd=20k

R=1k

C=0.1μF

gm=2.5mA/V

【79年二技電子】

解☞：

1.繪出低頻小訊號等效

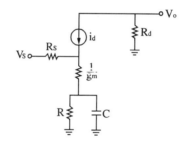

2.求 f_P

$$f_P = \frac{P}{2\pi} = \frac{1}{2\pi C\left(R//\dfrac{1}{g_m}\right)} = \frac{1}{2\pi C\dfrac{R}{1+g_mR}}$$

$$= \frac{1+g_mR}{2\pi RC} = \frac{1+（2.5m）（1K）}{（2\pi）（1K）（0.1\mu）} = 5568\,\mathrm{Hz}$$

3.求 f_Z

$$f_Z = \frac{Z}{2\pi} = \frac{1}{2\pi RC} = \frac{1}{（2\pi）（1K）（0.1\mu）} = 1591\,\mathrm{Hz}$$

10. 設某電晶體電路之高頻等效電路下圖所示。試問此電路之密勒（Miller）電容 $C_M = \underline{\quad(1)\quad}$。輸入阻抗 $Z_i = \underline{\quad(2)\quad}$。高頻3dB 截止頻率 $\omega_H = \underline{\quad(3)\quad}$。（**題型：密勒效應**）

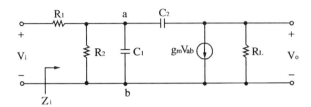

【76年二技電子】

解☞：

(1) $C_M = (1 - K) C_2 = (1 + g_m R_L) C_2$

(2) $Z_i = R_1 + R_2 // (\dfrac{1}{SC_i}) = R_1 + R_2 // \dfrac{1}{j\omega (C_1 + C_M)}$

(3) $\omega_H = \dfrac{1}{RC_T} = \dfrac{1}{(R_1 // R_2)(C_1 + C_M)}$

---

11. 下圖所示之半功率頻帶寬度（ – 3dB bandwidth ）為

(A) $4.8\,MHz$ (B) $1.6\,MHz$ (C) $2.4\,MHz$ (D) $0.8\,MHz$（**題型：半功率頻寬**）

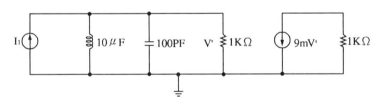

【74年二技電子】

解☞：(B)

觀念：半功率頻寬＝上三分貝頻率＝高頻主極點

$\therefore f_H = \dfrac{1}{2\pi RC} = \dfrac{1}{(2\pi)(1K)(100P)} = 1.6\,MHz$

題型變化

1. 下圖所示 FET CS 與 CD 放大器，求低端截止頻率 ω_L。（**題型：
FET Amp 的低頻響應**）

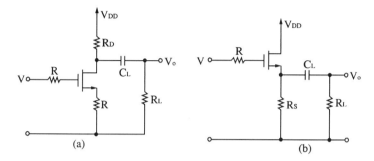

(a)　　　　　　　(b)

(1) CS Amp

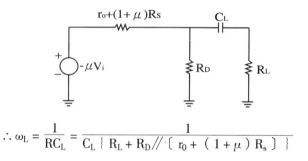

$$\therefore \omega_L = \frac{1}{RC_L} = \frac{1}{C_L \left\{ R_L + R_D // \left[r_0 + (1 + \mu) R_s \right] \right\}}$$

(2) CD Amp

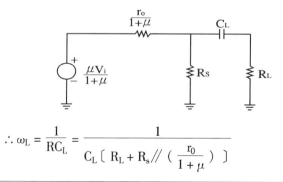

$$\therefore \omega_L = \frac{1}{RC_L} = \frac{1}{C_L \left[R_L + R_s // \left(\dfrac{r_0}{1 + \mu} \right) \right]}$$

2. 如下圖所示，$V_T = 2V$，$k = 0.25mA／V^2$，$C_{gd} = C_{gs} = C_{ds} = 1PF$，試求中頻電壓增益 A_{vo}，低 3dB 頻率 f_L 和高 3dB 頻率 f_H。（題型：FET Amp 的頻率響應）

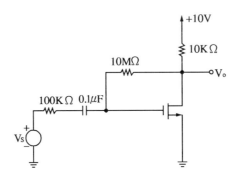

解☞：

一、直流分析

①電流方程式

$$I_D = K（V_{GS} - V_t）^2 = （0.25m）（V_{GS} - 2）^2$$

②含 V_{GS} 的電流方程式

$$V_{GS} = V_{DS} = V_{DD} - I_D R_D = 10 - （10K）I_D$$

③聯方程式①②得

$$I_D = 0.64mA，及 V_{GS} = V_{DS} = 3.6V$$

二、中頻分析

1. 求參數 g_m

$$g_m = 2k（V_{GS} - V_t）= （0.5m）（3.6 - 2）= 0.8mA／V$$

2.繪中頻小訊號等效（密勒效應）

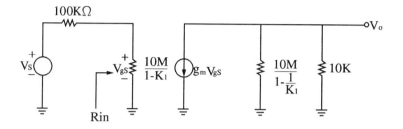

3.求 K_1（不含10MΩ時）

$$K_1 = \frac{V_o}{V_{gs}} = -g_m R_L = -(0.8m)(10k) = -8$$

$$\therefore A_{V_o} = \frac{V_o}{V_s} = \frac{V_o}{V_{gs}} \cdot \frac{V_{gs}}{V_s} = K_1 \cdot \frac{R_{in}}{100K + R_{in}} = -7.3$$

其中 $R_{in} = \frac{10M}{1 - K_1} = 1.11M\Omega$

三、低頻分析

1.低頻小訊號等效（只繪輸入部）

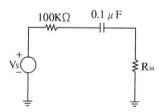

2. $\therefore f_L = \frac{\omega_L}{2\pi} = \frac{1}{2\pi RC} = \frac{1}{2\pi C(100K + R_{in})} = 1.3Hz$

四、高頻分析

1.高頻小訊號等效（只繪輸入部）

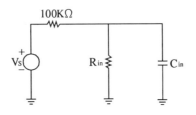

$$C_{in} = C_{gs} + C_{gd}\ (\ 1 - k_1\ )\ = 10PF$$

$$\therefore f_H = \frac{\omega_H}{2\pi} = \frac{1}{2\pi RC_{in}} = \frac{1}{2\pi C_{in}\ (\ 100K /\!/ R_{in}\ )} = 173.6KHz$$

9-3〔題型六十〕：BJT Amp 的頻率響應

考型131 BJT 參數及截止頻率和傳輸頻率

一、BJT 的混合兀模型

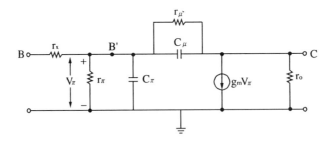

r_x：基極接點至基一射接面間之歐姆接觸的電阻值。（一般約為幾 Ω 至幾十 Ω 之間）

r_μ：集極接面在逆偏下等效電阻。（一般約 $10\beta r_0$，$r_\mu \approx 10\beta r_0$ 所以視為開路）

C_π：射極接面在順向偏壓下之電容效應，主要為擴散電容 C_D 所產生的。（一般的大小約幾 PF 至幾十 PF）

C_μ：集極接面在逆向偏壓下之電容效應，主要為過渡電容 C_T 所產生的。（一般的大小約零點幾 PF 至幾十 PF 之間。）

一般而言 $C_\pi > C_\mu$。

二、低頻模型

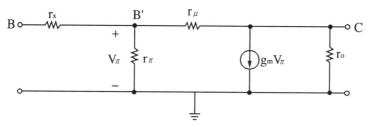

低頻模型參數之求法

$V_b = h_{ie} i_b + h_{re} V_c$

$I_c = h_{fe} i_b + h_{oe} V_c$

$h_{ie} = \left. \dfrac{V_b}{i_c} \right|_{v_c = 0}$

$\quad = r_x + r_\pi \mathbin{/\!/} r_\mu \cong r_x + r_\pi$（$r_\mu$ 很大）　　$g_m = \dfrac{I_c}{V_T}$

$h_{re} = \left. \dfrac{V_b}{V_c} \right|_{i_b = 0}$

$\quad = \dfrac{r_\pi}{r_\pi + r_\mu} \cong \dfrac{r_\pi}{r_\mu}$　　　　　　　　$r_\pi = \dfrac{h_{fe}}{g_m}$

$h_{fe} = \left. \dfrac{i_c}{i_b} \right|_{V_c = 0} = g_m r_\pi$　　　　　　　$r_x = h_{ie} - r_\pi$

$$h_{oe} = \frac{i_c}{V_c}\bigg|_{i_b=0} \lesssim \frac{1}{r_o} + \frac{\beta}{r_\mu} \qquad\qquad r_\mu = \frac{r_\pi}{h_{re}}$$

$$\beta = g_m r_\pi \qquad\qquad r_o = \left(h_{oe} - \frac{h_{fe}}{r_\mu}\right)^{-1} = \frac{V_A}{I_c}$$

三、高頻模型

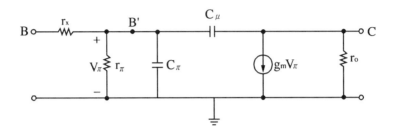

∵高頻時 C_μ 之電抗 $\ll r_\mu$，故 r_μ 可忽略。

四、截止頻率（ω_b）

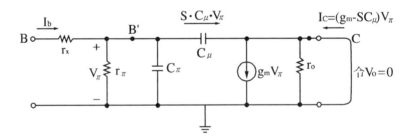

$$I_c = \left(g_m - SC_\mu\right)V_\pi$$

$$I_b = \left[\frac{1}{r_\pi} + S\left(C\pi + C_\mu\right)\right]V_\pi$$

$$\therefore h_{fe} = \frac{I_c}{I_b} = \frac{g_m - SC_\mu}{\dfrac{1}{r_\pi} + S\left(C_\pi + C_\mu\right)}$$

如果 $g_m \gg \omega C_\mu$

$$h_{fe} \lesssim \frac{g_m r_\pi}{1 + sr_\pi\left(C_\pi + C_\mu\right)} = \frac{\beta_o}{1 + sr_\pi\left(C_\pi + C_\mu\right)}$$

$$\omega_b = \frac{1}{r_\pi \ (\ C_\pi + C_\mu \ )}$$

五、討論

(1) h_{fe} 與頻率有關

(2) $\beta_o = g_m r_\pi$

(3) $\omega_b = \dfrac{1}{r_\pi \ (\ C_\pi + C_\mu \ )}$

(4) $\hat{f}_b = \dfrac{\omega_b}{2\pi} = \dfrac{1}{2\pi r_\pi \ (\ C_\pi + C_\mu \ )}$

(5) f_b 可視爲頻寬

六、BJT 的傳輸頻率（f_T）（ transmission frequency ）

(1) 又稱「單位增益頻率」（ unity gain frequency ）

(2) 一般 BJT 的 f_T 約爲 100MHz ~ 1000MHz

(3) f_T 會隨 I_c 而變

∵ $\omega \uparrow \Rightarrow h_{fe} \downarrow$

∴ 當 $\omega \uparrow \uparrow \uparrow$ 至 $h_{fe} = 1$ 時，此時的頻率

稱爲單位增益頻率（ f_T ）

(4) 公式推導

$$令 \left| h_{fe} \ (\ j\omega_P \ ) \right| = 1 = \left| \frac{\beta_o}{1 + \dfrac{j\omega_T}{\omega_b}} \right| = \frac{\beta_o}{\sqrt{1 + (\ \dfrac{\omega_T}{\omega_b} \ )^2}} \approx \frac{\beta_o}{\dfrac{\omega_T}{\omega_b}} = 1$$

所以 $\omega_T = \beta_o \omega_b \rightarrow f_T = \beta_o f_b$

故 $f_T = \beta_o f_b = \dfrac{\beta_o}{2\pi r_\pi \ (\ C_\pi + C_\mu \ )} = \dfrac{g_m}{2\pi \ (\ C_\pi + C_\mu \ )} = f_T$

① $\omega_T = \beta_o \omega_b = \dfrac{g_m}{C_\pi + C_\mu}$

② $f_T = \beta_o f_b = \dfrac{g_m}{2\pi \ (\ C_\pi + C_\mu \ )}$

③利用 f_T 求 C_π

    a. smith：$C_\pi = \dfrac{g_m}{2\pi f_T} - C_\mu$

    b. millman：let $C_\pi \gg C_\mu \Rightarrow f_T \approx \dfrac{g_m}{2\pi C_T}$

    c. JFET 之 f_T：$20\,MHz \sim 100\,MHz$

    d. MOS 之 f_T：$100\,MHz \sim 2\,GHz$

    e. MESFET 之 f_T：$5\,GHz \sim 15\,GHz$

(5) $\because f_T = \beta_o f_b =$（短路電流增益）・（頻寬）

所以 f_T 的另一定義為：

「短路電流增益與頻寬之乘積」

(6) ω_b 與 ω_T 之圖形

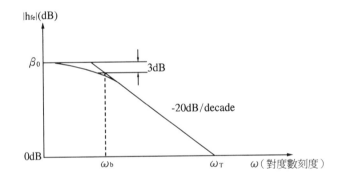

七、FET 傳輸頻率（f_T）

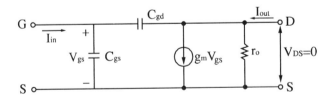

$$I_{out} \approx g_m V_{gs} = g_m I_{in} \cdot \frac{1}{S (C_{gs} + C_{gd})}$$

$$\Rightarrow \frac{I_{out}}{I_{in}} = \frac{g_m}{S (C_{gs} + C_{gd})}$$

$$\omega_T = \frac{g_m}{C_{gs} + C_{gd}}$$

考型132 BJT CE Amp 的低頻響應

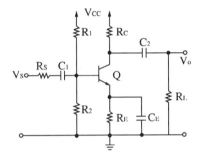

⇓小訊號等效圖

考法一：$C_E = \infty$ 時，$\frac{1}{SC_E} = 0$，採主極點近似法。可分成 STC 網路。

1. 由 C_{c1} 產生之 STC

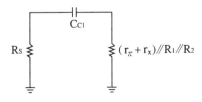

$$\therefore \omega_{P1} = \cfrac{1}{C_{c1}\left\{\, R_s + \left[\,(\,r_x + r_\pi\,)\,/\!/R_1/\!/R_2\,\right]\,\right\}}$$

2.由 C_{c2} 產生之 STC（C 端之 STC）

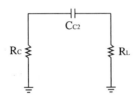

$$\therefore \omega_{P2} = \cfrac{1}{C_{c2}\,(\,R_c + R_L\,)}$$

3.取 ω_{P1}，ω_{P2} 之大4倍以上者爲 ω_L

4.求 A_M（C_{c1}，C_{c2} 短路）

$$A_M = \frac{V_o}{V_s} = \frac{V_o}{V_\pi} \cdot \frac{V_\pi}{V_b} \cdot \frac{V_b}{V_s}$$

$$= \frac{-g_m V_\pi\,(\,R_c/\!/R_L\,)}{V_\pi} \times \frac{r_\pi}{r_\pi + r_x} \times \frac{R_1/\!/R_2/\!/\,(\,r_x + r_\pi\,)}{R_s + \left[\,R_1/\!/R_2/\!/\,(\,r_x + r_\pi\,)\,\right]}$$

5.求 A_L（S）

$$A_L\,(\,S\,) \approx A_M \times \frac{S}{S + \omega_L}$$

考法二：$C_E \neq \infty \Rightarrow$ 採重疊定理

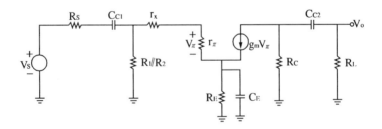

1.看 C_{c1} ，（ C_{c2} ， C_E 短路 ）

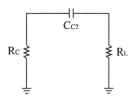

$$\therefore \omega_{P1} = \frac{1}{C_{c1}\left[\, R_s + (\, r_x + r_\pi\,) \,/\!/\, R_1 \,/\!/\, R_2\,\right]}$$

2.由 C_{c2} 產生之 STC（ C 端之 STC ）

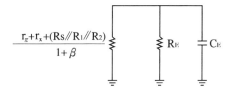

$$\therefore \omega_{P2} = \frac{1}{C_{c2}\left(\, R_c + R_L\,\right)}$$

3.只看 C_E ，（ C_{c1} ， C_{c2} 短路 ）

$$\therefore \omega_{P3} = \frac{1}{C_E\left[\, R_E \,/\!/\, \dfrac{r_\pi + r_x + (\, R_s \,/\!/\, R_1 \,/\!/\, R_2\,)}{1 + \beta}\,\right]}$$

4.求零點

$$S_{Z1} = 0 ， S_{Z2} = 0 ， S_{Z3} = \frac{1}{R_E C_E} = -\omega_{Z3}$$

5. 求 ω_L

$$\omega_L = \omega_{P1} + \omega_{P2} + \omega_{P3}$$

6. $A_H (S) = A_M T_{H_1} (S) T_{H_2} (S) T_{H_3} (S)$

$$= A_M \frac{(S + \omega_{Z1}) (S + \omega_{Z2}) (S + \omega_{Z3})}{(S + \omega_{P1}) (S + \omega_{P2}) (S + \omega_{P3})}$$

$$= A_M \frac{S^2 (S + \omega_{Z3})}{(S + \omega_{P1}) (S + \omega_{P2}) (S + \omega_{P3})}$$

考型133 BJT CE Amp 的高頻響應

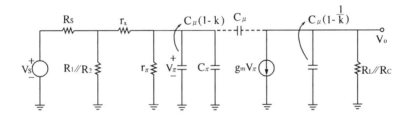

方法一：經密勒效應後，採主極點近似法

$$K = \left. \frac{V_o}{V_\pi} \right|_{中頻} = \frac{- g_m V_\pi (R_c /\!/ R_L)}{V_\pi} = - g_m (R_c /\!/ R_L)$$

1. 由 C_π 產生之 STC

$C_\pi + C_\mu (1-k)$

$[(Rs /\!/ R_1 /\!/ R_2) + r_x] /\!/ r_\pi$

$$\therefore \omega_{P1} = \frac{1}{\left[\, C_\pi + C_\mu\,(\,1-K\,)\,\right]\,\left\{\,\left[\,(\,R_s /\!/ R_1 /\!/ R_2\,) + r_x\,\right] /\!/ r_\pi\,\right\}}$$

2.由 $C_\mu\,(\,1-\dfrac{1}{K}\,)$ 產生之 STC

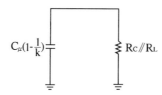

$$\therefore \omega_{P2} = \frac{1}{C_\mu\,(\,1-\dfrac{1}{K}\,)\,(\,R_c /\!/ R_L\,)}$$

3.取 ω_{P1}，ω_{P2}，之小四倍以上者為 ω_H，一般實際之電子電路

$\omega_{P1} \approx \omega_H$ 因為密勒效應→ω_{P1} 端電容大〔 $C_\pi + (\,1-K\,)\,C_\mu$ 〕

$$\therefore A_H\,(\,S\,) \approx A_M \frac{1}{1+\dfrac{S}{\omega_H}}$$

方法二：採重疊定理

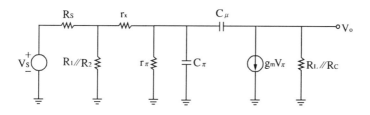

1.只看 C_π，（C_μ 開路）

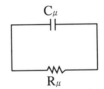

$[(Rs/\!/R_1/\!/R_2)+r_x]/\!/r_\pi$ ⌇ C_π

$$\therefore \omega_{P1} = \frac{1}{C_\pi\left[\, r_\pi /\!/\left(\, r_x + R_s /\!/ R_1 /\!/ R_2\,\right)\,\right]\}}$$

2.只看 C_μ，（C_π 開路）

C_μ

R_μ

$$\therefore \omega_{P2} = \frac{1}{C_\mu R_\mu}$$

3.R_μ 之求法

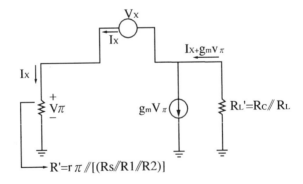

V_x

I_x $I_{x+g_mV\pi}$

I_x $^+_-V_\pi$ g_mV_π $R_L'=R_C/\!/R_L$

$\longrightarrow R'=r_\pi /\!/[(Rs/\!/R1/\!/R2)]$

其 $R_\mu = \dfrac{V_x}{I_x} = R' + R'_L + g_m R' R'_L = R' + （1 + g_m R'）R'_L$

4. 求 ω_H

$$\frac{1}{\omega_H} = \frac{1}{\omega_{P1}} + \frac{1}{\omega_{P2}}$$

考型134 射極隨耦器與源極隨耦器的頻率響應

一、射極隨耦器的頻率響應

(1)

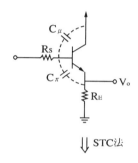

$$\Downarrow \text{STC法}$$

(2)

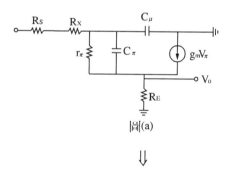

圖(a)

$$\Downarrow$$

(3)

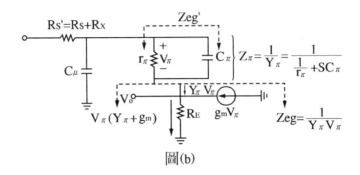

$$圖(b)$$

$$Z_{eq}' = Z_\pi + Z_{eq} = \frac{1}{Y_\pi} + \frac{V_o}{Y_\pi V_\pi}$$

$$= \frac{1}{Y_\pi} + \frac{(Y_\pi + g_m) V_\pi R_E}{Y_\pi V_\pi}$$

$$= \frac{1 + g_m R_E}{\dfrac{1}{r_\pi} + SC_\pi} + R_E = \frac{1}{\dfrac{1}{r_\pi (1 + g_m R_E)} + S \dfrac{C_\pi}{1 + g_m R_E}} + R_E$$

$$= \underbrace{\left[r_\pi (1 + g_m R_E) \middle/\!/ \underbrace{\frac{SC_\pi}{1 + g_m R_E}} \right] + \underbrace{R_E}}$$

大電阻　　　阻抗大　　很小，可忽略

所以圖(b)，可等效成圖(c)

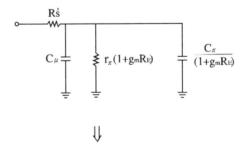

$$\Downarrow$$

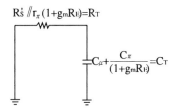

$$\therefore \omega_H = \frac{1}{C_T R_T}$$

$$= \frac{1}{\left[\,(1+g_m R_E)\,/\!/\,R_S{}'\,\right]\left[\,C_\mu + \dfrac{C_\pi}{1+g_m R_E}\,\right]} \approx \frac{1}{R_s{}'\left(\,C_\mu + \dfrac{C_\pi}{1+g_m R_E}\,\right)}$$

二、源極隨耦器的頻率響應

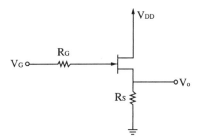

$$\left.\begin{array}{l}(1)\,r_\pi \rightarrow \infty \\[4pt] (2)\,R_s{}' \rightarrow R_G \\[4pt] 令\,(3)\,R_E \rightarrow R_S \\[4pt] (4)\,C_\mu \rightarrow C_{gd} \\[4pt] (5)\,C_\pi \rightarrow C_{gs}\end{array}\right\}同法，即求出$$

$$\omega_H = \frac{1}{R_G \left[\,C_{gd} + \dfrac{C_{gs}}{1+g_m R_s}\,\right]}$$

BJT CB Amp 的頻率響應

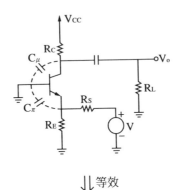

⇓等效

(1)

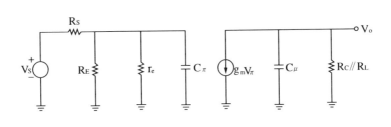

⇓等效

$R_{th}=R_S'=R_S /\!/ R_E /\!/ r_e$

V_{th}
$\dfrac{(R_E /\!/ r_e)V_S}{R_S+R_E /\!/ r_e}$
C_π

$R_C /\!/ R_L$ —o V_o

$g_m(R_C /\!/ R_L)V_\pi$
C_μ

$(3)A_H(S) = \dfrac{A_M}{\left(1+\dfrac{S}{\omega_{Pl}}\right)\left(1+\dfrac{S}{\omega_{P2}}\right)}$

其中

$$\omega_{P1} = \frac{1}{\tau_{in}} = \frac{1}{C_\pi \left[R_s // R_E // r_e \right]}$$

$$\omega_{P2} = \frac{1}{\tau_{out}} = \frac{1}{C_\mu \left(R_c // R_L \right)}$$

$$A_M = g_m \left(R_c // R_L \right) \frac{R_E // r_e}{R_S + R_E // r_e}$$

討論：

1. CB Amp 具有較大頻寬的理由：因無密勒效應

$$\left. \begin{cases} ①\text{input 只有 } C_\pi \text{ 且 } r_e \text{ 很小，所以 } \omega_{P1} \text{很大。} \\ ②\text{又 } C_\mu \text{ 很小，所以 } \omega_{P2} \text{亦很大} \end{cases} \right\} \Rightarrow \text{因此頻寬很大。}$$

2.

$$① \text{CE}：\omega_H = \frac{1}{\left[C_\pi + C_\mu \left(1 + g_m R'_L \right) \right] R'_s} \leftarrow \text{受 miller 效應影響}$$

$$② \text{CB}： \left. \begin{cases} \omega_{P1} = \dfrac{1}{\tau_{in}} = \dfrac{1}{C_\pi \left(R_E // r_e // R_s \right)} \\ \omega_{P2} = \dfrac{1}{\tau_{out}} = \dfrac{1}{C_\mu \left(R_c // R_L \right)} \end{cases} \right\} \leftarrow \text{不受 miller 效應影響}$$

$$③ \text{CC}：\omega_H = \frac{1}{\tau} \cong \frac{1}{R_S' \left[C_\mu + \dfrac{C_\pi}{1 + g_m R_E} \right]} \leftarrow \begin{cases} ①C_\mu - \text{端接地} \\ ②C_\pi：\text{miller 影響小} \end{cases}$$

歷屆試題

1. 下圖為一共射極放大器有下列之元件值： $r_i = 10k\Omega$，$C_{bc} = 2PF$，$R_b = 2k\Omega$，$C'_{be} = 200PF$，$r'_{bb} = 20\Omega$，$g_m = 0.5S$，$r'_{be} = 150\Omega$，$R_L = 200\Omega$，且 $R_C \gg R_L$，求出中頻增益（ midband gain ）及3dB（ 3dB frequency ）。（ 題型：BJT Amp 的高頻響應 ）

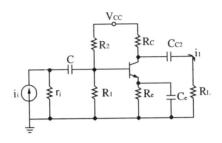

【85年二技電子保甄】

解☞：

一、求中頻增益

1.繪出完整小訊號等效電路

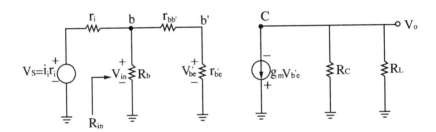

2.電路分析

$$\therefore A_m = \frac{V_o}{V_s} = \frac{V_o}{V_{b'e}} \cdot \frac{V_{b'e}}{V_{in}} \cdot \frac{V_{in}}{V_s}$$

$$= (-g_m)(R_c /\!/ R_L) \cdot (\frac{r_{b'e}}{r_{bb'} + r_{b'e}})(\frac{R_{in}}{R_{in} + r_i})$$

$$= (-0.5)(200)(\frac{150}{20 + 150})(\frac{156.7}{156.7 + 10k})$$

$$= -1.361$$

其中 $R_{in} = R_b /\!/ (r_{bb'} + r_{b'e}) = 2k /\!/ (20 + 150)$

$$= 156.7\Omega$$

二、高頻分析

1.高頻小訊號等效電路

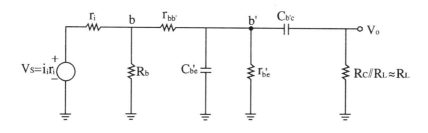

2.求 $K = \dfrac{V_o}{V_{gs}} = -g_m (R_C /\!/ R_L) = -g_m R_L$

$= (-0.5) (200) = -100$

$\therefore C_{in} = C_{b'e} + C_{b'c} (1 - k) = 200P + 2P (101) = 402pF$

$R_T = [\, r_{bb'} + (r_i /\!/ R_b) \,] /\!/ r_{b'e} = 137.78\Omega$

3.求 f_H

$\therefore f_H = \dfrac{\omega_H}{2\pi} = \dfrac{1}{2\pi R_T C_{in}} = \dfrac{1}{(2\pi) (137.78) (402P)}$

$= 2.874MHz$

2.下圖中，$C_b \to \infty$，$|V_{ce} (j\omega) / V_s (j\omega)|$ 之上截止（ Upper – 3dB cutoff ）頻率為

(1)(A)$1.24 \times 10^6 Hz$ (B)$7.80 \times 10^6 Hz$ (C)$1.75 \times 10^6 Hz$ (D)$1.00 \times 10^6 Hz$

(2)希望 $|V_{ce} (j\omega) / V_s (j\omega)|$ 之下截止（ Lower – 3dB Cutoff ）頻率為 10KHz，則 $C_b =$

(A)$0.056\mu F$　(B)$0.028\mu F$　(C)$0.014\mu F$　(D)$0.008\mu F$（**題型：CE Amp 的頻率響應**）

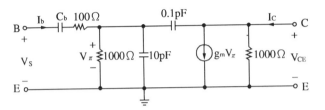

【82年二技電子】

解☞：1.(A)，2.(C)

(1) 1.用密勒效應，繪小訊號等效（高頻響應）

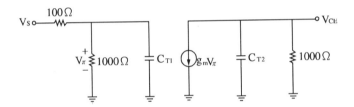

2.求 $K = \dfrac{V_o}{V_\pi} = -g_m\,(1000) = -40$

$C_{T_1} = 10P + 0.1P\,(1-K) = 10P + (0.1P)\,(41)$

$\qquad = 14.1pF$

$C_{T_2} = 0.1P\,\left(1 - \dfrac{1}{K}\right) = (0.1P)\,\left(1 + \dfrac{1}{41}\right) \cong 0.1pF$

3.求 f_H

$\therefore f_1 = \dfrac{\omega_1}{2\pi} = \dfrac{1}{2\pi R_1 C_{T_1}} = \dfrac{1}{2\pi\,(100 /\!/ 1000)\,(14.1P)}$

$\qquad = 1.24 \times 10^6 Hz$

$f_2 = \dfrac{\omega_2}{2\pi} = \dfrac{1}{2\pi R_2 C_{T_2}} = \dfrac{1}{(2\pi)\,(1000)\,(0.1P)}$

$\qquad = 1591 \times 10^6 H$

故 $f_H = f_l$

（一般而言，主極點均發生在輸入端）

⑵低頻分析

　　1.繪出低頻等效電路（輸入部）

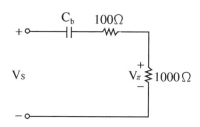

　　2.求 C_b

$$\because f_L = \frac{\omega_L}{2\pi} = \frac{1}{2\pi RC_b}$$

$$\therefore C_b = \frac{1}{2\pi Rf_L} = \frac{1}{(2\pi)(10K)(100+1000)} = 0.014\mu F$$

3.⑴有一共射極接地電晶體電路，其相關 π 參數為 $r_{b'e} = 200\Omega$，$R_L = 250\Omega$，$g_m = 0.6$（A／V），$C_{b'e} = 150pF$ 及 $C_{b'c} = 3pF$，試問此電路的 – 3dB 頻寬 f_H 為若干？

(A)1.74MHz　(B)5.2MHz　(C)1.32MHz　(D)2.65MHz

⑵若上題中的電晶體，其輸出埠（Output Port）為短路（即 $R_1 = 0$），則此時短路電流增益下降3dB 的頻寬 $f_B = $？

(A)2.65MHz　(B)1.75MHz　(C)265MHz　(D)5.2MHz（**題型：BJT Amp 的高頻分析**）

【83年二技電子】

解☞：1.(C)，2.(D)

(1) 1.高頻小訊號等效電路（輸入部）

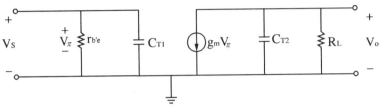

2.求 $K = \dfrac{V_o}{V_\pi}$

$$K = \dfrac{V_o}{V_\pi} = -g_m R_L = (-0.6)(250) = -150$$

$$C_{T_1} = C_{b'e} + C_{b'c}(1-K) = 150P + (3P)(151) = 603pF$$

3.求 f_H

$$f_H = \dfrac{\omega_H}{2\pi} = \dfrac{1}{2\pi r_{b'e} C_{T_1}} = \dfrac{1}{(2\pi)(200)(603P)} = 1.32MHz$$

(2) $\because \omega_B = \dfrac{1}{r_\pi(C_\pi + C_\mu)} = \dfrac{1}{r_{b'e}(C_{b'e} + C_{b'c})}$

$$\therefore f_B = \dfrac{\omega_B}{2\pi} = \dfrac{1}{2\pi r_{b'e}(C_{b'e} + C_{b'c})} = 5.3MHz$$

4.(1)有一電晶體在電流增益 $|A_I| = 1$ 時，其增益頻寬積為 $f_T = 100MHz$，若此電晶體在中頻設的電流增益 $h_{fe} = 200$，試問其 – 3dB 頻寬 f_B = ？

　　(A)50KHz　(B)20GHz　(C)500KHz　(D)20MHz

(2)若上題中之電晶體被使用在頻寬為10MHz 的範圍，其電流塭 h_{fe} 為若干？(A)10　(B)100　(C)1000　(D)10000（**題型：BJT 的傳輸頻率**）

【83年二技電子】

解 ☞：1.(C)，2.(A)

   (1) $\because f_T = \beta_o f_B = h_{fe} f_B$

     $\therefore f_B = \dfrac{f_T}{h_{fe}} = \dfrac{100M}{200} = 500KHz$

   (2) $h_{fe} = \dfrac{f_T}{f_B} = \dfrac{100M}{10M} = 10$

5.一高頻共射（CE）放大器的 $g_m = 7mS（S = \Omega^{-1}）$，$R_L = 1.3k\Omega$，基一集間電容 $C_{bc} = 3pF$，則密勒（Miller）電容量約等於

  (A)12pF (B)21pF (C)30pF (D)42pF。**（題型：密勒效應）**

【81年二技】

解 ☞：(C)

  1.求 $K = \dfrac{V_o}{V_\pi}$

    $K = \dfrac{V_o}{V_\pi} = -g_m R_L = （-7m）（1.3k）= -9.1$

  2.求 C_M

    $C_M = C_{b'c}（1-k）= （3P）（10.1）= 30.3pF$

6.下圖在頻率趨近於零時，h_{FE}為

  (A)40 (B)80 (C)60 (D)100。**（題型：BJT 頻率響應）**

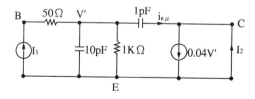

【74年二技電子】

解☞：(A)

　　1.f≈0⇒電容視為斷路

　　∴$I_2 = 0.04V' = （0.04）（1K）I_1 = 40I_1$

　　∴$h_{FE} = \left| \dfrac{I_2}{I_1} \right| = 40$

7.上題中$\left| I_{C_\mu} \right| \ll 40（10^{-3}）V'$，則當$\left| I_2 \right| \Big/ \left| I_1 \right|$為$0.707A_{I,mid}$時，頻率
　　是

　　(A)14.5MHz　(B)20MHz　(C)10.5MHz　(D)55MHz。　　【74年二技電子】

　　解☞：(A)

　　$\left| \dfrac{I_2}{I_1} \right| = 0.707A_{IM} = \dfrac{A_{IM}}{\sqrt{2}}$

　　此時所對應的，即為f_H

　　∴$f_H = \dfrac{\omega_H}{2\pi} = \dfrac{1}{2\pi RC_T} = \dfrac{1}{2\pi（1K）（10P+1P）} = 14.5MHz$

8.f_T是電晶體共射極工作時，輸出短路下：

　　(A)電流增益與頻帶寬度之乘積

　　(B)量參數時設定之頻率

　　(C)該電晶體可用頻率範圍與溫度之關係函數

　　(D)以上皆非（**題型：傳輸頻率**）

【73年二技電子】

　　解☞：(A)

9.一共射極放大器之互導$g_m = 6280\mu\mho$，$C_{be} = 100p.f.$則其短路電流增
　　益與帶寬之乘積約可估計為多少？（**題型：傳輸頻率**）

【66年二技】

解☞：

$$f_T = \beta_o f_B = \frac{g_m}{2\pi\left(C_\pi + C_\mu\right)} = \frac{g_m}{2\pi\left(C_{be} + C_{bc}\right)} \approx \frac{g_m}{2\pi C_{be}}$$

$$= \frac{\left(6280\mu\right)}{\left(2\pi\right)\left(100P\right)} = 10\text{MHz}$$

註：一般而言 $C_\pi \gg C_\mu$ 即 $C_{be} \gg C_{bc}$

題型變化

1.下圖 BJT 電路中，C_π 和 C_μ 分別代表基極到射極和基極到集極電容

  ⑴利用密勒定理，求出輸入電容 C_{in}。

  ⑵若 R_E 降低，則對頻率響應有何影響？試解釋之。（**題型：CE Amp 的密勒效應**）

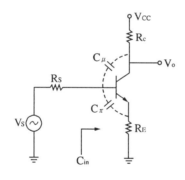

解☞ :

(1) 1.繪出密勒效應之等效圖

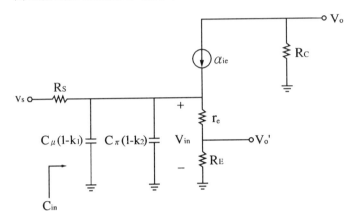

2.求不含 C_μ 時的 $K_1 = \dfrac{V_o}{V_{in}}$

$$K_1 = \frac{V_o}{V_{in}} = \frac{-\alpha R_c}{r_e + R_E}$$

3.求不含 C_π 時的 $K_2 = \dfrac{V_o{}'}{V_{in}}$

$$K_2 = \frac{V_o{}'}{V_{in}} = \frac{\alpha R_E}{r_e + R_E}$$

4.求 C_{in}

$$C_{in} = C_\mu\left(1-k_1\right) + C_\pi\left(1-k_2\right) = C_\mu\left(1+\frac{\alpha R_c}{r_e+R_E}\right) +$$

$$C_\pi\left(1-\frac{\alpha R_E}{r_e+R_E}\right)$$

(2)由上式結果知，若降低 R_E，則 C_{in}增加，導致 $\omega_H = \dfrac{1}{RC_{in}}$的頻率

降低，即頻寬減小。故知 R_E 降低，照成高頻響應不佳，但卻

增加電壓增益。

2.下圖所示電路 $\beta = 110$，$r_b = 50\Omega$，$C_\pi = 60pf$，$C_\mu = 5pf$，(1)試繪出高頻等效電路。(2)求高頻3dB 截止頻率。(3)預估步級響應之上升時間 t_γ。（**題型：CE Amp 的頻率響應及步級響應**）

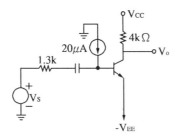

解☞：

(1)高頻等效電路（密勒效應）

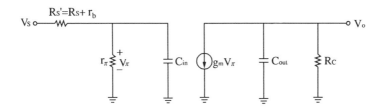

$$C_{in} = C_\pi + C_\mu\ (\ 1 - k\ )\ = C_\pi + C_\mu\ (\ 1 + g_m R_C\ )$$

$$C_{out} = C_\mu\ (\ 1 - \frac{1}{k}\ )$$

求參數

①$g_m = \dfrac{I_C}{V_T} = \dfrac{\beta I_B}{V_T} = \dfrac{(\ 110\ )\ (\ 20\mu A\ )}{25mV} = 88mA ／ V$

②$r_\pi = \dfrac{\beta}{g_m} = 1.25k\Omega$

③$k = - g_m R_C = - 352$

④$C_{in} = 1825PF$，$C_{out} \cong C_\mu = 5PF$

(2)求 f_H

$$f_H = f_{P_1} = \frac{1}{(2\pi) C_{in} (r_\pi // R'_s)}$$

$$= \frac{1}{(2\pi)(1825P)(1.25K // 1.305K)} = 137kHz$$

(3)求 t_r

$$t_r = \frac{0.35}{f_H} = \frac{0.35}{137k} = 2.55\mu sec$$

3.如下圖所示電路,電晶體:$\beta = 100$,$C_\mu = 2pF$,$f_T = 400MHz$,試求 A_M 與 f_H。(題型:BJT Amp 中高頻分析)

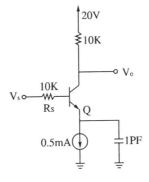

解☞:

(1)求 A_M

1.繪小訊號等效圖

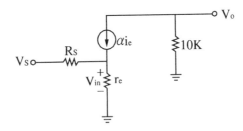

2.求參數

$$\because r_e = \frac{V_T}{I_e} = \frac{25mV}{0.5mA} = 50\Omega \;,\; \alpha = \frac{\beta}{1+\beta} = \frac{100}{101} \;,$$

$$g_m = \frac{I_C}{V_T} = 20mA / V \;,\; r_\pi = (1+\beta) r_e = 5k\Omega$$

$$\therefore A_M = \frac{V_o}{V_s} = \frac{V_o}{V_{in}} \cdot \frac{V_{in}}{V_s} = \frac{-\alpha R_c}{r_e} \cdot \frac{(1+\beta) r_e}{(1+\beta) r_e + R_s} = -66.7$$

(2)求 f_H

　1.求 C_π

$$\because f_T = \frac{g_m}{2\pi(C_\pi + C_\mu)} = \frac{20m}{2\pi(C_\pi + 2P)} = 400MHz$$

$$\therefore C_\pi = 6PF$$

　2.高頻小訊號等效圖（輸入端）

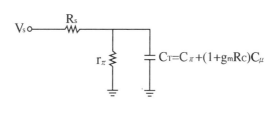

$$\therefore f_H = \frac{\omega_H}{2\pi} = \frac{1}{(2\pi)(R_s // r_\pi) C_T} = 117KHz$$

4.利用電晶體的近似模型於下圖中電路：

　(1)求低3dB 頻率 f_L。

　(2)欲使輸出傾斜率小於1%，輸入方波的最小頻率為何？（**題型：**

　BJT Amp 頻率響應）

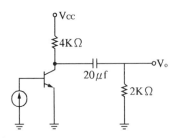

解☞：

1.繪小訊號等效圖

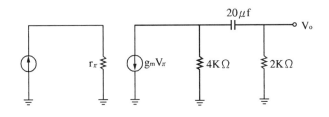

$$f_L = \frac{\omega_L}{2\pi} = \frac{1}{2\pi RC} = \frac{1}{(2\pi)(20\mu)(4K+2K)} = 1.33Hz$$

2.依題意知

傾斜率 $P = \frac{\pi f_L}{f} \times 100\% \leq 1\%$

$$\therefore f \geq \frac{\pi f_L}{0.01} = \frac{(\pi)(1.33)}{0.01} = 417.6Hz$$

5.某一射極追隨器如下圖所示，其電晶體規格：$f_T = 400MHz$，$C_\mu = 2pF$，$g_m = 40mA／V$，$r_b = 100\Omega$ 且 $\beta_o = 100$。試求：高3dB 截止頻率 f_H。（題型：CC Amp 的高頻響應）

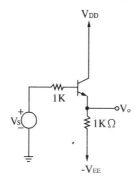

解☞:

1.由〔考型134〕知，其等效圖可化爲

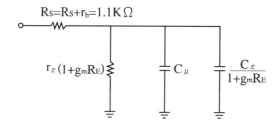

2.求參數

① $\because f_T = \dfrac{g_m}{2\pi\,(\,C_\pi + C_\mu\,)} = \dfrac{40m}{(\,2\pi\,)\,(\,C_\pi + 2P\,)} = 400\text{MHz}$

$\therefore C_\pi = 13.9\text{PF}$ ，

$C_{in} = C_\mu + \dfrac{C_\pi}{1 + g_m R_E}$

$= 2P + \dfrac{13.9P}{1 + (\,40m\,)\,(\,1k\,)} = 2.34\text{PF}$

② $r_\pi = \dfrac{\beta_o}{g_m} = \dfrac{100}{40m} = 2.5\text{k}\Omega$

3.求 f_H

$$f_H = \frac{\omega_H}{2\pi} = \frac{1}{(2\pi)\left[R'_s // r_\pi(1 + g_m R_E)\right]C_{in}}$$

$$= \frac{1}{(2\pi)\left[1.1k // 102.5k\right](2.34P)} = 62.5MHz$$

6.考慮下圖電路中，電晶體參數如下

$r_\pi = 1k\Omega$ $\beta = 99$ $C_\pi = 100pF$ $C_\mu = 5pF$ $r_O = \infty$

求：(1)中頻增益 A_v；(2)低頻3dB 頻率 f_L；(3)高頻3dB 頻率 f_H。（題型：CE Amp 的頻率響應）

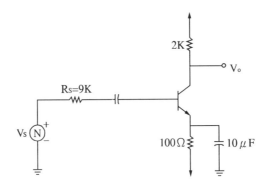

解☞：

(1)中頻分析

　　1.繪中頻等效圖

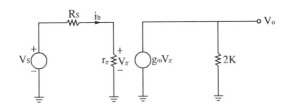

　　2.求 A_v

$$A_v = \frac{V_o}{V_s} = \frac{V_o}{V_\pi} \cdot \frac{V_\pi}{V_s} = (-g_m)(2k)(\frac{r_\pi}{r_\pi + R_s})$$

$$= (-99m)(2K)(\frac{1K}{1K + 9K}) = -19.8$$

$$g_m = \frac{\beta}{r_\pi} = \frac{99}{1k} = 99m\mho$$

(2)低頻分析

1.繪低頻等效圖

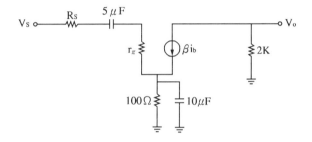

2.用重疊法（STC 短路法）

①由5μF 產生的極點

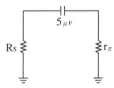

$$\therefore \omega_{P_1} = \frac{1}{(5\mu)(9K + 1K)} = 20rad/sec$$

②由10μF 產生的極點

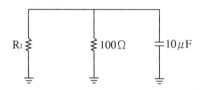

$$R_1 = \frac{R_s + r_\pi}{1 + \beta} = \frac{9K + 1K}{100} = 100$$

$$\therefore \omega_{P_2} = \frac{1}{10\mu \ (\ 100 /\!/ R_1\ )} = \frac{1}{(\ 10\mu\ )\ (\ 50\ )} = 2000\text{rad} / \sec$$

③求 f_L

$$\therefore f_L = \frac{\omega_L}{2\pi} = \frac{1}{2\pi}\ (\ \omega_{P_1} + \omega_{P_2}\ ) = \frac{2020}{2\pi} = 321.5\text{Hz}$$

⑶高頻分析

1.繪高頻小訊號等效（密勒等效）

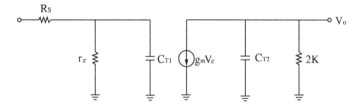

2.求參數

$$K = \frac{V_o}{V_\pi} = (\ -g_m)(2k) = (\ -99m)(2k) = -198$$

$$\therefore C_{T_1} = C_\pi + (1 - K)C_\mu = 100P + (199)(5P) = 1095PF$$

$$C_{T_2} = C_\mu \ (\ 1 - \frac{1}{K}\ ) \approx C_\mu = 5PF$$

3.求 f_H

$$\omega_1 = \frac{1}{C_{T_1}\ (\ R_s /\!/ r_\pi\ )} = \frac{1}{(\ 1095p\ )\ (\ 9k /\!/ 1k\ )}$$

$$= 1.015 \text{Mrad} / \text{sec}$$

$$\omega_2 = \frac{1}{C_{T_2}(2K)} = \frac{1}{(5P)(2K)} = 100 \text{Mrad} / \text{sec}$$

$$\therefore f_H = \frac{\omega_1}{2\pi} = \frac{1.015M}{2\pi} = 0.16 \text{MHz}$$

---

7. 某一電晶體偏壓於 $I_c = 1\text{mA}$，測得下列參數：$h_{ie} = 2.6\text{k}\Omega$，$h_{fe} = 100$，$h_{re} = 0.5 \times 10^{-4}$，$h_{oe} = 1.2 \times 10^{-5}\text{A} / \text{V}$。試求出混合 π 模型的低頻模型參數及 V_A。 （題型：BJT 完整模型）

$$g_m = \frac{I_c}{V_T} = \frac{1}{25} = 40 \text{mA} / \text{V}$$

$$r_\pi = \frac{h_{fe}}{g_m} = \frac{100}{40} = 2.5 \text{k}\Omega$$

$$r_x = h_{ie} - r_\pi = 2.6 - 2.5 = 0.1 \text{k}\Omega$$

$$r_\mu = \frac{r_\pi}{h_{re}} = \frac{2.5\text{k}\Omega}{0.5 \times 10^{-4}} = 50 \text{M}\Omega$$

$$r_o = \left(h_{oe} - \frac{h_{fe}}{r_\mu} \right)^{-1} = \left(1.2 \times 10^{-5} - \frac{100}{50 \times 10^6} \right)^{-1} = 100 \text{k}\Omega$$

$$r_o = \frac{V_A}{I_C}$$

$$V_A = r_o I_C = 100\text{V}$$

---

8. 已知 BJT 的 $h_{fe} = 100$，$C_\mu = 2\text{pF}$，$f_T = 400\text{MHz}$。試求：兩個高頻極點頻率，並求出高3dB 截止頻率。 （題型：CB Amp 的頻率響應）

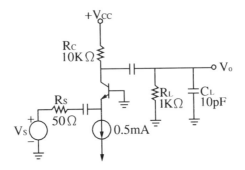

解☞ ：

1.繪出高頻等效電路

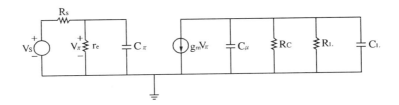

2.求參數

$$r_e = \frac{V_T}{I_E} = \frac{25mV}{0.5mA} = 50\Omega$$

$$g_m \approx \frac{1}{r_e} = 20mV / A$$

$$f_T = \frac{g_m}{2\pi\left(C_\pi + C_\mu\right)} = \frac{20m}{\left(2\pi\right)\left(2P + C_\pi\right)} = 400MHz$$

$$\therefore C_\pi = 6PF$$

3.求極點

$$f_{P_1} = \frac{\omega_{P_1}}{2\pi} = \frac{1}{\left(2\pi\right)C_\pi\left(r_e // R_S\right)} = 1061MHz$$

$$f_{p_1} = \frac{\omega_{p_1}}{2\pi} = \frac{1}{(2\pi)(R_C // R_L)(C_\mu + C_L)} = 14.6\text{MHz}$$

$$\therefore f_H = f_{p_2} = 14.6\text{MHz}$$

9-4〔題型六十一〕：多級放大器(Cascode)的頻率響應

考型136 串疊放大器（CE＋CB）的頻率響應

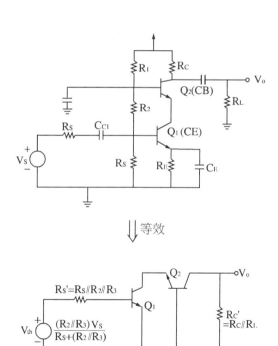

⇩等效

⇩小訊號等號

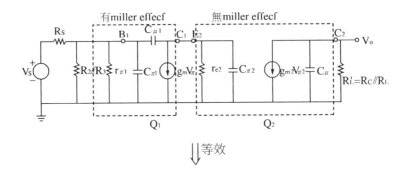

⇓等效

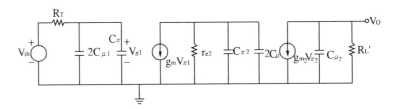

一、$V_{th} = \dfrac{(\ R_2 /\!/ R_3 /\!/ r_{\pi_1}\ )\ V_S}{R_S + (\ R_2 /\!/ R_3 /\!/ r_{\pi_1}\ )}$

二、$R_T = R_S /\!/ R_2 /\!/ R_3 /\!/ r_{\pi_1} \approx R_S /\!/ r_{\lambda_1}$

三、$\omega_{P_1} \approx \dfrac{1}{(\ C_{\pi_1} + 2C_{\mu_1}\ )(\ r_{\pi_1} /\!/ R_S\ )}$ ←input

四、$\omega_{P_2} \approx \dfrac{1}{(\ C_{\pi_2} + 2C_{\mu_1}\ )\ r_{e_2}}$ ←通常爲最大，所以不考慮

五、$\omega_{P_3} \approx \dfrac{1}{C_{\mu_2} R'_L}$ ←output

六、整理

  1.型一：$\omega_{P_1} \ll \omega_{P_2}, \omega_{P_3} \rightarrow \omega_H = \omega_{P_1}$

  2.型二：$\omega_{P_3} \ll \omega_{P_1}, \omega_{P_2} \rightarrow \omega_H = \omega_{P_3}$

  3.型三：$\omega_{P_1}, \omega_{P_3} \ll \omega_{P_2} \rightarrow \omega_H = $ 代入近似主極點公式

4.Q：$R_{o_1} \approx r_{e_2}$

因為 r_{e_2} 極小，所以可降低 Q_1 的密勒效應，而且 Q_2 並無密勒效應，故對整個系統而言，頻寬極大。

考型137 CC + CE 串接放大器

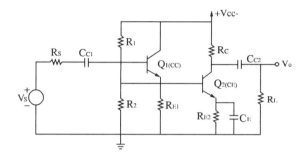

⇓ 戴維寧等效

一、

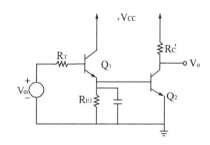

⇓ 小訊號等效

二、

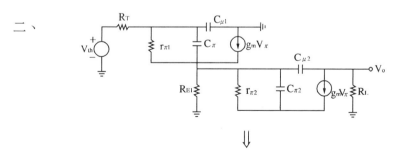

⇓

三、

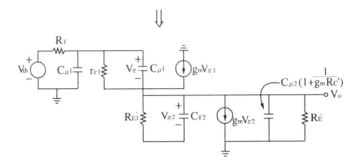

四、

1. $V_{th} = \dfrac{(R_1 /\!/ R_2) V_S}{R_1 /\!/ R_2 + R_s}$

2. $R_T = R_S /\!/ R_1 /\!/ R_2$

3. $R_E' = R_{E_1} /\!/ r_{\pi_2}$

4. $C_{T_2} = C_{\pi_2} + C_{\mu_2}(1 + g_m R'_L)$

5. $R_C' = R_C /\!/ R_L$

五、用重疊法→開路 STC 法（求高頻）

1. 由 C_{π_1}

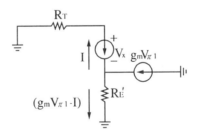

(1) $I R_T = V_x + (g_m V_{\pi_1} - I) R_E'$

$(2) \therefore R_x = \dfrac{V_x}{I} = \dfrac{R_T + R_E{}'}{1 + g_m R_E{}'}$

$(3) \therefore R_{\pi_1} = r_{\pi_1} /\!/ R_x = r_{\pi_1} /\!/ \dfrac{R_T + R_E{}'}{1 + g_m R_E{}'}$

$(4) \therefore \omega_{P_1} = \dfrac{1}{C_{\pi_1} R_{\pi_1}}$

2. from C_{μ_1}

$R_2 = R_T /\!/ \left[\, r_{\pi_1} + (\,1 + \beta\,)\, R_E{}' \,\right]$

$\omega_{P_2} = \dfrac{1}{C_{\mu_1} R_2}$

3. from C_{T_2}

$R_3 = R_E{}' /\!/ \dfrac{r_{\pi_1} + R_T}{1 + \beta}$

$\omega_{P_3} = \dfrac{1}{C_{T_2} R_3}$

4. from C_{μ_2}

$R_4 = R_C{}'$

$\omega_{P_4} = \dfrac{1}{C_{\mu_2} R_4}$

5. $\dfrac{1}{\omega_H} = \dfrac{1}{\omega_{P_1}} + \dfrac{1}{\omega_{P_2}} + \dfrac{1}{\omega_{P_3}} + \cdots\cdots$

6. 討論

$(1) \because Q_1$之集極接地

$\Rightarrow C_{\mu_1}$沒被放大

$$\Rightarrow \omega_{P_2} \uparrow \uparrow$$

(2) Q_2 提高 A_v 但具有 miller effect

(3) $\because Q_1$ 之 $R_{01} = R_3$ 很低 $\Rightarrow$ 補償 miller effect

(4) $\therefore$ 仍維持 BW $\uparrow \uparrow$

考型138 雙端輸入的差動放大器頻率響應

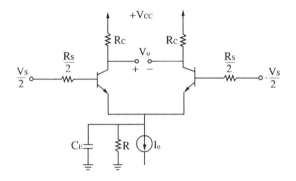

一、差模半電路

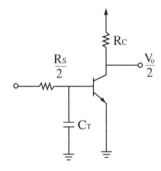

$$\Rightarrow \begin{cases} f_{H(DM)} \approx \dfrac{1}{2\pi C_T \left(r_\pi // \dfrac{R_S}{2} \right)} \\ C_T = C_\pi + C_\mu \left(1 + g_m R_C \right) \end{cases}$$

二、共模半電路

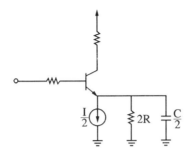

1.求零點（令 $V_o = 0$，$Z_E = \infty$ ）

(1)$Z_E = R_E // \dfrac{1}{SC_E}$

(2)$\therefore \omega_Z = \dfrac{1}{R_E C_E} = \dfrac{1}{(2R)\left(\dfrac{C}{2}\right)} = \dfrac{1}{RC}$

(3)$f_{Z(CM)} = \dfrac{1}{2\pi RC} \Rightarrow R\uparrow\uparrow \Rightarrow f_Z\downarrow\downarrow$

(4)$CMRR = 20\log\left|\dfrac{A_{DM}}{A_{CM}}\right| = 20\log|A_{DM}| - 20\log|A_{CM}|$（如圖）

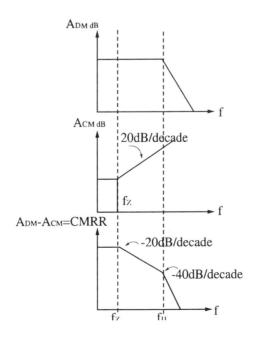

$(5) f_{P_1 \,(\, CMRR \,)} = f_{Z \,(\, CM \,)} = \dfrac{1}{2\pi RC}$

$(6) f_{P_2 \,(\, CMRR \,)} = f_{H \,(\, DM \,)} = \dfrac{1}{2\pi C_T \left(r_\pi /\!/ \dfrac{R_S}{2} \right)}$

考型139 單端輸入的差動放大器頻率響應

一、

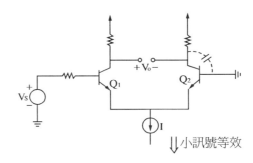

⇩小訊號等效

二、

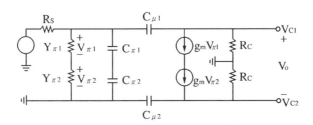

三、直流分析

1. $\because V_{BE_1} = V_{BE_2} = V_{BE}$

2. $I_{C_1} = I_{C_2} = I_C$

$\Rightarrow I_{E_1} = I_{E_2} = I_E = \dfrac{I}{2}$

$$3.\begin{cases} r_{e_1} = r_{e_2} = r_e = \dfrac{V_T}{I_E} \\ r_{\pi_1} = r_{\pi_2} = r_\pi = (1+\beta)\, r_e \\ g_{m_1} = g_{m_2} = g_m = \dfrac{I_C}{V_T} \end{cases}$$

$$4.\because V_{\pi_1}\left[\frac{1}{r_\pi} + SC_\pi + g_m\right] + V_{\pi_2}\left[\frac{1}{r_\pi} + SC_\pi + g_m\right] = 0$$

$$\therefore V_{\pi_1} = -V_{\pi_2}$$

四、

1.小訊號分析

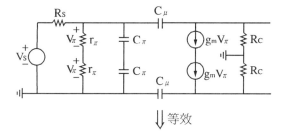

⇓等效

2.

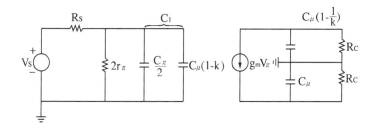

3.求 A_M

$$A_M = \frac{V_o}{V_1} \cdot \frac{V_1}{V_s} = \frac{-\alpha R_C}{r_e}\frac{R_{in}}{R_{in} + R_s} = -g_m R_c \frac{(1+\beta)\,2r_e}{R_s + (1+\beta)(2r_e)}$$

$$= \frac{- g_m R_C \left(2r_\pi \right)}{R_s + 2r_\pi}$$

4.求極點

(1)from $\frac{C_\pi}{2} \rightarrow \omega_{P_1} = \dfrac{1}{C_1 \left(R_s /\!/ 2r_\pi \right)}$

$$C_1 = \frac{C_\pi}{2} + C_\mu \left(1 - K \right)$$

(2)from $C_\mu \rightarrow \omega_{P_2} = \dfrac{1}{R_C C_\mu}$

(3)from $C_\mu \left(1 - \dfrac{1}{k} \right) \rightarrow \omega_{P_3} = C_\mu \left(1 - \dfrac{1}{k} \right) R_C$

比較大小，
即可求出主極點

考型140 寬頻差動放大器頻率響應

一、

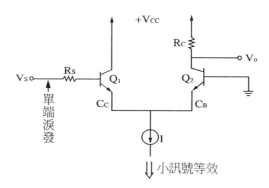

二、

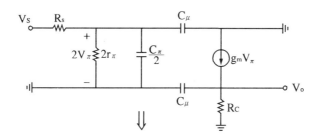

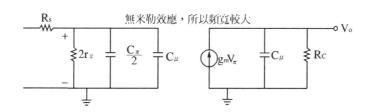

無米勒效應，所以頻寬較大

三、$A_H (S) = \dfrac{A_M}{\left(1 + \dfrac{S}{\omega_{P_1}} \right) \left(1 + \dfrac{S}{\omega_{P_2}} \right)}$

四、$\omega_{P_1} = \dfrac{1}{\tau_{in}} = \dfrac{1}{\left(C_\mu + \dfrac{C_\pi}{2} \right) \left(R_S // 2r_\pi \right)}$

五、$\omega_{P_2} = \dfrac{1}{\tau_{out}} = \dfrac{1}{C_\mu R_C}$

六、$A_M = g_m R_C \cdot \dfrac{2r_\pi}{R_S + 2r_\pi}$

考型141 多級放大器頻率響應

一、$A_{H_1} = \dfrac{A_{M_1}}{1 + j\dfrac{f}{f_m}}$ ， $A_{H_2} = \dfrac{A_{M_2}}{1 + j\dfrac{f}{f_m}}$

二、$A_H^* = \dfrac{V_o}{V_I} = A_{H_1} \cdot A_{H_2} \cdots\cdots$

三、$|A_H^*| = \dfrac{A_{H_1} \cdot A_{H_2} \cdots\cdots}{\sqrt{1 + \left(\dfrac{f_H^*}{f_{H_1}}\right)^2} \cdots\cdots \sqrt{1 + \left(\dfrac{f_H^*}{f_{H_n}}\right)^2}} = \dfrac{A_m^*}{\sqrt{2}}$

$\therefore \left[1 + \left(\dfrac{f_H^*}{f_{H_1}}\right)^2\right]\left[1 + \left(\dfrac{f_H^*}{f_{H_2}}\right)^2\right] \cdots\cdots \left[1 + \left(\dfrac{f_H^*}{f_{H_n}}\right)^2\right] = 2$

四、若 $f_{H_1} = f_{H_2} = \cdots\cdots = f_{H_n} \rightarrow \left[1 + \left(\dfrac{f_H^*}{f_{H_n}}\right)^2\right]^n = 2$

$\Rightarrow \dfrac{f_H^*}{f_H} = \sqrt{2^{1/n} - 1} \rightarrow \boxed{f_H^* = \sqrt{2^{1/n} - 1}\, f_H} \Rightarrow f_H^* < f_H$

五、同理

$\boxed{f_L^* = \dfrac{f_L}{\sqrt{2^{1/n} - 1}}} \Rightarrow f_L^* > f_L$

六、單級與多級放大器的比較

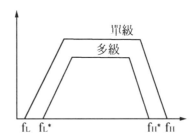

歷屆試題

1. 考慮下圖所示的 CMOS 放大器，若 $I_{bias} = 10\mu A$，且 Q_1 的特性為 μC_{ox} $= 20\mu A／V^2$，$V_A = 50V$，$W／L = 64$，$C_{gd} = 1pF$，且 Q_2 的特性為 $C_{gd} = 1pF$，$V_A = 50V$，假設輸出端有 1pF 的寄生電容。Q_1 的 g_m 為 (A)$80\mu A／$ V　(B)$113\mu A／V$　(C)$160\mu A／V$　(D)$320\mu A／V$。**（題型：以電流鏡偏壓的 BS Amp 之頻率響應）**

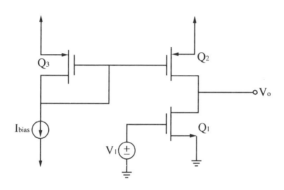

【80年二技】

解☞：(C)

$$K = \frac{1}{2}(\mu C_{ox})(\frac{W}{L}) = \frac{1}{2}(20\mu)(64) = 0.64mA／V^2$$

$$\therefore g_m = 2\sqrt{kI_D} = 2\sqrt{kI_{bias}} = 2\sqrt{(0.64m)(10\mu)} = 160\mu A／V$$

---

2. 上題 1.中此放大器的等效輸出電阻為 (A)$1.25M\Omega$　(B)$2.5M\Omega$　(C)$5M\Omega$ (D)$10M\Omega$ 【80年二技】

解☞：(B)

1.由輸入端看入的等效圖

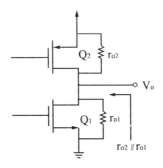

$$r_{01} = r_{02} = r_0 = \frac{V_A}{I_C} = \frac{50}{10\mu} = 5M\Omega$$

$$\therefore R_{out} = r_{01} /\!/ r_{02} = 5M /\!/ 5M = 2.5M\Omega$$

3.題 1.中其轉移函數 $V_o /\!\!/ V_i$ 的零點（zero）為(A)18MHz　(B)25.5MHz　(C)36MHz　(D)51.0MHz　　　　　　　　　【80年二技】

解☞：(B)

1.小訊號等效圖

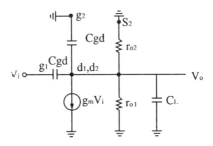

2.節點分析法求轉移函數

$$(\frac{1}{r_{0_1}} + \frac{1}{r_{0_2}} + SC_{gd} + SC_{gd} + SC_L) V_o = (SC_{gd} - g_m) V_i$$

$$\therefore T(S) = \frac{V_o(S)}{V_i(S)} = \frac{SC_{gd} - g_m}{S(2C_{gd} + C_L) + \frac{2}{r_o}}$$

3.求零點

$$\therefore \omega_Z = \frac{g_m}{C_{gd}}$$

$$故 f_z = \frac{\omega_z}{2\pi} = \frac{g_m}{2\pi C_{gd}} = 25.5MHz$$

4.題 1.中其轉移函數 V_o / V_i 的極點（pole）為(A)21.2KHz　(B)30MHz

(C)42MHz　(D)60MHz　　　　　　　　　　　　　【88年二技】

解☞：(A)

1.由上題知轉移函數

$$\therefore T(S) = \frac{SC_{gd} - g_m}{S(2C_{gd} + C_L) + \frac{2}{r_o}}$$

2.所以極點為

$$\therefore f_p = \frac{\omega_p}{2\pi} = \frac{\frac{2}{r_o}}{2\pi(2C_{gd} + C_L)} = \frac{\frac{2}{5M}}{(2\pi)[(2)(1P) + 1P]}$$

$$= 21.22KHz$$

5.某小信號放大器之電壓增益為20dB，而其頻寬為10KHz，高頻衰減特性為 –6dB／oct，試問對10KHz 之輸入信號而言，其放大倍數為 __(1)__ 。若此種相同放大器二級串接時，則對10KHz 輸入信號之放大倍數應為 __(2)__ 。（**題型：多級放大器的頻率響應**）

【75年二技電子】

解☞：

(1)$A_{v(dB)} = 20\log|A_v| = 20dB \Rightarrow A_v = 10$

$$\because BW \approx f_H = 10KHz$$

$\therefore$ 當輸入為 $f = f_H = 10KHz$，則其電壓增益為

$$A_v\ (\ f_H\ ) = \frac{A_v}{\sqrt{2}} = \frac{10}{\sqrt{2}} = 7.07$$

(2)二級串接時

$$A_{vT}\ (\ f_H\ ) = (\ \frac{10}{\sqrt{2}}\ ) (\ \frac{10}{\sqrt{2}}\ ) = 50$$

題型變化

1.一個由三級串聯放大器組成之系統，每級之增益與極點頻率如下：

第一級：$A_{v1} = 40dB$，$f_{p1} = 2kHz$；

第二級：$A_{v2} = 32dB$，$f_{p2} = 40kHz$；

第三級：$A_{v3} = 20dB$，$f_{p3} = 150kHz$。

試求：當 $f = f_{p1}$ 時之開迴路增益與總相位移。（**題型：多數放大器的頻率響應**）

解☞：

(1)總電壓增益 $A_{VT} = A_{V1} + A_{V2} + A_{V3} = 40 + 32 + 20 = 92dB$

(2)總相位移 $\phi_T = -\tan^{-1}(\ \frac{f}{f_{p1}}\ ) - \tan^{-1}(\ \frac{f}{f_{p2}}\ ) - \tan^{-1}(\ \frac{f}{f_{p3}}\ )$

$$= -\tan^{-1}(\ \frac{2k}{2k}\ ) - \tan^{-1}(\ \frac{2k}{40k}\ ) - \tan^{-1}(\ \frac{2k}{150k}\ )$$

$$= -48.62°$$

2.(a)三完全相同的放大器串接，且各級不相互作用，已知總高3dB 頻率為25KHz，則各級之高3dB 頻率為何？

(b)承上題，若總低3dB 頻率為10Hz，則各級之低3dB 頻率為何？（**題型：多級放大器的頻率響應**）

解☞ :

   (a) $\because f_H^* = f_H \sqrt{2^{1/n} - 1} = f_H \sqrt{2^{1/3} - 1} = 25\text{KHz}$

      $\therefore f_H = 49\text{KHz}$

   (b) $\because f_L^* = \dfrac{f_L}{\sqrt{2^{1/n} - 1}} = \dfrac{f_L}{\sqrt{2^{1/3} - 1}} = 10\text{Hz}$

      $\therefore f_L = 5.1\text{Hz}$

---

3. 有個五串級放大電路，如每一級受到耦合電容 C_B 的影響，其低3dB 頻率 f_L 為200Hz，求總下降3dB 頻率 f'_L ？（**題型：多級放大器的頻率響應**）

解☞ :

   $\because f_L^* = \dfrac{f_L}{\sqrt{2^{1/n} - 1}} = \dfrac{200}{\sqrt{2^{1/5} - 1}} = 5.187\text{Hz}$

CH10　運算放大器(Operational Amplifier)

1. 本章是重要章節。

2. 重點考型146，148，149，153，164，165，168，172，173。

3. 本章看書重點在於多認識電路，並熟記電路的應用。

   在思考方面，可用此分類

   (1)電路為純電阻，則可能為：反相器，非反相器，加、減法器

   (2)電路含有電容，則可能為積分器或微分器

   (3)電路含有二極體，則可能為半波或全波整流

4. 解題技巧：若認識電路，則以其特性解題。若不認識電路，則多用節點分析法解題。

5. 〔題型七十〕是重要題型，這類題型考試時，慢慢分析頗難，最好把公式背熟，如所列下表。

10–1〔題型六十二〕： 運算放大器的基本觀念及解題技巧

 考型142 **基本觀念及解題技巧**

一、運算放大器的符號及等效圖

　　1.**電子符號**

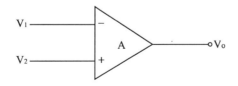

2.等效電路

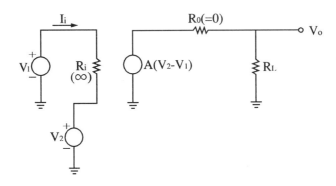

二、理想特性及對應效應

1.輸入電阻 $R_i = \infty \Rightarrow$ 流入 OP 的電流 $I_i = 0$

2.輸出電阻 $R_o = 0 \Rightarrow$ OP 輸出電壓與負載電壓 R_L 的大小無關。

3.電壓增益 $A = \infty \Rightarrow$ 且負迴授連接時，OP 兩端電壓相等。

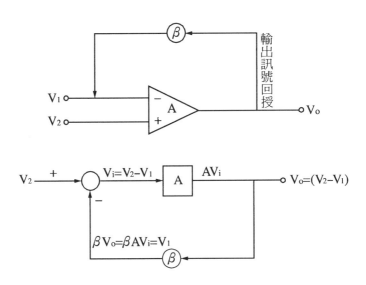

$$\because V_o = A (V_2 - V_1)$$

$$\therefore V_2 - V_1 = \frac{V_o}{A} = 0 (當 A = \infty 時)$$

故造成「虛短路」或「虛接地」的特性，即 $V_2 = V_1$

4. 理想 OP 頻帶寬（ BW ） = ∞ ⇒ 在任何頻率下 OP 的增益均為定值。

5. CMRR = ∞ ，偏移電壓 = 0 ⇒ 此時 OP 的輸出，$V_o = A (V_2 - V_1)$ 。

6. 無漂移現象（ drift ）：
   漂移現象 → OP 的輸出特性，因溫度之變化所產生的改變現象。

三、負迴授及正迴授的判斷法

1. **負迴授的增益 A_f**

   如上圖

   $$\because V_i = V_2 - V_1 = V_2 - \beta V_o$$

   $$\therefore (\beta + \frac{1}{A}) V_o = V_2$$

   $$故 A_f = \frac{V_o}{V_2} = \frac{1}{\beta + \frac{1}{A}} = \frac{A}{1 + \beta A}$$

2. **負迴授的特性**

   (1) $A_f < A$

   (2) $1 + \beta A > 1$

   (3) $\beta A > 0$

3. **正迴授的特性**

   (1) $A_f > A$

   (2) $0 < (1 + \beta A) < 1$

   (3) $-1 < \beta A < 0$

4. **正、負迴授的判斷法**

(1)迴授路徑只有單一路徑時：

　　a.接在 OP Amp 的 " － " 端，即為「負迴授」。

　　b.接在 OP Amp 的 " ＋ " 端，即為「正迴授」。

例：

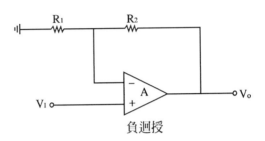

負迴授

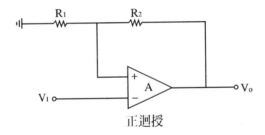

正迴授

(2)迴授路徑有二條路徑時，需由輸入訊號及迴授訊號所產生的輸出訊號之正負來判斷。

　　設 $V_i \rightarrow V_{01}$，$V_f \rightarrow V_{02}$

　　a.V_{01} 及 V_{02} 同相，則為正迴授。

　　b.V_{01} 及 V_{02} 反相，則為負迴授。

例

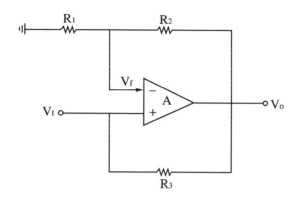

$V_I \rightarrow V_{01}$為正

$V_f \rightarrow V_{02}$為負

故為負迴授

四、虛短路（Virtual short Circuit）與虛接地（Virtual ground）

1. 虛短路

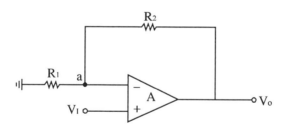

$V_a = V_I$

2.虛接地

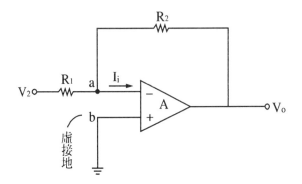

$V_a = V_b = 0$

五、分析理想運算放大器的技巧

　1.充份運用虛短路或虛接地的效應,即($V_a = V_b$)

　2.把握電流無法流入運算放大器的觀念。即($I_i = 0$)

　3.扣除輸出部的節點之外,充份利用節點分析法,計算出$\dfrac{V_o}{V_I}$的關

　　係。

六、反相組態與非反相組態的基本運算放大器

　1.**基本反相組態：**

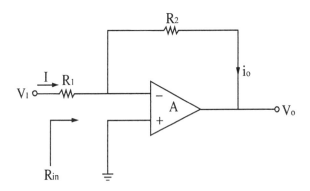

　　⑴電壓增益：

$$I = \frac{V_I}{R_I} = -\frac{V_o}{R_2} \Rightarrow \frac{V_o}{V_I} = -\frac{R_2}{R_1}$$

(2)負載電阻（R_L）與 OP 之輸出電壓（V_o）無關。

(3)負載電阻（R_L）與 OP 之輸出電流（i_o）有關。

(4)輸入電阻：$R_{in} = \frac{V_I}{I} = \frac{IR_1}{I} = R_1$

2.**基本非反相組態：**

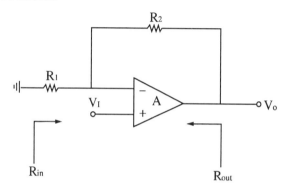

(1)電壓增益：$A_v = \frac{V_o}{V_I} = \frac{R_1 + R_2}{R_1} = 1 + \frac{R_2}{R_1}$

(2)輸入電阻：$R_{in} = \infty$

(3)輸出電阻：$R_{out} = 0 \mathbin{/\!/} R_2 = 0$

歷屆試題

1.下列何者非運算放大器的理想特性？ (A)輸入電流為零 (B)輸出電流為零 (C)輸入阻抗為無窮大 (D)輸出阻抗為零。（**題型：OP 理想特性**）

【87年二技電子】

解☞：(B)

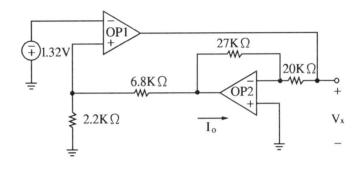

2. 在上圖之電路中，假設理想運算放大器（OP – Amp）工作於線性區。(1)列舉出理想運算放大器所需滿足的條件（基本假設）(2)請繪出理想運算放大器的等效電路圖(3)請計算圖中所標示的電流值 i_o 與電壓值 V_x。（題型：理想 OP 的基本觀念）

【86年保甄】

解☞：

(1)理想特性

　　①$R_{in} = \infty$　②$A_v = \infty$　③BW $= \infty$　④CMRR $= \infty$　⑤$R_o = 0$　⑥無漂移特性

(2)

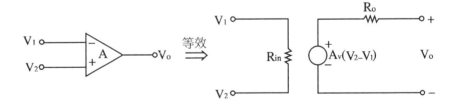

(3)

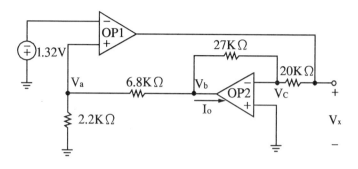

用節點法

① $\left(\dfrac{1}{2.2K} + \dfrac{1}{6.8K} \right) V_a = \dfrac{V_b}{6.8K}$

② $- \dfrac{V_b}{27K} + \left(\dfrac{1}{27K} + \dfrac{1}{20K} \right) V_c = \dfrac{V_x}{20K}$

③虛短路：$V_a = -1.32V$，$V_c = 0$

④解聯立方程式①②③，得

   $V_b = -5.4V$，$V_x = 4V$

⑤ $\therefore I_o = \dfrac{V_a - V_b}{6.8K} + \dfrac{V_b}{27K} = 0.8mA$

3.下列何者不是理想運算放大器應具有之特性？　(A)CMRR $= \infty$
(B)$R_1 = \infty$　(C)$R_o = \infty$　(D)BW $= \infty$。(**題型：基本觀念**)

【84年二技電機】

解☞：(C)

---

4. 如下圖所示之運算放大器電路，假設圖中之運算放大器 A 為一理想運算放大器，F 表示法拉（farad），則當 R = 1歐姆（Ω）時，轉移函數（transfer function）$V_o(S) / V_{in}(S)$ 為

(A) $\dfrac{2}{S^2 + S + 1}$ (B) $\dfrac{2}{S^2 + 2S + 1}$

(C) $\dfrac{1}{S^2 + S + 2}$ (D) $\dfrac{2}{S^2 + S + 2}$ （題型：OP 的節點分析法）

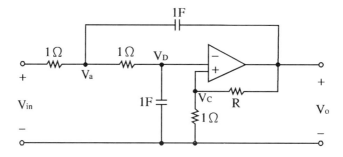

【82年二技電機】

解☞：(A)

1. $\left(\dfrac{1}{1} + \dfrac{1}{1} + S \right) V_a - \dfrac{V_{in}}{1} - \dfrac{V_b}{1} = SV_o$

2. $- \dfrac{V_a}{1} + \left(\dfrac{1}{1} + S \right) V_b = 0$

3. $V_b = V_c$

4. $\left(\dfrac{1}{1} + \dfrac{1}{R} \right) V_c = \dfrac{V_o}{R}$

5. 解聯立方程式①②③④得

$$\dfrac{V_o(S)}{V_{in}(S)} = \dfrac{1 + R}{S^2 + (2 - R)S + 1}$$

6. ∵ R = 1

$$\therefore \frac{V_o(S)}{V_{in}(S)} = \frac{2}{S^2 + S + 1}$$

---

5. 上題中，當 R = 2歐姆時，轉移函數 $V_o(S)／V_{in}(S)$ 為

(A) $\dfrac{2}{S^2 + S + 1}$　　(B) $\dfrac{3}{S^2 + 1}$

(C) $\dfrac{3}{S^2 + 2S + 1}$　　(D) $\dfrac{2}{S^2 + 1}$ 。　　【82年二技電機】

解☞：(B)

將 R = 2代入

$$\therefore \frac{V_o(S)}{V_{in}(S)} = \frac{1 + R}{S^2 + (2 - R)S + 1} = \frac{3}{S^2 + 1}$$

---

6. 若下圖之 O.P.為理想的則

(1)圖中Ⓐ之正端接 X 或 Y 處？原因。

(2)$V_d = $?

(3)Ⓐ為$100\mu A \rightarrow V_y = $?

(4)Ⓐ為$100\mu A \rightarrow I_i = $?（題型：OP 特性的應用）

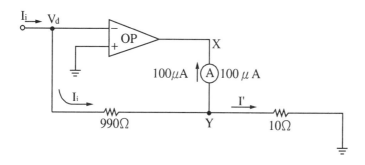

【78年基層特考】

解☞ :

(1)∵ 反相輸入，∴ X 為負，故 Y 為正。

因此Ⓐ之正端接在 Y 處

(2)∵ 虛接地，∴ $V_d \approx 0$

(3)∵ $V_d = I_i（990）+（I_i - 100\mu A）（10）= 0$

∴ $I_i = 1\mu A$

故 $V_y =（I_i - 100\mu A）（10）= -0.99mV$

(4) $I_i = 1\mu A$

---

7. 有一理想運算放大器電路如下圖表示，試求其轉移函數 H

$（S）= \dfrac{V_o（S）}{V_i（S）}$ 。 **（題型：OP 的節點分析）**

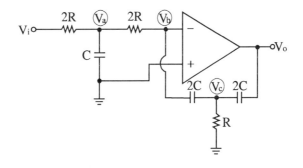

【73年二技電機】

解☞ ：用節點分析法

虛接地 $V_b = 0$

1. $（\dfrac{1}{2R}+\dfrac{1}{2R}+SC）V_a - \dfrac{V_b}{2R} = \dfrac{V_i}{2R}$

2. $-\dfrac{V_a}{2R}+（\dfrac{1}{2R}+2SC）V_b - 2SCV_c = 0$

3. $-2SCV_b + \left(2SC + \dfrac{1}{R} + 2SC \right) V_c = 2SCV_o$

4. 解聯立方程式①②③，得

$$H \left(S \right) = \dfrac{V_o \left(S \right)}{V_i \left(S \right)} = \dfrac{4SCR + 1}{16S^3C^3R^3 + 16S^2C^2R^2}$$

---

8. 下圖中之 OPAMP 假設為一理想之運算放大器，電晶體工作於順向活性區域（forward active region）則 L_{out} 之近似值，在 $V_{in} > 0$ 時，為

(A)$V_{in} \diagup R$　(B)$+ V_{CC} \diagup R$

(C)0　(D)（$+ V_{CC} - V_{in}$）$\diagup R$。（**題型：虛短路的應用**）

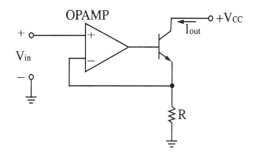

【73年二技】

解☞：(A)

$\because I_{out} = I_C \approx I_E$

而 $V_- = V_+ = V_{in}$

$\therefore I_{out} \approx I_E = \dfrac{V_{in}}{R}$

9.下列何者為理想運算放大器之特性
  (A)輸出阻抗無窮大　(B)輸入阻抗為零
  (C)增益無窮大　(D)以上皆非。（**題型：基本觀念**）

【71年二技電機】

解 ☞ ：(C)

題型變化

1.假設現有一光電池（其特性與一般二極體相似），若其受光照
  射，其漏電電流與照度 E_v 成正比（即 $I_{sh} = \alpha E_v$，α：常數），試
  求下圖之 V_o？（**題型：基本觀念**）

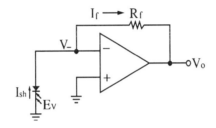

解 ☞ ：

　1.∵虛接地，∴ $V_- = 0$

　2.$I_{sh} = I_f = \alpha E_v$

　　∴ $V_o = -I_f R_f = -\alpha E_v R_f$

10-2〔題型六十三〕：
反相器、非反相器（正相器）及電壓隨耦器

考型143 反相器

一、基本反相放大器

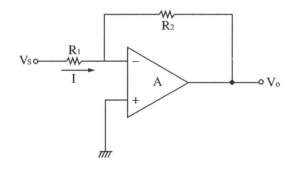

1. $A_v = \dfrac{V_o}{V_s} = -\dfrac{R_2}{R_1} \Leftarrow$ 牢記

2. $R_{in} = R_1$

二、高靈敏度反相器

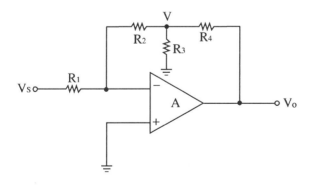

$$A_v = \frac{V_o}{V_s}$$

$$= -\frac{R_2}{R_1}\left[\, 1 + \frac{R_4}{R_2} + \frac{R_4}{R_3}\,\right]$$

$$= -\frac{R_2}{R_1}\left[\, \frac{R_4}{R_2 /\!/ R_3 /\!/ R_4}\,\right]\Leftarrow 牢記$$

1.反相器之定義，即為輸入與輸出為反相
2.**特色**：比基本反相器，具有
   (1)高的輸入電阻 R_{in}
   (2)高的電壓增益 A_v

考型144 非反相器

一、基本非反相器

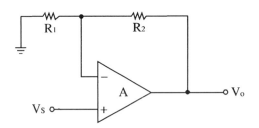

1. $A_v = 1 + \dfrac{R_2}{R_1}\Leftarrow$牢記
2. $R_{in} = \infty$
3. $R_o = 0$

二、高靈敏度非反相器

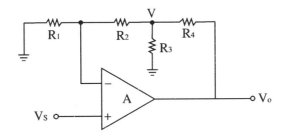

1. $A_v = \left[1 + \dfrac{R_2}{R_1} \right] \left[1 + \dfrac{R_4}{R_2} + \dfrac{R_4}{R_3} \right] \Leftarrow$ 牢記

2. **特色**：比基本非反相器的電壓增益高

考型145 電壓隨耦器

一、基本電壓隨耦器

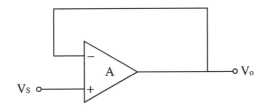

1. $A_v \cong 1$ ， $A_v \le 1$
2. $R_{in} = \infty$
3. $R_o = 0$

二、交流電壓隨耦器

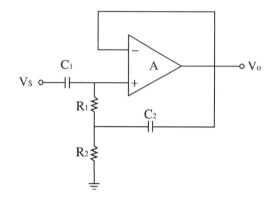

1. $A_v \leq 1$
2. $V_o \approx V_s$
3. C_2可提高輸入阻抗
4. R_1，R_2可使無輸入訊號時，OP 仍不會 off。

歷屆試題

1. 如下圖中 OPA 為理想運算放大器，求$|V_o / V_I|$：
   (A)12　(B)10　(C)8　(D)6（**題型：高靈敏反相器**）

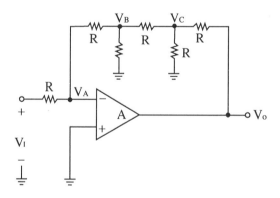

解☞：(C)

1. 用節點分析法

$$\left(\frac{1}{R}+\frac{1}{R}\right)V_A-\frac{V_B}{R}=\frac{V_I}{R}\rightarrow\because V_A=0\quad\therefore V_B=-V_I$$

$$-\frac{V_A}{R}+\left(\frac{1}{R}+\frac{1}{R}+\frac{1}{R}\right)V_B=\frac{V_c}{R}\rightarrow V_c=3V_B=-3V_I$$

$$-\frac{V_B}{R}+\left(\frac{1}{R}+\frac{1}{R}+\frac{1}{R}\right)V_C=\frac{V_o}{R}\rightarrow V_o=-V_B+3V_C=-8V_I$$

2. $\therefore\left|\frac{V_o}{V_I}\right|=8$

---

2. 在下圖電路中，假設理想運算放大器（ OP－Amp ）工作於線性區，若 $V_i=150mV$，試求輸出電壓的值 $V_o=$ ？

(A) －12.25V　(B) －13.25V

(C) －14.25V　(D) －15.25V。**（ 題型：高靈敏反相器 ）**

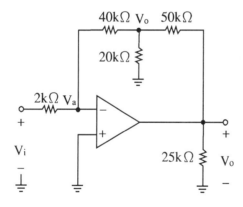

解☞：(C)

方法一：用節點分析法

1. $(\frac{1}{2k} + \frac{1}{40k})\,V_a - \frac{V_b}{40k} = \frac{V_i}{2k}$

2. $-\frac{V_a}{40k} + (\frac{1}{40k} + \frac{1}{20k} + \frac{1}{50k})\,V_b = \frac{V_o}{50k}$

3. 虛接地 $V_a = 0$，又，$V_i = 150mV$

4. 解聯立方程式①②③，得

   $V_o = -14.25V$

方法二：代公式

$\because A_v = \frac{V_o}{V_i} = -\frac{R_2}{R_1}\,[\,\frac{R_4}{R_2 /\!/ R_3 /\!/ R_4}\,]$

$\therefore V_o = -\frac{R_2}{R_1}\,[\,\frac{R_4}{R_2 /\!/ R_3 /\!/ R_4}\,]\,V_i$

$\qquad = -\frac{40k}{2k}\,[\,\frac{50k}{40k /\!/ 20k /\!/ 50k}\,]\,(\,150mV\,) = -14.25V$

---

3. 在下圖電路中，假設理想運算放大器工作於線性區。(1)求其轉移函數（transfer function）$H\,(\,S\,) = V_o\,(\,S\,)\,/\,V_i\,(\,S\,)$。(2)假設 $V_i\,(\,t\,) = 500\cos 100t$，求在穩定狀態時 $V_o\,(\,t\,)$ 的輸出值。（已知 $\tan^{-1}1 = 45°$，$\tan^{-1}2 = 63.43°$，$\tan^{-1}3 = 71.57°$）**（題型：反相器之應用）**

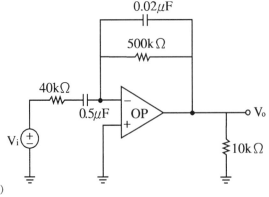

【86年保甄電子】

解☞：

1.(1)令 $R_1 = 4k\Omega$，$C_1 = 0.5\mu F$

$R_2 = 500k\Omega$，$C_2 = 0.02\mu F$

令 $Z_1 = R_1 + \dfrac{1}{SC_1} = \dfrac{1 + SR_1C_1}{SC_1}$

$Z_2 = R_2 // \dfrac{1}{SC_2} = \dfrac{R_2}{1 + SR_2C_2}$

(2) $\therefore H(S) = \dfrac{V_o(S)}{V_i(S)} = -\dfrac{Z_2}{Z_1} = \dfrac{SR_2C_1}{(1 + SR_1C_1)(1 + SR_2C_2)}$

$= \dfrac{-0.25S}{(1 + 0.02S)(1 + 0.01S)}$

2. $V_i(t) = V_m\cos\omega t = 500\cos100t$

$\therefore \omega = 100 \Rightarrow S = j\omega = j100$　代入 $H(S)$ 得

$H(\omega) = \dfrac{V_o(\omega)}{V_i(\omega)} = \dfrac{-j25}{(1 + j2)(1 + j)}$

$= \dfrac{25}{\sqrt{2}}\angle -90° - \tan^{-1}2 - \tan^{-1}1 = 7.91\angle -198.43°$

故 $V_o(t) = (7.91 \times 500)\cos(100t - 198.43°)$ mV

$= 3.96\cos(100t - 198.43°)$ V

4.下圖為一反向放大器（inverting amplifier），試設計 R_1 及 R_2 值，使電壓增益為 -10，且輸入電阻為100kΩ。完成設計後的 R_1 及 R_2值應為

(A)$R_1 = 200k\Omega$，$R_2 = 2M\Omega$　(B)$R_1 = 100k\Omega$，$R_2 = 2M\Omega$

(C)$R_1 = 200k\Omega$，$R_2 = 1M\Omega$　(D)$R_1 = 100k\Omega$，$R_2 = 1M\Omega$。（題型：

反相器）

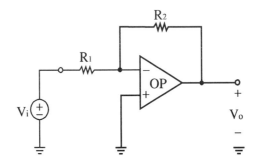

【85年二技電子】

解☞：(D)

1. $R_{in} = R_1 = 100k\Omega \rightarrow R_1 = 100k\Omega$

2. $A_v = -\dfrac{R_2}{R_1} = -\dfrac{R_2}{100k} = -10 \rightarrow R_2 = 1M\Omega$

---

5. 下圖中，若 $V_i = 10mV$ 時，V_o 為？(A) $-5V$　(B) $+5V$　(C) $-1V$
(D)1V（題型：反相器）

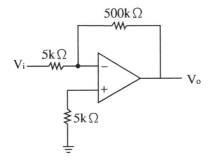

【85年南台二技電機類】

解☞：(C)

$\because A_v = \dfrac{V_o}{V_i} = -\dfrac{500k\Omega}{5k\Omega} = \dfrac{V_o}{100mV}$

$$\therefore V_o = -1V$$

6.若下圖之所示之電路，其增益為 -12 則 $R =$

(A)$1k\Omega$ 　(B)$1.5k\Omega$

(C)$2k\Omega$ 　(D)$2.5k\Omega$。（**題型：高靈敏反相器**）

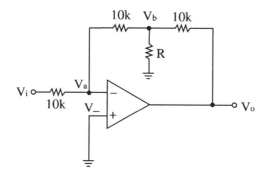

【85年南臺】

解 ☞ ：(A)

用節點分析法

1. $\left(\dfrac{1}{10k} + \dfrac{1}{10k}\right) V_a - \dfrac{V_b}{10k} = \dfrac{V_i}{10k}$

2. $-\dfrac{V_a}{10k} + \left(\dfrac{1}{10k} + \dfrac{1}{R} + \dfrac{1}{10k}\right) V_b = \dfrac{V_o}{10k}$

3. 虛接地 　$\therefore V_a = 0$

4. 解聯立方程式①②③，得

$$\dfrac{V_o}{V_{in}} = -10k\left(\dfrac{1}{10k} + \dfrac{1}{10k} + \dfrac{1}{R}\right) = -12$$

$$\therefore R = 1k\Omega$$

運算放大器　139

7. 有一理想的電壓信號源，其輸出之峰對峰值為0.1伏，此信號源串接電阻 $R_1 = 5$仟歐姆到一運算放大器的反相輸入端，此輸入端並再串接電阻 $R_2 = 10$仟歐姆到運算放大器的輸出端，另外，此輸出端並接有 $R_L = 150$歐姆的負載電阻到地，運算放大器的正相輸入端接地，若運算放大器的電源為15伏及 -15伏，且其電壓放大倍數 $A_v = 10^4$，輸出電阻 $R_o = 100$歐姆，而輸入電阻 R_i 為無窮大，則 R_L 上電壓的峰對峰值為

(A)0.1伏　(B)0.2伏
(C)15伏　(D)30伏。（**題型：反相器**）

【83年二技電機】

解☞：(B)

1. 依題意知電路如下：

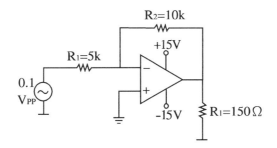

2. $\because A_v = 10^4 \approx \infty$，$R_o = 100 \approx 0\Omega$（近似理想 OP）

$\therefore A_v = \dfrac{V_o}{V_{in}} = -\dfrac{R_2}{R_1}$

$\therefore V_o = -\dfrac{R_2}{R_1}V_{in} = -0.2V$

---

8. 下圖所示的理想放大器電路，其電壓增益為 $V_o / V_i =$

(A) -520　(B) -1020
(C) -1220　(D) -2240。（**題型：高靈敏反相器**）

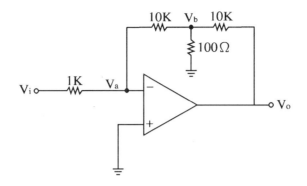

【82年二技電機】

解☞：(B)

方法一：用節點分析法

1. $(\frac{1}{1k} + \frac{1}{10k}) V_a - \frac{V_b}{10k} = \frac{V_i}{1k}$ ——①

2. $-\frac{V_a}{10k} + (\frac{1}{10k} + \frac{1}{100} + \frac{1}{10k}) V_b = \frac{V_o}{10k}$ ——②

3. 虛接地 ∴ $V_a = 0$ ——③

4. 解聯立方程式①②③，得

$$\frac{V_o}{V_{in}} = -1020$$

方法二：代公式

$$A_v = -\frac{R_2}{R_1} [\frac{R_4}{R_2 /\!/ R_3 /\!/ R_4}] = -\frac{10k}{1k} [\frac{10k}{10k /\!/ 100 /\!/ 10k}] = -1020$$

---

9. X 及 Y 為兩個獨立的電壓放大器，其電壓增益分別為 A_1 及 A_2 輸入阻抗分別為 R_{i1} 及 R_{i2} 輸出阻抗分別為 R_{o1} 及 R_{o2}，如果將一個由理想運算放大器組成的電壓隨耦器串接於 X 及 Y 之間，則整體的電壓增益為

(A) $\sqrt{A_1 A_2}$　(B) $(A_1 A_2)^2$

(C)$A_1 A_2$　(D)A_1 / A_2。**（題型：電壓隨耦器）**

解☞：(C)

總電壓增益 $A_{VT} = A_{V1} \cdot A_{V2} \cdot A_{V3} = (A_1)(1)(A_2) = A_1 A_2$

---

10. 下圖中，A 為理想運算放大器，$R_1 = 1k\Omega$，$R_2 = R_4 = 10k\Omega$，$R_3 = 200\Omega$，則 V_o / V_i 為

(A)-520　(B)-620

(C)-720　(D)-820。**（題型：高靈敏反相器）**

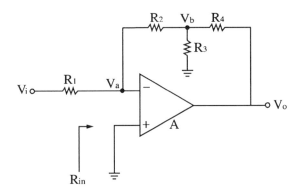

解☞：(A)

方法一：節點分析法

1. $(\dfrac{1}{R_1} + \dfrac{1}{R_2}) V_a - \dfrac{V_b}{R_2} = \dfrac{V_i}{R_1}$ ——①

2. $-\dfrac{V_a}{R_2} + (\dfrac{1}{R_2} + \dfrac{1}{R_3} + \dfrac{1}{R_4}) V_b = \dfrac{V_o}{R_4}$ ——②

3. $\because$ 虛接地 $\therefore V_a = 0$ ——③

4. 解聯立方程式①②③，得

$$\frac{V_o}{V_i} = -520$$

方法二：代公式

$$\frac{V_o}{V_{in}} = -\frac{R_2}{R_1}\left(\frac{R_4}{R_2 /\!/ R_3 /\!/ R_4}\right) = -520$$

11. 續上題，試求圖中，等效輸入阻抗 R_{in} 為

(A)$1k\Omega$　　(B)$11.2k\Omega$

(C)$0.91k\Omega$　　(D)無窮大。　　　　　　　　【79年二技電機】

解☞：(A)

∵ $R_{in} = R_1 = 1k\Omega$

12. 如下圖之運算放大器電路（operational amplifer circuit），$R_1 = R_2$ $= 1000$歐姆，$V_i = 10$伏特，則 $V_o = $ ____ 伏特。（題型：電壓隨耦器）

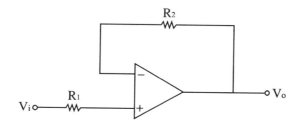

【76年二技電機】

解☞：

此為電壓隨耦器

∴ $V_o \approx V_i = 10V$

13.如下圖之運算放大器電路 $R_1 = 1000$歐姆，$R_2 = 2000$歐姆。$V_1 = 10$伏特，$V_o = $ ____ 伏特。（**題型：反相器**）

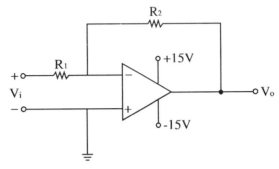

【76年二技電機】

解☞：

$$\because A_v = \frac{V_o}{V_i} = -\frac{R_2}{R_1}$$

$$\therefore V_o = -\frac{R_2}{R_1}V_i = \left(-\frac{2000}{1000}\right)(10) = -20V$$

---

14. 下圖之 $V_o \diagup V_i$ 為

(A)$R_2 \diagup R_1$　(B)$-R_2 \diagup R_1$

(C)$1 + (R_2 \diagup R_1)$　(D)$-R_1 \diagup R_2$。（**題型：非反相器**）

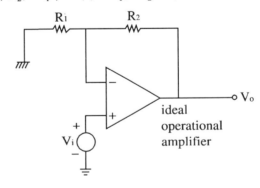

ideal
operational
amplifier

【74年二技】

解☞：(C)

10－3〔題型六十四〕：積分器及微分器

考型146 積分器

一、基本積分器

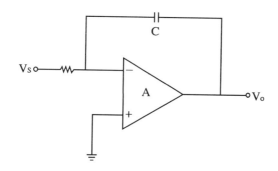

1. $A_v = \dfrac{V_o}{V_s} = -\dfrac{1}{SRC}$

2. $V_o(t) = -\dfrac{1}{RC} \int V_s(t) \, dt$

二、實用積分電路（改良型基本積分器）

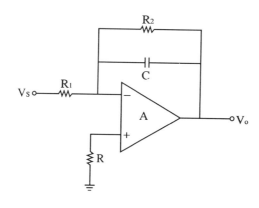

1. $A_v = \dfrac{V_o}{V_s} = -\dfrac{1}{SRC}$

2. $A_v = -\dfrac{R_2}{R_1}$

3. if $V_c(0) = 0$

   $V_o = -\dfrac{1}{RC} \int V_s(t)\, dt$

4. if $V_c(0) = V$

   $V_o = -\dfrac{1}{RC}$

5. $f_H = \dfrac{1}{2\pi R_2 C}$

6. R_2提供直流增益，$A_v = -\dfrac{R_2}{R_1}$ ，

7. 一般而言，$R_2 \geq 10R_1$

三、差動積分電路

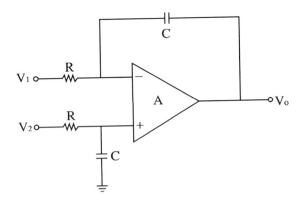

1. $V_o = \dfrac{1}{SRC}$ ($V_2 - V_1$)

2. $V_o = \dfrac{1}{RC} \int$ ($V_2 - V_1$) dt

四、非反相積分器之一

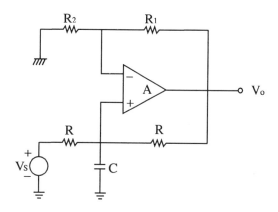

$$V_o (t) = \dfrac{2}{RC} \int V_s (t) dt$$

五、非反相積分器之二

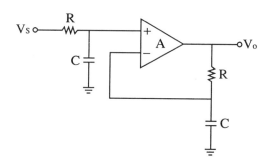

$$V_o (t) = \dfrac{1}{RC} \int V_s (t) dt$$

 **微分器**

一、基本微分器

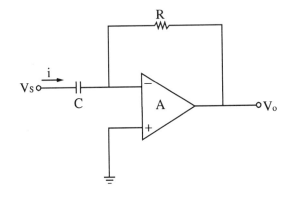

1. $A_V = -SRC$

2. $V_o = -RC \dfrac{dV_S}{dt}$

二、改良型微分器

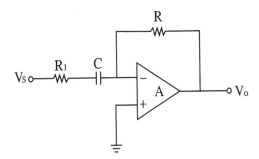

$$f_L = \dfrac{1}{2\pi R_1 C}$$

1. 下圖為一低通放大濾波器，若其電壓增益 A = − 10且高頻截止頻率（upper 3 − dB frequency）f_H = 15.9Hz，設設計電容 C_F 值。
   (A)0.01μF　(B)0.1μF
   (C)1μF　(D)10μF。（題型：改良型基本積分器）

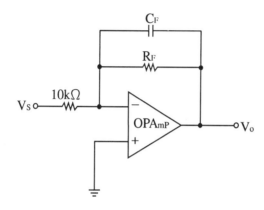

【86年二技電子】

解☞：(B)

$$\because A = -10 = \frac{-R_F}{10k} \Rightarrow R_F = 100k\Omega$$

$$\therefore f_H = 15.9 = \frac{\omega_H}{2\pi} = \frac{1}{(2\pi)\,R_F C_F}$$

$$\therefore C_F = 0.1\mu F$$

2. 如下圖之電路，求其3 − dB 頻率（假設理想運算放大器）。
   (A)10^6 rad／s　(B)10^7 rad／s
   (C)10^8 rad／s　(D)10^9 rad／s。（題型：改良型基本積分器）

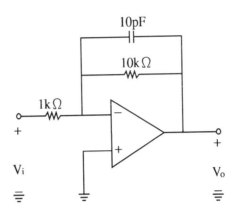

【86年二技電機】

解☞：(B)

$$\omega_H = \frac{1}{(10PF)(10k\Omega)} = 10^7 \, rad/s$$

3. 下圖為理想運算放大器電路，假設 $V_c(O^-) = OV$，輸入電壓 $V_s(t)$ 為單位步級函數（Unit Step Function），試求電容器之初始電流 $i_c(O^+)$ 為多少安培？ (A) 10^{-4} A (B) 10^{-2} A (C) 1 A (D) 10^{-3} A。（題型：基本積分器）

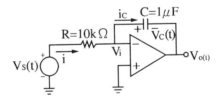

【85年南台二技電機】

解☞：(A)

1. $\because A_v = \dfrac{V_o(S)}{V_s(S)} = -\dfrac{\frac{1}{SC}}{R} = -\dfrac{10^2}{S}$

$$\therefore V_o(S) = -\frac{10^2}{S}V_s(S) = -\frac{10^2}{S^2}$$

（註：步級函數 u（t） → $\mathscr{L}$〔u（t）〕 = $\frac{1}{S}$）

故 $V_o(t) = \mathscr{L}^{-1}〔V_o(S)〕 = -10^2t = -V_c(t)$

2. $\therefore i_c(t) = C\dfrac{dV_c(t)}{dt} = (1\mu F)(10^2) = 10^{-4}A$

故 $i_c(0^+) = 10^{-4}A$

---

4. 如下圖所示電路為？　(A)微分電路　(B)積分電路　(C)振盪電路 (D)電壓對電流轉換信號。（**題型：基本積分器**）

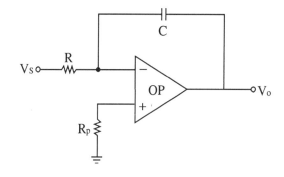

【84年二技電子】

解 ☞：(B)

---

5. 在下圖電路中，輸入端 V_i = 2V 時，輸出端 V_o 最後之輸出電壓 為多少？(A) – 6V　(B) – 4V　(C) – 2V　(D) – 1V。（**題型：積分 器＋反相器**）

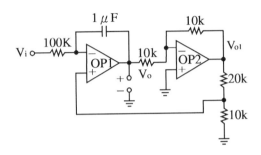

【84年二技電子】

解☞：(A)

1. OP1為積分器，OP2為反相器

$$\therefore V_{O1} = (-\frac{10k}{10k}) V_o = -V_o$$

2. ∵虛短路

$$\therefore V_i = \frac{10k}{10k + 20k} V_{O1} = (\frac{1}{3}) \cdot (-V_o) = 2$$

$$\therefore V_o = -6V$$

---

6. 下圖中，運算放大器為理想特性，若 $R_1 = 2k\Omega$，$R_2 = 200k\Omega$，C = 2nF 則直流電壓增益 V_o / V_i 為(A) -100　(B) -0.01　(C) 100　(D) 101。（題型：改良型基本積分器）

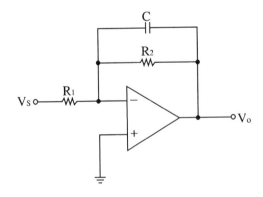

【82年二技電機】

解☞：(C)

$$\frac{V_o}{V_i} = -\frac{R_2}{R_1} = -100$$

---

7. 同上題，試求轉移函數（transfer function）$\frac{V_o(S)}{V_i(S)}$為

(A) $\frac{-100}{1+4\times10^{-6}S}$　(B) $\frac{-100}{1+4\times10^{-4}S}$

(C) $\frac{100}{1+4\times10^{-6}S}$　(D) $\frac{0.01}{1+4\times10^{-4}S}$　【82年二技電機】

解☞：(B)

此電路為積分器，但同為反相器的型式

$$\therefore T(S) = \frac{V_o(S)}{V_i(S)} = -\frac{Z_2}{Z_1} = -\frac{\frac{1}{SC} /\!/ R_2}{R_1} = -\frac{100}{1+4\times10^{-4}S}$$

---

8. 下圖的理想運算放大器電路，其等效電壓增益$\frac{V_o(j\omega)}{V_i(j\omega)}$應等於：

(A) $\frac{j\omega R_2C_1}{(1+j\omega R_1C_1)(1+j\omega R_2C_2)}$

(B) $-\frac{j\omega R_2C_1}{(1+j\omega R_1C_1)(1+j\omega R_2C_2)}$

(C) $\frac{j\omega R_2C_1}{(1+j\omega R_1C_2)(1+j\omega R_2C_1)}$

(D) $\frac{j\omega R_1C_2}{(1+j\omega R_2C_2)(1+j\omega R_2C_1)}$ **（題型：反相器型式的應用）**

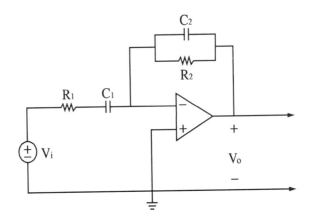

【80年二技電機】

解☞：(B)

$$T(j\omega) = \frac{V_o(j\omega)}{V_i(j\omega)} = -\frac{Z_2(j\omega)}{Z_1(j\omega)} = -\frac{R_2 // \dfrac{1}{j\omega C_2}}{R_1 + \dfrac{1}{j\omega C_1}}$$

$$= -\frac{\dfrac{R_2}{1 + j\omega C_2 R_2}}{\dfrac{1 + j\omega R_1 C_1}{j\omega C_1}} = -\frac{j\omega R_2 C_1}{(1 + j\omega R_1 C_1)(1 + j\omega R_2 C_2)}$$

9.(1)如下圖的積分電路，若 $t = 0$ 時，開關閉合，則輸出 $V_o(t)$

為：(A) $\dfrac{R_1 - t / C}{R_1 + R_2}$　(B) $\dfrac{R_2 - t / C}{R_1 + R_2}$　(C) $R_1 - t / C$　(D) $R_2 - t / C$。

(2)上題的電路中，若欲使得輸出在 $t = 1$ 秒時出現 0V 的值，則

R_2 應調整為：(A) R_1　(B) C　(C) $R_1 C$　(D) $1 / C$（題型：積分器）

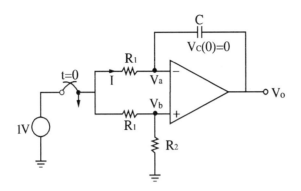

解 ☞ ： 1.(B)， 2.(D)

(1) $V_b = V_i \dfrac{R_2}{R_1 + R_2} = \dfrac{R_2}{R_1 + R_2} = V_a$ （∵虛短路）

$\therefore I = \dfrac{V_i - V_a}{R_1} = \dfrac{1}{R_1} \left[1 - \dfrac{R_2}{R_1 + R_2} \right] = \dfrac{1}{R_1 + R_2} = I_C$

$\because V_o (t) = - V_c + V_a$

$= - \dfrac{1}{C} \int I_c dt + \dfrac{R_2}{R_1 + R_2}$

$= - \dfrac{1}{C} \int_o^t \dfrac{1}{R_1 + R_2} dt + \dfrac{R_2}{R_1 + R_2}$

$= \left(- \dfrac{1}{C} \right) \cdot \left(\dfrac{t}{R_1 + R_2} \right) + \dfrac{R_2}{R_1 + R_2} = \dfrac{R_2 - t \diagup C}{R_1 + R_2}$

(2) 由(1)題知

$V_o (t) = \dfrac{R_2 - t \diagup C}{R_1 + R_2}$

$\therefore V_o (1) = \dfrac{R_2 - 1 \diagup C}{R_1 + R_2} = 0$

$$\therefore R_2 = \frac{1}{C}$$

10.下圖的電路中，A 是理想運算放大器，時間 t = 0時，$V_c(t) =$ 0。若 $V_i = -u(t)$，$u(t)$ 係單位步級函數（unit – step function），則 V_o 的波形應為。（**題型：積分器**）

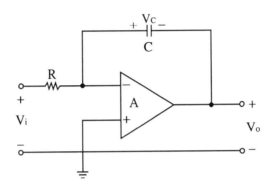

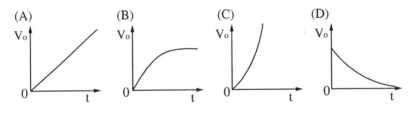

【71年二技電機】

解 ☞ ：(A)

∵ $V_o = K \int V_i(t) dt = k \int 1 dt = kt$ （ k：常數 ）

∴ 輸出為斜直線

11.假設下圖中的運算放大器，如果 $V_i = 2\sin t$ 伏特，則當電路達到穩態以後，V_o 為

(A) $-\sqrt{2}\cos t$ 伏特　(B) $2\cos t$ 伏特

(C) $-\cos t$ 伏特　(D) $\cos t$ 伏特。**（題型：基本積分器）**

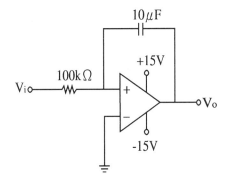

【77年二技電機】

解 ☞ ：(B)

$$\because V_o(t) = -\frac{1}{RC}\int V_i(t)\,dt：$$

$$= -\frac{1}{(100k)(10\mu)}\int 2\sin t\,dt$$

$$= 2\cos t$$

題型變化

1. 如下圖的正向積分器，試求 V_o 以 V_i 之表示式。（**題型：非反相積分器**）

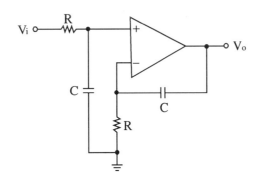

解☞：

方法一：節點分析法

方法二：利用非反相增益公式

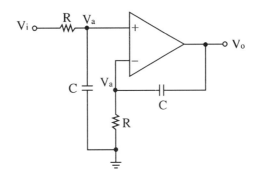

$$\therefore \frac{V_o}{V_a} = \left(1 + \frac{\frac{1}{SC}}{R}\right) = \left(1 + \frac{1}{SRC}\right)$$

而 $V_a = V_I\left(\dfrac{\dfrac{1}{SC}}{R + \dfrac{1}{SC}}\right) = V_I\left(\dfrac{1}{1+SRC}\right)$

$\therefore V_o = \left(1 + \dfrac{1}{SRC}\right)V_a = \left(1 + \dfrac{1}{SRC}\right)\left(\dfrac{1}{1+SRC}\right)V_I$

$= \dfrac{V_I}{SRC}$

10-4〔題型六十五〕：加法器及減法器(差動放大器)

考型148 加法器

一、反相加法器

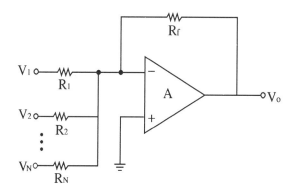

1. $V_o = -\left(\dfrac{R_f}{R_1}V_1 + \dfrac{R_f}{R_2}V_2 + \cdots\cdots + \dfrac{R_f}{R_N}V_N\right)$

2. $V_o = -\dfrac{R_f}{R}(V_1 + V_2 + \cdots\cdots + V_N)$

（ 若 $R_1 = R_2 = \cdots\cdots = R_N = R$ ）

二、同相加法器

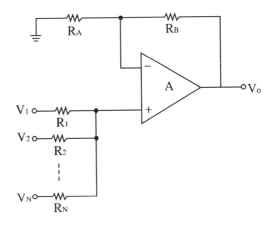

1. $V_o = \dfrac{R_A + R_B}{R_A}\Big[\dfrac{R_1}{R_1 + (R_2//R_3//\cdots\cdots//R_n)}V_1 + \dfrac{R_2}{R_2 + (R_1//R_3//\cdots\cdots//R_3)}V_2$

$+ \cdots\cdots + \dfrac{R_n}{R_n + (R_1//R_2//\cdots\cdots//R_1)}V_n\Big]$

2. 當 $R_1 = R_2 = \cdots\cdots = R_n = R$ 時，則

$V_o = \dfrac{R_A + R_B}{R_A}\Big[\dfrac{R}{R + \dfrac{R}{n-1}}V_1 + \dfrac{R}{R + \dfrac{R}{n-1}}V_2 + \cdots\cdots + \dfrac{R}{R + \dfrac{R}{n-1}}V_n\Big]$

$= \dfrac{R_A + R_B}{R_A}\Big(\dfrac{n-1}{n}\Big)\big[V_1 + V_2 + \cdots\cdots + V_n\big]$

三、加法器與積分器的應用

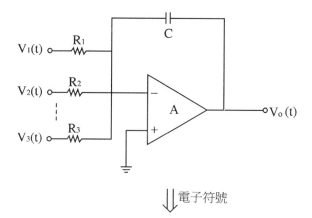

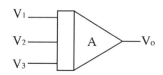

⇓電子符號

$$V_o (t) = - \left[\frac{1}{R_1 C} \int V_1 (t) \, dt + \frac{1}{R_2 C} \int V_2 (t) \, dt + \frac{1}{R_3 C} \int V_3 (t) \, dt \right]$$

考型149 減法器（差動放大器）

一、基本差動放大電路（減法器）

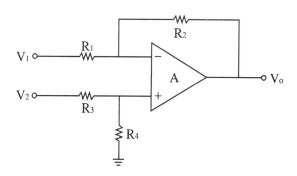

$$1. V_o = -\frac{R_2}{R_1}V_1 + \frac{1 + \frac{R_2}{R_1}}{1 + \frac{R_3}{R_4}}V_2$$

$$2. \frac{R_1}{R_2} = \frac{R_3}{R_4}時, \quad V_o = \frac{R_2}{R_1}(V_2 - V_1)$$

$$3. R_{id} = R_1 + R_3$$

$$4. R_{icm} = \frac{R_1(R_3 + R_4)}{R_1 + R_2}$$

二、精密差動放大器（儀表測量放大器）

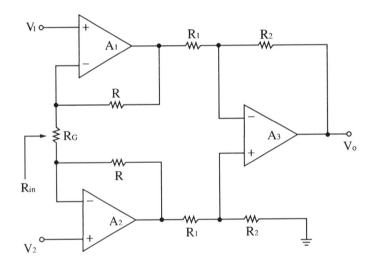

$$1. V_o = \frac{R_2}{R_1}\left[1 + \frac{2R}{R_G}\right]\left[V_2 - V_1\right]$$

$$2. A_v = \frac{V_o}{V_2 - V_1} = \frac{R_2}{R_1}\left[1 + \frac{2R}{R_G}\right]$$

$$3. R_{in} = \infty$$

4. R_G 可控制增益

5. 此種電路，可得到較高的 R_{id} 及 A_v

歷屆試題

1. 在下圖中，$R_3 = R_4 = 1k\Omega$，$R_1 = R_2 = R_5 = 2k\Omega$，$V_1 = 6V$，$V_2 =$ $3V$，$V_3 = 1V$，則 $V_o = ?$　(A) $4V$　(B) $5V$　(C) $6V$　(D) $7V$。（題型：加、減法器之應用）

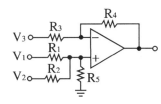

【85年南台二技電子】

解 ☞ ：(B)

1. 在正相端利用重疊法，求出 V_+

$$V_+ = V_1 \left(\frac{R_2 /\!/ R_5}{R_1 + R_2 /\!/ R_5} \right) + V_2 \left(\frac{R_1 /\!/ R_5}{R_2 + R_1 /\!/ R_5} \right) = 3V = V_-$$

2. 在反相端利用重疊法，求出 V_-

$$V_- = V_o \left(\frac{R_3}{R_3 + R_4} \right) + V_3 \left(\frac{R_4}{R_3 + R_4} \right) = \frac{1}{2} V_o + \frac{1}{2} = V_+ = 3V$$

$$\therefore V_o = 5V$$

2. 下圖之 V_{out} 為

(A) $-1V$　(B) $-1.8V$　(C) $-0.8V$　(D) $-2.8V$。（題型：加法器）

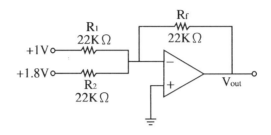

【85年南臺電機】

解☞：(D)

$$V_o = -\left(\frac{R_f}{R_1}V_1 + \frac{R_f}{R_2}V_2\right) = -\left[\left(\frac{22}{22}\right)\cdot(1) + \left(\frac{22}{22}\right)(1.8)\right] = -2.8V$$

3.如下圖所示電路，若 $R_f = 4R_3 = 2R_2 = R_1 = 100k\Omega$ 時，而 $V_1 = 1$ 伏特，$V_2 = 2$ 伏特，$V_3 = 3$ 伏特，則 V_o 為　(A) $-17V$　(B) $-6V$ (C)$6V$　(D)$17V$（**題型：加法器**）

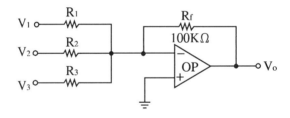

【84年二技電子】

解☞：(A)

$$V_o = -\left(\frac{R_f}{R_1}V_1 + \frac{R_f}{R_2}V_2 + \frac{R_f}{R_3}V_3\right)$$

$$= -\left[\left(\frac{100k}{100k}\right)(1V) + \left(\frac{100k}{50k}\right)(2) + \left(\frac{100k}{25k}\right)(3)\right] = -17V$$

4.如下圖所示之理想運算放大器電路，所有電阻值 R 皆相同且 $0 < R < \infty$，若 $V_1 = 0$ 伏特、$V_2 = 1$ 伏特，則 V_o 為

(A)1　(B) − 1　(C)0　(D)2伏特。（題型：減法器（差動放大器））

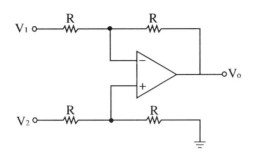

【81年二技電機】

解 ☞ ：(A)

$$V_o = \frac{R}{R}（V_2 - V_1）= 1 - 0 = 1V$$

5.如上題中，若 $V_1 = 1$伏特、$V_2 = 1$伏特，則 V_o 為

(A) − 2　(B) − 1　(C)0　(D)2伏特。　　【81年二技電機】

解 ☞ ：(B)

$$V_o = \frac{R}{R}（V_2 - V_1）= 1 - 1 = 0V$$

---

6. 在下圖中，已知 $R_1 = 1k\Omega$，$R_2 = 20k\Omega$，$R_F = 68k\Omega$，$R_3 = 100k\Omega$，且 $V_1 = 1.5V$，$V_2 = 2V$，$V_o = ?$（題型：加法器）

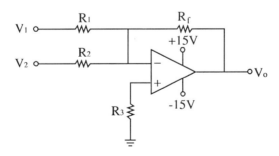

【80年資訊工程科普考】

解☞：$V_o = -(\frac{R_f}{R_1}V_1 + \frac{R_f}{R_2}V_2) = -[(\frac{68k}{1k})(1.5) + (\frac{68k}{20k})(2)]$

$= -108.8V$

∵ V_o 值已超過負飽和電壓值

∴ OP 為負飽和

故 $V_o = -V_{CC} = -15V$

7.下圖中，A 為理想運算放大器，$V_1 = 0$伏特，$V_2 = 1$伏特，$V_3 = -2$伏特，則 V_o 為

(A)4　(B)3　(C) – 4　(D) – 2伏特。 **（題型：加、減法器）**

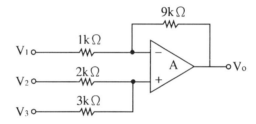

【80年二技電機】

解☞：(D)

利用重疊法

$V_o = (-\frac{9K}{1K})V_1 + [\frac{3K}{2K+3K}V_2 + \frac{2K}{2K+3K}V_3][1 + \frac{9K}{1K}]$

$= (-9)(0) + [(\frac{3}{5})(1) + (\frac{2}{5})(-2)](10)$

$= -2V$

8.上題中，如果 $V_1 = 1$伏特，$V_2 = 1$伏特，$V_3 = 0$伏特，則 V_o 為

(A)4　(B) – 3　(C)2　(D) – 2伏特。　　　　【80年二技電機】

解☞：(B)

由上題知

$$V_o = (-9) V_1 + (\frac{3}{5} V_2 + \frac{2}{5} V_3) (10)$$

$$= (-9) (1) + (\frac{3}{5}) (10) = -3V$$

9.理想運算放大器電路如下圖，其輸出電壓 V_o 應為

(A) – 6伏特　(B) – 8伏特　(C) – 10伏特　(D) – 12伏特。**（題型：加、減法器）**

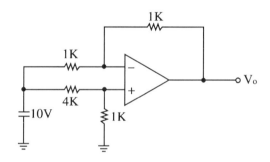

【77年二技電機】

解☞：(A)

用重疊法

$$V_o = 10 (-\frac{1K}{1K}) + 10 (\frac{1K}{1K + 4K}) (1 + \frac{1K}{1K}) = -6V$$

10.在下圖的理想運算放大器（ Operational amplifier ）電路中，若 V_1 = 3伏，V_2 = 2伏，V_3 = – 4伏，則 V_o 為

(A) – 13伏 (B) – 9.8伏 (C)0.2伏 (D)13伏。**（題型：加、減法器）**

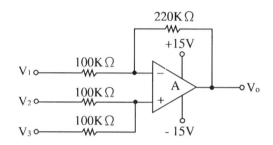

【 77年二技電機 】

解 ☞ ：(B)

利用重疊法，知

$$V_o = \left(-\frac{220K}{100K} \right) V_1 + \frac{100K}{100K + 100K} \left(V_2 + V_3 \right) \left(1 + \frac{220K}{100K} \right)$$

$$= \left(-2.2 \right) \left(3 \right) + \left(\frac{1}{2} \right) \left(-2 \right) \left(3.2 \right)$$

$$= -9.8V$$

---

11. 下圖為理想運算放大器組成之電路。試問其輸出電壓 $V_o = $ ___(1)___ ，及使此電路成為差動放大器之條件 $V_o = $ ___(2)___ 。(**題型：差動放大器**)

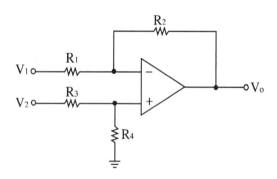

【 76年二技 】

解 ☞ ：

(1) $V_o = -\dfrac{R_2}{R_1} V_1 + \left(\dfrac{R_4}{R_3 + R_4} \right) \left(1 + \dfrac{R_2}{R_1} \right) V_2$

(2) 若 $\dfrac{R_1}{R_2} = \dfrac{R_3}{R_4}$ ，則

$V_o = \dfrac{R_2}{R_1} \left(V_2 - V_1 \right)$

12.如下圖所示之差動放大器，係由兩個理想運算放大器組成，設

差動電壓放大倍數 A 定義為 $\dfrac{V_o}{V_2 - V_1}$ ，則 A 之值為何？

(A)20　(B)31　(C)40　(D)10。**（題型：OP 節點分析法）**

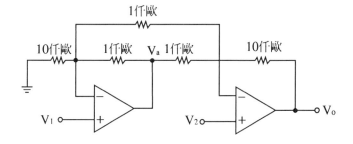

【73年二技電機】

解 ☞ ：(B)

利用節點分析法

1. $\left(\dfrac{1}{10k} + \dfrac{1}{1k} + \dfrac{1}{1k} \right) V_1 - \dfrac{V_a}{1k} = \dfrac{V_2}{1k}$

2. $-\dfrac{1}{1k} V_a + \left(\dfrac{1}{10k} + \dfrac{1}{1k} + \dfrac{1}{1k} \right) V_2 - \dfrac{V_1}{1k} = \dfrac{V_o}{10k}$

3.將方程式② − ①，得

運算放大器　169

$$\left(\frac{1}{10k}+\frac{1}{1k}+\frac{2}{1k}\right)(V_2-V_1)=\frac{V_o}{10k}$$

$$\therefore \frac{V_o}{V_2-V_1}=(1+10+20)=31$$

題型變化

1. 如下圖之加—減法電路，試求出 V_o 的表示式。（**題型：加減法器**）

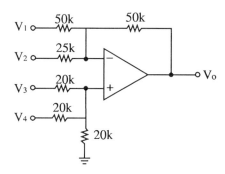

解☞：

用重疊法

$$V_o=-\frac{50K}{50K}V_1-\frac{50K}{25K}V_2+\frac{20K/\!/20K}{20K+20K/\!/20K}(V_3+V_4)\left(1+\frac{50K}{50K/\!/25K}\right)$$

$$=-V_1-2V_2+\frac{1}{3}(V_3+V_4)(4)$$

$$=-V_1-2V_2+\frac{4}{3}(V_3+V_4)$$

2. 將下圖中的 I_o 以 V 的函數表示出來。（題型：差動放大器＋電壓隨耦器）

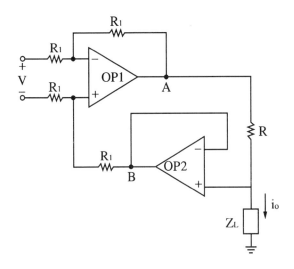

解 ☞ ：

　OP1為差動放大器，OP2為電壓隨耦器

　$\therefore$ OP1之輸出 $= \dfrac{R_1}{R_1}(-V) = -V = V_{AB}$

　OP2之 $V_- = V_B$

　$\because$ 虛短路

　$\therefore i_o = \dfrac{V_{AB}}{R} = -\dfrac{V}{R}$

3.如下圖所示 OPA 電路，試求 X 與 Y 點之電壓。（題型：加法器＋加法器）

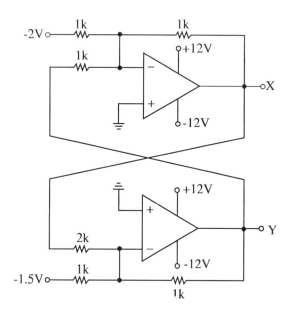

解☞：

用重疊法知

1. $X = - (\frac{1k}{1k})(-2) - (\frac{1k}{1k}) Y \Rightarrow X = 2 - Y$

2. $Y = - (\frac{1k}{1k})(-1.5) - (\frac{1k}{2k}) X \Rightarrow Y = 1.5 - \frac{1}{2} X$

3.解聯立方程式得

$X = Y = 1V$

10-5〔題型六十六〕：電壓／電流轉換器

考型150 電壓／電流轉換器

一、浮動負載式（電壓／電流）轉換器

1. 反相式

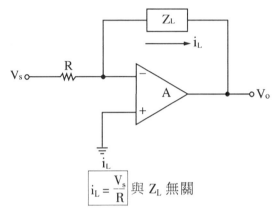

$$\boxed{i_L = \frac{V_s}{R}}\ 與\ Z_L\ 無關$$

2. 非反相式

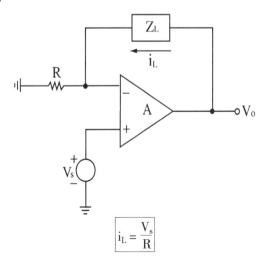

$$\boxed{i_L = \frac{V_s}{R}}$$

二、反相式接地負載式（電壓／電流）轉換器

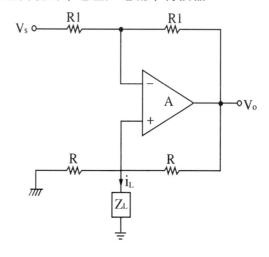

$$i_L = -\frac{V_s}{R}$$

三、非反相式接地負載式（電壓／電流）轉換器

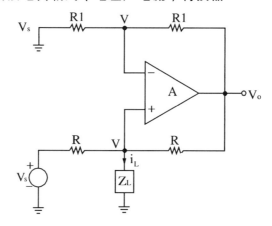

$$i_L = \frac{V_s}{R}$$

公式推導

1. $\because (\dfrac{1}{R_1} + \dfrac{1}{R_1})V = \dfrac{V_o}{R_1} \Rightarrow V_o = 2V$

2. 又 $(\dfrac{1}{R} + \dfrac{1}{R})V = \dfrac{V_s}{R} - i_L + \dfrac{V_o}{R}$

3. $\therefore i_L = \dfrac{V_s}{R}$

4. 若 $Z_L = C$，則形成積分器

　(1) $V_o(S) = \dfrac{2}{SRC}V_I$

　(2) $V_o(t) = \dfrac{2}{RC} \int V_i(t)\, dt$

考型151 電流／電壓轉換器

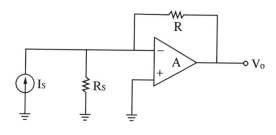

$$\boxed{V_o = -I_s R}$$

電流／電流轉換器

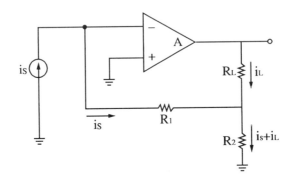

1. $i_L = -\left(1 + \dfrac{R_1}{R_2}\right) i_s$

2. $A_I = \dfrac{i_L}{i_s} = -\left(1 + \dfrac{R_1}{R_2}\right)$

歷屆試題

1. 在下圖所示電路的輸入阻抗 V_i / I_i 為

   (A) 10Ω (B) -5Ω (C) 20Ω (D) -10Ω (題型：OP 的輸入阻抗)

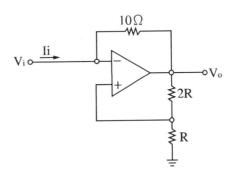

【 85年南臺電子 】

解 ☞ : (B)

$$\because R_{in} = \frac{V_i}{I_i} = \frac{V_i}{\dfrac{V_i - V_o}{10}} = \frac{10V_i}{V_i - V_o}$$

$$又\ V_i = \frac{R}{2R + R} V_o = \frac{1}{3} V_o \Rightarrow V_o = 3V_i$$

$$\therefore R_{in} = \frac{10V_i}{V_i - V_o} = \frac{10V_i}{V_i - 3V_i} = -5\Omega$$

2.如下圖所示，試求 V_c（S）= ？　　(A)$\dfrac{V_s}{SCR_2}$　　(B)$SCR_2 V_2$　　(C)$\dfrac{R_1}{R_2}$

(D)$\dfrac{R_1 V_s}{2 + SCR_2}$　　**（題型：非反相積分器）**

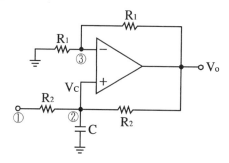

【83年二技電子】

解 ☞ : (A)

用節點分析法

③點：$\left(\dfrac{1}{R_1} + \dfrac{1}{R_1} \right) V_c = \dfrac{V_o}{R_1} \Rightarrow 2V_c = V_o$

②點：$\left(SC + \dfrac{1}{R_2} + \dfrac{1}{R_2} \right) V_c - \dfrac{V_s}{R_2} = \dfrac{V_o}{R_2} = \dfrac{2V_c}{R_2}$

$$\therefore V_c = \frac{V_s}{SR_2 C}$$

3.如上圖所示，本電路的節點①和②之間可作爲

　(A)電流至電壓轉換器　　(B)電壓至電流轉換器

　(C)電壓放大器　　(D)電流放大器。　　　　　　　　【83年二技電子】

解 ☞：(B)

　由等效圖可知此電路爲電壓／電流轉換器

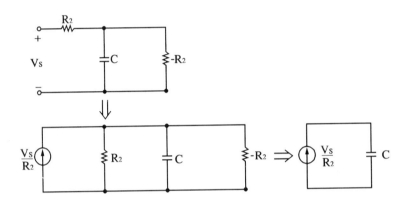

4.如上圖所示，本電路的 V_o 和 V_s 之間可形成：

　(A)對數器　　(B)加法器　　(C)微分器　　(D)積分器。

　　　　　　　　　　　　　　　　　　　　　　　　【83年二技電子】

解 ☞：(D)

$$\because V_o = 2V_c = \frac{2}{SR_2C}V_s，即$$

$$V_o(t) = \frac{2}{R_2C}\int V_s(t)\,dt$$

5.有一理想運算放大器電路如下圖所示，若 $R_4／R_2 = R_3／R_1$ 試求
　流經 R_L 之電流 $i_L(t)$。（**題型：電壓／電流轉換器**）

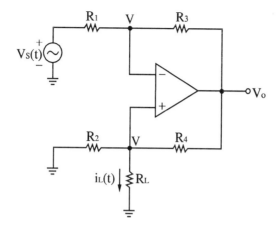

【72年二技電機】

解 ☞：

此爲電壓／電流轉換器

$$\therefore i_L = -\frac{V_s}{R_2}$$

6.如下圖，$\beta = 100$，若 $V_{IN} = 100mV$，試求輸出電壓與負載電流

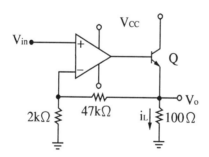

解 ☞：

$$V_{in} = \left(\frac{2k}{2k + 47k}V_o\right)（分壓法）$$

$$\therefore V_o = \left(\frac{49K}{2K} \right) V_{in} = (24.5)(100mV) = 2.45V$$

$$i_L = \frac{V_o}{100} = \frac{2.45}{100} = 24.5mV$$

10-6〔題型六十七〕：阻抗轉換器及定電流電路

考型153 負阻抗轉換器（NIC）

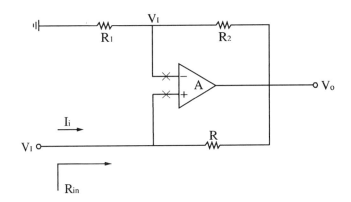

一、 $\boxed{R_{in} = -\dfrac{RR_1}{R_2}}$

二、NIC 二大用途：

1. 形成開路效應：

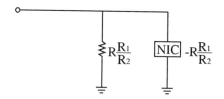

2. 形成短路效應：

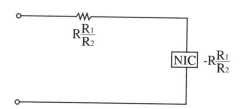

三、R_{in}公式推導

$$R_{in} = \frac{V_I}{I_i} = \frac{V_I}{\dfrac{V_I - V_o}{R}} = \frac{RV_I}{V_I - V_I \left(\dfrac{R_1 + R_2}{R_1} \right)} = \frac{RR_1}{R_1 - R_1 - R_2} = -\frac{RR_1}{R_2}$$

四、此電路可延伸成兩種電路

1. 電壓／電流轉換器（如178頁）

2. 非反相積分器（如147頁）

考型154 一般阻抗轉換器（GIC）

一、做適當的阻抗匹配，可替代電阻，電容或電感器。

二、GIC 電路

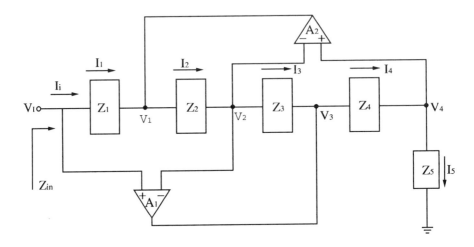

三、 $\boxed{Z_{in} = \dfrac{Z_1 Z_3 Z_5}{Z_2 Z_4}}$

四、GIC 之二大效用：

1. 形成負阻抗：

$$Z_{in} = \frac{V_i}{I_i} = \frac{Z_1 Z_3 Z_5}{Z_2 Z_4}$$

$$Z_2 = \frac{1}{j\omega C_2} \text{，} Z_4 = \frac{1}{j\omega C_4} \text{，} Z_1 = R_1 \text{，} R_3 = Z_3 \text{，} Z_5 = R_5$$

$$Z_{in} = \frac{R_1 R_3 R_5}{\dfrac{1}{j\omega C_2} \cdot \dfrac{1}{j\omega C_4}} = -\omega^2 C_2 C_4 R_1 R_3 R_5$$

2. 形成電感效用：

$$Z_2 = \frac{1}{j\omega C_2} \text{，} Z_1 = R_1 \text{，} Z_3 = R_3 \text{，} Z_4 = R_4 \text{，} Z_5 = R_5$$

$$Z_{in} = \frac{R_1 R_3 R_5}{\frac{1}{j\omega C_2} R_4} = j\omega C_2 \frac{R_1 R_3 R_5}{R_4} = j\omega L_m$$

$$\therefore L_m = \frac{C_2 R_1 R_3 R_5}{R_4}$$

考型155 定電流電路

定電流電路

一、電路一：

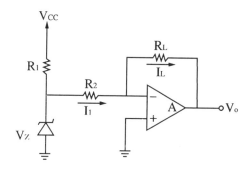

$$\therefore I_1 = \frac{V_Z}{R_2} = I_L \cdots\cdots 與\ R_L\ 無關$$

二、電路二：

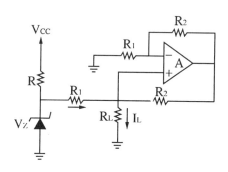

$$I_L = \frac{V_Z}{R_1} \cdots\cdots \text{與 } R_L \text{ 無關}$$

考型156 定電壓電路

定電壓電路

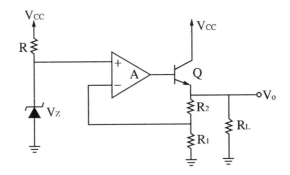

$$V_o = \left(1 + \frac{R_2}{R_1} \right) V_Z \cdots\cdots \text{與 } R_L \text{ 無關}$$

題型變化

1.如下圖的正向積分電路，試求 V_o 值。（**題型：非反相積分器**）

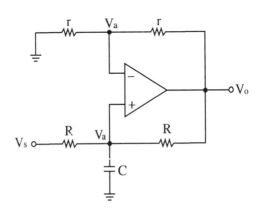

解☞ ：

　　1.方法一：節點分析法

　　　(1) $\left(\dfrac{1}{R} + \dfrac{1}{R} + SC \right) V_a - \dfrac{V_s}{R} = \dfrac{V_o}{R}$

　　　(2) $\left(\dfrac{1}{r} + \dfrac{1}{r} \right) V_a = \dfrac{V_o}{r}$

　　　(3)解聯立方程式①，②得

　　　　　$V_o \, (\, S \,) = \dfrac{2}{SRC} V_s \, (\, S \,)$ ，即

　　　　　$V_o \, (\, t \,) = \dfrac{2}{RC} \int V_s \, (\, t \,) \, dt$

　　2.方法二：利用 NIC 等效電路，

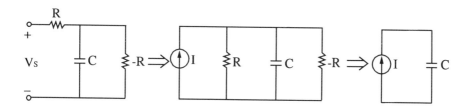

　　　$\because I \, (\, S \,) = \dfrac{V_s \, (\, S \,)}{R}$

　　　$\therefore V_c \, (\, S \,) = I \, (\, S \,) \cdot \dfrac{1}{SC} = \dfrac{V_s \, (\, S \,)}{SRC} = V_a$

　　　又 $2V_a = V_o = 2V_c$

　　　$\therefore V_o \, (\, S \,) = \dfrac{2}{SRC} V_s \, (\, S \,)$ ，即

　　　　　$V_o \, (\, t \,) = \dfrac{2}{RC} \int V_s \, (\, t \,) \, dt$

1.如圖所示爲定電流源電路，其中 $R_1 = R_3$，$R_2 = R_4$，試證明：I_L = V_i／R_1（題型：非反相式接地負載的電壓／電流轉換器）

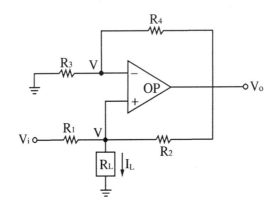

【82保甄電子】【82年交大電信所】

證明

1.∵ $(\dfrac{1}{R_3} + \dfrac{1}{R_4})V = \dfrac{V_o}{R_4}$

2.$(\dfrac{1}{R_1} + \dfrac{1}{R_2})V = \dfrac{V_i}{R_1} - I_L + \dfrac{V_o}{R_2}$

3.∵ $R_1 = R_3$，$R_2 = R_4$

解聯立方程式①②③，得

$I_L = \dfrac{V_i}{R_1}$

2.見下圖，$R_1 = 2R_2$，當 $R_m = -1k\Omega$ 時，$R = ?$ (A) 1000Ω (B) 500Ω (C) -500Ω (D) 2000Ω。（題型：NIC）

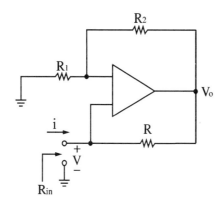

【82年二技電子】【76年台大電機研】

解☞：(B)

∵此為負阻抗轉換器

∴ $R_{in} = -\dfrac{R_1}{R_2}R$

$\qquad = -\dfrac{2R_2}{R_2}R$

$\qquad = -2R$

$\qquad = -1k\Omega$

∴ $R = 500\Omega$

10-7〔題型六十八〕：橋式、對數及指數放大器

考型157 橋式放大器

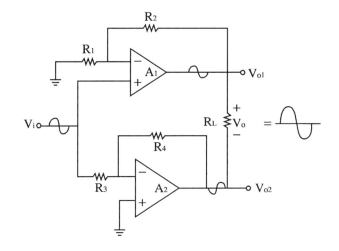

$$V_{01} = V_i \left[1 + \frac{R_2}{R_1} \right]$$

$$V_{02} = V_i \left[- \frac{R_4}{R_3} \right]$$

$$V_o = V_{01} - V_{02}$$

$$= \left[\frac{R_2 + R_1}{R_1} + \frac{R_4}{R_3} \right] V_i$$

 **對數放大器**

一、同相輸出的對數放大器

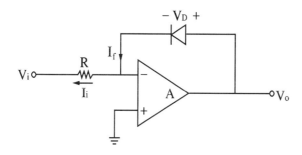

1. $I_f = \dfrac{V_i}{R} = I_s\left(e^{V_D/\eta V_T} - 1\right) \approx I_s e^{V_D/\eta V_T}$

2. $V_o = V_D = \eta V_T \ln\left(\dfrac{V_i}{RI_s}\right)$

二、反相輸出的對數放大器

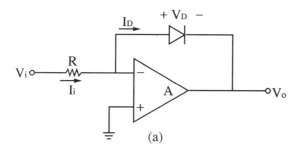

(a)

$V_o = -\eta V_T \ln\dfrac{V_i}{RI_s}$

三、電晶體對數放大器

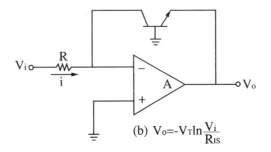

(b) $V_o = -V_T \ln \dfrac{V_i}{R_{IS}}$

特色：用 BJT 替代圖(a)的二極體可消除 η 的影響

四、具溫度補償的對數放大器

1.電路一：

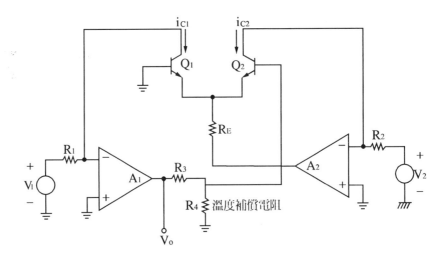

(1) $V_o = - \left[\dfrac{R_3 + R_4}{R_4} V_T \right] \ln \left[\dfrac{R_2}{R_1} \dfrac{V_1}{V_2} \right]$

(2)設計要求，

a. $R_3 \gg R_4$

$$b. \frac{\triangle R_4}{\triangle T} \approx \frac{\triangle V_T}{\triangle T}$$

2.電路二：

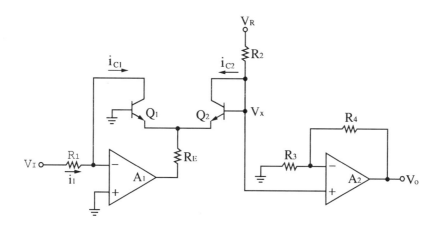

$$V_o = \left(1 + \frac{R_4}{R_3}\right) V_T \ln\left(\frac{R_1}{V_1} \frac{V_R}{R_2}\right) = -\left(1 + \frac{R_4}{R_3}\right) V_T \ln\left(\frac{R_2}{R_1 V_R} V_1\right)$$

考型159 指數放大器

一、二極體式指數放大器

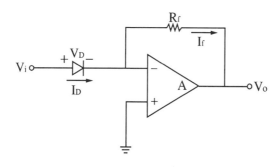

$$1. I_f = I_D = I_s \left(e^{V_D / \eta V_T} - 1 \right) \approx I_s e^{V_D / \eta V_T} = \frac{-V_o}{R_f}$$

$$2. \therefore V_o = -I_s R_f e^{V_D / \eta V_T} = -I_s R_f e^{V_D / \eta V_T}$$

二、BJT 式指數放大器

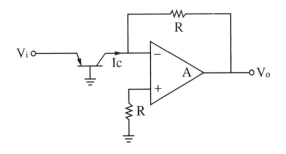

$$V_o = -RI_c = -RI_s e^{V_i / V_T}$$

三、貝溫度補償式的指數放大器

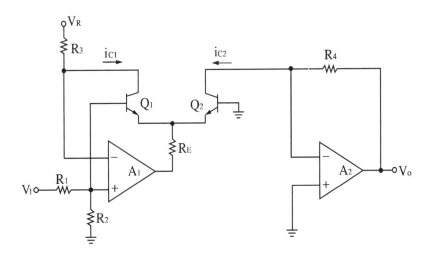

$$V_o = V_R \frac{R_4}{R_3} e^{-\left(\frac{R_2}{R_1 + R_2} \frac{V_1}{V_T} \right)}$$

考型160　乘法器與除法器

一、乘法器

1. $\because A \cdot B = e^{[\ln AB]} = e^{(\ln A + \ln B)}$

2. 電路設計

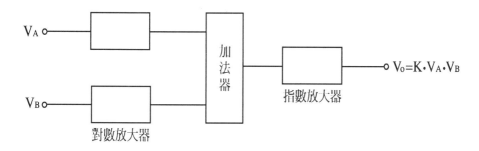

二、除法器

1. $\because \dfrac{A}{B} = e^{\left[\ln \frac{A}{B}\right]} = e^{(\ln A - \ln B)}$

2. 電路設計

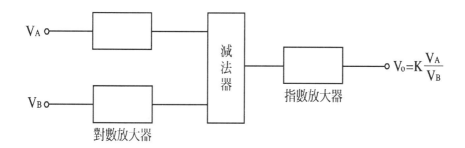

歷屆試題

1. 在一只運算放大器的反相（ inverting ）輸入端與輸出端之間，接
上一只負極在輸出端的二極體，而正相（ noninverting ）輸入端接

地，若輸入電壓 V_{in} 為正值且經一只47仟歐姆的電阻接到反相輸入端 k_1 和 k_2 為常數，則輸出電壓 V_o 的形式將為

(A)$k_1 e^{k_2 V_{in}}$ (B)$k_1 \ln (k_2 V_{in})$

(C)弦波   (D)電壓值為介於 $+ V_{in}$ 與 $- V_{in}$ 的方波。（題型：反相輸出的對數放大器）

【83年二技電機】

解 ☞：(B)

依題意的電路如下：（此為反相輸出的對數放大器）

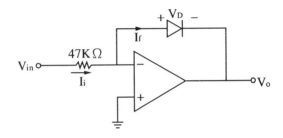

1. $\because V_o = - V_D$

2. 又 $I_f \approx I_s e^{V_D / \eta V_T} = I_s e^{- V_o / \eta V_T} = \dfrac{V_{in}}{R}$

    $\therefore V_o = - \eta V_T \ln \dfrac{V_{in}}{RI_s} = k_1 \ln (k_2 V_{in})$

---

2. 下圖電路工作於300K 室溫。若 $\dfrac{V_f}{\eta V_T} > 1$，則 V_o 等於

(A)$\exp \left[\dfrac{V_s}{R} \right]$ (B)$\dfrac{\eta}{V_T \ln \dfrac{V_s}{R}}$ (C)$- \eta V_T \left[\ln \dfrac{V_s}{R} - \ln I_s \right]$ (D)$\dfrac{\ln I_s}{\eta V_T} \left[\ln \right.$

$\left. \dfrac{V_s}{R} \right]$。（題型：反相輸出的對數放大器）

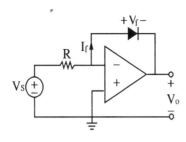

解☞：(C)

$$\because I_f = I_o = I_s \left(e^{V_f \diagup \eta V_T} - 1 \right) \approx I_s e^{V_f \diagup \eta V_T}$$

$$\therefore V_f = \eta V_T \ln \frac{I_f}{I_s} = - V_o$$

$$故\ V_o = -\eta V_T \ln \frac{I_f}{I_s} = -\eta V_T \left[\ln I_f - \ln I_s \right] = -\eta V_T \left[\ln \frac{V_s}{R} - \ln I_s \right]$$

3. 下圖中之電晶體 T，若工作於活性（active）區時，V_o 與 V_i 間之關係，是 V_o 為 V_i 之

(A)線性　(B)平方律

(C)自然對數　(D)立方律函數。（**題型：電晶體對數放大器**）

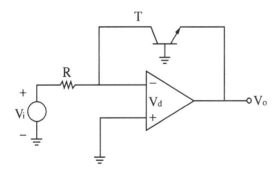

解☞：(C)

$$\because V_o = -V_{BE}$$

$$\text{又 } I_C \cong I_s e^{V_{BE}/\eta V_T} = I_s e^{-V_o/\eta V_T} = \frac{V_i}{R}$$

$$\therefore V_o = -\eta V_T \ln \frac{V_i}{R}$$

---

4. 如下圖所示為橋式放大電路，R 為固定電阻，△R 為因溫度或壓力而改變的電阻變化，假設 $\delta = \triangle R / R$，試求：

(1)輸出電壓 V_o 是 δ 及 A_v 的函數。

(2)假設 V，A_v 均保持不變，且 $\triangle R \ll R$，試證 V_o 與 δ 成正比。

（題型：橋式放大電路）

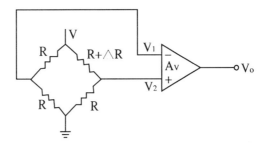

【72年二技】

解☞：

$$(1)\because V_o = A_v(V_2 - V_1) = A_v \left[\frac{RV}{R + R + \triangle R} - \frac{RV}{R + R} \right]$$

$$= A_v V \left[\frac{1}{2 + \dfrac{\triangle R}{R}} - \frac{1}{2} \right] = A_v V \left[\frac{1}{2 + \delta} - \frac{1}{2} \right]$$

$$= A_v V \left(\frac{-\delta}{4 + 2\delta} \right) = -\frac{A_v V \delta}{4 + 2\delta} \approx -\frac{A_v V \delta}{4}$$

$$(2)\because V_o \cong -\frac{1}{4} A_v V \delta$$

$$\therefore V_o \text{ 與 } \delta \text{ 成正比}$$

10−8〔題型六十九〕：精密二極體

考型161 精密二極體（精密半波整流器）

一、正半週整流

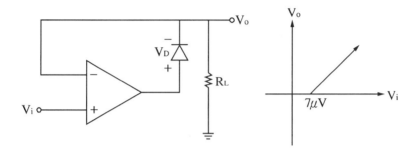

1. $A_v = 10^5$ 倍
2. $V_i < 7\mu V$ 以下 $\Rightarrow V_o = 0V$
3. $V_i \geq 7\mu V \Rightarrow V_o = V_i$

二、負半週整流

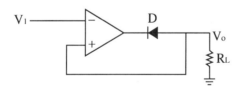

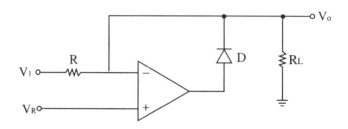

考型162 精密定位器

一、當 $V_1 < V_R$，D：ON，$V_o = V_R$

二、當 $V_1 > V_R$，D：OFF，$V_o = \dfrac{R_L}{R + R_L} V_1$

考型163 峰值檢測器

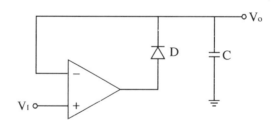

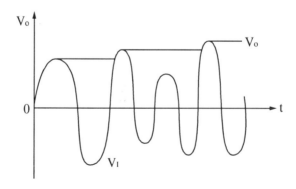

一、當 $V_I > V_o$ 時，D：ON，$V_o = V_I$。

二、在 $V_I < V_o$ 時，D：OFF，V_o 的值不變。

　故可記錄 V_I 的最正峰值。

考型164 精密半波整流器

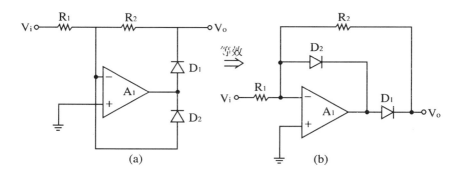

(a) 等效⇒ (b)

一、此為正半週整流。

二、當 $V_i < 0$ 時，OP 輸出為正，$\therefore D_1$：on，D_2：off，$V_o = -\dfrac{R_2}{R_1}V$。

三、當 $V_i > 0$ 時，OP 輸出為負，$\therefore D_1$：off，D_2：on，$V_o = 0$

四、將圖(b)的二極體反向，則成負半週整流。

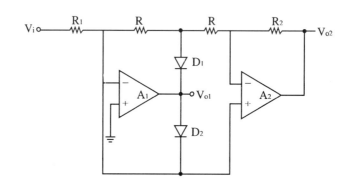

考型165 精密全波整流器

一、電路一：

1. V_i 正半週時 D_1：ON，D_2：OFF，$V_{01} = -\dfrac{R}{R_1}V_i$ ，

$V_{02} = \left(-\dfrac{R_2}{R} \right)\left(-\dfrac{R}{R_1} \right)V_i = \dfrac{R_2}{R_1}V_i > 0$

2. V_i 負半週時 D_1：OFF，D_2：ON，$V_{01} = \dfrac{2R}{3R_1}V_i$ ，

$V_{02} = -\left(\dfrac{R_2}{R_1} \right)V_i < 0$

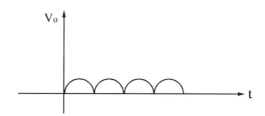

二、電路二：

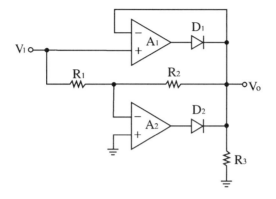

1. $V_I > 0$，D_1：ON，D_2：OFF　$V_o = V_I$

2. $V_I < 0$，D_1：OFF，D_2：ON　$V_o = -\dfrac{R_2}{R_1} V_I$

考型166 精密橋式全波整流器

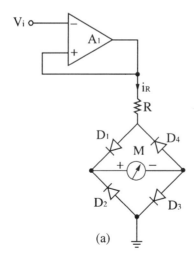

(a)

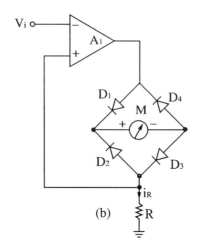

(b)

工作說明：

一、當 $V_i > 0$ 時，（ D_1 , D_3 ）：ON，（ D_2 , D_4 ）：OFF　　$i_R = \dfrac{V_i}{R}$

二、當 $V_i < 0$ 時，（ D_2 , D_4 ）：ON，（ D_1 , D_3 ）：OFF　　$i_R = \dfrac{V_i}{R}$

三、圖(a)中的電阻 R 可決定電壓表的靈敏度。

四、圖(b)是精密式的橋式整流器

考型167　取樣保持電路

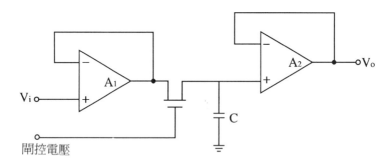

閘控電壓

一、功用：類比輸入信號經取樣後，可保持一段時間，直到下一個取樣才會變化。

二、原理：正脈衝的閘控電壓，可使 FET 導通，而使 V_x 對電容充電。當取樣週期過後，FET 變為不通，因電容被 OP_2 隔離，所以能保持加上它上面的電壓。

歷屆試題

1. 圖十中的運算放大器皆為理想元件，若 V_i 為振幅 $\pm 1V$ 的三角波則 V_o 的波形為：

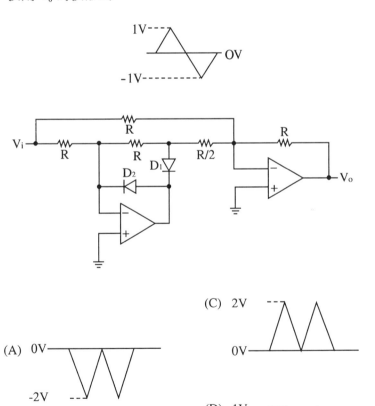

（題型：精密全波整 + 加法器）

【88年二技電子】

解 ☞ ：(D)

(1)當 $V_i > 0$時，D_1：ON，D_2：OFF，此時電路為

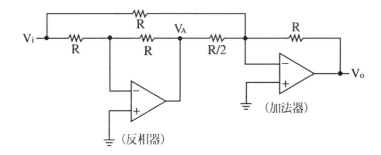

（反相器）

（加法器）

$$V_A = \left(-\frac{R}{R} \right) V_i = -V_i$$

$$V_o = -\left[\frac{R}{R} V_i + \frac{R}{\frac{R}{2}} (V_A) \right] = -(V_i - 2V_i) = V_i$$

(2)當 $V_i < 0$時，D_1：OFF，D_2：ON，此時電路為

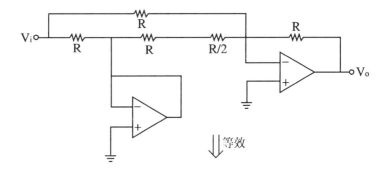

⇓等效

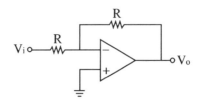

所以

$V_o = -V_i$

(3)故此電路的輸出波形為

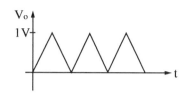

2.下圖為正峰值檢波器（peak detector），其中 A_1 與 A_2 均為理想運算放大器，則下列敘述何者有誤？

(A) D_1 與 R_F 可以防止 A_1 飽和　(B) A_2 的作用為避免 C_H 透過 R_F 放電　(C) D_1 與 D_2 不會同時導通　(D) D_1 導通時，V_o 會追隨 V_i 的正峰值（**題型：正峰值檢波器**）

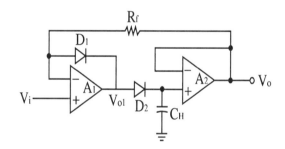

【88年二技電子】

解 ☞：(D)

(1)當 $V_i > 0$ 時，D_1：OFF，D_2：ON，

(2)當 $V_i < 0$ 時，D_1：ON，D_2：OFF，所以(D)錯誤

3.承上題，假設 D_1 與 D_2 的順向導通電壓為0.7V，則當 V_o 正在追隨 V_i 的正峰值時，V_{o1} 的值應為：

(A) $V_i + 0.7$ (B) $V_i - 0.7$ (C) $V_o + 1.4$ (D) $V_o - 1.4$

【88年二技電子】

解☞：(A)

4. 下圖，兩 OPA 均爲理想運算放大器，D_1 及 D_2 均爲理想二極體，
則圖中 V_o 與 V_i 的關係爲：

(A) $V_o = \begin{cases} V_i & \text{for } V_i > 0 \\ -V_i & \text{for } V_i < 0 \\ 0 & \text{for } V_i = 0 \end{cases}$ (B) $V_o = \begin{cases} -V_i & \text{for } V_i > 0 \\ V_i & \text{for } V_i < 0 \\ 0 & \text{for } V_i = 0 \end{cases}$

(C) $V_o = \begin{cases} V_i & \text{for } V_i > 0 \\ 0 & \text{for } V_i \leq 0 \end{cases}$ (D) $V_o = \begin{cases} -V_i & \text{for } V_i > 0 \\ 0 & \text{for } V_i \leq 0 \end{cases}$ （ 題型：精密
全波整流器 ）

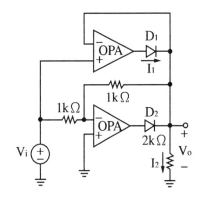

【88年二技電機】

解☞：(A)

1.在 $V_i > 0$ 時，D_1：ON，D_2：OFF

∴$V_o = V_i$（∵上面的 OP 形成電壓隨耦器）

2.在 $V_i < 0$ 時，D_1：OFF，D_2：ON

∴$V_o = -V_i$（∵下面的 OP 形成反相器）

3.在 $V_i = 0$ 時，D_1，D_2：OFF

$$\therefore V_o = 0$$

5.當上圖中 $I_2 = 3mA$ 時，則 I_1 的電流為：

(A)0mA　(B)2mA　(C)3mA　(D)4mA　　　　　【88年二技電機】

解☞：(A)或(C)

　　1.在 $V_i = 0$ 時，D_1：ON，D_2：OFF

　　　$\therefore I_1 = I_2 = 3mA$

　　2.在 $V_i < 0$ 時，D_1：OFF，$\therefore I_1 = 0$

6.如下圖所示的電路，若輸入信號為 ，則輸出信號 V_o 為

(A) 　(B) 　(C) 　(D)

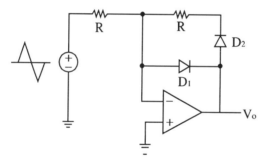

（虛線代表無信號）（**題型：精密半波整流器**）

【87年二技電子】

解☞：(A)

　　當 $V_i < 0$ 時，D_1：OFF，D_2：ON　　$\therefore V_o = -V_i$

　　當 $V_i > 0$ 時，D_1：ON，D_2：OFF　　$\therefore V_o = 0$

7. 設某理想運算放大器之應用電路如下圖所示。試問當輸入電壓 V_i = $A\sin\omega_c t$ 時，其輸出電壓 V_o 之波形為＿＿。（請繪圖表示）（**題型：精密半波整流器**）

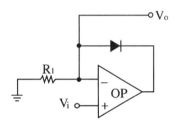

【79年二技】

解 ☞ ：

當 $V_i > 0$ 時 $\Rightarrow$ D：OFF　∴ $V_o = 0V$

當 $V_i < 0$ 時 $\Rightarrow$ D：ON　∴ $V_o = V_i$

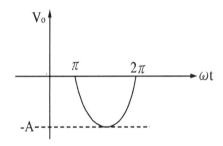

8. 下圖為全波整流器，若輸入 $V_i = 10\sin\omega t$ 伏，$V_i = 10\sin\omega t$ 試求出直流電壓值（V_o 之 de 值）

(A)6.36V　(B)10V　(C)5V　(D)13.2V。（**題型：精密全波整流器**）

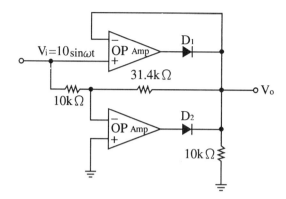

【86年二技】

解☞：(D)

1.當 $V_i > 0$時，D_1：ON，D_2：OFF

此時電路形成電壓隨耦器

∴ $V_o = V_i = 10$

故 $V_{0,av} = \dfrac{2}{\pi}V_{in} = \left(\dfrac{2}{\pi}\right)(10) \cong 6.37V$

2.當 $V_i < 0$時，D_1：OFF，D_2：ON

此時電路形成反相器

∴ $V_o = -\dfrac{31.4k}{10k}V_i = (-3.14)(-10) = 31.4V$

∴ $V_{0,av} = \dfrac{2}{\pi}V_{in} = \left(\dfrac{2}{\pi}\right)(31.4) = 19.99V$

∴ $V_{0T,av} = \dfrac{1}{2}\left[6.37 + 19.99\right] = 13.2V$

9.下圖為一精密半波整流器，其中 $R = 1k\Omega$。若 $V_I = -1V$，則 $V_o = $？

(A)1V　(B)0.7V　(C)$-0.7V$　(D)0V。（**題型：精密全波整流器**）

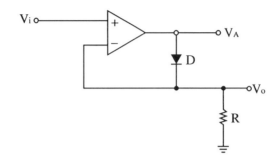

【85年二技電子】

解☞：(D)

　1.當 $V_I > 0$時，D：ON

　　此時電路形成電壓隨耦器

　　$V_o = V_i$

　2.當 $V_i < 0$時，D：OFF$\Rightarrow V_o = 0V$

10.已知一 pn 二極體的切入（cut－in）電壓是0.7V，又已知一運算放大
器的開環差模增益 $A_d = 10^5$，並與二極體組成精密（precision）半波
整流器。若各偏差（offset）電壓，電流效應均可略而計，則起始導
流的輸入電位是？　(A)7×10^{-5}V　(B)7×10^{-6}V　(C)7×10^{-7}V　(D)$7 \times$
10^{-8}V。（題型：精密半波整流器）

【81年二技電子】

解☞：(B)

$$V_{in} = \frac{V_r}{A_d} = \frac{0.7}{10^5} = 7 \times 10^{-6}V$$

11.下圖為理想全波整流電路圖，R_1為1000歐姆，R_2為2000歐姆 V_{in}為4伏
特，則 V_{out}為

(A)1伏特　(B)2伏特　(C)4伏特　(D)8伏特（題型：橋式整流器）

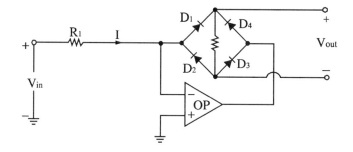

【77年二技電機】

解☞：(D)

1.當 $V_{in} > 0$時，D_1，D_3：ON，D_2，D_4：OFF

　∴此時電路，由 D_1，R_2，D_3構成負迴授

2.故 $I = \dfrac{V_{in}}{R_1} = \dfrac{4}{1k} = 4mA$

　∴ $V_{out} = IR_2 = （4m）（2k）= 8V$

題型變化

1.若 $V_1 = 10\sin\omega t$ mV，$R_1 = R_2 = 10k\Omega$，請求出 V_o 的平均值。（題型：精密半波整流器）

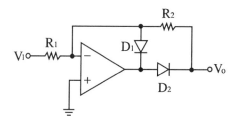

解☞：

1.半波整流：$V_{aV} = \dfrac{V_m}{\pi}$

2.當 $V_1 < 0$ 時，$V_o = -\dfrac{R_2}{R_1}V_1$

$$\therefore V_o = \frac{R_2}{R_1}\frac{V_m}{\pi} = \left(\frac{10k}{10k}\right)\left(\frac{10m}{\pi}\right) = 3.18mV$$

2.證明下圖之電路，如果 $R_2 = KR_1$ 時，電路能作全波整流。並求 K 值。（題型：精密全波整流器）

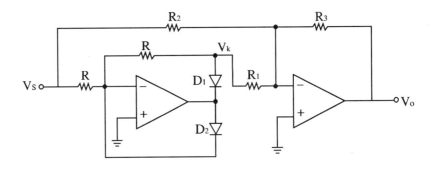

解☞：

　1.當 $V_s > 0$ 時，D_1：ON，D_2：OFF

　　$\therefore V_k = -\dfrac{R}{R}V_s = -V_s$

　2.用重疊法，求 V_o

$$V_o = -\frac{R_3}{R_2}V_s + \left(-\frac{R_3}{R_1}\right)V_k = \left(\frac{1}{R_1} - \frac{1}{R_2}\right)R_3V_s \text{——①}$$

　3.當 $V_s < 0$ 時，D_1：OFF，D_2：ON

　　$\therefore V_k = 0$

　　故 $V_o = -\dfrac{R_1}{R_2}V_s$ ——②

　4.若欲全波整流，則需式①＝②

$$\therefore \frac{1}{R_1} - \frac{1}{R_2} = \frac{1}{R_2} \Rightarrow R_2 = 2R_1 = KR_1$$

故 $K = 2$

---

3. 試求下圖中理想 OPA 電路之轉換特性。（**題型：精密全波整流器**）

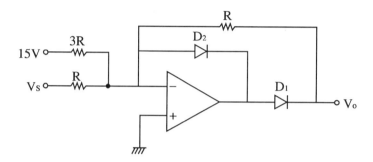

解 ☞ ：

1. 用重疊法，求 V_-

$$V_- = \left(\frac{R}{3R + R}\right)(15V) + \left(\frac{3R}{3R + R}\right)V_s = \frac{15}{4} + \frac{3}{4}V_s$$

2. 分析電路

(1) 當 $V_- > 0$ 時，D_2：ON，D_1：OFF $\Rightarrow V_o$：0V

(2) 當 $V_- < 0$ 時，D_2：OFF，D_1：ON（即 $V_s < -5V$）

$$\therefore V_o = -\frac{R}{3R /\!/ R}(V_-) = \frac{-4}{3}\left(\frac{15}{4} + \frac{3}{4}V_s\right) = -5 - V_s$$

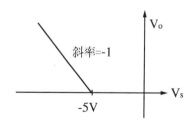

4.如下圖中，若電路之 $V_i = 0.5\sin(t)$ 伏特，試繪出 $V_o(t)$ 波形，並簡述此電路優點及工作原理。（題型：精密全波整流器）

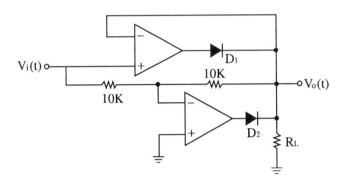

解☞：

1.當 $V_i(t) > 0$，D_1：ON，D_2：OFF，$V_o = V_I$

2.當 $V_i(t) < 0$，D_1：OFF，D_2：ON，$V_o = -\dfrac{10k}{10k}V_i = -V_i$

∴為全波整流

3.優點：

(1)因以二極體為精密整流，所以切入電壓（$\dfrac{V_r}{A} \approx 0$）極小，

(2)操作速度快，且穩定。

4.輸出波形及轉移特性曲線

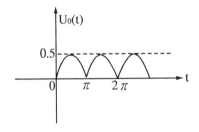

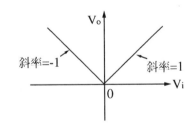

5.若 $V_i = 10\sin\omega t$ mV，$R_1 = R_2 = R_3 = 10k\Omega$，請求出 V_o 的平均值。（**題型：精密半波整流器**）

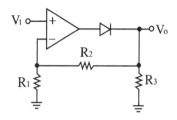

解☞：

    1.當 V_i 為正半週時，D：ON，

$$\therefore V_o = \frac{R_1 + R_2}{R_1} V_i = 20\sin\omega t \text{ mV}$$

    2.當 V_i 為負半週時，D：OFF，

$$\therefore V_o = 0$$

    3. $V_{0 \text{, av}} = \frac{V_m}{\pi} = \frac{20}{\pi} = 6.36V$

6.下圖中，$R_1 = R_2 = R_3 = R_4 = 10k\Omega$，$V_s = 10V$，輸入波形如下圖(b)所示，則輸出電壓的平均值及有效值為何？（**題型：精密全波整流器**）

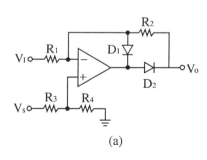

(a)

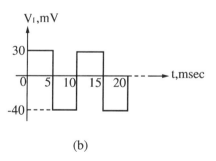

(b)

解☞：

1. $\because V_+ = V_s \left(\dfrac{R_4}{R_3 + R_4} \right) = (10) \left(\dfrac{10k}{10k + 10k} \right) = 5V$

2. 當 $V_I = 30mV$，D_1：OFF，D_2：ON

$\therefore V_{01} = \left(-\dfrac{R_2}{R_1} \right) (V_I) + \left(1 + \dfrac{R_2}{R_1} \right) (V_+)$

$= -30mV + (2) (5) = 9.97V$

3. 當 $V_I = -40mV$，D_1：OFF，D_2：ON

$\therefore V_{02} = \left(-\dfrac{R_2}{R_1} \right) V_I + \left(1 + \dfrac{R_2}{R_1} \right) (V_+)$

$= (-1) (-40mV) + (2) (5) = 10.04V$

4. $\therefore V_{0 , av} = \dfrac{V_{01}t_1 + V_{02}t_2}{t_1 + t_2} = \dfrac{(9.97) (5m) + (10.04) (5m)}{5m + 5m}$

$= 10.005V$

5. $V_{0 , rms} = \sqrt{\dfrac{1}{T} \left[V_{01}^2 t_1 + V_{02}^2 t_2 \right]}$

$= \sqrt{\dfrac{1}{5m + 5m} \left[(9.97)^2 (5m) + (10.04)^2 (5m) \right]}$

$= 10.0051V$

10-9〔題型七十〕：非理想運算放大器

 電壓增益 $A_v \neq \infty$

 頻寬 $BW \neq \infty$

 輸入阻抗 $R_i \neq \infty$

 輸出阻抗 $R_o \neq 0$

	基本反相組態	基本非反相組態
考型 168	 $A_v = \dfrac{V_o}{V_I} = \dfrac{-\dfrac{R_2}{R_1}}{1 + \dfrac{1 + \dfrac{R_2}{R_1}}{A}}$	 $A_v = \dfrac{V_o}{V_I} = \dfrac{1 + \dfrac{R_2}{R_1}}{1 + \dfrac{1 + \dfrac{R_2}{R_1}}{A}}$
考型 169	$A(S) = \dfrac{A_o}{1 + \dfrac{S}{\omega_b}}$ $A_o = -\dfrac{R_2}{R_1}$, $\omega_b = \beta\omega_t$ $\omega_b = \omega_{3dB} = \dfrac{\omega_t}{1 + \dfrac{R_2}{R_1}}$ $f_b = f_{3dB} = \dfrac{f_t}{1 + \dfrac{R_2}{R_1}}$	$A(S) = \dfrac{A_o}{1 + \dfrac{S}{\omega_b}}$ $A_o = 1 + \dfrac{R_2}{R_1}$, $\omega_b = \beta\omega_t$ $\omega_b = \omega_{3dB} = \dfrac{\omega_t}{1 + \dfrac{R_2}{R_1}}$ $f_b = f_{3dB} = \dfrac{f_t}{1 + \dfrac{R_2}{R_1}}$
考型 170	$R_i = R_1$	$R_i = \left[\, 2R_{icm} // \dfrac{AR_{id}}{1 + \dfrac{R_2}{R_1}}\,\right]$
考型 171	R_o（反，非反相均同） $R_{out} = R_o // \dfrac{R_o}{\beta A}$ 其中 $\dfrac{R_o}{\beta A} = \dfrac{R_o}{\beta A_o} + j\omega L_{out}$ 即 $L_{out} = \dfrac{R_o}{\beta \omega_t}$, $\beta = \dfrac{R_1}{R_1 + R_2}$	

考型172 迴轉率（SR）及全功率頻帶寬（f_M）

一、迴轉率（slew rate，SR）──又稱延遲率

定義：OP 的輸出電壓隨時間之最大變化率

$$SR = \frac{dV_o}{dt}\bigg|_{max}$$

例：方波輸入電壓隨耦器所造成之延遲失真已知 OP 之 SR = 0.8V／

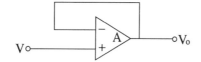

$1\mu sec$ 則 $\frac{0.8V}{1\mu sec} = \frac{10V}{t} \Rightarrow t = 12.5\mu sec$

輸出波形必然有失真

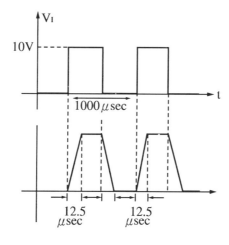

二、全功率頻帶寬（Full – power bandwidth），f_M

    1. $V_o = V_I = V_m \sin \omega t$

    2. $\left. \dfrac{dV_o}{dt} \right|_{max} = \omega_m V_m = SR \Rightarrow f_m \leq \dfrac{SR}{2\pi V_m}$

    3. f_m = 使輸出不失眞時的最大工作頻率

考型173 共模拒斥比 CMRR $\neq \infty$

一、差動放大器

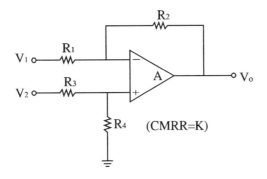

二、$V_o = A_1 V_1 + A_2 V_2$

    1. $A_d = \dfrac{1}{2} (A_2 - A_1)$

    2. $A_{cm} = A_1 + A_2$

    3. $V_{cm} = \dfrac{V_1 + V_2}{2}$

    4. $V_{id} = V_1 - V_2$

5. $CMRR = |\dfrac{A_d}{A_{CM}}|$

三、共模誤差電壓 V_{cr}

定義：$V_{cr} = \dfrac{V_{CM}}{CMRR} = \dfrac{V_{CM}}{\dfrac{A_d}{A_{CM}}} = \dfrac{A_{CM}V_{CM}}{A_d}$

$\therefore A_{CM}V_{CM} = A_d V_{cr}$

故 $V_o = A_d V_{id} + A_{CM}V_{CM} = A_d V_{id} + A_d V_{cr}$

即 $V_o = A_d (V_{id} + V_{cr})$

註： 1.有限 CMRR 對非反相式 OP 影響較大

　　 2.頻率增加$\Rightarrow$CMRR 值降低

考型174　改善漂移特性的方法

一、觀念：引起漂移特性的主要原因，是因為 BJT 存有

1.輸出偏補電壓（ output offset voltage ），（ V_{off} ）

2.輸入偏補電壓（ input offset voltage ）

3.輸入偏壓電流（ input bias current ），（ I_B ）

4.輸入偏補電流（ input offset current ），（ I_{off} ）

二、改善 V_{off}在閉迴路效應之方法：

1.在 OP 之反相端電阻 R_1上串聯一電容 C：

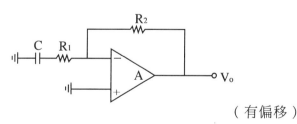

（ 有偏移 ）

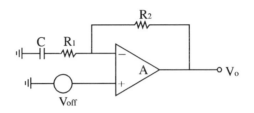

(1)改善前：$V_o = V_{off} \left(1 + \dfrac{R_2}{R_1} \right)$ ←V_{off}被放大

(2)改善後：$V_o = V_{off} \left(1 + \dfrac{R_2}{\infty} \right) = V_{off}$←$V_{off}$沒被放大

(3)$V_{off} = \dfrac{V_o}{A}$

(4)條件：使用此法，需在操作頻率極高時，如此才成忽略電容效應。

2.消除 V_{off}在閉迴路效應之方法：

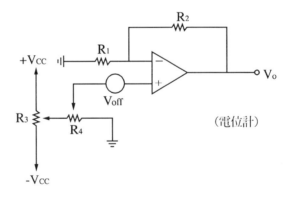

（電位計）

調整電位計，以抵消 V_{off}。

二、改善 I_B 及 I_{off} 在閉迴路效應的方法

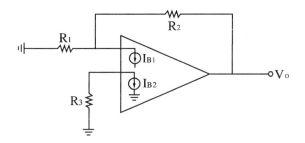

　1.**方法**：加上 R_3 ；在 $R_3 = R_1 /\!/ R_2$ 時，可得最佳改善（即 V_o 此時為最小值）

　2.**改善前**：$V_o = I_{B1} R_2 = I_B R_2 + \dfrac{1}{2} I_{off} R_2$

　3.**改善後**：（在 $R_3 = R_1 /\!/ R_2$ 時）

$V_o = I_{off} R_2$

三、改善 I_B ，I_{off} ，V_{off} 在閉迴之效應：

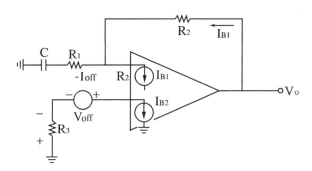

　1.方法：綜合上述方法

　2.改善前：$V_o = V_{off} \left(1 + \dfrac{R_2}{R_1} \right) + I_B R_2 + \dfrac{1}{2} I_{off} R_2$

　3.改善後：（在 $R_3 = R_2$ 時）

$$V_o = V_{off} + I_{off} R_2$$

註：不同方式的表示法：

    1. $V_{off} = V_{os}$

    2. $I_{off} = I_{os}$

四、實用上密勒積分器的問題及改善：

改善方法：在電容 C 上並聯一電阻 R_t

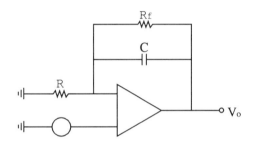

歷屆試題

1. 下圖中，兩 OPA 皆為理想運算放大器，下列何組電阻值可使電壓增益 $V_o / V_i = 10$：

    (A) $R_1 = 2k\Omega$，$R_2 = 4k\Omega$，$R_3 = 3k\Omega$

    (B) $R_1 = 3k\Omega$，$R_2 = 6k\Omega$，$R_3 = 3k\Omega$

    (C) $R_1 = 4k\Omega$，$R_2 = 2k\Omega$，$R_3 = 6k\Omega$

    (D) $R_1 = 1k\Omega$，$R_2 = 4k\Omega$，$R_3 = 5k\Omega$（題型：OP 電路分析）

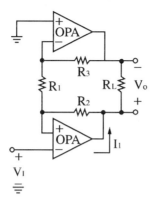

【88年二技電機】

解☞：(D)

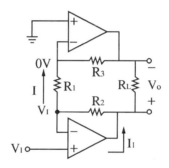

1.由圖分析知

$$I = \frac{V_I}{R_1}$$

2.依 KVL 知

$$I（R_1 + R_2 + R_3 + R_L）= 0$$

$$\therefore V_o = - IR_L = I（R_1 + R_2 + R_3）= \frac{V_I}{R_1}（R_1 + R_2 + R_3）$$

3.故 $\dfrac{V_o}{V_I} = \dfrac{R_1 + R_2 + R_3}{R_1} = 10 \Rightarrow$ 選(D)

2.續上題，假設 $R_1 = R_2 = R_3 = R_L = 1k\Omega$，且 $V_t = 1V$，求 I_1：
　(A)5mA　(B)4mA　(C)3mA　(D)2mA　　　　【88年二技電機】

3.如下圖所示，在反相（inverting）輸入端加入電阻 R_3 的用意為
　(A)增加開路增益　(B)補償頻率響應　(C)改變主要極點位置　(D)
　消除輸入偏移（offset）電壓的影響（**題型：改善漂移特性的方
　法**）

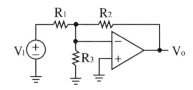

【87年二技電子】

解☞：(D)

　　當 $R_3 = R_1 // R_2$ 時，效果最佳

4.假設一運算放大器之變動率（slew rate）為 $4V/\mu S$，且其最大
　額定輸出為 $\pm 10V$，則其全功率頻率（full－powre frequency）為
　(A)31.8kHz　(B)47.58kHz　(C)63.66kHz　(D)82.73kHz。（**題型：
　全功率頻帶寬**）

【86年二技電機】

解☞：(C)

$$f_m = \frac{SR}{2\pi V_m} = \frac{4V/\mu S}{(2\pi)(10)} = \frac{4}{(2\pi)(10)(10^{-6})} = 63.66kHz$$

5.下圖為一非反相運算放大器（noninverting op amp），若運算放大
　器具有如下性質；開路增益（open loop gain）A（S）＝

$$\frac{10^4}{1 + S / (2\pi)(100)}$$ 且 $R_1 = 1k\Omega$，$R_2 = 9k\Omega$，則此閉路放大器

（closed – loop amplifier）高頻3 – dB 頻率為(A)1.1kHz　(B)10.1kHz

(C)100.1kHz　(D)1.1MHz（**題型：非理想 OP 的 $A_v \neq \infty$ 及 BW**

$\neq \infty$）

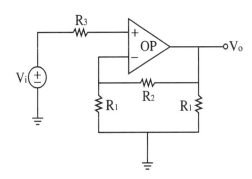

【84年電子】

解☞：(C)

1.開回路時

$$\because A(S) = \frac{A_o}{1 + \dfrac{S}{\omega_B}} = \frac{10^4}{1 + \dfrac{S}{(2\pi)(100)}}$$

$$\therefore A_o = 10^4，f_B = f_H = 100Hz$$

$$f_T = f_B A_o = (100)(10^4) = 10^6 Hz$$

2.閉回路時

$$\therefore f_{bf} \cong \frac{f_T}{1 + \dfrac{R_2}{R_1}} = \frac{10^6}{1 + \dfrac{9k}{1k}} = 10^5 Hz = 100KHz$$

6.下圖為一反相放大器，其中 OP（運算放大器）之輸入阻抗 R_i

= 1000kΩ，電壓增益 A_d = 100000，輸出阻抗 R_o = 100kΩ，試求

出整個電路的輸出阻抗 r_{out}。

(A)0Ω　(B)0.05Ω　(C)980kΩ　(D)99.8Ω（**題型：非理想 OP 的 R_o $\neq 0$**）

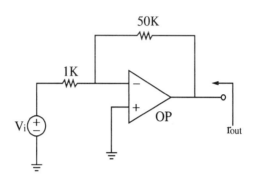

【84年二技】

解 ☞ ：(B)

1. ∵ $\beta = \dfrac{R_1}{R_1 + R_2} = \dfrac{1K}{51K} = 0.0196$

2. ∴ $r_{out} = R_o // \dfrac{R_o}{\beta A} = 100 // \dfrac{100}{(0.0196)(10^5)} = 0.051Ω$

7. 輸出不失眞時，運算放大器（op–amp）的轉動率（slewrate）與弦波信號的最高工作頻率有如下的關係，頻率 = $\dfrac{轉動率}{6.28 \times 輸入電壓峰值}$，已知 op–amp $\mu A741$的轉動率爲0.5伏／微秒，在不考慮其它失眞因素的條件下，欲使 $\mu A741$輸出不失眞的電壓峰值爲1伏，則信號的最高工作頻率，下列何者最爲適當

(A)$5 \times 10^6 Hz$　(B)$2 \times 10^6 Hz$　(C)79620Hz　(D)8000Hz。（**題型：迴轉率及全功率頻寬**）

【82年二技電子】

解 ☞ ：(C)

$$f_M = \frac{SR}{(6.28)\, V_m} = \frac{0.5V/\mu S}{(6.28)\,(1)} = \frac{0.5}{(6.28)\,(1)\,(10^{-6})}$$
$$= 79629\,Hz$$

---

8. 下列何者不是理想運算放大器的條件

(A)輸入阻抗無限大　(B)輸出阻抗零　(C)放大率無限大　(D)延遲率為零。（**題型：迴轉率**）

【81年二技電機專業實務】

解 ☞ ：(D)

$$f_M = \frac{SR}{2\pi V_m}$$

---

9. 一差動放大器之兩端輸入訊號分別為 $V_1 = 2V$，$V_2 = -2V$ 時，其輸出為40V，若輸入改為 $V_1 = 3V$，$V_2 = 1V$ 時，其輸出為24V，則此差動放大器之共模增益 A_c

(A)1　(B)2　(C)3　(D)4。（**題型：非理想 OP 的 CMRR ≠ ∞**）

【81年二技電機】

解 ☞ ：(B)

1. ∵ $V_o = A_d V_d + A_c V_c$

$$= A_d\,(V_1 - V_2) + A_c\,\left(\frac{V_1 + V_2}{2}\right)$$

2. 當 $V_1 = 2V$，$V_2 = -2V$ 時

$$V_o = 40 = A_d\,(2+2) = 4A_d$$

∴ $A_d = 10$

3. 當 $V_1 = 3V$，$V_2 = 1V$，

$$V_o = 24 = (10)\,(3-1) + A_c\,\left(\frac{3+1}{2}\right) = 20 + 2A_c$$

∴ $A_c = 2$

---

10. 施加於一差動（difference）放大器，輸入端的信號包含100mV／1kHz之差信號及1V／60Hz的共模（common mode）信號，測得輸出含10V／1kHz及100mV／60Hz兩信號，則此級的共模拒斥比（common-mode rejection ratio，CMRR）應為

(A)80dB　(B)100dB　(C)120dB　(D)60dB。（**題型：非理想 OP 的 CMRR ≠ ∞**）

【81年二技電子】

解 ☞ ：(D)

　　1.依題意知 $V_{id} = 100mV$，$V_{od} = 10V$

　　　$V_{ic} = 1V$，$V_{oc} = 100mV$

　　2.$A_d = \dfrac{V_{od}}{V_{id}} = \dfrac{10v}{100mv} = 100$

　　　$A_c = \dfrac{V_{oc}}{V_{ic}} = \dfrac{100mv}{1v} = 0.1$

　　3.∴ $CMRR = 20\log \left| \dfrac{A_d}{A_c} \right| = 20\log \left| \dfrac{100}{0.1} \right| = 60dB$

---

11. 下圖電路中，已知運算放大器輸入抵補電壓（input offset voltage）為 ±5毫伏特，此運算放大器的其餘特性均假設為理想狀況。試求輸出抵補電壓（output offset voltage）約為

(A) ± 10　(B) ± 5　(C) ± 2　(D) ± 1　伏特。（**題型：偏補電壓 V_{off}**）

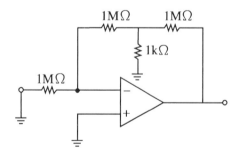

解☞：(B)

1.觀念：$V_{off(out)} = AV_{off(in)}$

2.$A = \dfrac{R_2}{R_1} \left(\dfrac{R_4}{R_2 // R_3 // R_4} \right) = \dfrac{1M}{1M} \left(\dfrac{1M}{1M // 1K // 1M} \right) = 1002$

∴ $V_{off(out)} = AV_{off(in)}$ （1002）（ $\pm 5m$ ） $= \pm 5.01V$

12.同上題，如果圖中1仟歐姆的電阻以1仟歐姆電阻串接1微法拉
電容之阻抗取代，則輸出抵補電壓約為

(A) ± 10　(B) ± 15　(C) ± 20　(D) ± 25　毫伏特。

解☞：(B)

觀念：直流分析時，電容視為斷路，所以電路變為

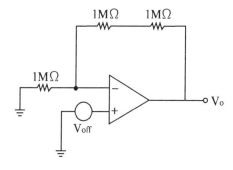

∴ $V_{off(out)} = \left(1 + \dfrac{2M}{1M} \right) V_{off(in)} = 3 （ \pm 5m ） = \pm 15mV$

13.(1)下圖中非反相放大電路中的運算放大器，有如圖所示的開迴
路增益波德圖，此運算放大器的其餘特性均假設為理想狀
況，且 $R_1 = 1$ 仟歐姆，$R_2 = 9$ 仟歐姆，$V_i = 0.1 \sin （ 2\pi ft ）$ 伏

特，當 f = 100赫芝時，V_o 的波形最接近下列那一函數？

(A)$0.1 \sin(2\pi ft)$　(B)$0.1 \sin(2\pi ft + 45°)$

(C)$\sin(2\pi ft - 45°)$　(D)$\sin(2\pi ft)$ 伏特

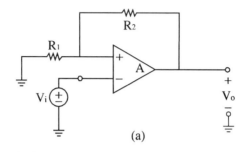

(a)

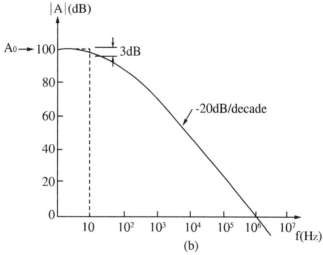

(b)

(2)同上題，當 f = 100仟赫芝時，V_o 的波形最接近下列那一函數？

(A)$0.7 \sin(2\pi ft - 45°)$　(B)$0.5 \sin(2\pi ft)$

(C)$0.5 \sin(2\pi ft - 45°)$　(D)$0.5 \sin(2\pi ft - 84°)$

(3)同上題，當 f = 1百萬 Hz 時，V_o 的波形最接近下列那一函數？

(A)$0.1\sin(2\pi ft + 45°)$ (B)$0.1\sin(2\pi ft)$

(C)$0.1\sin(2\pi ft - 45°)$ (D)$0.1\sin(2\pi ft - 84°)$ **(題型：非理**

想 OP 的 BW $\neq \infty$)

解 ☞ ： 1.(D) ， 2.(A) ， 3.(D)

由圖(a)知

$$A_o = 1 + \frac{R_2}{R_1} = 1 + \frac{9k}{1k} = 10 \text{ ，} \beta = \frac{R_1}{R_1 + R_2} = \frac{1k}{1k + 9k} = \frac{1}{10} = 0.1$$

$$A(S) = \frac{V_o(S)}{V_i(S)} = \frac{A_o}{1 + \frac{S}{\omega_b}} = \frac{A_o}{1 + \frac{S}{\beta\omega t}} = \frac{A_o}{1 + j\frac{f}{(0.1)(10^6)}}$$

$$= \frac{10}{1 + j\frac{f}{10^5}}$$

(1)當 f = 100Hz 時

$$A(S) = \frac{10}{1 + j\frac{100}{10^5}} = \frac{10}{1 + j10^{-3}} \cong 10\angle 0°$$

$$\therefore V_o(t) = AV_i = (10\angle 0°)(0.1) = 1\angle 0°$$

即 $V_o(t) = 1\sin(2\pi ft)$ V

(2)當 f = 100Hz 時

$$A(S) = \frac{10}{1 + j\frac{10^5}{10^5}} = \frac{10}{1 + j} = \frac{10}{\sqrt{2}}\angle - 45°$$

$$\therefore V_o(t) = AV_i = (\frac{10}{\sqrt{2}}\angle - 45°)(0.1\angle 0°)$$

$$= 0.707\angle - 45°$$

即 $V_o(t) = 0.707\sin(2\pi ft - 45°)$ V

(3)當 f = 1MHz 時

$$A(S) = \frac{10}{1 + j\dfrac{10^6}{10^5}} = \frac{10}{1 + j10} = 0.995\angle -84°$$

$\therefore V_o = AV_i = (0.995\angle -84°)(0.1\angle 0°) \cong 0.1\angle -84°$

即 $V_o(t) = 0.1\sin(2\pi ft - 84°)$ V

---

14. 若 OP 運算放大器電路，除了 $V_o = \mu(V_+ - V_-)$，增益 $\mu = 2$ 不為 ∞，其餘皆符合理想 OP 的特性。

(1)若 $R_1 = R_2$，求 $\dfrac{V_o}{V_s} = ?$

(2)若 $R_1 = \infty$，求 $\dfrac{V_o}{V_s} = ?$（題型：非理想 OP 的 A ≠ ∞）

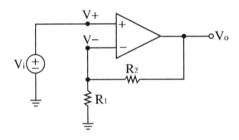

【81年基層特考】

解☞：

(1)① $\because V_- = \dfrac{R_1}{R_1 + R_2} V_o$

  $\therefore R_1 = R_2 \Rightarrow V_- = \dfrac{1}{2} V_o$

  ② 又 $V_o = 2(V_+ - V_-) = 2\left(V_s - \dfrac{1}{2} V_o\right) = 2V_s - V_o$

$$\therefore \frac{V_o}{V_s} = 1$$

(2)若 $R_l = \infty$ ，則 $V_- = V_o$

$$\therefore V_o = 2 (V_+ - V_-) = 2 (V_s - V_o) = 2V_s - 2V_o$$

$$\therefore \frac{V_o}{V_s} = \frac{2}{3}$$

---

15. 在下圖(2)中，運算放大器之 $V_i - V_o$ 傳輸特性曲線（ transfer characteristic ）如下圖(1)所示。試求該運算放大器之

(1)增益。

(2)輸入抵補電壓（ input offset voltage ）的大小。**（題型：非理想 OP 的偏補電壓）**

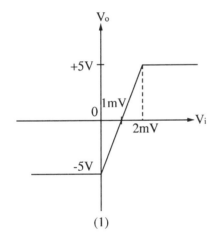

(1)

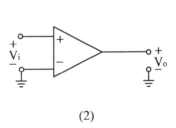

(2)

【 79年普考 】

解 ☞ ：

(1) $A = \frac{V_o}{V_i} = \frac{5V}{2mv - 1mv} = 5 \times 10^3$

(2)由圖可知 $V_{off} = 1mv - 0 = 1mv$

運算放大器　235

16. 設下圖為單極點運算放大器，其0dB 頻寬為1MHz。若 $R_1 =$ 1kΩ，$R_2 = 10$kΩ，V_1（t）$= A\cos$（$2 \times 10^4 \pi t$）V，試問此時頻寬 為 ___(1)___ ，V_o（t）$=$ ___(2)___ ，若 $R_1 = 1$kΩ，$R_2 = 100$kΩ 則 V_o （t）$=$ ___(3)___ 。（題型：非理想 OP 的 BW $\neq \infty$）

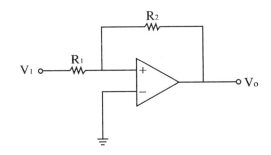

【77年二技電子】

解 ☞ ：

(1) $BW = f_H = f_b = \dfrac{f_T}{1 + \dfrac{R_2}{R_1}} = \dfrac{1M}{1 + \dfrac{10k}{1k}} = 90.9 \, KHz$

(2) ∵ $V_i = A\cos$（$2 \times 10^4 \pi t$）$= A\cos$（$2\pi f t$）

∴ 工作頻率 $f = 10^4 = 10 KHz$（在頻寬內）

故為中頻區

∴ V_o（t）$= -\dfrac{R_2}{R_1} V_i$（t）$= -\dfrac{10k}{1k}$〔 $A\cos$（$2 \times 10^4 \pi t$）〕

$= -10 A\cos$（$2 \times 10^4 \pi t$）

$= 10 A\cos$（$2 \times 10^4 \pi t - 180°$）

(3) 若 $R_1 = 1$kΩ，$R_2 = 100$kΩ，則

$BW = f_H = f_b = \dfrac{f_T}{1 + \dfrac{R_2}{R_1}} = \dfrac{1M}{1 + \dfrac{100k}{1k}} = 9.9 \, KHz \approx 10 KHz$

∴ $f = f_H$

此時 $A_v = \dfrac{A_m}{\sqrt{2}} \angle -45°$

$\therefore V_o(t) = \dfrac{1}{\sqrt{2}} \left[-10\,A\cos(2\times10^4\pi t) - 45° \right]$

$\qquad\qquad = \dfrac{10}{\sqrt{2}}\,A\cos(2\times10^4\pi t - 225°)$

---

17. 若一運算放大器具有 $\dfrac{10^5}{S+10^3}$ 的輸入——輸出電壓轉移函數

（Transfer function）的特性以及理想的輸入及輸出阻抗。將此放大器接線如下圖所示。則在未飽和的情形之下，此電路在輸入頻率為1仟赫時的 $\left| \dfrac{V_o}{V_1} \right|$ 約為

(A)0.56　(B)0.63　(C)0.87　(D)0.97（**題型：非理想 OP 的 A ≠ ∞ 及 BW ≠ ∞**）

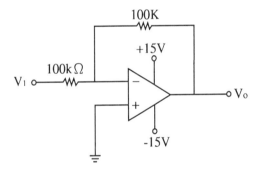

【 77年二技電機 】

解☞：(D)

$1. \because A(S) = \dfrac{-\dfrac{R_2}{R_1}}{1+\dfrac{1+\dfrac{R_2}{R_1}}{A}} = \dfrac{-\dfrac{R_2}{R_1}}{1+\dfrac{1+\dfrac{R_2}{R_1}}{\dfrac{10^5}{S+10^3}}} = \dfrac{-1}{1+\dfrac{2}{\dfrac{10^5}{S+10^3}}}$

$$= \cfrac{-1}{1 + \cfrac{2(S+10^3)}{10^5}} = \cfrac{-10^5}{10^5 + 2(S+10^3)}$$

$$\therefore A(jf) = \cfrac{-10^5}{(10^5 + 2 \times 10^3) + j4\pi f}$$

2. 當 f = 1KHz 時

$$\left| (A(jf)) \right| = \cfrac{10^5}{\sqrt{(10^5 + 2 \times 10^3)^2 + (4\pi \times 10^3)^2}} = 0.97$$

---

18. 下圖中之差值放大器之 CMRR 爲 100 倍，$V_1 = 1050\mu V$，$V_2 = 950\mu V$，則 V_o 中之共模成分佔 V_o 之？　(A)10%　(B)15%　(C)20%　(D)1%（**題型：非理想 OP 的 CMRR $\neq \infty$**）

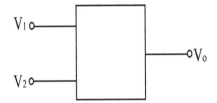

【74年二技電子】

解 ☞ ：(A)

1. $\because V_d = V_1 - V_2 = 100\mu V$

$$V_c = \frac{V_1 + V_2}{2} = 1000\mu V$$

2. $\because V_o = A_d V_d + A_c V_c = A_d \left(V_d + \frac{A_c V_c}{A_d} \right)$

$$= A_d \left(V_d + \frac{V_c}{CMRR} \right)$$

3. $\because$ 共模成份佔 V_o 爲

$$\frac{A_c V_c}{V_o} = \frac{\dfrac{A_d V_c}{CMRR}}{A_d \left(V_d + \dfrac{V_c}{CMRR} \right)} = \frac{V_c}{V_c + (CMRR)(V_d)}$$

$$= \frac{1000\mu}{1000\mu + (100)(100\mu)} \cong 0.1 = 10\%$$

---

19. 運算放大器（operational amplifier）之 slew rate

(A)可用小信號線性分析預估之

(B)可降低補償電容值改善之

(C)因輸入信號峰值太小所致

(D)以上皆非。（ **題型：迴轉率** ）

【73年二技】

解 ☞：(B)

迴轉率是因 OPA 補償電容所致，若降低補償電容值則可改善。

---

20. 設某放大器之不失算（Undistortion）最大振幅輸出為已知，則下列通用計數器（Universal counter）之那一項功能最適合用來測試此放大器頻率響應（Frequency response）之最高頻率？

(A)頻率（freq.）　(B)頻率比 freq. Ratio）

(C)相位關係（phase relation）　(D)轉動率（slew rate）（ **題型：迴轉率** ）

【73年二技電子】

解 ☞：(D)

可用全功率頻帶寬（f_m）與迴轉率（SR）之關係

$$f_m \leq \frac{SR}{2\pi V_m}$$

---

21. 下圖中，若放大器需定值輸入偏流（bias current），無輸入偏移電流（offset current）及偏移電壓。現欲 $V_{in} = 0$ 時，$V_o = 0$，則 R_x 之值應等於

(A) R_1　(B) R_2　(C) $R_1 + R_2$　(D) R_1 並聯 R_2 之值。（**題型：漂移特性、偏壓電流**）

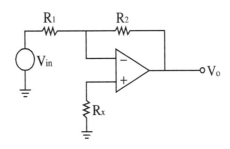

【73年二技】

解☞：(D)

---

22. 某運算放大器開回路差動增益為50000，而共模增益為0.001則共模拒斥此為____分貝　　　　　　　　【73年二技】

解☞：

$A_d = 50000$，$A_c = 0.001$

$\therefore CMRR = 20\log\left|\dfrac{A_d}{A_c}\right| = 154dB$

題型變化

1. 一運算放大器在低頻工作時，最大不失真之輸出電壓範圍是 ± 12V，全功率頻率（Full − power bandwidth）為30KHz，小信號半功率頻帶寬為10KHz，則 slew rate 為

(A) 0.8伏／微秒　(B) 2.3伏／微秒

(C)0.12伏／微秒　(D)0.24伏／微秒（**題型：非理想 OP 的迴轉率**）

解☞：(B)

$$\because f_m = \frac{SR}{2\pi V_m}$$

$$\therefore SR = 2\pi V_m f_m = (2\pi)(12V)(30k) = 2.3V／\mu S$$

2.計算下圖之共模增益，假設 OP Amp 之 CMRR = 80dB，$R_2／R_1 = R_4／R_3 = 1000$。（**題型：非理想 OP 的 CMRR $\neq \infty$**）

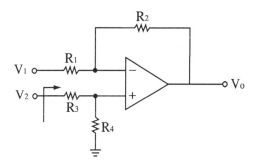

解☞：

$$V_{cr} = \frac{V_{cm}}{CMRR} = \frac{V_+}{CMRR} = V_I\left(\frac{R_4}{R_3 + R_4}\right)\left(\frac{1}{CMRR}\right)$$

$$\therefore V_o = V_{cr}\left(1 + \frac{R_2}{R_1}\right) = V_I\left(\frac{R_4}{R_3 + R_4}\right)\left(\frac{1}{CMRR}\right)\left(1 + \frac{R_2}{R_1}\right)$$

$$= V_I\frac{1 + R_2／R_1}{1 + R_4／R_3}\left(\frac{R_4}{R_3}\right)\left(\frac{1}{CMRR}\right)$$

$$= V_I\left(\frac{R_4}{R_3}\right)\left(\frac{1}{CMRR}\right) = V_I(1000)\left(\frac{1}{10^4}\right) = 0.1V_I$$

$$\therefore A_c = \frac{V_o}{V_I} = 0.1$$

其中：

$$\text{CMRR} = 80\,\text{dB} = 20\log\left|\text{CMRR}\right|$$

$$\therefore \text{CMRR} = 10^4$$

3.(1)如下圖所示 OPA 爲理想 $V_1 = V_2 = 1\,V$ ， $V_3 = 5\,V$ ，求 V_o 之值。
（ $R = \infty$ ）

(2)若 OPA 之 $I_+ = I_- = I_B \neq 0$ ，當 V_1 ， V_2 與 V_3 均爲零時，卻使 V_o 亦爲零，則 R 爲何？（ **題型：非理想 OP 的偏壓電流** ）

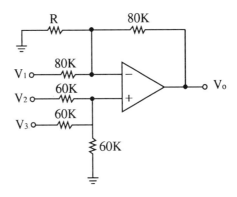

解 ☞ :

(1)用重疊法

$$V_o = -\frac{80k}{80k}V_1 + \frac{60k/\!/60k}{60k + 60k/\!/60k}\left(V_2 + V_3\right)\left(1 + \frac{80k}{80k}\right)$$

$$= \left(-1\right)\left(1\right) + \frac{1}{3}\left(1 + 5\right)\left(2\right) = 3\,V$$

(2)觀念：消除偏壓電流的改善法： $R_+ = R_-$

$$\therefore 80k/\!/80k/\!/R = 60k/\!/60k/\!/60k$$

$$\Rightarrow 40k/\!/R = 20k$$

$$\therefore R = 40k\Omega$$

CH11 數位／類比及類比／數位轉換器（D／A and A／D converter）

引讀

1. 本章是運算放大器應用的延續，但因題型特殊，所以獨立出來成章。
2. 本章是冷門題型，出題機率不高。
3. 本章應考的方式，最好是記牢公式。

11－1〔題型七十一〕：數位／類比轉換器（D／A）

考型175 基本觀念

一、名詞定義

1. **A／D 轉換器**：將類比（ANALOG）信號轉換成數位信號（DIGITAL）。
2. **D／A 轉換器**：將數位（DIGITAL）信號轉換成類比信號（ANALOG）。
3. **解析度**（Resolution）：解析度即「LSB 最小位元對應之電壓值」，即「電壓梯度（增量）」，其公式如下：

$$解析度（Res）= \frac{1}{2^N - 1} \approx \frac{1}{2^N}$$

〔**例**〕：

位元數與解析度對照表

位元數	解析度
4	1／16
6	1／64
8	1／256
10	1／1024
12	1／4096
14	1／16384
16	1／65536

①n 位元數越大，解析度越小。

②解析度越小，效果越佳。

4. **滿格輸出電壓**（ full – scale output ）〔 V_{OFS} 〕：

所有輸入位元皆為1時的輸出電壓（即最大輸出電壓）。其與解析度電壓關係公式如下：

$$V_{res} = \frac{V_{OFS}}{2^N - 1} \approx \frac{V_{OFS}}{2^N}$$

二、以數位類比轉換之觀點求 V_o，其步驟為：

1. 求解析度電壓 $V_{res} = \dfrac{V_{OFS}}{2^N - 1}$

2. 將數位輸入信號轉成十進制。

3. 解析度電壓 × 數位輸入值（十進制）＝類比輸出電壓。

加權電阻式 D／A 轉換器

一、四位元加權式 D／A 轉換器。

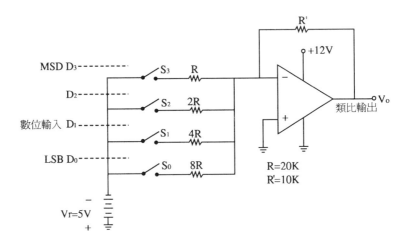

1. $D_3 D_2 D_1 D_0$ 為數位輸入信號。

2. $S_3 S_2 S_1 S_0$ 為數位控制之電子開關。

3. N：位元數

二、類比輸出電壓的公式：（以二種公式，表示）

1. $V_o = -V_r \dfrac{R'}{(2^{N-1})R} \left[(2^{N-1})D_{N-1} + (2^{N-2})D_{N-2} + \cdots\cdots + 2^0 D_0 \right]$

2. $V_o = -V_r \dfrac{R'}{R} \left[\dfrac{D_{N-1}}{2^0} + \dfrac{D_{N-2}}{2^1} + \cdots\cdots + \dfrac{D_0}{2^{N-1}} \right]$

3. 若設計 $\dfrac{R'}{R} = 2^{N-1}$，則

$V_o = -V_r \left[(2^{N-1})D_{N-1} + (2^{N-2})D_{N-2} + \cdots\cdots + 2^0 D_0 \right]$

〔例〕：

將數位位元代入公式，則得以下結果

1.四位元

數	位	輸	入	類比輸出（單位：伏特）
D_3	D_2	D_1	D_0	
0	0	0	0	0
0	0	0	1	0.3125
0	0	1	0	0.625
		⋮		⋮
1	1	0	1	4.0625
1	1	1	1	4.375
1	1	1	1	4.6875

←最小輸出電壓值
←解析度電壓值
←最大輸出電壓值（滿格輸出電壓值）

四位元數位與類比轉換表

2.八位元：

數		位		輸			入	類比輸出（單位：伏特）
D_7	D_6	D_5	D_4	D_3	D_2	D_1	D_0	
0	0	0	0	0	0	0	0	0
0	0	0	0	0	0	0	1	0.0195
0	0	0	0	0	0	1	0	0.039
			⋮					
1	1	1	1	1	1	0	1	4.9335
1	1	1	1	1	1	1	0	4.953
1	1	1	1	1	1	1	1	4.9725

八位元數位與類比轉換表

3.準確度 $= \pm \frac{1}{2} \text{LSB} \left(\frac{1}{2} \frac{V_{OFS}}{2^N} \right)$

三、加權式 D／A 轉換器之缺點：

為求轉換精確，每個電阻誤差需於1％以下，而這些電阻又需成倍數關係，因電阻難求故不實際。

考型177 R－2R 階梯式 D／A 轉換器

一、四位元 R－2R 階梯式 D／A 轉換器：〔反相端輸入〕

1.電路

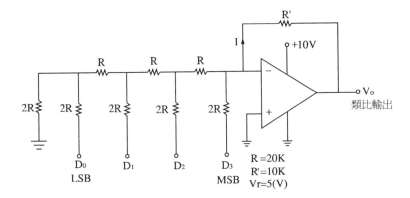

$$R = 20K$$
$$R' = 10K$$
$$V_r = 5(V)$$

2.類比輸出電壓的公式

(1) $V_o = V_r \dfrac{R'}{(2^N) R} \left[(2^{N-1}) D_{N-1} + (2^{N-2}) D_{N-2} + \cdots\cdots + 2^0 D_0 \right]$

(2) $V_o = V_r \dfrac{R'}{R} \left[\dfrac{D_{N-1}}{2^1} + \dfrac{D_{N-2}}{2^2} + \cdots\cdots \dfrac{D_0}{2^N} \right]$

(3) 若設計 $R' = R$，則

$V_o = V_r \left[\dfrac{D_{N-1}}{2^1} + \dfrac{D_{N-2}}{2^2} + \cdots\cdots \dfrac{D_0}{2^N} \right]$

(4) $I = \dfrac{-V_0}{R'}$

二、N 位元 R－2R 階梯式 D／A 轉換器〔非反相端輸入〕

1. 電路

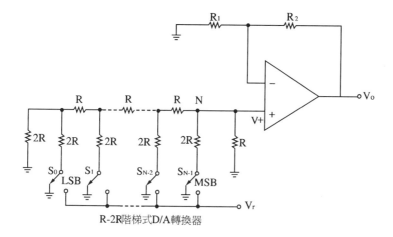

R-2R階梯式D/A轉換器

2. 類比輸出電壓的公式

(1) $V_0 = \left(\dfrac{V_r}{3} \right)\left(1 + \dfrac{R_2}{R_1} \right)\left(\dfrac{1}{2^1}D_{N-1} + \dfrac{1}{2^2}D_{N-2} + \cdots\cdots + \dfrac{1}{2^N}D_0 \right)$

(2) 若設計 $\left(1 + \dfrac{R_2}{R_1} \right) = 3$，則

$V_0 = \left(\dfrac{1}{2^1}D_{N-1} + \dfrac{1}{2^2}D_{N-2} + \cdots\cdots + \dfrac{1}{2^N}D_0 \right) V_r$

(3) 第 k 位元的輸出電壓值

$V_k = \dfrac{1}{2^{N-K}} V_r$

1. 下圖所示為一 D／A，以（S1～S5）表示開關的組合，0表示打開，1表示關上，V_0 為輸出電壓。若 a =｜10101｜，b = ｜01110｜，c =｜11111｜，試問此三種組合的輸出絕對值大小關係為(A)b > a > c　(B)c > a > b　(C)a > b > c　(D)c > b > a。

（題型：加權電阻式 D／A 轉換器）

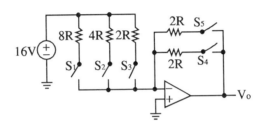

【87年二技電子】

解☞：(A)

技巧：以反相器觀念解題

1. a =〔10101〕時

$$V_{oa} = \left(-\frac{2R}{8R/\!/2R} \right)(16) = -20V$$

2. b =〔01110〕時

$$V_{ob} = \left[-\frac{2R}{4R/\!/2R} \right](16) = -24V$$

3. c =〔11111〕

$$V_{oc} = \left(-\frac{2R}{8R/\!/4R/\!/2R} \right)(16) = -14$$

4. ∴｜V_{ob}｜>｜V_{oa}｜>｜V_{oc}｜

2. 一個8位元的 D／A 轉換器，其輸出電壓範圍爲 0V～10V，試問當輸入碼爲10100110時，其輸出電壓爲：
(A) 6.48V　(B) 8.26V　(C) 7.42V　(D) 5.82V。（**題型：基本觀念**）

【85年南臺】

解☞：(A)

類比輸出電壓＝（解析度電壓）·（十進制輸入值）

$V_{in} = (10100110)_2 = 2^7 + 2^5 + 2^2 + 2^1 = 166$

$V_{res} = \dfrac{V_{OFS}}{2^N - 1} = \dfrac{10}{2^8 - 1}$

$\therefore V_0 = (V_{res})(V_{in}) = \left(\dfrac{10}{2^8 - 1}\right)(166) = 6.5V$

3. 上題中，此 D／A 轉換器解析度爲
(A) 0.01V　(B) 0.02V　(C) 0.03V　(D) 0.04V。　【85年南臺】

解☞：(D)

$V_{res} = \dfrac{V_{OFS}}{2^N - 1} = \dfrac{10}{2^8 - 1} \approx 0.04V$

4. 12位元 D／A 轉換器的解析度爲何？(A) 1／2048　(B) 2048　(C) 1／4096　(D) 4096。（**題型：基本觀念**）

【84年二技電機】

解☞：(C)

$R_{es} = \dfrac{1}{2^N} = \dfrac{1}{2^{12}} = \dfrac{1}{4096}$

5. 一類比信號電壓值介於0至10V 間，若將其轉換爲一8bit 之數位信號，則其解析度（resolution）爲？(A) 0.0196V　(B) 0.0392V　(C) 0.0588V　(D) 0.078V。（**題型：基本觀念**）

解☞：(B)

$$R_{es} = \frac{1}{2^N} = \frac{1}{2^8} = 0.0392\text{V}$$

6. 有一 12-bit D／A 轉換器，其每一步級（ step ）電壓大小為 5mV，求此 D／A 轉換器之滿格輸出電壓？ (A)20.500V (B) 20.485V (C)20.475V (D)20.480V。（ 題型：基本觀念 ）

【 83年二技電子 】

解 ☞ ：(C)

$$\because V_{res} = \frac{V_{OFS}}{2^N - 1}$$

$$\therefore V_{OFS} = (2^N - 1)\,V_{res} = (2^{12} - 1)(5\text{mV}) = 20.475\text{V}$$

7. 上題中之 D／A 轉換器的電壓解(A)0.0244％ (B)2.44％ (C) 0.0488％ (D)0.488％

【 83年二技電子 】

解 ☞ ：(A)

$$R_{es} = \frac{1}{2^N - 1} \times 100\% = 0.0244\%$$

8. 有一 D／A 轉換器，其滿格輸出電壓為12V，若解析度為 20mV，則此 D／A 轉換器須少位元（ bit ）就能達到規格之要 求？(A)9 (B)10 (C)8 (D)12。（ 題型：基本觀念 ）

解 ☞ ：(B)

$$\because V_{res} = \frac{V_{OFS}}{2^N - 1}\,，又\ V_{OFS} \geq (2^N - 1)\,V_{res}$$

$$\therefore \frac{V_{OFS}}{V_{res}} = \frac{12}{20\text{m}} \geq 2^N - 1$$

$$\therefore N \geq 10$$

9.見下圖，設 $i = 1$，2，3，……，N 令 N = 4則圖中數位信號輸入

為0000_2若將輸入改成1010_2則 $i_o = \alpha \times V_{ref} / R$ 其中 $\alpha =$ (A)0.1　　(B)

$\frac{5}{8}$　(C)$\frac{5}{16}$　(D)10。（題型：R－2R 階梯式 D／A 轉換器）

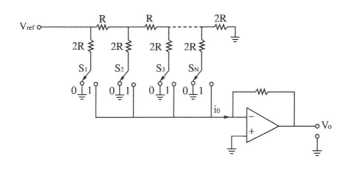

【82年二技電子】

解☞：(B)

1.由分壓法知（N = 4）

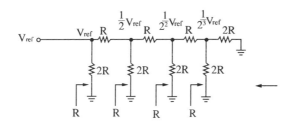

由左看入，每個等效均為 R，所以每個節點電壓，可由分
壓法得知如圖所示

2.當輸入為1010時，則

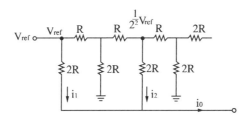

$$\therefore i_0 = i_1 + i_2 = \frac{V_{ref}}{2R} + \frac{\frac{1}{4}V_{ref}}{2R} = \frac{5}{8}V_{ref} = \alpha\frac{V_{ref}}{R}$$

$$故 \alpha = \frac{5}{8}$$

10. 二進位加權（weighted）電阻數位—類比（digital to analog）轉換器的加權電阻網路是選擇（R 代表一固定電阻值）(A)R，3R，R／3，R／9，…… (B)R，R^2，R^4，R^8，…… (C)R，2R，R，2R (D)R，R／2，R／4，R／8……。（**題型：加權電阻式 D／A 轉換器**）

【81年二技電子】

解☞：(D)

∵加權電阻式，電阻的關係為2^{N}倍

11. 設算放大電路如下圖所示。試問輸出電壓可表為 V$_0$ = ___①___ 。當輸入電壓 V$_1$ 接至最低位元，V$_n$ 接至最高位元時，此電路當做數位類比轉換器之條件為___②___。（**題型：加權電阻式 D／A 轉換器**）

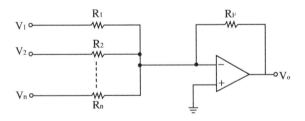

【76年二技】

解☞：

(1)此電路在類比電路是反相式的加法器

$$\therefore V_0 = -R_f\left(\frac{V_1}{R_1} + \frac{V_2}{R_2} + \cdots\cdots + \frac{V_N}{R_N}\right)$$

(2) 1. 將此電路要作為 D／A 轉換器，且 V_1 為 LSB，V_N 為 MSB，則需滿足

$$V_0 = -C \left[2^0 V_1 + 2^1 V_2 + \cdots\cdots + 2^{N-1} V_N \right]$$

C：比例常數

2. 由上式知

$$\frac{V_0}{V_1} = -\frac{R_f}{R_1} = -2C\cdots\cdots ①$$

$$\frac{V_0}{V_i} = -\frac{R_f}{R_i} = -2^{i-1}C\cdots\cdots ②$$

$$\therefore \frac{①}{②} = \frac{R_i}{R_1} = \frac{1}{2^{i-1}} \Rightarrow R_i = \frac{R_1}{2^{i-1}}$$

即 $R_1 = R_1$，$R_2 = \frac{R_1}{2^1}$，$R_3 = \frac{R_1}{2^2}\cdots\cdots$，$R_N = \frac{R_1}{2^{N-1}}$

題型變化

1. 下圖電路中 $R = 1k\Omega$，$-5V$ 代表邏輯1，0V 代表邏輯0，當 ABCD = 1000時，V_0為多少伏特？（**題型：R－2R 階梯式 D／A 轉換器**）

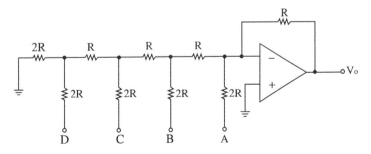

解☞：

公式：

$$V_0 = V_r \left[\frac{D_{N-1}}{2^1} + \frac{D_{N-2}}{2^2} + \cdots + \frac{D_0}{2^N} \right]$$

$$= (5) \left[\frac{A}{2} + \frac{B}{4} + \frac{C}{8} + \frac{D}{16} \right]$$

$$= (5) \left[\frac{1}{2} + \frac{0}{4} + \frac{0}{8} + \frac{0}{16} \right] = 2.5V$$

11-2〔題型七十二〕：類比／數位轉換器（A／D）

考型178 並聯比較型 A／D 轉換器

一、三位元式並聯比較型 A／D 轉換器。

1.電路

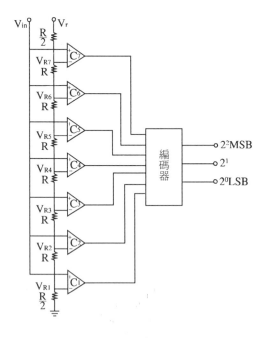

2. 工作說明

(1)總電阻：$R_T = \dfrac{R}{2} + R + R + R + R + R + \dfrac{R}{2} = 7R$

(2)分壓法：

$$V_{R1} = \frac{R\diagup 2}{7R} \times V_r = \frac{1}{14}V_r$$

$$V_{R2} = \frac{R\diagup 2 + R}{7R} \times V_r = \frac{3}{14}V_r$$

$$V_{R3} = \frac{R\diagup 2 + R + R}{7R} \times V_r = \frac{5}{14}V_r$$

$$V_{R6} = \frac{R\diagup 2 + R + R + R + R}{7R} \times V_r = \frac{11}{14}V_r$$

$$V_{R7} = \frac{R\diagup 2 + R + R + R + R + R}{7R} \times V_r = \frac{13}{14}V_r$$

因此當類比輸入 V_a 之電壓：

①$V_{in} < (1\diagup 14) V_r$ 時，數位輸出為000。

②$(1\diagup 14) V_r \le V_{in} < (3\diagup 14) V_r$ 時，數位輸出為001。

③$(3\diagup 14) V_r \le V_{in} < (5\diagup 14) V_r$ 時，數位輸出為010。

④$(11\diagup 14) V_r \le V_{in} < (13\diagup 14) V_r$ 時，數位輸出為110。

⑤$V_{in} \ge (13\diagup 14) V_r$ 時，數位輸出為111。

結論：

(i)使用2^N一個比較器與輸入訊號 V 比較。

(ii)比較器之輸出進入編碼邏輯器處理

(iii)再輸出 N 位元的數位訊號。

二、N 位元並聯比較型 A／D 轉換器

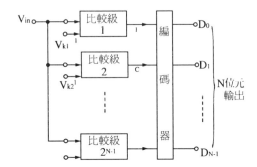

三、特色：

優點：

1.速度最快，約$10\mu sec \sim 150\mu sec$

2.解析度高。

缺點：

1.成本高。

2.需（N－1）個比較器

3.需2^N 個精密電阻

考型179 計數型 A／D 轉換器

一、方塊圖電路

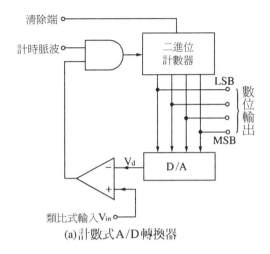

(a)計數式A/D轉換器

二、內部電路

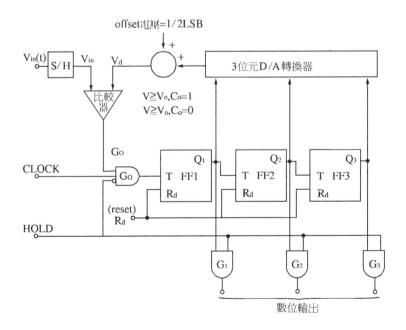

三、工作說明

1. 取樣保持電路（SAMPLING／HOLD）：由類比輸入信號中取得固定的轉換電壓 V_{in}。

2. 比較器（COMPAPATOR）：將 V_{in} 與 D／A 轉換器後的 V_d 作比較，當：

   $V_{in} > V_d$ 時，$C_0 = 1$

   $V_{in} \leq V_d$ 時 $C_0 = 0$

3. FF_1、FF_2、FF_3 所組成的是 Ripple 計數器：是將其輸出接到 D／A 轉換器進行轉換。

4. **步驟：**

   ⑴：①計數器置為（RESET）0。

   　②保持信號 H = 1，故 $G_0 = 0$。

   ⑵：①保持信號 H = 0，此時 S／H 從類比輸入端取樣並保持一個固定的電壓值。

   　②因為 $V_{in} > V_d$ 時，因此 $C_0 = 1$。

   　③計數器不斷循環計數（$C_0 = 1$，H = 0），而 D／A 轉換器亦持續轉換，因此 V_d 不斷的上升。

   　④當 V_d 上升到 $V_{in} \leq V_d$ 時，$C_0 = 0$，因此 $G_0 = 0$。

   ⑶：①H = 1，由 G_1、G_2、G_3 的輸出端可取得轉換後的數位信號。

   　②主控電路將轉換後的數位信號取回，並清除計數器的輸出值以便下一次轉換。

   　③H = 0再次取得一固定的類比電壓進行轉換。

四、特性

優點：硬體較簡單

缺點：速度慢

 追蹤型 A／D 轉換器

一、方塊圖電路

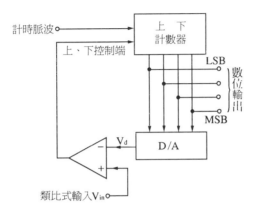

二、內部電路

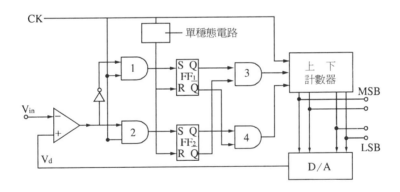

三、工作說明

1. 追蹤型是改良計數型 A／D 轉換器,每次轉換時都需歸零的動作。

2. 若 $V_{in} > V_d$,則比較器輸出為0,而 AND gate$_1$送出脈波,FF$_1$之 Q 輸出為1,此時計數器則往上計數。

3.單穩態電路將脈波延遲一段時間後，送至 FF₁ 與 FF₂ 的 R，使正反器 Reset Q 為0，以準備下一次的比較。

4.若 $V_{in} < V_d$，則比較器輸出為1。此時計數器則往下計數。

考型181 連續漸進型 A／D 轉換器

一、方塊圖電路

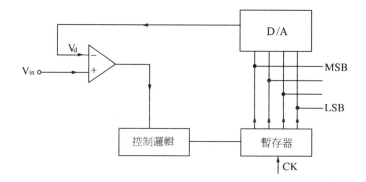

二、工作說明

1.先將計數器的最高位元 MSB 設定為1。

2.若 $V_{in} > V_d$，則電路會將下一位元，設定為 " 1 "，而使 V_d 提高。

3.若 $V_{in} < V_d$，則電路會將此位元，重設為 " 0 "，而使 V_d 降低。

4.如此循環操作

〔例〕

類比 " 6 " = 數位 " 110 "

1.首先電路設為100⇒V_d = 6

2.$V_{in} > V_d$，（V_d = 4）⇒110⇒V_d = 6

3.$V_{in} = V_d$，（V_d = 6）⇒111⇒V_d = 7

4.$V_{in} < V_d$，（V_d = 7）⇒110（完成）

三、**特色**：改善計數型速度過慢的缺點

　　1.連續漸近型 A／D 轉換器，N 位元只需 N 個 clock 即可完成工作。

　　2.轉換速度中等（比並聯比較型慢，但比計數型快）。

　　3.硬體複雜度中等（比並聯比較型簡單，但比計數型複雜）。

考型182 雙斜率型 A／D 轉換器

一、方塊圖電路

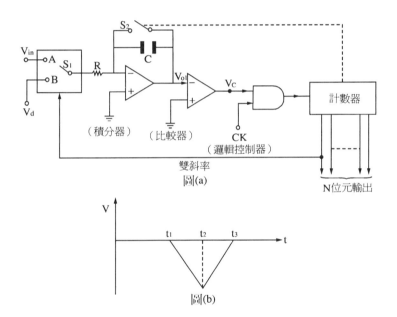

（積分器）　（比較器）

雙斜率
圖(a)

N位元輸出

圖(b)

二、電路說明

　　雙斜率型 A／D 轉換器是目前最常用的，其中：

　　1.N 位元的計數器是由正反器 $FF_{(0)}$ ～ $FF_{(N-1)}$ 所組成的

　　2.比較器的輸出 V_c 當：$V_d \leq 0$ 時，$V_c = 1$，故 $G_1 = CLOCK$

　　　$V_d > 0$ 時，$V_c = 0$，故 $G_1 = 0$

　　3.正反器 $FF_{(N)}$ 的輸出當：$Q_n = 0$ 時 S_1 與 A 點接通。

$Q_n = 1$ 時 S_1 與 B 點接通。

三、工作說明

1. 設 $V_{in} > 0$，$V_d < 0$，且在 $t < 0$ 時，S_2 閉合，此時
   V_{01}（$t = 0^+$）= OV

2. 在固定期間（T_1），即在 $t = 0^+$ 時，S_2 打開，S_1 接至 A 點。
   此時（$t > 0^+$），因積分器為反相，所以 V_{01} 線性下降。
   其比例關係為：

   $$\frac{I}{C} = \frac{-V_{in}}{RC}$$

3. 當 $t = T_1 = n_1 T = 2^N T$，此代表計數次數 $= n_1 = 2^N$

4. 在變動期間（T_2），即在 $t = T_1^+$，此時 S_2：打開，S_1 接至 B 點。
   即 $t > T_1^+$ 時，V_{01} 線性上升。其關係式為

   $$\frac{I}{C} = \frac{V_d}{RC}$$

   如此上升，直到 $V_{01} = 0$，停止計數。此時計數次數 $= n_2$

5. 所以在

   $$\begin{cases} T_1 \text{時} \Rightarrow \dfrac{V_{min}}{T_1} = \dfrac{V_{in}}{RC} \leftarrow \text{充電期間} \\[3mm] T_2 \text{時} \Rightarrow \dfrac{V_{min}}{T_2} = \dfrac{|V_d|}{RC} \leftarrow \text{放電期間} \end{cases}$$

   故 $V_{in} T_1 = |V_d| T_2$，即
   V_{in}（$n_1 T$）$= |V_d|$（$n_2 T$），T 為計數週期
   所以

   $$n_2 = n_1 \frac{V_{in}}{|V_d|} = 2^N \frac{V_{in}}{|V_d|}$$

四、雙斜率型 A／D 轉換器之特點為：

1.具有良好的雜訊免疫能力。

2.精確度和穩定性較佳。

3.轉換時間最長。

4.使用較廣泛（尤其簡單型的儀表上）。

歷屆試題

1.(1)雙斜率（dual slope）A／D 轉換電路，主要利用線性積分器（如下圖）的充放電原理：首先類比輸入電壓 V_{in}（＞0V）以固定時間（t_c）對積分器充電，之後積分器以固定放電電流（I_D）對原先充電在電容器上之電壓放電，假設放電至 0V 所需之時間為 t_D，則(A)$\dfrac{V_{in}}{R} \cdot t_c = I_D t_D$　(B)$\dfrac{V_{in}}{R} \cdot t_c = \dfrac{I_D}{C} t_D$　(C)$\dfrac{V_{in}}{R} \cdot t_c = I_D t_C$　(D)$\dfrac{V_{in}}{R} \cdot t_c = \dfrac{I_D}{C} t_C$

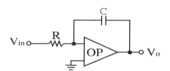

(2)上題中，假設輸入電壓的變化範圍為 0～10V，R = 10kΩ，I_D = 1mA，現以一計數器（counter）來針對積分器每次放電其間，從 0 開始計數（假設計數器的脈衝週期遠小於積分器的充電時間），若當輸入電壓為 10V 時，計數器之值計數至 N，則當輸入電壓為 V_{in} 伏特時，計數器之值應為(A)$\dfrac{V_{in}}{10000} \cdot N$　(B)$\sqrt{\dfrac{V_{in}}{10000}} \cdot N$　(C)$\left[\dfrac{V_{in}}{R}\right]^2$　(D)$\dfrac{V_{in}}{10} \cdot N$。（**題型：雙斜率型 A／D 轉換器**）

【84年二技電機】

解☞：1.(A)，2.(D)

(1) ∵ $V_{充} t_c = V_{放} t_D$

∴ $\dfrac{V_{in}t_c}{R} = \dfrac{V_{放} t_D}{R} \Rightarrow \dfrac{V_{in}}{R} t_c = I_D t_D$

(2)公式：$n_2 = n_1 \dfrac{V_{in}}{|V_d|}$，即

$N_c = N \dfrac{V_{in}}{10}$

2.下圖爲八位元類比／數位轉換器，$V_R = 5V$，試回答下列問題：
此電路至少需多少個比較器？(A)7　(B)8　(C)128　(D)255。（**題型：並聯比較型 A／D 轉換器**）

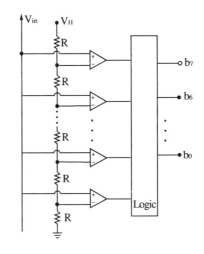

【80年二技電子】

解 ☞ ：(D)

∵ 並聯比較型 A／D 轉換器，需要（$2^N - 1$）個比較器

∴ $2^N - 1 = 2^8 - 1 = 255$個

3.同上題，此轉換器之解析度（resolution）約爲(A)0.01V　(B)0.02V　(C)0.04V　(D)0.07V。【80年二技電子】

解 ☞ ：(B)

$$V_{res} = \frac{V_R}{2^N - 1} = \frac{5}{255} \approx 0.02V$$

---

4. 若二進位輸出為（00111000），最左位元為 MSB，則輸入 V_{in} 可能為 (A)1.0V　(B)1.1V　(C)1.2V　(D)1.3V。　【80年二技電子】

解 ☞ ：(B)

∵ （00111000）$_2$ = 56

∴ 比較器的輸出共有55個 " 1 "

故 $V_{in} \geq (\frac{55}{256})$ （5V） = 1.1V

---

5. 下列何種型式的類比／數位轉換器（ A／D converter ）之轉換時間（ Conversion Time ）最快？

(A)計數式　(B)逐步趨近似式　(C)並聯比較式　(D)變斜率式（**題型：A／D 轉換器**）

【79年二技電機】

解 ☞ ：(C)

---

6. 下圖所示之 A／D 轉換器中，設二進制計數器的穩定輸出為 1101，若 D／A 係以如圖(b)之梯狀型轉換器製作，試求 V_d = ___(1)___。此時 V_a 以 V_R 表示之約 = ___(2)___。（**題型：追蹤型 A／D 轉換器 + R－2R 階梯式 D／A 轉換器**）

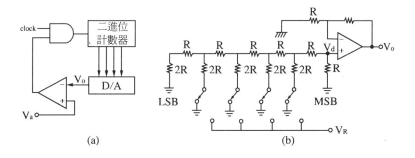

(a)　　　　　　　　　　(b)

解☞：

(1)①電路分析

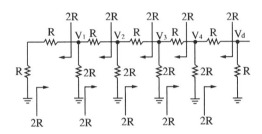

由2R 的左右端看入其等效電阻均爲2R，所以每個節點

均爲 $\frac{1}{3} V_R$

②故 $V_d = \frac{V_1}{2^4} + \frac{V_2}{2^3} + \frac{V_3}{2^2} + \frac{V_4}{2^1} = \frac{V_R}{3} \left(\frac{1}{2^4} + \frac{0}{2^3} + \frac{1}{2^2} + \frac{1}{2} \right)$

$= \frac{13}{48} V_R$

(2)∵ 虛短路

∴ $V_a = V_0 = V_d \left(1 + \frac{2R}{R} \right) = \left(\frac{13}{48} V_R \right) (3) = \frac{13}{16} V_R$

CH12 回授放大器
（ Feedback Amplifier ）

1.本章若對插大、普考及甄試同學而言,是相當重要的章節。但若對考二技同學而言,由於受限於選擇題,所以出題方式,偏向於觀念題,回授因數 β 值的計算,回授型式的判斷,穩定性的判斷,及簡單的回授增益 A_f 的計算。

2.〔題型七十三〕,這節文中,提有相當多的解題技巧,同學應多加留意。

3.回授增益的計算,以電壓串聯型考型184爲重,同學需多練習。

4.穩定性判斷〔題型七十八〕,以增益邊限(GM)及相位邊限(PM)爲重要,但其他的判斷法,同學仍需留意。

5.頻率補償〔題型七十九〕,同學知道其方法即可。

---

§12–1〔題型七十三〕:回授放大器的基本概念

考型183 回授放大器的基本觀念

一、基本負回授的方塊圖

1. **方塊圖**

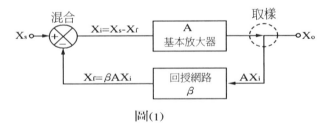

圖(1)

X_s：輸入訊號

X_i：放大器輸入訊號

X_f：回授訊號

X_o：回授放大器輸出訊號

2. 名詞定義

(1)開回路增益　$A = \dfrac{X_o}{X_i}$

(2)閉回路增益　$A_f = \dfrac{X_o}{X_s}$

(3)回授因數　$\beta = \dfrac{X_f}{X_o}$

(4)回路增益　$L = \beta A$

(5)回授量（反靈敏度）　$D = 1 + \beta A$

二、回授的四個基本假設：

1. 輸入訊號 X_i 只經由放大器 A 輸入至輸出端，而不會流入回授網路。

2. 輸出訊號 X_o 只經由回授網路 β 輸入至系統輸入端，而不會倒流至放大器 A。

3. β 與電源電阻 R_s，負載電阻 R_L 無關。

4. A 必須與 β，R_s，R_L 無關。

三、閉回路增益的計算（負回授）

1. $X_f = \beta X_o = \beta A X_i = \beta A (X_o - X_f)$

2. $(1 + \beta A) X_f = \beta A X_s$，$X_s = \dfrac{1 + \beta A}{\beta A} X_f$

$$3.\ A_f = \frac{X_o}{X_s} = \frac{\frac{1}{\beta}X_f}{\frac{(1+\beta A)}{\beta A}X_f} = \frac{A}{1+\beta A}$$

4. 當 $A\beta$ 當 $\gg 1$，$A_f \simeq \dfrac{1}{\beta}$

四、負回授的特性

1. 靈敏度降低（$1+\beta A$）倍

(1)此為優點。代表電路不易受外在因素影響（例如：溫度漂移），而致不穩定。

(2)公式證明：

① $A_f = \dfrac{A}{1+\beta A}$

② $dA_f = \dfrac{(1+\beta A)\cdot dA - \beta A dA}{(1+\beta A)^2} = \dfrac{dA}{(1+\beta A)^2}$

③ $\dfrac{dA_f}{A_f} = \dfrac{dA}{(1+\beta A)^2 \cdot \dfrac{A}{1+\beta A}} = \dfrac{1}{1+\beta A}\dfrac{dA}{A}$

(3)靈敏度變動率：若欲求 X 的變動對 Y 所造成的程度，則以下式計算：

$$S_X^Y = \frac{\dfrac{dY}{Y}}{\dfrac{dX}{X}} = \frac{dY}{dX}\cdot\frac{X}{Y}$$

2. 頻寬增加（$1+\beta A$）倍

(1)此為優點。頻寬增加，代表高頻響應佳

(2)公式證明

① $A(S) = \dfrac{A}{1+\dfrac{S}{\omega_{HO}}}$　　ω_{HO}：開回路時的主極點

②$A_f(S) = \dfrac{A(S)}{1+\beta A(S)} = \dfrac{\dfrac{A}{1+\dfrac{S}{\omega_{HO}}}}{1+\beta\left(\dfrac{A}{1+\dfrac{S}{\omega_{HO}}}\right)} = \dfrac{\dfrac{A}{\dfrac{\omega_{HO}+S}{\omega_{HO}}}}{1+\dfrac{\beta A}{\dfrac{\omega_{HO}+S}{\omega_{HO}}}}$

$= \dfrac{A}{\dfrac{\omega_{HO}+S}{\omega_{HO}}+\beta A} = \dfrac{A}{1+\beta A+\dfrac{S}{\omega_{HO}}} = \dfrac{\dfrac{A}{1+\beta A}}{1+\dfrac{S}{\omega_{HO}(1+\beta A)}} = \dfrac{A_f}{1+\dfrac{S}{\omega_{Hf}}}$

∴負回授的頻寬

$BW_f = \omega_{Hf} = (1+\beta A)\,\omega_{HO}$

3. 非線性失真降低（$1+\beta A$）倍。（優點）

4. 雜訊輸入降低（$1+\beta A$）倍。

(1)此為優點

(2)公式證明

①未經回授時，雜訊 V_n 亦放大。雜訊比 $\dfrac{S}{N} = \dfrac{V_s}{V_n}$

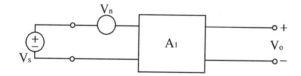

②經負回授時的電路

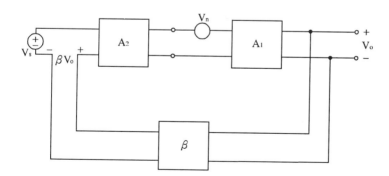

$$\because V_0 = V_s \frac{A_1 A_2}{1 + A_1 A_2 \beta} + V_n \frac{A}{1 + A_1 A_2 \beta}$$

$$\therefore S \diagup N = \frac{V_s}{V_n} \cdot A_2$$

5. **增益降低（$1 + \beta A$）倍**

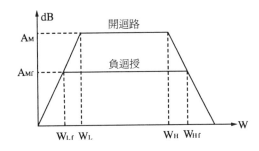

(1)此爲缺點

(2)公式證明

$$A_f = \frac{A}{1 + \beta A}$$

五、回授的型式：

1. 電壓串聯回授（又稱：串聯—並聯回授）

2. 電流串聯回授（又稱：串聯—串聯回授）

3. 電壓並聯回授（又稱：並聯—並聯回授）

4. 電流並聯回授（又稱：並聯—串聯回授）

六、回授型式判斷法（重要）

1. **判斷電路輸入及輸出爲串聯或並聯。**

(1)若輸入爲串聯，輸出爲並聯

則此型爲（串聯—並聯）回授。

(2)串、並聯的判斷法

①若回授網路，是由訊號源 X_s 拉出，則輸入部爲並聯。否則

爲串聯。

　②若回授網路，是接至訊號輸出端 X_o，則輸出部爲並聯。否則
　　爲串聯。

2. 取樣訊號的 X_0 的判斷法
(1)取樣訊號是由輸出端判斷

(2)輸出端若是串聯，則取樣訊號爲電流，即 $X_0 = I_0$

(3)輸出端若是並聯，則取樣訊號爲電壓，即 $X_0 = V_0$

3. 回授型式的判斷
(1)若輸入爲串聯，輸出爲並聯。故知此型式爲

　（串聯―並聯）回授

(2)但又因輸出端爲並聯時，取樣訊號爲電壓，所以又稱（電壓串
　聯）回授

其中" 電壓 "，指的是取樣訊號，" 串聯 "指的是輸入端形
式。

七、開回路輸入端的等效畫法

1.若輸入端爲串聯，則開回路等效電路在輸入端，須以戴維寧模型
表示。即（ V_{th} ， R_{th} ）故知 $X_s = V_s$。

2.若輸入端爲並聯，則開回路等效電路在輸入端，須以諾頓模型表
示。即（ I_N ， R_N ）故知 $X_s = I_s$。

八、公式推論方法及開路放大器型式的判斷

1.由圖(1)知， $X_i = X_s - X_f$，所以 X_f 的型式必與 X_s 型式一樣。

例如：$X_s = V_s \Rightarrow X_f = V_f$

2.設已知電路爲（串聯―並聯）回授
(1)因輸入端爲串聯，故知

$X_s = V_s \Rightarrow X_f = V_f$

(2)因輸出端爲並聯，故知

$$X_o = V_o$$

3.回授因數 β 和開路放大器型式的定義

(1)回授因數 $\beta = \dfrac{X_f}{X_o}$

例：（串聯—並聯）回授，$\beta = \dfrac{X_f}{X_o} = \dfrac{V_f}{V_o}$

(2)開路放大器的型式

$\because A = \dfrac{X_o}{X_s}$

故知開路放大器有四種型式：

①**電壓放大器**：$A_{vf} = \dfrac{V_o}{V_s}$

②**互阻放大器**：$R_{mf} = \dfrac{V_o}{I_s}$

③**互導放大器**：$G_{mf} = \dfrac{I_o}{V_s}$

④**電流放大器**：$A_{If} = \dfrac{I_o}{I_s}$

九、回授電路的輸入電阻 R_{if} 和輸出電阻 R_{of}

1.串聯時，R_{if} 和 R_{of} 均增加（$1 + \beta A$）倍。即

(1)$R_{if} = R_i$（$1 + \beta A$）

(2)$R_{of} = R_o$（$1 + \beta A$）

2.並聯時，R_{if} 和 R_{of} 均減少（$1 + \beta A$）倍，即

(1)$R_{if} = \dfrac{R_i}{1 + \beta A}$

(2)$R_{of} = \dfrac{R_o}{1 + \beta A}$

〔例〕（串聯—並聯）回授

(1)$R_{if} = R_i (1 + \beta A)$

(2)$R_{of} = \dfrac{R_o}{1 + \beta A}$

十、綜論，可得（表一）

回授型式	X_o	X_s	X_f	開路增益 A	回路增益 A_f	β	R_{if}	R_{of}
串一並 （電壓串聯）	V_o	V_s	V_f	$A_v = \dfrac{V_o}{V_s}$ （電壓放大器） $R_i \to \infty$，$R_o \to 0$	$A_{vf} = \dfrac{A_v}{1 + \beta A_v}$	$\beta = \dfrac{V_f}{V_o}$	$R_{if} =$ $R_i (1 +$ $\beta A_v)$	$R_{of} =$ $\dfrac{R_o}{1 + \beta A_v}$
串一串 （電流串聯）	I_o	V_s	V_f	$G_M = \dfrac{I_o}{V_s}$ （互導放大器） $R_i \to \infty$，$R_o \to \infty$	$G_{Mf} = \dfrac{G_M}{1 + \beta A G_M}$	$\beta = \dfrac{V_f}{I_o}$	$R_{if} =$ $R_i (1 +$ $\beta G_M)$	$R_{of} =$ $R_o (1 +$ $\beta G_M)$
並一並 （電壓並聯）	V_o	I_s	I_f	$R_M = \dfrac{V_o}{I_s}$ （互阻放大器） $R_i = 0$，$R_o = 0$	$R_{mf} = \dfrac{R_M}{1 + \beta R_M}$	$\beta = \dfrac{I_f}{V_o}$	$R_{if} =$ $\dfrac{R_i}{1 + \beta R_M}$	$R_{of} =$ $\dfrac{R_o}{1 + \beta R_M}$
並一串 （電流並聯）	I_o	I_s	I_f	$A_I = \dfrac{I_o}{I_s}$ （電流放大器） $R_i = 0$，$R_o \to \infty$	$A_{If} = \dfrac{A_I}{1 + \beta A_I}$	$\beta = \dfrac{I_f}{I_o}$	$R_{if} =$ $\dfrac{R_i}{1 + \beta A_I}$	$R_{of} =$ $R_o (1 +$ $\beta A_I)$

十一、回授放大器的解題步驟

1.判斷迴授的型式（例（串聯—並聯）回授）

2.定義 X_o，X_s，X_f〔例：$X_s = V_s$，$X_f = V_f$，$X_o = V_o$〕

3.將回授電路，繪成等效的開回路 A 及 β 網路

4.定義 β 計算方法〔例：$\beta = \dfrac{V_f}{V_o}$〕

5.計算開路增益 A〔例：$A_v = \dfrac{V_o}{V_s}$〕

6.計算輸入及輸出電阻（R_i，R_o）

7.計算迴路增益 A_f〔例 $A_{vf} = \dfrac{A_v}{1 + \beta A_v}$〕

8.計算 R_{if}和 R_{Of}〔例：$R_{if} = R_i (1 + \beta A_v)$，$R_{of} = \dfrac{R_o}{(1 + \beta A_v)}$〕

十二、開路 A 及 β 網路等效圖繪法

1.A 網路：

⑴輸入迴路：

①輸入側連接方式為串式，則電源須表成戴維寧型式。

②輸入側連接方式為並式，則電源須表成諾頓型式。

③若輸出側連接方式為並式，則令 $V_o = 0$。（即短路）

④若輸出側連接方式為串式，則令 $I_o = 0$。（即斷路）

⑵輸出迴路：

①若輸入側連接方式為串式，則令輸入側串聯迴路電流 = 0。（即斷路）

②若輸入側連接方式為並式，則令輸入側並聯迴路電壓 = 0。（即短路）

2.β 網路：從 A 網路之輸出迴路上取出包含回授信號（ X_f ）和輸出信號 X_o 的元件。

十三、計算 β 值的技巧

1.若 $X_f = V_f$，則在開路等效圖中，由 β 網路接地端的電阻上之電壓值，即為 V_f。

2.若 $X_f = I_f$，則在開路等效圖中，流經 β 網路之回授電阻上的電流值，即為 I_f。

3.β 值正負號的判斷法：因回授為負回授，所以需滿足 $\beta A > 0$（即 A 若為正值，則 β 亦為正值）

十四、舉例說明

假設 Q 完全相同，$h_{fe} = 50$，$h_{ie} = 1.1k\Omega$，試求① $R_{if} = \dfrac{V_s}{I_1}$　② $A_{If} = -$

$\dfrac{I}{I_1}$ ③$A'_{vf} = \dfrac{V_o}{V_I}$ ④$A_{vf} = \dfrac{V_o}{V_s}$ ⑤R'_{of}

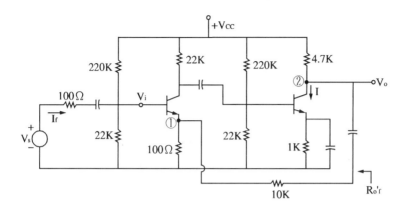

解☞：

1.判斷回授的型式

(1)電阻10kΩ 的迴路，即回授路徑。

(2)此電阻10kΩ，在輸入端，未接在 V_i 端，故為串聯。

(3)此電阻10kΩ，在輸出端接在 V_o 處，故為並聯。

(4)故此回授為（串聯—並聯）回授，或稱電壓串聯回授。

2.定義 X_o，X_s，X_f

(1)因為輸出端為並聯，所以取樣訊號 $X_o = V_o$

(2)因為輸入端為串聯，所以 $X_s = V_s$

(3)因為 $V_i = V_s - X_f$　$\therefore X_f = V_f$（即 $\because X_s = V_s \Rightarrow X_f = V_f$）

3.繪等效開路 A 和 β 電路

(1)繪輸入端時，因為輸入為串聯，所以繪出戴維寧型式。又輸出端為並聯，所以在上圖②點上短路接地。依此繪出輸入部等效。

(2)繪輸出端時，因為輸入為串聯，所以在上圖①點上斷路。依此繪出輸出部等效。

(3)等效圖如下圖所示。

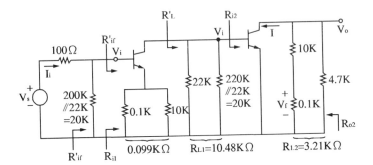

4. 求 β 值

因 $X_f = V_f$，所以 V_f 在接地電阻上的電壓。故

$$\beta = \frac{V_f}{V_o} = \frac{0.1K}{10K + 0.1K} = 0.0099$$

5. 計算開路增益 A

$(1) A = \dfrac{V_o}{V_I} = A_v$（即電壓放大器）

$(2) A_v = \dfrac{V_o}{V_I} = \dfrac{V_o}{V_1} \cdot \dfrac{V_1}{V_I} = \left(\dfrac{-h_{fe}R_{I2}}{h_{ie}} \right) \left(-h_{fe}\dfrac{R_{L1} /\!/ R_{i2}}{R_{i1}} \right)$

$$= \frac{(-50)(3.21k)}{1.1k} \cdot \frac{(-50)(10.48k /\!/ 1.1k)}{6.2k} = 1167.2$$

其中

$R_{i2} = h_{ie} = 1.1k\Omega$

$R_{i1} = h_{ie} + (1 + h_{fe})R_{E1} = 1.1K + (51)(0.099K) = 6.2k\Omega$

6. 求 R_i，R_o

$(1) R_i = R_{i1} = 6.2k\Omega$

$(2) R_o = R_{I2} = 3.21k\Omega$

7. 求 A'_{vf}〔問題③〕

(1)$D = 1 + \beta A_v = 1 + (0.0099) (1167.2) = 12.6$

(2)$A'_{vf} = \dfrac{V_o}{V_I} = \dfrac{A_v}{1 + \beta A} = \dfrac{A_v}{D} = \dfrac{1167.2}{12.6} = 92.6$

8. 求 R_{if} 和 R'_{of}〔問題①和問題⑤〕

(1)$R'_{if} = R_i (1 + \beta A) = R_i D = (6.2K) (12.6) = 78.12 k\Omega$

$\therefore R_{if} = \dfrac{V_s}{I_i} = 100 + 20k \,/\!/\, R'_{if} = 16k\Omega$（參閱第十五項）

(2)$R'_{of} = \dfrac{R_o}{1 + \beta A_v} = \dfrac{R_o}{D} = \dfrac{3.21K}{12.6} = 254.8\Omega$

9. 求 A_{vf}〔問題④〕

$A_{vf} = \dfrac{V_o}{V_s} = \dfrac{V_o}{V_I} \cdot \dfrac{V_I}{V_s} = A'_{vf} \cdot \dfrac{R'_{if} \,/\!/\, 20k}{100 + (R'_{if} \,/\!/\, 20k)}$

$= (92.6) \cdot \dfrac{(78.12k \,/\!/\, 20k)}{100 + (78.12k + 20k)} = 92$

10. 求 A_{If}〔問題②〕

$A_{If} = \dfrac{-I}{I_i} = \dfrac{V_o / R_{L2}}{V_I / (R'_{if} \,/\!/\, 20K)} = \dfrac{V_o}{V_I} \cdot \dfrac{R'_{if} \,/\!/\, 20K}{R_{L2}}$

$= (92.6) \left[\dfrac{78.12k \,/\!/\, 20k}{3.21k} \right] = 460.8$

十五、求回授時的輸入及輸出電阻的技巧

1.考法一：（輸入端：串聯）

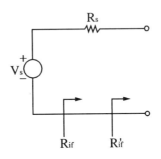

$$\Rightarrow R'_{if} = R_{if} - R_s \text{ 或 } R_{if} = R_s + R'_{if}$$

註：上例即此考法

2.考法二：（輸入端：並聯）

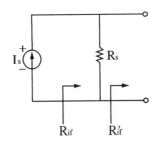

$$\Rightarrow \because R_{if} = R_s /\!/ R'_{if}$$

$$\therefore R'_{if} = \frac{R_s R_{if}}{R_s - R_{if}}$$

3.考法三：（輸出端：串聯）

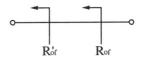

$$\Rightarrow R_{of}' = R_{of} - R_2 或 R_{of} = R_L + R_{of}'$$

4.考法四：（輸出端：並聯）

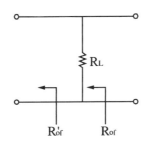

$$\Rightarrow R_{of}' = \frac{R_{of}R_L}{R_L - R_{of}} 或 R_{of} = R_L /\!/ R_{of}'$$

十六、運算放大器（OPA）的負回授型式

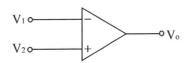

1.OPA 只有一個輸出端，所以輸出部必爲並聯型式。

2.理想的 OPA，不用考慮內部的 R_i 及 R_o。

3.非理想的 OPA，則需考慮內部的 R_i 及 R_o

歷屆試題

1. 有一負回授系統如下圖所示，其中 V_s 為輸入信號，V_N 為雜訊源，
   請問其輸出 V_o 的信號雜訊比（S／N ratio）為

   (A)$\dfrac{V_s}{V_N}$ (B)$k\dfrac{V_s}{V_N}$ (C)$kA\dfrac{V_s}{V_N}$ (D)$\dfrac{kA}{1+kA\beta}\dfrac{V_s}{V_N}$ （**題型：負回授的特性**）

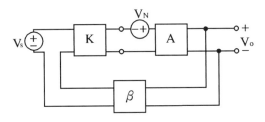

【87年二技電子】

解☞：(B)

$$V_o = V_s \frac{KA}{1+\beta KA} + V_N \frac{A}{1+\beta KA}$$

$$\therefore \frac{S}{N} = K \frac{V_s}{V_N}$$

---

2. 有一負回授放大電路如圖所示，假設開迴路增益 A 增加10%，則整
   個負回授放大電路之增益 A_f 將增加多少百分比。

   (A)0.99% (B)1.58% (C)2.26% (D)10.0% （**題型：迴路增益**）

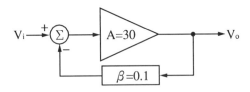

【86年二技電子】

解☞：(C)

$$A_{f1} = \frac{A_1}{1 + \beta A_1} = \frac{30}{1 + (0.1)(30)} = 7.5$$

$$A_2 = (1 + 0.1) A_1 = (1.1)(30) = \frac{33}{1 + (0.1)(33)}$$
$$= 7.67$$

$$\therefore A_{f2} = \frac{A_2}{1 + \beta A_2} = 3$$

$$\therefore \frac{\triangle A_f}{A_{f1}} = \frac{A_{f2} - A_{f1}}{A_{f1}} = \frac{7.67 - 7.5}{7.5} = 2.27\%$$

3. 一個無回饋放大器在輸入訊號為15mV 時，能提供一個的基本輸出訊號15V，同時伴帶著10%的二次諧波失真，如果此放大器加上一負回授，使二次諧波失真降到1%，當基本輸出訊號被要求維持在15V，則輸入電壓將為何值？

(A)150mV (B)1.5V (C)75mV (D)25mV **（題型：負回授降低非線性失真）**

【86年二技電子】

解☞：(A)

1. $A = \dfrac{V_o}{V_i} = \dfrac{15V}{15mV} = 10^3$

   $D = 10\%$，

   $D_f = 1\% = \dfrac{D}{1 + \beta A} = \dfrac{10\%}{1 + \beta A}$

   $\therefore 1 + \beta A = 10$

2. $A_f = \dfrac{V_o}{V_i} = \dfrac{A}{1 + \beta A} = \dfrac{10^3}{10} = 100$

   $\therefore V_i = \dfrac{V_o}{A_f} = \dfrac{15V}{100} = 150mV$

4.負回授可以(A)增加輸入及輸出阻抗　(B)增加輸入阻抗及頻帶寬度
(C)減少輸出阻抗及頻帶寬度　(D)對阻抗或頻帶寬度沒有影響。（**題型：負回授的特性**）

【85年南台二技電機】

解☞：(B)

〔 此題應註明（在串聯）時，可增加 R_{in} 〕

5.一負回授放大器的系統方塊圖如下圖所示，如與無回授放大器比
較，下列項目中，何者不為此種系統具有之特性？(A)頻寬增加　(B)
雜訊減少　(C)失真減少　(D)增益增加。（**題型：負回授的特性**）

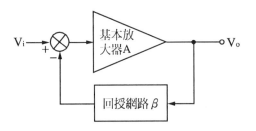

【84年二技電子】

解☞：(D)

6.同上題所示之負回授系統，若放大器增益 A = 100，回授增益 β =
0.1，則此系統的轉移增益$\frac{V_o}{V_i}$等於：

(A)2.11　(B)10　(C)9.09　(D)20　　　　　【84年二技】

解☞：(C)

$$A_f = \frac{A}{1 + \beta A} = \frac{100}{1 + (0.1)(100)} = 9.09$$

7.某一放大器的電壓增益爲30，總諧波失真爲20%，若接上一負回授電路，回授因素 β爲2%，則此放大器之諧波失真變成

(A)13.5%　(B)12.5%　(C)12%　(D)11.5%（**題型：負回授的特性**）

【84年二技電機】

解☞：(B)

$$\because D_f = \frac{D}{1 + \beta A} = \frac{20\%}{1 + (0.02)(30)} = 12.5\%$$

8.在下圖所示電路的射極端和接地點間加上一電阻後，其(A)輸入阻抗增加，輸出阻抗增加　(B)輸入阻抗增加，輸出阻抗減少　(C)輸入阻抗減小，輸出阻抗增加　(D)輸入阻抗減小，輸出阻抗減小。（**題型：回授型式的判斷**）

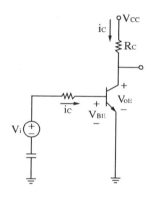

【84年二技電機】

解☞：(A)

∵加上 R_E 後，此電路形成串—串型負回授。

9.某一放大器之電壓增益爲100，頻帶寬爲10KHz，若利用負回授擴大頻帶寬爲20KHz，則此電壓增益變爲(A)200　(B)150　(C)100　(D)50。

（**題型：負回授的特性**）

【82年二技電機】

解 ☞：(D)

$$\because \omega_f = (1 + \beta A) \omega$$

$$\therefore 1 + \beta A = \frac{\omega_f}{\omega} = \frac{20K}{10K} = 2$$

$$故\ A_{vf} = \frac{A}{1 + \beta A} = \frac{100}{2} = 50$$

10.在有關輸出輸入之負回授放大器連接上，輸出阻抗 Z_o，及輸入阻抗 Z_{in} 的關係為：

(A)電流—串聯型，Z_o 變大，Z_{in} 變小

(B)電流—並聯型，Z_o 變大，Z_{in} 變大

(C)電壓—並聯型，Z_o 變小，Z_{in} 變小

(D)電壓—串聯型，Z_o 變大，Z_{in} 變大（**題型：負回授型式的特性**）

解 ☞：(C)

11.下列關於負回授控制的敘述，何者係錯誤的：

(1)負回授控制可減少外來干擾的影響。

(2)負回授控制可增加系統的增益。

(3)負回授控制可改變系統的暫態響應。

(4)負回授控制會改變系統的穩定。（**題型：負回授的特性**）

解 ☞：(B)

12.如圖(a)、(b)所示之電路，V_s 與 V_n 分別代表訊號及雜訊電壓源，在兩電路中，$\frac{V_n}{V_s} = \frac{1}{10}$，若定義輸出電壓 V_o 中，由 V_s 產生的成份為 S，由 V_n 產生的成份為 N，使得 $V_o = S + N$，則：(1)圖(a)的 $\frac{S}{N}$，(2)圖

(b)的 $\dfrac{S}{N}$ 各爲若干？（假設 $A_1 = A_2 = 20$ ，$\dfrac{V_f}{V_o} = 0.1$ ）（**題型：負回授特性**）

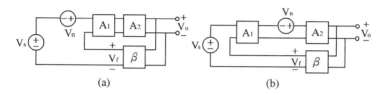

(a)　　　　　　　　(b)

【 79年二技電子 】

解 ☞ ：

(1) $V_o = V_s \dfrac{A_1 A_2}{1 + \beta A_1 A_2} + V_n \dfrac{A_1 A_2}{1 + \beta A_1 A_2}$

$\therefore \dfrac{S}{N} = \dfrac{V_s}{V_n} = 10$

(2) $V_o = V_s \dfrac{A_1 A_2}{1 + \beta A_1 A_2} + V_n \dfrac{A_2}{1 + \beta A_1 A_2}$

$\therefore \dfrac{S}{N} = A_1 \dfrac{V_s}{V_n} = （20）（10）= 200$

13.凡是並聯負回授，輸出阻抗

(A)皆增加　(B)皆減少

(C)不變　(D)與回授量成反比（**題型：負回授串並聯特性**）

【 77年二技電機 】

解 ☞ ：(B)

14.某開迴路放大器由兩級串接構成，各級的開迴路增益均爲10，失眞均爲20％，今欲使各級獨自負回授以減少失眞量，第一級負回授量爲10％，第二級負回授量爲40％，則此時總失眞爲：

(A)5%　(B)9.7%　(C)14.4%　(D)18%。（題型：負回授失眞的計算）

【77年二技電子】

解☞：(C)

第一級：$D_1 = \dfrac{D}{1 + \beta_1 A} = \dfrac{20\%}{1 + （0.1）（10）} = 10\%$

第二級：$D_2 = \dfrac{D}{1 + \beta_2 A} = \dfrac{20\%}{1 + （0.4）（10）} = 4\%$

∴總失眞 ＝（1.1）（1.04）－ 1 ＝ 14.4%

15.設負回授放大器之環增益（Loop－gain）為 T，若 T < 0，則放大器頻帶寬度為零回授之＿＿＿＿＿倍。（題型：負回授的特性）

【76年二技電子】

解☞：

　1.負回授 $\beta A > 0$，所以 $\beta A = -T$

　2.$BW_f =（1 + \beta A）BW =（1 - T）BW$

16.一般在設計放大器常使用負回授電路（即 $\left| 1 + \beta A \right| > 1$），利用這種電路的效果以下何者為正確？

(A)增加放大器電壓增益

(B)使放大器電壓增益穩定

(C)增加放大器對溫度改變的靈敏度

(D)減少放大器功率消耗（題型：負回授特性）

【70年二技電機】

解☞：(B)

題型變化

1. 若負回授因數 $\beta = 0.1$，開迴路增益 $A = 100$，則 $A_F =$
   (A)90.9　(B)1000　(C)9.09　(D)10（**題型：負回授特性**）

   解 ☞：(C)

   $$A_f = \frac{A}{1 + \beta A} = \frac{100}{1 + (0.1)(100)} = 9.09$$

2. 放大器 $A_v = 200$，經電壓串聯回授處理後 $A_{vf} = 20$，因溫度變化（升高）$A_v = 250$，求此時之 A_{vf}為若干？（**題型：負回授靈敏度**）

   解 ☞：

   $$\because \frac{dA}{A} = \frac{A_{v2} - A_{v1}}{A_{v1}} = \frac{250 - 200}{200} = \frac{1}{40}$$

   $$又\ A_{vf1} = \frac{A_{v1}}{1 + \beta A_{v1}}$$

   $$\therefore 1 + \beta A_{v1} = \frac{A_{v1}}{A_{vf1}} = \frac{200}{20} = 10$$

   $$\therefore \frac{dA_{vf1}}{A_{vf1}} = \frac{dA}{A} = \frac{1}{40} = \frac{dA_{vf1}}{20}$$

   $$故\ dA_{vf1} = \frac{1}{2}$$

   $$\therefore A_f = A_{vf1} + dA_{vf1} = 20 + \frac{1}{2} = 20.5$$

3. 一放大器若加入負回授，會使增益
   (A)增加$1 + \beta A$ 倍　(B)減少$1 + \beta A$ 倍
   (C)增加$1 - \beta A$ 倍　(D)減少$1 - \beta A$ 倍（**題型：負回授特性**）

   解 ☞：(B)

4.一放大器在無回授時,當輸入電壓為0.025V,基頻輸出電壓為30伏特與10%二次諧波失眞量

(1)若輸出量的1.5%負回授到輸入端,求輸出電壓值?

(2)若基頻輸出電壓維持在30V,但二次諧波失眞量降為1%試求輸入電壓值?(**題型:負回授的基本觀念**)

解☞:

$$(1)A_v = \frac{V_o}{V_i} = \frac{30}{0.025} = 1200$$

$$D = 10\%$$

$$A_{vf} = \frac{A_v}{1 + \beta A_v} = \frac{1200}{1 + (0.015)(1200)} = 63.16 = \frac{V_o}{V_s}$$

$$\therefore V_o = 63.16 V_s = (63.16)(0.025) = 1.58V$$

$$(2)D_f = \frac{D}{1 + \beta A_v} = \frac{10\%}{1 + \beta A_v} = 1\%$$

$$\therefore 1 + \beta A_v = 10$$

$$\therefore A_{vf} = \frac{A_v}{1 + \beta A_v} = \frac{1200}{10} = 120 = \frac{V_o}{V_s}$$

$$\therefore V_s = \frac{V_o}{120} = \frac{30}{120} = 0.25V$$

5.若 $\left| \dfrac{A}{1 + \beta A} \right| > |A|$,則回授為

(A)負回授　(B)再生回授

(C)迴路回授　(D)穩定回授(**題型:正、負回授的特性**)

解☞:(B)

6.(1)一放大器增益為 $A_v = 40$，頻寬 $BW = 100KHz$，若加上負回授之後增益降為20，求頻寬成為多少？

(2)一放大器增益 $A_v = 40$，頻寬 $BW = 2KHz$，若加上20％的回授因素（負回授），求 A_{vf} 及 BW_f。

(3)一放大器 $A_v = 40$，總諧失真 $D_T = 10％$，若加上負回授因素1％求諧波失真 D_{Tf}。（**題型：負回授的特性**）

解☞：

(1)利用 GB 值

$A_{v1}BW_1 = A_{v2}BW_2$

$\therefore BW_2 = \dfrac{A_{v1}BW_1}{A_{v2}} = \dfrac{(40)(100k)}{20} = 200KHz$

(2)$A_{vf} = \dfrac{A_v}{1 + \beta A_v} = \dfrac{40}{1 + (0.2)(40)} = 4.4$

$\therefore BW_f = (1 + \beta A_v)BW = [1 + (0.2)(40)](2k)$

$\quad\quad = 18KHz$

(3)$D_{Tf} = \dfrac{D_T}{1 + \beta A_v} = \dfrac{10％}{[1 + (0.01)(40)]} = 7％$

7.射極隨耦器為

(A)並串（電流並聯）回授

(B)串串（電流串聯）回授

(C)並並（電壓並聯）回授

(D)串並（電壓串聯）回授（**題型：負回授的判斷**）

解☞： (D)

1.射極隨耦器

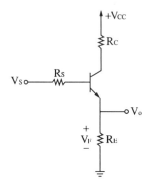

2.由圖知，此爲串—並型負回授

§12－2〔題型七十四〕：
電壓串聯（串並式）回授放大器

考型184　電壓串聯（串並式）回授放大器

一、電壓串聯回授放大器

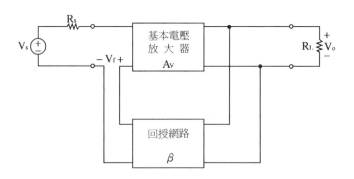

二、電壓放大器

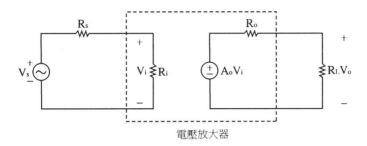

電壓放大器

理想情形：$R_i \gg R_s, R_o \ll R_L$.

三、理想負回授的分析（不考慮 R_s 及 R_L）

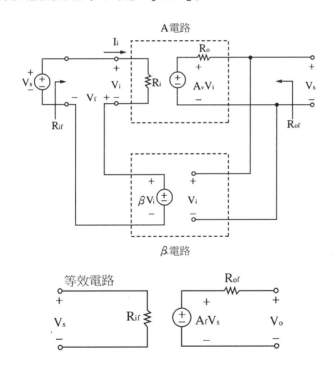

A電路

β電路

等效電路

$1. A_v = \dfrac{V_o}{V_i}$

$$2. A_{vf} = \frac{A_v}{1 + \beta A_v}$$

$$3. R_{if} = (1 + \beta A_v) R_i$$

$$4. R_{of} = \frac{R_o}{1 + \beta A_v}$$

四、非理想負回授的分析（R_s 及 R_L 均需考慮）

1.電路模型（β 網路以 H 模型表示）

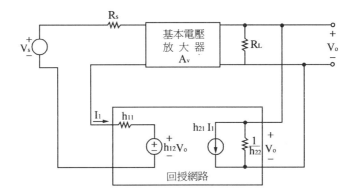

2.將 h_{11} 及 h_{22} 併入 A 電路

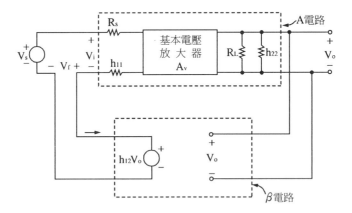

3.其 A_{vf}，R_{if}，R_{of}分析方式與上述一樣，只是需將 R_s 及 R_L 併入計算

五、OP 的電壓串聯回授

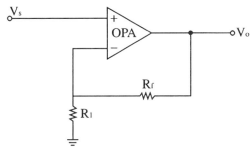

串並回授(電壓串聯回授)

六、求回授時的輸入電阻及輸出電阻技巧

1. $\because A_f = A_{vf} = \dfrac{V_o}{V_s}$

　(1) V_o 含有 R_L 效應

　(2) V_s 含有 R_s 效應

2. 所以 R_{if} 時，①先求含有 R_s 的輸入電阻 R_{if}

　　②再求不含 R_s 的輸入電阻 R'_{if}

　$R'_{if} = R_{if} - R_s$

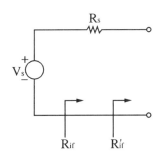

3. 同理

　①先求含有 R_L 的輸出電阻 R_{of}

②再求不含 R_L 的輸出電阻 R_{of}'

$\because R_{of} = R_{of}' \mathbin{/\mkern-5mu/} R_L$

$\therefore R_{of}' = \dfrac{(R_{of})(R_L)}{R_L - R_{of}}$

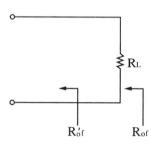

歷屆試題

1. 某電壓放大器因飽和而有非線性現象，其輸出 V_o 與輸入 V_i 之間的關係為：

$$V_o = \begin{cases} 10V_i & \text{for } 0V \le \left| V_i \right| < 1.5V \\ 15V & \text{for } 1.5V \le V_i \\ -15V & \text{for } -1.5V \ge V_i \end{cases}$$

當 $V_i = 0.8\,(1 + \sin t)$ V 時，V_o 的峰對峰值（peak－to－peak value）為：

(A)14V　(B)15V　(C)16V　(D)18V（**題型：OPA 的串—並型負回授**）

【88年二技電機】

解☞：(B)

$\because V_i = 0.8\,(1 + \sin t) = 0.8 + 0.8\sin t > 1.5V$

$\therefore V_o = 15V$

2. 現將此非線性放大器接成電壓串聯負回授型式，回授因子與頻率無關且其值為 $\beta = 0.1$，當輸入為 $V_i = 1.6\sin t$ V 時，V_o 的峰對峰值為：
(A)10V　(B)12V　(C)14V　(D)16V　　　　　【88年二技電機】

解☞：(D)

由題目知開回路時，$A_o = 10$（$\because V_o = 10V_i$）

$\therefore A_{vf} = \dfrac{A_o}{1 + \beta A_o} = \dfrac{10}{1 + (0.1)(10)} = 5$

又 $A_{vf} = \dfrac{V_o}{V_i} = \dfrac{V_o}{1.6} = 5$

$\therefore V_{om} = 8V$

即 $V_{P-P} = 2V_{om} = 16V$

---

3. 下圖為一反饋放大器（feedback ampilfier），若 $A_v = 10^5$，$\beta_v = 0.02$，$R_i = 10k\Omega$，$R_o = 20k\Omega$，則 R_{if} 與 R_{of} 分別為：
(A)20MΩ 與10Ω　(B)20MΩ 與40MΩ　(C)5Ω 與10Ω　(D)5Ω 與40MΩ（**題型：串一並型負回授**）

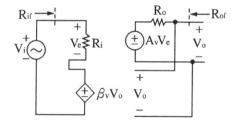

【88年二技電子】

解☞：(A)

1. 此為串一並型負回授

$\therefore R_{if} = R_i(1 + \beta_v A_v) = (10k)[1 + (0.02)(10^5)] = 20.01M\Omega$

$$R_{of} = \frac{R_o}{1 + \beta_v A_v} = \frac{20k}{[1 + (0.02)10^5)]} = 10\Omega$$

4.承上題，此架構最適於作為：

(A)電流放大器　(B)電壓放大器

(C)跨導（transconductance）放大器　(D)跨阻（transresistance）放大器

【88年二技電子】

解☞：(B)

串─並型負回授

$\therefore X_s = V_s$，$X_f = V_f$，$X_o = V_o$

故 $A = \dfrac{X_o}{X_s} = \dfrac{V_o}{V_s} = A_v$

即為電壓放大器

5.試求下圖電路中電壓增益 V_o / V_s 為(A)857　(B)699　(C)524　(D)462

（題型：串─並型負回授）

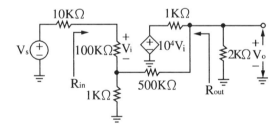

【87年二技電機】

解☞：(D)

1.此為中─並型負回授

$\therefore X_s = V_s$，$X_f = V_f$，$X_o = V_o$

2.繪開回路等效圖

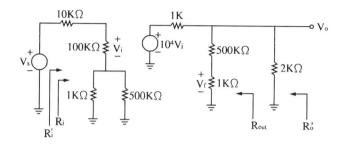

3.$\beta = \dfrac{1K}{1K + 500K} = 0.002$

$D = 1 + \beta A_v = 1 + (0.002)(6006) = 13.012$

4.$A_v = \dfrac{V_o}{V_s} = \dfrac{V_o}{V_I} \cdot \dfrac{V_I}{V_s} = (10^4 V_I) \dfrac{(500K + 1K)//2K}{1K + (500K + 1K)//2K} \approx 6006$

$\therefore A_{vf} = \dfrac{A_v}{1 + \beta A_v} = \dfrac{6006}{1 + (0.002)(6006)} \approx 462$

6.試求上圖電路中之 R_{in}為(A)1430kΩ　(B)1120kΩ　(C)850kΩ　(D)742kΩ

【 87年二技電機 】

解☞：(A)

1.$R_i' = 10k + 100k + (1k//500k) = 111k\Omega$

$R_{if}' = (1 + \beta A_v) R_i' = DR_i' = (13.012)(111K)$

$= 1444k\Omega$

2.$\because R_{if}' = 10k + R_{if}$

$\therefore R_{if} = R_{if}' - 10k = 1434k\Omega$

7.試求上圖電路中之 R_{out}為(A)105.1Ω　(B)88.5　(C)69.4Ω　(D)52.7Ω

【 87年二技電機 】

解☞ : (D)

　　1. ∵ $R_o' = 1K // (500K + 1K) // 2K = 0.666k\Omega$

　　　 ∴ $R_{of}' = \dfrac{R_o'}{1 + \beta A_v} = \dfrac{0.666K}{13.012} = 51.18\Omega$

　　2. ∵ $R_{of}' = 2K // R_{out}$

　　　 ∴ $R_{out} = \dfrac{(R_{of}')(2k)}{2k - R_{of}'} = \dfrac{(51.18)(2k)}{2k - 51.18} = 52.5\Omega$

---

8. 下圖中場效電晶體（FET）放大器有下列之元件值：$R_1 = 20k\Omega$，$R_2 = 80k\Omega$，$R_o = 10k\Omega$，$R_D = 10k\Omega$，$g_m = 4000\mu S$ 求出反饋下之電壓增益。（題型：FET 的串一並回授）

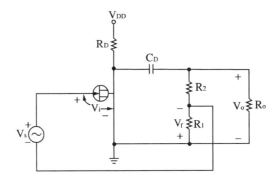

【85年二技保甄】

解☞ :

　　1. $X_s = V_s$，$X_f = V_f$，$X_o = V_o$

2.開回路等效圖

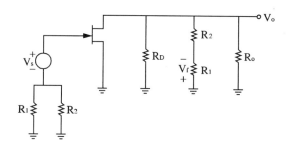

3.$A_v = \dfrac{V_o}{V_s} = -g_m \left[R_D /\!/ (R_1 + R_2) /\!/ R_o \right]$

     $= -(4000\mu)\left[10K /\!/ 100K /\!/ 10K \right] = -19$

4.$\beta = \dfrac{V_f}{V_o} = -\dfrac{R_1}{R_1 + R_2} = \dfrac{-20k}{20k + 80k} = -0.2$

5.$A_{vf} = \dfrac{A_v}{1 + \beta A_v} = \dfrac{-19}{1 + (-0.2)(-19)} = -3.96$

9.下圖為一非反相運算放大器（noninverting op amp），若運算放大器具有如下性質：開路增益（open loop gain） $A(S) = \dfrac{10^4}{1 + S / (2\pi)(100)}$ 且 $R_1 = 1k\Omega$，$R_2 = 9k\Omega$ 則此閉回路放大器（closed – loop amplifier）之高頻3 – dB 頻率為：

(A)1.1kHz　(B)9.1kHz　(C)100.1kHz　(D)1.1MHz。（題型：OPA 的串一並型負回授）

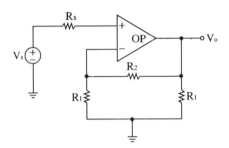

【84年二技電子】

解☞：(C)

　1.此為串—並型負回授

　　∴$X_s = V_s$，$X_f = V_f$，$X_o = V_o$

　2.繪開回路等效圖

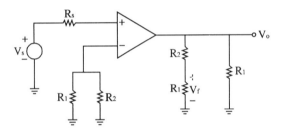

　3.$\beta = \dfrac{X_f}{X_o} = \dfrac{V_f}{V_o} = \dfrac{R_1}{R_1 + R_2} = \dfrac{1k}{1k + 9k} = 0.1$

　4.由 A（S）知

　　$A_o = 10^4$，$f_b = 100Hz$

　5.經負回授可增加頻寬，即

　　$BW' \approx f_b' = （1 + \beta A）f_b = 〔1 + （0.1）（10^4）〕（100）$

　　　　　$= 100.1 KHz$

10. 下圖為一非反相（noninvering）運算放大器，假設此運算放大器具無限大輸入阻抗及零輸出阻抗，則其回授因素（feedback factor）β 值為：

(A)$\dfrac{R_1}{R_2}$ (B)$\dfrac{R_1 + R_2}{R_2}$

(C)$\dfrac{R_1}{R_1 + R_2}$ (D)$\dfrac{R_2}{R_1}$ 。（**題型：OPA 的串—並型負回授**）

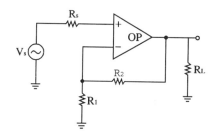

【84年二技電子】

解☞：(C)

1. $X_s = V_s$，$X_f = V_f$，$X_o = V_o$

2. 等效圖

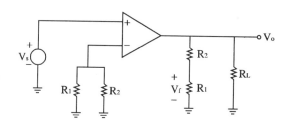

3. $\beta = \dfrac{V_f}{V_o} = \dfrac{R_1}{R_1 + R_2}$

11.(1) 下圖之電路，屬於何種負回授型態？

(A)電壓串聯負回授

(B)電壓並聯負回授

(C)電流串聯負回授

(D)電流並聯負回授。

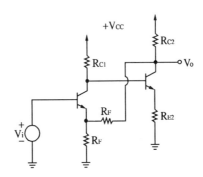

(2)在上題中，其回授因數 β，即回授信號與輸出信號的比值，應為

(A)0　(B)0.5　(C)1　(D)2（**題型：多級放大器的串—並型負回授**）

【82年二技】

解☞：1.(A)，2.(B)

(1)由圖知此為串—並型負回授（電壓串聯負回授）

(2)①$X_s = V_s$，$X_f = V_f$，$X_o = V_o$

②等效圖

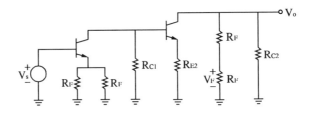

$$\therefore \beta = \frac{V_f}{V_o} = \frac{R_F}{R_E + R_F} = \frac{1}{2} = 0.5$$

12.(1)下圖中，$I_o / V_s =$

(A)$A / (1 + \beta A)$ (B)$\beta / (1 + \beta A)$

(C)$A / (1 - \beta A)$ (D)$R_o A / (1 + \beta A)$

(2)同上題圖示，$I_i / V_s =$

(A)$1 / [R_o (1 - \beta A)]$ (B)$(1 - \beta A) / R_o$

(C)$(1 + \beta A) / R_i$ (D)$1 / [R_i (1 + \beta A)]$ （**題型：負回授分析**

（串一並）型）

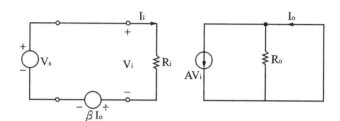

【82年二技電子】

解☞ ：(1)(A)，(2)(D)

(1)$I_o = AV_i = A(V_s - \beta I_o)$

∴$I_o = (1 + \beta A) = AV_s$

故$\dfrac{I_o}{V_s} = \dfrac{A}{1 + \beta A}$

(2)$I_i = \dfrac{V_s - \beta I_o}{R_i} = \dfrac{V_s - \dfrac{\beta A}{1 + \beta A}}{R_i} = \dfrac{V_s}{R_i}\left(1 - \dfrac{\beta A}{1 + \beta A}\right) = \dfrac{V_s}{R_i}\left(\dfrac{1}{1 + \beta A}\right)$

故$\dfrac{I_i}{V_s} = \dfrac{1}{R_i}\left(\dfrac{1}{1 + \beta A}\right)$

13.下圖電路中，假設電晶體偏壓於作用區且（$r_\pi = 1k\Omega$，$\beta = 200$）反相放大器輸入阻抗為無窮大，輸出阻抗為零，且增益 $A_o = 1000$ 試求：

(1)$\dfrac{V_i}{V_s - V_f} = ?$ (2)$A_{vf} = \dfrac{V_o}{V_s} = ?$ (3)$R_{of} = ?$ （**題型：多級放大器的串並聯回授**）

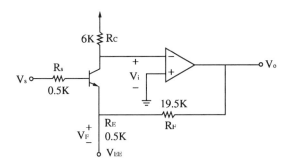

【79年二技電子】

解☞：

　　1.此為串並聯回授

　　　$\therefore X_s = V_s$，$X_f = V_f$，$X_o = V_o$

　　2.繪開回路等效圖

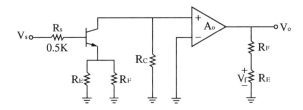

　　3.$A = \dfrac{V_o}{V_s} = \dfrac{V_o}{V_c} \cdot \dfrac{V_c}{V_s}$

　　　　$= (-A_o)\left[\dfrac{-\beta R_c}{R_s + r_{\pi 1} + (1+\beta)(R_E /\!/ R_F)}\right]$

$$= \left(-1000 \right) \left[\frac{\left(-200 \right) \left(6k \right)}{0.5k + 1k + \left(201 \right) \left(0.5k // 19.5k \right)} \right]$$

$$= 12060$$

4. $\dfrac{V_i}{V_s - V_f}$ 意即求 BJT 不含 R_E 的電壓增益

$$\therefore \frac{V_i}{V_s - V_f} = \frac{-\beta R_c}{R_s + r_{\pi 1}} = \frac{\left(-200 \right) \left(6k \right)}{1k + 0.5k} = 800 \text{—Ans(1)}$$

5. $\beta = \dfrac{R_E}{R_E + R_F} = \dfrac{0.5K}{0.5K + 19.5K} = 0.025$

6. $A_{vf} = \dfrac{A}{1 + \beta A} = \dfrac{12060}{1 + \left(0.025 \right) \left(12060 \right)} = 39.9 \cdots\cdots \text{Ans(2)}$

7. $\because R_o = 0$

$$\therefore R_{of} = \frac{R_o}{1 + \beta A} = 0 \text{—Ans(3)}$$

---

14. 下圖所示回授放大電路中兩個電晶體 h 參數為 $h_{ie} = 900\Omega$，$h_{fe} = 100$，$h_{re} = h_{oe} = 0$。試求：

(1)等效無回授電壓增益 A_v。

(2)回授電壓增益 A_{vf}。（題型：多級放大器的串—並型負回授）

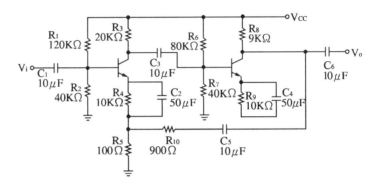

【 75年二技電子 】

解☞：

1.此為串—並型負回授

∴$X_s = V_s$，$X_f = V_f$，$X_o = V_o$

2.繪開回路等效圖

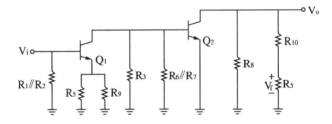

3.$A_v = \dfrac{V_o}{V_i} = \dfrac{V_o}{V_{C1}} \cdot \dfrac{V_{C1}}{V_i}$

$= \dfrac{-h_{fe}\left[R_8 //（R_{10}+R_5）\right]}{h_{ie}} \cdot \dfrac{-h_{fe}\left[R_3 // R_6 // R_7 // h_{ie}\right]}{h_{ie}+（1+h_{fe}）（R_5 // R_9）}$

$= 850$—Ans(1)

4.$\beta = \dfrac{V_f}{V_o} = \dfrac{R_5}{R_5+R_{10}} = \dfrac{0.1K}{0.1K+0.9K} = 0.1$

$$5. A_{vf} = \frac{A_v}{1 + \beta A_v} = \frac{850}{1 + (0.1)(850)} = 9.88$$

題型變化

1. 已知 OPA 參數，輸入電阻 r_i，輸出電阻 r_0，電壓增益 μ，推導回授
   電路 R_{if}、R_{of}、R_{of}' 及 A_{vf}。（**題型：OPA 的串—並聯型負回授**）

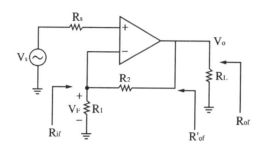

解☞ ：

  1. 此為串—並型負回授

    $\therefore X_s = V_s$，$X_f = V_f$，$X_o = V_o$

  2. 開回路等效電路

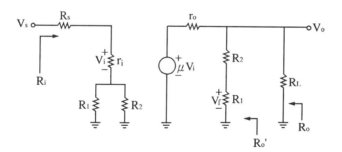

$$3. A_v = \frac{V_o}{V_s} = \frac{V_o}{V_i} \cdot \frac{V_i}{V_s} = \frac{\mu \left[(R_2 + R_1) /\!/ R_L \right]}{r_0 + (R_2 + R_1) /\!/ R_L} \cdot \frac{r_i}{R_s + r_i + R_1 /\!/ R_2}$$

$$4. \beta = \frac{V_f}{V_o} = \frac{R_1}{R_1 + R_2}$$

5. $R_i = R_s + r_i + R_1 \,/\!/\, R_2$

6. $R_o' = r_o \,/\!/\, (R_1 + R_2)$

7. $R_o = R_o' \,/\!/\, R_L = r_o \,/\!/\, (R_1 + R_2) \,/\!/\, R_L$

8. $A_{vf} = \dfrac{A_v}{1 + \beta A_v}$

9. $R_{if} = (1 + \beta A_v) R_i$

10. $R_{of} = \dfrac{R_o}{1 + \beta A_v}$

11. $\because R_{of} = R_{of}' \,/\!/\, R_L \rightarrow R_{of}' = \dfrac{R_L R_{of}}{R_L - R_{of}}$

---

2. 圖示電路是由差動對（differential pair）、射極追隨器和串並回授（R_1，R_2）所組成。假定 V_s 直流分量爲零，試求每個電晶體的直流操作電流，並證明輸出端的直流電壓幾爲零，然後再求 A，$A_f = V_o／V_s$，R_{if}'和 R_{of}'（假定每一電晶體的 $\beta_o = h_{fe} = 100$）。（**題型：多級放大器的串—並型負回授**）

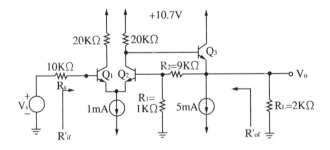

解☞：

分析：Q_1 及 Q_2爲差動對，經 R_2作負回授

一、直流分析

$$I_{E1} = I_{E2} = \frac{I_E}{2} = 0.5mA \approx I_{C2}$$

$$\therefore V_{C2} = V_{CC} - I_{C2}R_C = 10.7 - (0.5m)(20k) = 0.7V$$

故 $V_o = V_{C2} - V_{BE3} = 0.7 - 0.7 = 0V$

$$I_{E3} = 5mA$$

二、求參數

$$r_{e1} = r_{e2} = \frac{V_T}{I_{E1}} = \frac{25mV}{0.5mA} = 50\Omega$$

$$g_{m1} = g_{m2} \cong \frac{1}{r_{e1}} = \frac{1}{50} = 0.02\mho$$

$$r_{e3} = \frac{V_T}{I_{E3}} = \frac{25mV}{5mA} = 5\Omega$$

三、回授分析

1.此爲串—並型負回授

$$\therefore X_s = V_s \text{ , } X_f = V_f \text{ , } X_o = V_o$$

2.繪出開回路等效電路

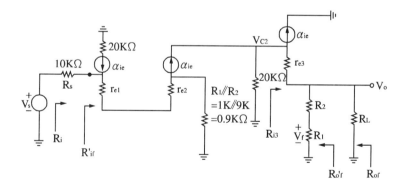

3.求 A_v

$$A_v = \frac{V_o}{V_s} = \frac{V_o}{V_{C2}} \cdot \frac{V_{C2}}{V_s}$$

$$= \frac{(R_1 + R_2) /\!/ R_L}{r_{e3} + (R_1 + R_2) /\!/ R_L} \cdot \frac{\alpha R_C{}'}{r_{e1} + r_{e2} + \dfrac{R_s + R_1 /\!/ R_2}{1 + \beta_o}}$$

$$= \frac{10K /\!/ 2K}{5 + 10K /\!/ 2K} \cdot \frac{17.88K}{(50 + 50) + \dfrac{10K + 0.9K}{101}} = 85.7$$

其中

$$R_{i3} = (1 + \beta_o)\left[r_{e3} + (R_1 + R_2) /\!/ R_L\right] = 168.9\text{k}\Omega$$

$$R_C{}' = R_C /\!/ R_{i3} = 20K /\!/ 168.9K = 17.88\text{k}\Omega$$

$$\alpha \approx 1$$

$4.\beta = \dfrac{V_f}{V_o} = \dfrac{R_1}{R_1 + R_2} = \dfrac{1K}{1K + 9K} = 0.1$

$5.R_i = R_s + (1 + \beta_o)(r_{e1} + r_{e2}) + R_1 /\!/ R_2$

$\qquad = 10K + (101)(100) + 0.9K = 21K$

$6.A_{vf} = \dfrac{A_v}{1 + \beta A_v} = \dfrac{85.7}{1 + (0.1)(85.7)} = 8.96$

$7.R_{if}' = R_i(1 + \beta A_v) = 201\text{k}\Omega$

$8. \therefore R_{if}' = R_{if} - R_s = 201k - 10k = 191\text{k}\Omega$

$9.R_o = R_L /\!/ (R_1 + R_2) /\!/ \left(\dfrac{20K}{1 + \beta_o} + r_{e3}\right) = 181\Omega$

$\qquad \therefore R_{of} = \dfrac{R_o}{1 + \beta A_v} = \dfrac{181}{1 + (0.1)(85.7)} = 18.9\Omega$

$10. \therefore R_{of} = R_{of}' /\!/ R_L$

$\qquad \therefore R_{of}' = \dfrac{R_L R_{of}}{R_L - R_{of}} = 19.1\Omega$

§ 12 – 3〔題型七十五〕：
　　　電流並聯（並串式）回授放大器

考型185 電流並聯（並串式）回授放大器

一、電流並聯回授放大器

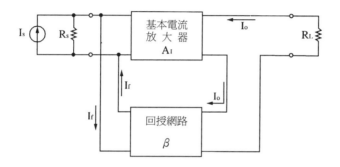

二、電流放大器

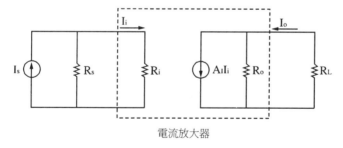

電流放大器

理想情形：$R_i \ll R_s, R_o \gg R_L$

回授放大器　315

三、理想貪回授的分析（不考慮 R_s 及 R_L）

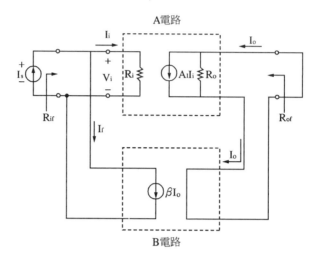

A電路

B電路

1. $A_I = \dfrac{I_o}{I_i}$

2. $A_{If} = \dfrac{A_I}{1 + \beta A_I}$

3. $R_{if} = \dfrac{R_i}{1 + \beta A_I}$

4. $R_{of} = \left(1 + \beta A_I \right) R_o$

四、非理想負回授的分析（需考慮 R_s 及 R_L）

電路模型（β 網路以 G 模型表示）

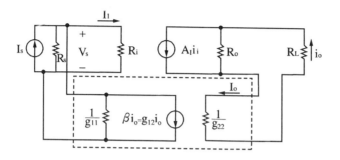

五、求回授時的輸入電阻及輸出電阻的技巧

1. $\because A_{If} = \dfrac{I_o}{I_s}$

   $\therefore I_s$ 含有 R_s 效應，I_o 不含 R_L 效應，故：

   (1)求回授輸入電阻，先求含 R_s 的 R_{if}，再求 R'_{if}

   (2)求回授輸出電阻，先求不含 R_L 的 R'_{of}，再求 R_{of}

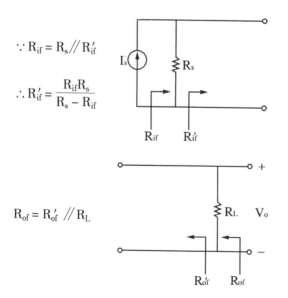

$\because R_{if} = R_s /\!/ R'_{if}$

$\therefore R'_{if} = \dfrac{R_{if}R_s}{R_s - R_{if}}$

$R_{of} = R'_{of} /\!/ R_L$

1. 如下圖的回授方法屬於(A)電壓串聯回授　(B)電壓並聯回授　(C)電流串聯回授　(D)電流並聯回授。（**題型：回授型式判斷**）

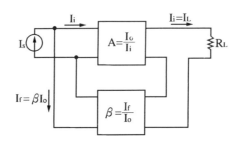

【85年南台二技電機】

解 ☞：(D)

---

2. 電流放大器之輸入阻抗 R_i 及輸出阻抗 R_o，下列敘述何者正確？(A)R_i 及 R_o 越大，越理想　(B)R_i 及 R_o 越小，越理想　(C)R_i 越小及 R_o 越大，越理想　(D)R_i 越大及 R_o 越小，越理想。（**題型：回授型式的特性**）

【82年二技電機】

解 ☞：(C)

電流放大器是屬於並—串型負回授，所以 R_{in} 越小越好。而 R_o 越大越好

---

3. 以 R_i 代表輸入電阻，R_o 代表輸出電阻，→代表趨近，則設計電流放大器時，應力求：

(A)R_i→0，R_o→∞　(B)R_i→0，R_o→0

(C)R_i→∞，R_o→0　(D)R_i→∞，R_o→∞（**題型：並—串型負回授**）

【77年二技】

解 ☞：(A)

$$\because 電流放大器，A_I = \frac{I_o}{I_{in}}$$

∴是一種並—串型負回授

故 $R_i \rightarrow 0$，$R_o \rightarrow \infty$

4.下圖爲電流並聯回授電路，試回答以下之問題：

(1)繪出此電路之等效電路。

(2)求此電路之電壓增益（$\frac{V_o}{V_s}$）及回授係數，但電晶體的參數，在此僅考慮 h_{ich} 及 h_{feh} 即可，且 $h_{feh} \gg 1$，$R_f \gg R_e$，R_{12}，h_{ieh}。（提示：利用節點方程式來導式子）（**題型：多級放大器的並—串型負回授**）

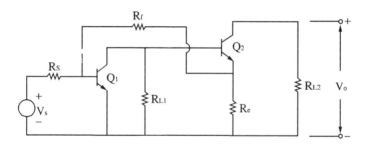

【71年二技電子】

解☞：

(1)①此爲並—串型負回授

$$\therefore X_s = I_s，X_f = I_f，X_o = I_o$$

②開回路等效圖

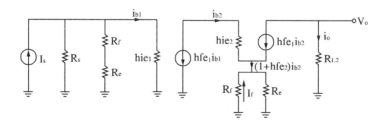

(2)① $\because A = \dfrac{X_o}{X_s} = \dfrac{i_o}{i_s} = A_I$

$\therefore A_I = \dfrac{i_o}{i_s} = \dfrac{i_o}{i_{b2}} \cdot \dfrac{i_{b2}}{i_{b1}} \cdot \dfrac{i_{b1}}{i_s}$

$= (-h_{fe2}) \cdot (-h_{fe1}) \cdot \dfrac{R_s /\!/ (R_f + R_e)}{R_s /\!/ (R_f + R_e) + h_{ie1}}$

$= (h_{fe1}h_{fe2}) \cdot \left[\dfrac{R_s /\!/ (R_f + R_e)}{R_s /\!/ (R_f + R_e) + h_{ie1}} \right]$

$\approx (h_{fe1}h_{fe2}) \dfrac{R_s /\!/ R_f}{R_s /\!/ R_f + h_{ie1}}$

②$\beta = \dfrac{X_f}{X_o} = \dfrac{I_f}{I_o} = \dfrac{(1 + h_{fe2}) i_{b2} \cdot \dfrac{R_e}{R_e + R_f}}{h_{fe2}i_{b2}}$

$= \left(1 + \dfrac{1}{h_{fe2}}\right) \left(\dfrac{R_e}{R_e + R_f}\right) \approx \dfrac{R_e}{R_e + R_f} \approx \dfrac{R_e}{R_f}$

③$\therefore A_{If} = \dfrac{A_I}{1 + \beta A_I}$

④$A_{vf} = \dfrac{V_o}{V_s} = \dfrac{i_o R_{L2}}{i_s R_s} = A_{If}\dfrac{R_{L2}}{R_s}$

題型變化

1.下圖所示之電流並聯低頻負回授放大電路，使用二個相等之矽電晶體 Q_1，Q_2，假設 Q_1，Q_2 均工作於主動區，且有下列之參數：$h_{ie} = 3k\Omega$，$h_{fe} = 200$，$h_{re} = 0$，$h_{oe} = 0$。忽略所有電容之電抗值，使用 h—參數模型，求出總電壓增益$\dfrac{V_o}{V_s}$。（題型：多級放大器的並—串型負回授）

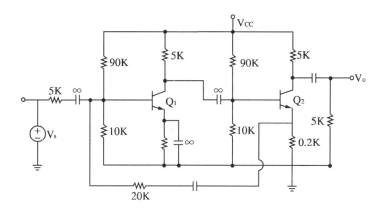

解☞：

1.此為並—串型負回授

∴ $X_s = I_s$，$X_f = I_f$，$X_o = I_o$

2.繪開回路等效圖

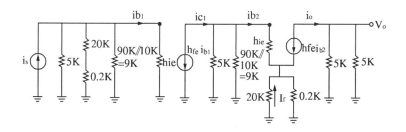

3. $\because A = \dfrac{X_o}{X_s} = \dfrac{i_o}{i_s} = A_I$

$\therefore A_I = \dfrac{i_o}{i_s} = \dfrac{i_o}{i_{b2}} \cdot \dfrac{i_{b2}}{i_{c1}} \cdot \dfrac{i_{c1}}{i_{b1}} \cdot \dfrac{i_{b1}}{i_s}$

$= (-h_{fe}) \cdot \left(\dfrac{(5k/\!/9k)}{5k/\!/9k + [\,(1+h_{fe})(20k/\!/0.2k) + h_{ie}\,]} \right) \cdot$

$(-h_{fe}) \cdot \dfrac{5k/\!/20.2k/\!/9k}{h_{ie} + 5k/\!/20.2k/\!/9k} = 1341$

4. $\beta = \dfrac{X_f}{X_o} = \dfrac{I_f}{I_o} \approx \dfrac{0.2k}{20K + 0.2K} = 0.01$

5. $A_{If} = \dfrac{A_I}{1 + \beta A_I} = \dfrac{1341}{1 + (0.01)(1341)} = 93.06$

6. $A_{vf} = \dfrac{V_o}{V_s} = \dfrac{I_o R_o}{I_s R_s} = A_{If} \cdot \dfrac{(5K/\!/5K)}{5K} = 46.53$

---

2. 下圖中，V_s 的直流成分爲零，Q_1，Q_2的參數爲 $h_{fe1} = h_{fe2} = 100$，求出 $V_o \diagup V_s$ 及 R_{if}。（**題型：多級放大器的並─串型負回授**）

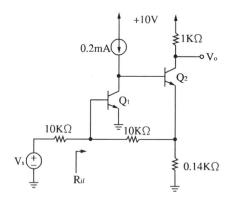

解 ☞ ：

一、直流分析求參數

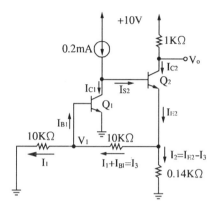

1. $V_1 = V_{BE1} = 0.7V$

2. $\because I_1 \cong I_3 = \dfrac{V_1}{10K} = \dfrac{0.7}{10k} = 70\mu A$

3. I_2（0.14k）$= I_1$（10k）$+ I_3$（10k）$=$（$70\mu A$）（20k）

   $\therefore I_2 = 10mA$

4. $I_{E2} \cong I_{C2} = I_3 + I_2 \approx I_2 = 10mA$

   $\therefore I_{B2} = \dfrac{I_{C2}}{h_{fe2}} = \dfrac{10mA}{100} = 0.1mA$

   $\therefore I_{C1} = 0.2mA - I_{B2} = 0.1mA$

5. $\therefore g_{m1} = \dfrac{I_{C1}}{V_T} = \dfrac{0.1mA}{25mV} = 0.004A \diagup V$

   $g_{m2} = \dfrac{I_{C2}}{V_T} = \dfrac{10mA}{25mV} = 0.4A \diagup V$

$$r_{\pi 1} = \frac{h_{fe}}{gm_1} = \frac{100}{0.004} = 25k\Omega$$

$$r_{\pi 2} = \frac{h_{fe}}{gm_2} = \frac{100}{0.4} = 0.25k\Omega$$

二、1.此為並—串型負回授

$$\therefore X_s = I_s , X_f = I_f , X_o = I_o$$

2.繪開路等效圖

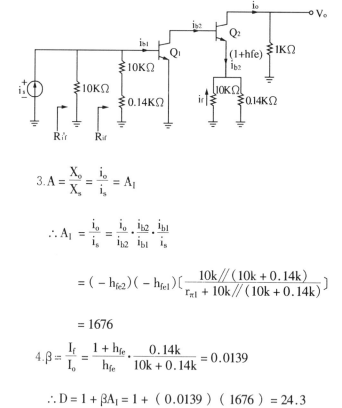

$$3. A = \frac{X_o}{X_s} = \frac{i_o}{i_s} = A_I$$

$$\therefore A_I = \frac{i_o}{i_s} = \frac{i_o}{i_{b2}} \cdot \frac{i_{b2}}{i_{b1}} \cdot \frac{i_{b1}}{i_s}$$

$$= (-h_{fe2})(-h_{fe1})\left[\frac{10k /\!/ (10k + 0.14k)}{r_{\pi 1} + 10k /\!/ (10k + 0.14k)}\right]$$

$$= 1676$$

$$4. \beta = \frac{I_f}{I_o} = \frac{1 + h_{fe}}{h_{fe}} \cdot \frac{0.14k}{10k + 0.14k} = 0.0139$$

$$\therefore D = 1 + \beta A_I = 1 + (0.0139)(1676) = 24.3$$

5. $A_{If} = \dfrac{A_I}{1 + \beta A_I} = \dfrac{A_I}{D} = \dfrac{1676}{24.3} = 68.97$

6. $\therefore A_{vf} = \dfrac{V_o}{V_s} = \dfrac{I_o R_C}{I_s R_s} = A_{If} \cdot \dfrac{R_C}{R_s} = (68.97)\dfrac{1k}{10k} = 6.897$ —Ans①

7. $R_i' = 10k // (10k + 0.14k) // r_{\pi 1} = 4.19k\Omega$

$\therefore R_{if}' = \dfrac{R_i'}{1 + \beta A_I} = \dfrac{R_i'}{D} = \dfrac{4.19k}{24.3} = 172.4\Omega$

8. $\because R_{if}' = R_{if} // R_s$

$\therefore R_{if} = \dfrac{R_{if}' R_s}{R_s - R_{if}'} = \dfrac{(172.4)(10k)}{10k - 172.4} = 175\Omega$

§12-4〔題型七十六〕：
電流串聯（串串式）回授放大器

考型186 電流串聯（串串式）回授放大器

一、電流串聯回授放大器

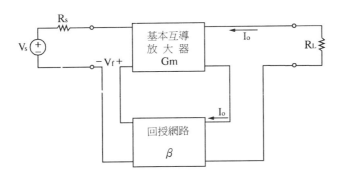

二、互導放大器

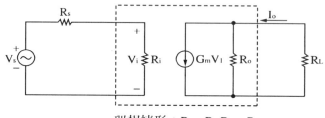

理想情形：$R_i \gg R_s, R_o \gg R_L$

三、理想負回授的分析（不考慮 R_s 及 R_L）

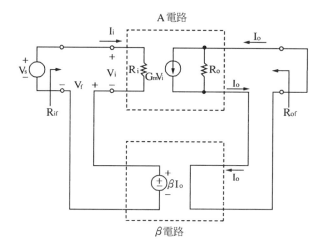

$1. G_m = \dfrac{I_o}{I_i}$

$2. G_{mf} = \dfrac{G_m}{1 + \beta G_m}$

$3. R_{if} = （1 + \beta G_m）R_i$

$4. R_{of} = （1 + \beta G_m）R_o$

四、非理想負回授的分析（需考慮 R_s 及 R_L）

電路模型（β網路以 Z 模型表示）

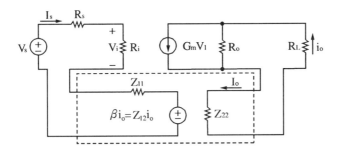

五、求回授輸入電阻及輸出電阻的技巧

$$\because G_m = \frac{I_o}{V_s}$$

1. V_s 含有 R_s 效應，所以先需含 R_s 的 R_{if}
2. i_o 不含 R_L 效應，所以先求不含 R_L 的 R'_{of}

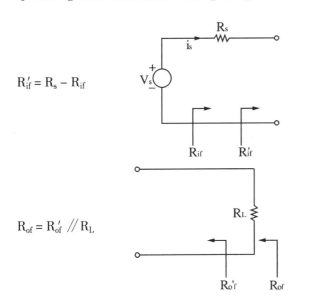

$R'_{if} = R_s - R_{if}$

$R_{of} = R'_{of} /\!/ R_L$

歷屆試題

1.下圖為一反饋放大器，試求反饋因數（feedback factor）β = ？

(A)$\dfrac{R_1R_2}{R_1+R_2+R_F}$ (B)$\dfrac{R_1R_F}{R_1+R_2+R_F}$ (C)$\dfrac{R_2}{R_1+R_2+R_F}$ (D)$\dfrac{R_1+R_F}{R_1+R_2+R_F}$ （題

型：多級放大器的串一串型負回授）

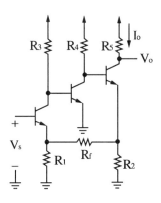

【85年二技電子】

解☞：(A)

1.此為串一串型負回授

∴ $X_s = V_s$，$X_f = V_f$，$X_o = I_o$

2.繪開路等效圖

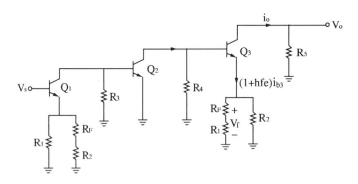

$$3. \beta = \frac{X_f}{X_o} = \frac{V_f}{I_o} = \frac{(1 + h_{fe})}{h_{fe}} \cdot \frac{R_2 R_1}{R_1 + R_2 + R_F} \approx \frac{R_1 R_2}{R_1 + R_2 + R_F}$$

2.同上題，假設放大器的迴路增益（Loop–gain）很大（$A\beta \gg 1$），則

小信號電壓增益$\dfrac{V_o}{V_s}$？

(A) $-G_m R_5 \left[1 + \dfrac{R_1}{R_2} + \dfrac{R_1}{R_2} \right]$　　(B) $-G_m R_5 \left[1 + \dfrac{R_2}{R_2 + R_1} \right]$

(C) $-R_5 \left[\dfrac{1}{R_1} + \dfrac{1}{R_2} + \dfrac{R_1}{R_1 R_2} \right]$　　(D) $-R_5 \left[\dfrac{1}{R_2} + \dfrac{1}{R_F} + \dfrac{R_1}{R_2 R_F} \right]$

【85年二技電子】

解☞：(C)

$$1. A = \frac{X_o}{X_s} = \frac{I_o}{V_s} = G_m$$

$$G_{mf} = \frac{A}{1 + \beta A} \approx \frac{A}{\beta A} = \frac{1}{\beta} = -\frac{R_1 + R_2 + R_F}{R_1 R_2}$$

$$2. \therefore A_{vf} = \frac{V_o}{V_s} = \frac{I_o R_o}{V_s} = G_{mf} R_o = -R_5 \left(\frac{1}{R_2} + \frac{1}{R_1} + \frac{R_F}{R_1 R_2} \right)$$

3.(1)鑑明圖示回授組態，並畫出沒有回授但將回授網路的負載作用包
括在內的電路。

(2)求 β，略去基極電流不計。

(3)若迴路增益 $\beta A \gg 1$，求 $A_f = I_o / V_s$ 及 $A_{vf} = V_o / V_s$。（**題型：多級**
放大器的串—串型負回授）

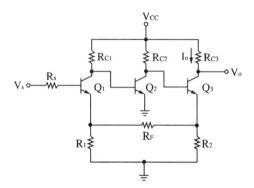

【81年普考】

解☞：

(1)①此爲串—串型負回授

∴ $X_s = V_s$ ，$X_f = V_f$ ，$X_o = I_o$

②繪開路等效圖

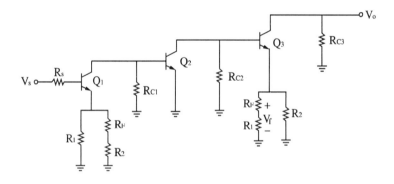

(2) $\beta = \dfrac{X_f}{X_o} = \dfrac{V_f}{I_o} \approx -\dfrac{R_2 R_1}{R_1 + R_2 + R_F}$

(3)① $A = \dfrac{X_o}{V_s} = \dfrac{I_o}{V_s} = G_m$

∴ $A_f = G_{mf} = \dfrac{A}{1 + \beta A} \approx \dfrac{A}{\beta A} = \dfrac{1}{\beta} = -\dfrac{R_1 + R_2 + R_F}{R_1 R_2}$

$$②A_{vf} = \frac{V_o}{V_s} = \frac{I_oR_{c3}}{V_s} = G_{mf}R_{c3} = - \left(\frac{R_1 + R_2 + R_F}{R_1R_2} \right) R_{c3}$$

題型變化

1. 下圖電路中，$h_{fe} = 100$，試以(1)回授技巧(2)直接分析，求 $\frac{V_o}{V_s}$、R_{in} 和 R_{out}。其中 $R_s = 10k\Omega$，$R_c = 5k\Omega$，$R_E = 0.1k$（**題型：BJT 的串—串型負回授**）

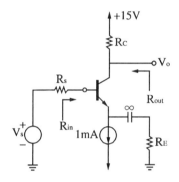

解☞：1. 此為串—串型負回授

∴ $X_s = V_s$，$X_f = V_f$，$X_o = I_o$

此題不易看出 R_E 為迴授電阻，故先繪出小訊號，即可得知

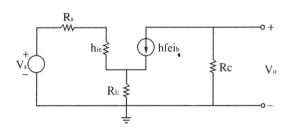

2.繪開路等效圖

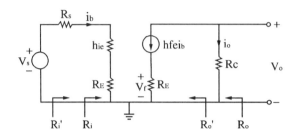

3. $\beta = \dfrac{X_f}{X_o} = \dfrac{V_f}{I_o} = -R_E = -100\Omega$

4. $A = \dfrac{X_o}{X_s} = \dfrac{I_o}{V_s} = G_m$

$$\therefore G_m = \dfrac{I_o}{V_s} = \dfrac{-h_{fe}}{(R_s + h_{ie} + R_E)} = \dfrac{-100}{10k + 2.5k + 100} = -7.937m\mho$$

其中

$$h_{ie} = \dfrac{V_T}{I_B} = \dfrac{(1 + h_{fe})V_T}{I_E} = \dfrac{(101)(25mV)}{1mA} \approx 2.5k\Omega$$

故 $D = 1 + \beta G_m = 1 + (-100)(-7.937m) = 1.7937$

5. $\therefore G_{mf} = \dfrac{G_m}{1 + \beta G_m} = \dfrac{G_m}{D} = \dfrac{-7.937m}{1.7937} = -4.425m\Omega$

6. $A_{vf} = \dfrac{V_o}{V_s} = \dfrac{I_o R_c}{V_s} = G_{mf}R_c = (-4.425m)(5k) = -22.125$

7. $R_i' = R_s + h_{ie} + R_E = 10k + 2.5k + 100 = 12.6k\Omega$

$\therefore R_{if}' = (1 + \beta G_m)R_i' = DR_i' = (1.7937)(12.6k)$

$\quad = 22.6k\Omega$

$\because R_{if}' = R_s + R_{if}$

$\therefore R_{if} = R_{if}' - R_s = 22.6k - 10k = 12.6k\Omega$

8. $R_o = r_o = \infty$

$$\therefore R'_{of} = (1 + \beta G_m) R_o = \infty$$

$$\therefore R'_{of} = R'_{of} \mathbin{/\!/} R_c = R_c = 5k\Omega$$

2.試分析電路：

⑴判別何類負回授　⑵繪 NFC 圖　⑶求 β。**（題型：多級放大器的串—串型負回授）**

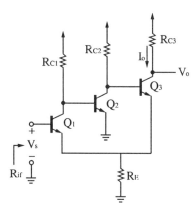

解☞：

1.此爲串—串型負回授（即電流串聯回授）

2.繪開回路等效圖

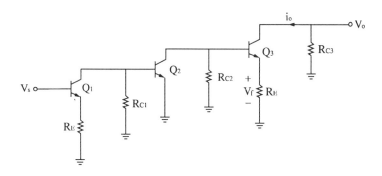

$$3.\beta = \frac{X_f}{X_o} = \frac{V_f}{I_o} \cong R_E$$

（註：此題β值不為負值，是因為題目 I_o 方向的定義）

3.試分析 FET 電路，並求出

(1)β　(2)A　(3)D　(4)A_f　(5)A_{vf}　(6)R_{in}　(7)R_{inf}　(8)R_o　(9)R_{of}(10)R_{of}'

（題型：FET 的串—串型負回授）

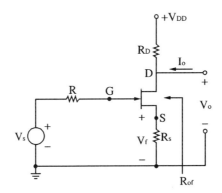

解 ☞ ：

1.此為串—串型負回授

　　∴ $X_s = V_s$ ，$X_f = V_f$ ，$X_o = I_o$

2.繪開路等效圖

$$3.A = G_m = \frac{X_o}{X_s} = \frac{I_o}{V_s} = \frac{I_o}{V_{gs}} = \frac{\mu}{r_o + R_D + R_s} \text{—Ans②}$$

4.$\beta = \dfrac{X_f}{X_o} = \dfrac{V_f}{I_o} = R_s$—Ans①

$$D = 1 + \beta G_m = 1 + \dfrac{\mu R_s}{r_o + R_D + R_s} = \dfrac{(1 + \mu) R_s + r_o + R_D}{r_o + R_D + R_s}$$—Ans③

5.$A_f = \dfrac{A}{1 + \beta A} = \dfrac{A}{D} = \dfrac{\mu}{(1 + \mu) R_s + r_o + R_D}$—Ans④

6.$A_{vf} = \dfrac{V_o}{V_s} = \dfrac{-I_o R_D}{V_s} = -A_f R_D = \dfrac{-\mu R_D}{r_o + R_D + (1 + \mu) R_s}$—Ans⑤

7.$R_{in} = \infty$—Ans⑥

8.$R_{inf} = (1 + \beta A) R_{in} = DR_{in} = \infty$—Ans⑦

9.$R_o = r_o + R_s$

10.$R_{of} = (1 + \beta A) R_o = DR_o$

$$= \dfrac{[(1 + \mu) R_s + r_o + R_D] [r_o + R_s]}{r_o + R_D + R_s}$$

11.$R'_{of} = R_{of} /\!/ R_D$

4.下圖所示回授電路：

(1)何種回授組態

(2)$\beta = ?$

(3)$\dfrac{V_o}{V_s} = ?$（題型：串—串型負回授）

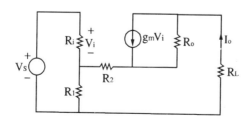

解 ☞ :

(1)此爲串—串型負回授

　　∴ $X_s = V_s$ ， $X_f = V_f$ ， $X_o = I_o$

(2)①繪開路等效圖

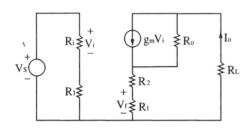

②$A = \dfrac{X_o}{X_s} = \dfrac{I_o}{V_s} = G_m$

$$(I_o - g_m V_i)' R_o + I_o (R_2 + R_1 + R_L) = 0$$

$$\therefore I_o (R_1 + R_2 + R_L + R_o) = g_m V_i R_o \Rightarrow \frac{I_o}{V_i} = \frac{g_m R_o}{R_1 + R_2 + R_L + R_o}$$

$$\therefore G_m = \frac{I_o}{V_s} = \frac{I_o}{V_i} \cdot \frac{V_i}{V_s} = \frac{g_m R_o}{R_1 + R_2 + R_L + R_o} \cdot \frac{R_i}{R_i + R_s} = \frac{1}{4} m\mho$$

③$\beta = \dfrac{X_f}{X_o} = \dfrac{V_f}{I_o} = R_1 = 1k\Omega$

(3)①$G_{mf} = \dfrac{G_m}{1 + \beta G_m} = \dfrac{0.25m}{1 + (1k) (0.25m)} = 0.2m\mho$

$$A_{vf} = \frac{V_o}{V_s} = \frac{- I_o R_L}{V_s} = - G_{mf} R_L = - 0.2$$

考型187　電壓並聯（並並式）回授放大器

一、電壓並聯回授放大器

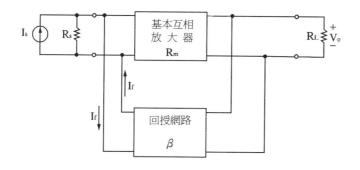

二、互阻放大器

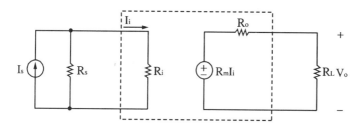

理想情形：$R_i \gg R_s, R_o \ll R_L$

三、理想負回授的分析

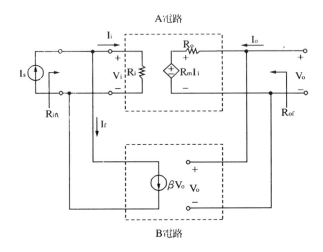

A電路

B電路

$$1.\,R_m = \frac{V_o}{I_i}$$

$$2.\,R_{mf} = \frac{R_m}{1 + \beta R_m}$$

$$3.\,R_{if} = \frac{R_i}{1 + \beta R_m}$$

$$4.\,R_{of} = \frac{R_o}{1 + \beta R_m}$$

四、非理想負回授的分析

電路模型（β網路以 Y 模型表示）

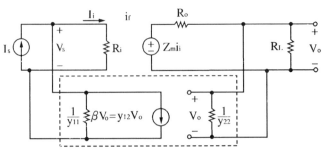

五、OPA 電壓並聯回授

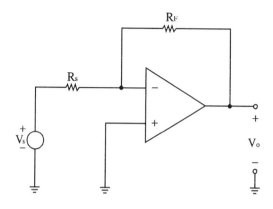

六、求回授輸入電阻及輸出電阻的技巧

$$\because R_M = \frac{V_o}{I_s}$$

1. I_s 含有 R_s 效應，所以先求含有 R_s 的 R_{if}，再求不含 R_s 的 R'_{if}

2. V_o 含有 R_L 效應，所以先求含有 R_L 的 R_{of}，再求不含 R_L 的 R'_{of}

$$\because R_{if} = R_s /\!/ R'_{if}$$

$$\therefore R'_{if} = \frac{(R_{if})(R_s)}{R_s - R_{if}}$$

$$\because R_{of} = R_L /\!/ R'_{of}$$

$$\therefore R'_{of} = \frac{(R_{of})(R_L)}{R_L - R_{of}}$$

歷屆試題

1.(1)下圖電路為一(A)電壓取樣,串聯式負回授電路　(B)電壓取樣,並聯式負回授電路　(C)電流取樣,串聯式負回授電路　(D)電流取樣,並聯式負回授電路。

(2)接上題,其回授因子（feedback factor）的值為(A) $-\frac{1}{3}$　(B) $-\frac{1}{2}$

(C) $-\frac{1}{3R}$　(D) $-\frac{1}{2R}$。（**題型：OPA 的並—並型負回授**）

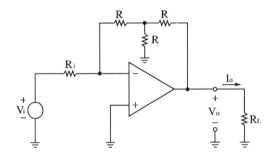

【84年二技電機】

解 ☞：(1)(B)，(2)(C)

(1)此為並—並型負回授

∴$X_s = I_s$，$X_f = I_f$，$X_o = V_o$

故取樣 $X_o = V_o$，

∴此型電壓並聯式負回授

(2)$\beta = \dfrac{X_f}{X_o} = \dfrac{I_f}{V_o}$

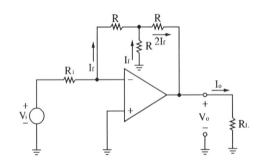

$$\because V_o = -I_fR - 2I_fR = -3I_fR$$

$$\therefore \beta = \frac{I_f}{V_o} = -\frac{1}{3R}$$

2. 下圖中，電壓增益 $V_o／V_i$ 為 -3.3，試以米勒定理（Miller's theorem），求其輸入電阻（input resistance）值爲多少？
(A)$100k\Omega$ (B)$2.33M\Omega$ (C)$5.2M\Omega$ (D)$10M\Omega$。（題型：FET 的米勒效應或 FET 並一並回授）

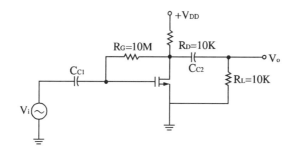

【84年二技】

解☞：(B)

$$\because K = \frac{V_o}{V_i} = -3.3$$

$$\therefore R_{in} = \frac{R_G}{1-k} = \frac{10\mu}{1-(-3.3)} = 2.33M\Omega$$

3.(1)下圖(a)爲某一放大器頻率響應波德圖，令圖中所顯示的零點（zeros）及極點（poles）之個數分別爲 p 及 q，求 p × q = ___①___。

(2)圖(b)爲 FET 交流放大器，該 FET 之高頻等效電路示於圖(c)。假設 C_B 及 C_s 對低頻響應之影響可以忽略，求低頻3dB 截止頻率 f_L = ___②___（Hz）及高頻3dB 截止頻率 f_H = ___③___（MHz）。

(3)若在圖(b)FET 之 D 和 G 極間加上一電容 C_c（25pF），則 $f_H = $ ___④___（MHz）。

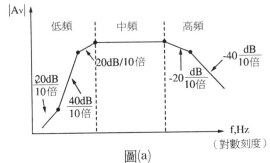

圖(a)

【78年二技電子】

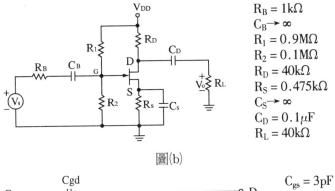

$R_B = 1k\Omega$
$C_B \rightarrow \infty$
$R_1 = 0.9M\Omega$
$R_2 = 0.1M\Omega$
$R_D = 40k\Omega$
$R_S = 0.475k\Omega$
$C_S \rightarrow \infty$
$C_D = 0.1\mu F$
$R_L = 40k\Omega$

圖(b)

$C_{gs} = 3pF$
$C_{gd} = 2pF$
$C_{ds} = 2pF$
$g_m = 2m\mho$
$r_d = 40k\Omega$

圖(c)

4.續上題，在上題(2)FET 之 D 和 G 間改接一電阻 R_F（40kΩ），假設放大器之工作頻率位於中頻帶（無失真）。

(1)請將電路適當簡化，求出 $A_v = V_o / V_s = $ ___⑤___，及輸出阻抗 $R_o = $

___⑥___（kΩ）。

(2)此電路之反饋組態（topology）是屬於那一種形式？ ___⑦___ 。（題
　　型：FET Amp 的頻率響應及負回授分析）

解☞：

　⑴由圖(a)知，上升共有二區段　∴P＝2，下降共有4區段　∴q＝4
　　故 p×q＝（2）（4）＝8—Ans①

　⑵1.繪出低頻等效電路（忽略 C_B 及 C_s）

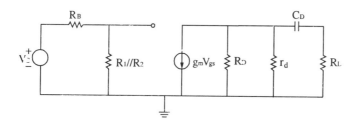

　　2.求 f_L

$$\therefore f_L = \frac{\omega_L}{2\pi} = \frac{1}{2\pi C_D\,(\,R_D\,/\!/\,r_d + R_L\,)}$$

$$= \frac{1}{2\pi\,(\,0.1\mu\,)\,(\,40k\,/\!/\,40k + 40k\,)}$$

$$= 26.54Hz\text{--Ans②}$$

　　3.繪出高頻等效電路

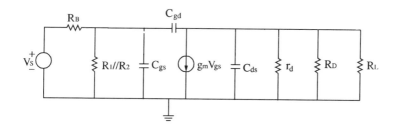

4.化為密勒效應

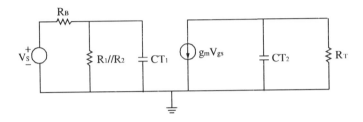

$$C_{T1} = C_{gs} + C_{gd}(1-k) = 58.32PF$$

$$C_{T2} = C_{ds} + C_{gd}\left(1 - \frac{1}{k}\right) = 4.075PF$$

$$R_T = r_d // R_D // R_L = 13.33k\Omega$$

其中 $k = -g_m R_T$

5.求 f_H（用 STC 法）

由 C_{T1} 知 → $f_1 = \dfrac{\omega_1}{2\pi} = \dfrac{1}{2\pi C_{T1}(R_B // R_1 // R_2)} = 2.76MHz$

由 C_{T2} 知 → $f_2 = \dfrac{\omega_2}{2\pi} = \dfrac{1}{2\pi C_{T2} R_T} = 2.93MHz$

$$\therefore f_H = \left[\frac{-(f_1^2 + f_2^2) + \sqrt{(f_1^2 + f_2^2)^2 + 4f_1^2 f_2^2}}{2}\right]^{\frac{1}{2}}$$

$$= 1.83MHz—Ans③$$

(3)①加上 C_c 之後的米勒效應

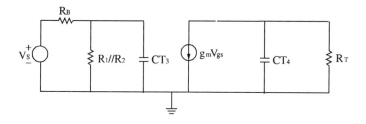

$$C_{T3} = C_{T1} + C_c \, (\, 1 - k \,) = 794.8PF$$

$$C_{T4} = C_{T2} + C_{\dot{c}} \, (\, 1 - \frac{1}{k} \,) = 30PF$$

②求 f_H

由 C_{T3} 知 $\rightarrow f_3 = \dfrac{\omega_3}{2\pi} = \dfrac{1}{2\pi C_{T3} \, (\, R_B /\!/ R_1 /\!/ R_2 \,)} = 0.215MHz$

由 C_{T4} 知 $\rightarrow f_4 = \dfrac{\omega_4}{2\pi} = \dfrac{1}{2\pi C_{T4} R_T} = 0.398MHz$

$$\therefore f_H = \left[\dfrac{- \, (\, f_3^2 + f_4^2 \,) + \sqrt{(\, f_3^2 + f_4^2 \,)^2 + 4f_3^2 + f_4^2}}{2} \right]^{\frac{1}{2}}$$

$$= 0.18MHz \text{—Ans}④$$

(4)①此為並—並型負回授

$$\therefore X_s = I_s \text{, } X_f = I_f \text{, } X_o = V_o$$

②繪開回路等效圖

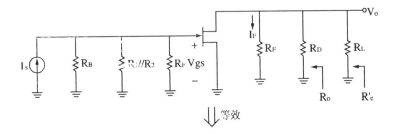

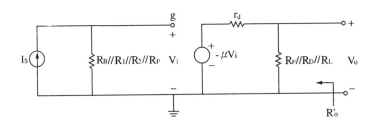

③ $A = \dfrac{X_o}{X_s} = \dfrac{V_o}{I_s} = R_m$

$$\therefore R_m = \dfrac{V_o}{I_s} = \dfrac{V_o}{V_i} \cdot \dfrac{V_i}{I_s} = \dfrac{-\mu(R_F // R_D // R_L)}{r_d + R_F // R_D // R_L} \cdot (R_B // R_1 // R_2 // R_F)$$

$$= -19.3k\Omega$$

其中

$\mu = g_m r_d = 80$

④ $\beta = \dfrac{X_f}{X_o} = \dfrac{I_f}{V_o} = -\dfrac{1}{R_F} = \dfrac{-1}{40k}$

$$D = 1 + \beta R_m = 1 + \left(\dfrac{-1}{40k}\right)(-19.3k) = 1.4825$$

⑤ $\therefore R_{mf} = \dfrac{R_m}{1 + \beta R_m} = \dfrac{R_m}{D} = \dfrac{-19.3k}{1.4825} = -13.01k\Omega$

故 $A_v = \dfrac{V_o}{V_s} = \dfrac{V_o}{I_s R_B} = R_{mf} \left(\dfrac{1}{R_B} \right) = -13.01$ —Ans⑤

⑥ $\because R_o' = R_F /\!/ R_L /\!/ R_D /\!/ r_d = 40k /\!/ 40k /\!/ 40k /\!/ 40k = 10k\Omega$

$\therefore R_{of}' = \dfrac{R_o}{1 + \beta R_m} = \dfrac{R_o}{D} = \dfrac{10k}{1.4825} = 6.745k\Omega$

$\because R_{of}' = R_{of} /\!/ R_L$

$\therefore R_{of} = \dfrac{R_{of}' R_L}{R_L - R_{of}'} = \dfrac{(6.745k)(40k)}{40k - 6.745k} = 8.11k\Omega$ —Ans⑥

⑦此為並一並型負回授（即電壓並聯回授）—Ans⑦

5.下圖為一電晶體回授電路，$h_{fe} = 100$，$h_{ie} = 1k\Omega$，h_{re} 及 h_{oe}可以忽略，
試計算 $A_{vf} = V_o / V_s$ 及 R_{if}。（**題型：BJT 的並一並型負回授**）

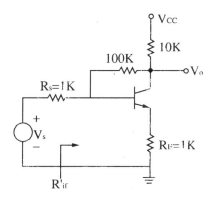

【69年二技】

解☞：

1.此為並一並型負回授

$\therefore X_s = I_s$，$X_f = I_f$，$X_o = V_o$

2.繪開路等效圖

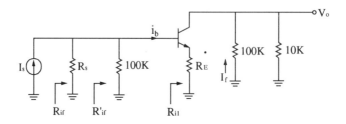

3. $\because A = \dfrac{X_o}{X_s} = \dfrac{V_o}{I_s} = R_m$

$\therefore R_m = \dfrac{V_o}{I_s} = \dfrac{V_o}{I_b} \cdot \dfrac{I_b}{I_s} = -h_{fe}\ (\ 100k // 10k\ ) \cdot \dfrac{1k // 100k}{1k // 100k + R_i}$

$\qquad = -8.73k\Omega$

其中

$R_{i1} = h_{ie} + (\ 1 + h_{fe}\ ) R_E = 1k + (\ 101\ )(\ 1k\ ) = 102k\Omega$

4. $\beta = \dfrac{X_f}{X_o} = \dfrac{I_f}{V_o} = -\dfrac{1}{100k} = -0.01m\mho$

$D = 1 + \beta R_m = 1 + (\ -0.01m\ )(\ -8.73k\ ) = 1.0873$

5. $R_{mf} = \dfrac{R_m}{D} = \dfrac{-8.73k}{1.0873} = -8.03k\Omega$

6. $A_{vf} = \dfrac{V_o}{V_s} = \dfrac{V_o}{I_s R_s} = \dfrac{R_{mf}}{R_s} = \dfrac{-8.03k}{1k} = -8.03$

7. $R_i = 1k // 100k // R_{i1} = 1k // 100k // 102k = 0.98k$

$\therefore R_{if} = \dfrac{R_i}{D} = \dfrac{0.98k}{1.0873} = 901.6\Omega$

$\because R_{if} = R_s // R'_{if}$

$$\therefore R'_{if} = \frac{R_{if}R_s}{R_s - R_{if}} = \frac{（1k）（901.6）}{1k - 901.6} = 9.162k\Omega$$

題型變化

1.下圖中，Q_1 與 Q_2 的參數為

$h_{fe1} = h_{fe2} = 100$

$r_{\pi1} = r_{\pi2} = 1k\Omega$

$h_{o1} = h_{o12} = \infty$

求出 $V_o／V_s$、R_{if} 及 R_{of}。（題型：多級放大器的並—並型負回授）

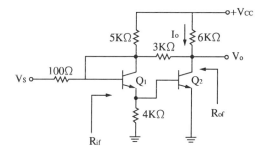

解☞：

1.此為並—並型負回授

$\therefore X_s = I_s$，$X_f = I_f$，$X_o = V_o$

2.繪開回路等效圖

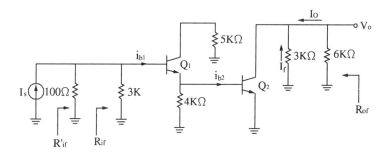

3. $\because A = \dfrac{X_o}{X_s} = \dfrac{V_o}{I_s} = R_m$

$\therefore R_m = \dfrac{V_o}{I_s} = \dfrac{V_o}{I_{b2}} \cdot \dfrac{I_{b2}}{I_{b1}} \cdot \dfrac{I_{b1}}{I_s}$

$= \left[-\ _{fe2}\ (\ 3k\ /\!/\ 6k\ )\ \right]\ \left[\ \left(\dfrac{4k}{4k+r_{\pi2}}\right)\ (\ 1 + h_{fe1}\ )\ \right]\ \cdot$

$\left[\ \dfrac{100\,/\!/\,3k}{(\ 100\,/\!/\,3k\ )\ +\ (\ 1 + h_{fe_1}\ )\ (\ 4k\,/\!/\,r_{\pi2}\ )\ +\ r_{\pi1}}\ \right]$

$= -19096$

4. $\beta = \dfrac{X_f}{X_o} = \dfrac{I_f}{V_o} = -\dfrac{1}{3k}$

$\therefore D = 1 + \beta R_m = 1 + \left(-\dfrac{1}{3k}\right)\ (\ -19096\ ) = 6.37$

5. $R_{mf} = \dfrac{R_m}{1+\beta R_m} = \dfrac{R_m}{D} = \dfrac{-19096}{6.37} = -2997$

6. $A_{vf} = \dfrac{V_o}{V_s} = \dfrac{V_o}{I_s R_s} = \dfrac{R_{mf}}{R_s} = \dfrac{-2997}{100} = -29.97$

7. $R_i' = 100\,/\!/\,3k\,/\!/\ [\ r_{\pi1} + (\ 1 + h_{fe1}\ )\ (\ 4k\,/\!/\,r_{\pi2}\ )\ ] = 96.7\Omega$

$\therefore R_{if}' = \dfrac{R_i'}{1+\beta R_m} = \dfrac{R_i}{D} = \dfrac{96.7}{6.37} = 15.18\Omega$

$\because R_{if}' = 100\,/\!/\,R_{if}$

$\therefore R_{if} = \dfrac{(\ R_{if}'\ )\ (\ 100\ )}{100 - R_{if}'} = \dfrac{(\ 15.18\ )\ (\ 100\ )}{100 - 15.18} = 17.9\Omega$

8. $R_o = 3k\,/\!/\,6k = 2k$

$\therefore R_{of} = \dfrac{R_o}{D} = \dfrac{2k}{6.37} = 314\Omega$

2.試分析 BJT電路，並求出

(1)β (2)A (3)D (4)A_f (5)A_{vf} (6)R_{in} (7)R_{inf} (8)R_o (9)R_{of} (10)R'_{of}

（題型：BJT 的並─並型負回授）

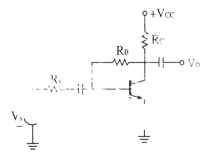

解 ☞ ：

1.此為並─並型負回授

∴ $X_s = I_s$ ，$X_f = I_f$ ，$X_o = V_o$

2.繪開回路等效圖

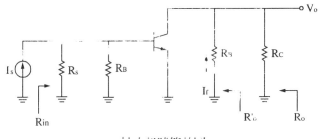

⇓小訊號等效圖

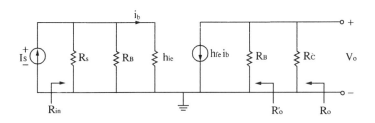

3.分析電路

(1) $\beta = \dfrac{X_f}{X_o} = \dfrac{I_f}{V_o} = -\dfrac{1}{R_B} \mho$

(2) $A = \dfrac{X_o}{X_s} = \dfrac{V_o}{I_s} = R_m$

$A = R_m = \dfrac{V_o}{I_s} = \dfrac{V_o}{I_b} \cdot \dfrac{I_b}{I_s} = \left[-h_{fe}(R_B /\!/ R_c) \right] \cdot \dfrac{R_s /\!/ R_B}{h_{ie} + R_s /\!/ R_B}$

(3) $D = 1 + \beta R_m = 1 + \left(-\dfrac{1}{R_B} \right) \left[-\dfrac{h_{fe}(R_B /\!/ R_c)(R_s /\!/ R_B)}{h_{ie} + R_s /\!/ R_B} \right]$

(4) $A_f = R_{mf} = \dfrac{R_m}{1 + \beta R_m} = \dfrac{R_m}{D}$

(5) $A_{vf} = \dfrac{V_o}{V_s} = \dfrac{V_o}{I_s R_s} = \dfrac{R_{mf}}{R_s}$

(6) $R_{in} = R_s /\!/ R_B /\!/ h_{ie}$

(7) $R_{inf} = \dfrac{R_{in}}{1 + \beta R_m} = \dfrac{R_{in}}{D}$

(8) $R_o = R_B /\!/ R_C$

(9) $R_{of} = \dfrac{R_o}{1 + \beta R_m} = \dfrac{R_o}{D}$

(10) $\because R_{of} = R_C /\!/ R_{of}'$

$\therefore R_{of}' = \dfrac{(R_{of})(R_c)}{R_c - R_{of}}$

3.已知 OPA 參數爲 r_i、r_o、μ 試推導 R_{if}、R_{of}、A_{vf}（**題型：OPA 的並—並型負回授**）

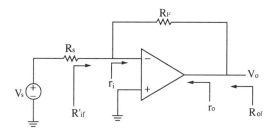

解☞：

1.此爲並—並型負回授

∴ $X_s = I_s$，$X_f = I_f$，$X_o = V_o$

2.繪開回路等效圖

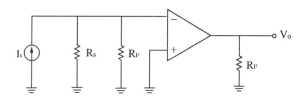

⇓小訊號等效電路

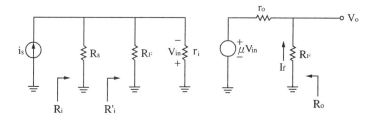

3.分析電路

$(1)\beta = \dfrac{X_f}{X_o} = \dfrac{I_f}{V_o} = -\dfrac{1}{R_F}$

(2) $A = \dfrac{X_o}{X_s} = \dfrac{V_o}{I_s} = R_m$

$$\therefore R_m = \dfrac{V_o}{I_s} = \dfrac{V_o}{V_{in}} \cdot \dfrac{V_{in}}{I_s} = \left(\dfrac{\mu R_F}{r_o + R_F} \right) \left[- \left(R_s /\!/ R_F /\!/ r_i \right) \right]$$

$$= - \dfrac{\mu R_F \left(R_S /\!/ R_F /\!/ r_i \right)}{r_o + R_F}$$

(3) $R_{mf} = \dfrac{R_m}{1 + \beta R_m}$

(4) $A_{vf} = \dfrac{V_o}{V_s} = \dfrac{V_o}{I_s R_s} = \dfrac{R_{mf}}{R_s}$

(5) $R_i = R_S /\!/ R_F /\!/ r_i$

$$\therefore R_{if} = \dfrac{R_i}{1 + \beta R_m}$$

(6) $\because R_{if} = R_s /\!/ R'_{if}$

$$\therefore R'_{if} = \dfrac{\left(R_{if} \right) \left(R_s \right)}{R_s - R_{if}}$$

(7) $R_o = R_F /\!/ r_o$

$$\therefore R_{of} = \dfrac{R_o}{1 + \beta R_m}$$

---

4. 如下圖所示，OPA 之增益 $\mu = 10^4$，$R_{id} = 100k\Omega$，$R_{icm} = \infty$，$r_o = 1k\Omega$，試求：$\dfrac{V_o}{V_s}$，R'_{if}，R'_{of}。（題型：OPA 的並—並型負回授）

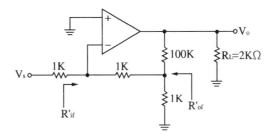

解☞ :

1.此爲並─並型負回授

∴$X_s = I_s$，$X_f = I_f$，$X_o = V_o$

2.繪開回路等效圖

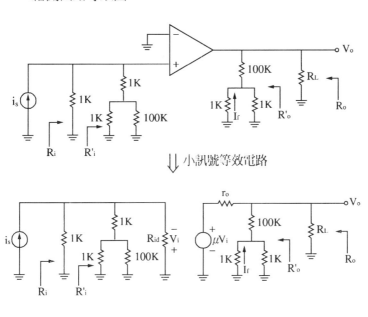

⇓ 小訊號等效電路

3.分析電路

$$(1)\beta = \frac{X_f}{X_o} = \frac{I_f}{V_o} = \frac{1}{2} \left[\frac{-1}{100k + 1k//1k} \right] = -4.98\mu\mho$$

$(2) A = R_m = \dfrac{X_o}{X_s} = \dfrac{V_o}{I_s} = \dfrac{V_o}{V_i} \cdot \dfrac{V_i}{I_s}$

$$= \dfrac{-\mu\,[R_L /\!/ (100k + 1k /\!/ 1k)]}{r_o + R_L /\!/ (100k + 1k /\!/ 1k)} \cdot [1k /\!/ R_{id} /\!/ (1k + 1k /\!/ 100k)]$$

$$= \dfrac{-10^4 [2k /\!/ 100.5k][1k /\!/ 100k /\!/ (1k + 100k /\!/ 1k)]}{1k + 2k /\!/ 100.5k}$$

$$= -4.38 m\Omega$$

$(3) D = 1 + \beta A = 1 + (-4.98\mu)(-4.38M) = 22.8$

$(4) R_{mf} = \dfrac{R_m}{1 + \beta A} = \dfrac{R_m}{D} = \dfrac{-4.38M}{22.8} = -191.86 k\Omega$

$(5) A_{vf} = \dfrac{V_o}{V_s} = \dfrac{V_o}{I_s(1k)} = \dfrac{R_{mf}}{1k_s} = \dfrac{-191.86k}{1k} = -191.86$

$(6) R_i = 1k /\!/ (1k + 1k /\!/ 100k) /\!/ 100k = 661\Omega$

$\therefore R_{if} = \dfrac{R_i}{1 + \beta R_m} = \dfrac{R_i}{D} = \dfrac{661}{22.8} = 29\Omega$

$(7) \because R_{if} = 1k /\!/ R'_{if}$

$\therefore R'_{if} = \dfrac{(1k)(R_{if})}{1k - R_{if}} = \dfrac{(1k)(29)}{1k - 29} = 29.9\Omega$

$(8) R_o = R_L /\!/ (100k + 1k /\!/ 1k) /\!/ r_o$

$\quad = 2k /\!/ (100.5k) /\!/ 1k = 662\Omega$

$\therefore R_{of} = \dfrac{R_o}{1 + \beta R_m} = \dfrac{R_o}{D} = \dfrac{662}{22.8} = 29$

$(9) \because R_{of} = R_L /\!/ R'_{of}$

$$\therefore R_{of}' = \frac{R_L R_{of}}{R_L - R_{of}} = \frac{(2k)(29)}{2k - 29} = 29.4\Omega$$

5.試分析 FET 電路，並求出 (1)β (2)A (3)D (4)A_f (5)A_{vf} (6)R_{in} (7)R_{inf} (8)R_o (9)R_{of} (10)R_{of}'。（**題型：FET 的並—並型負回授**）

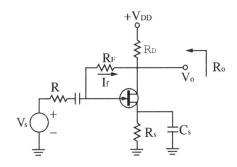

解 ☞ :

1.此為並—並型負回授

$\therefore X_s = I_s$ ， $X_f = I_f$ ， $X_o = V_o$

2.繪開回路等效圖

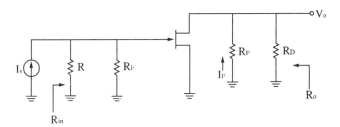

$$\Downarrow 小訊號等效電路$$

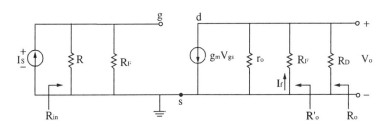

3.分析電路

(1) $\beta = \dfrac{X_f}{X_o} = \dfrac{I_f}{V_o} = -\dfrac{1}{R_F}$

(2) $A = R_M = \dfrac{X_o}{X_s} = \dfrac{V_o}{I_s} = \dfrac{V_o}{V_{gs}} \cdot \dfrac{V_{gs}}{I_s}$

$\qquad = \left[-g_m \left(r_o /\!/ R_F /\!/ R_D \right) \right] \cdot \left(R /\!/ R_F \right)$

(3) $D = 1 + \beta R_m$

(4) $A_f = R_{mf} = \dfrac{R_m}{1 + \beta R_m}$

(5) $A_{vf} = \dfrac{V_o}{V_s} = \dfrac{V_o}{I_s R} = \dfrac{R_{mf}}{R}$

(6) $R_{in} = R /\!/ R_F$

(7) $R_{inf} = \dfrac{R}{1 + \beta R_m}$

(8) $R_o = r_o /\!/ R_F /\!/ R_D$

(9) $R_{of} = \dfrac{R_o}{1 + \beta R_m}$

(10) $\because R_{of} = R_D /\!/ R'_{of}$

$\qquad \therefore R'_{of} = \dfrac{R_D R_{of}}{R_D - R_{of}}$

§12-6〔題型七十八〕：穩定性判斷

考型188 以極點位置判斷穩定性

一、觀念：

1. 極點在 S 平面的左半面，則電路穩定。

2. 極點在 S 平面的右半面，則電路不穩定。

3. 極點在 S 平面的虛軸上，則電路會振盪。

4. 系統經負回授後，因將極點更加左移，所以電路更加穩定。其情況如下：

   (1)單極點電路，經負回授後為：「**無條件穩定**」。

   (2)雙極點電路，經負回授後為：「**無條件穩定**」。

   (3)三極點以上的電路，經負回授後為：「**有條件穩定**」。

5. 上述(1)、(2)、(3)、(4)項，以下列圖形解釋。

   設極點為 $pole = \sigma_o \pm j\omega_n$，則其轉移函數為

   $$T(S) = \frac{V_o(S)}{V_I(S)} = \frac{k}{(S - \sigma - j\omega_n)(S - \sigma + j\omega_n)}$$

   $$= \frac{k}{[(S - \sigma_o) - j\omega_n][(S - \sigma_o) + j\omega_n]}$$

   $$\therefore T(S) = \frac{k}{(S - \sigma)^2 + \omega_n^2} \Rightarrow V_o(S) = \frac{kV_I(S)}{(S - \sigma)^2 + \omega_n^2}$$

   故 $V_o(t) = \frac{k}{\omega_n} e^{\sigma_o} \sin\omega_n t$〔設 $V_i(t)$ 為脈衝 $\delta(t)$〕，

⑴若極點在 S 平面的左平邊→$\sigma_n < 0$→穩定系統：

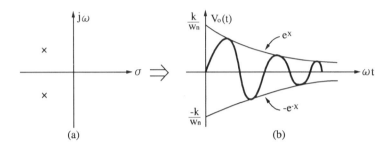

(a)　　　　　　　　　　　(b)

⑵若極點在 S 平面的右平邊→$\sigma_n > 0$→不穩定系統：

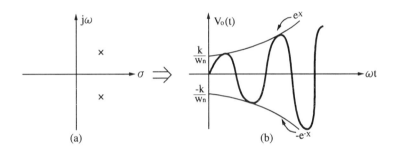

(a)　　　　　　　　　　　(b)

⑶極點在虛軸上時→$\sigma_n = 0$→振盪系統：

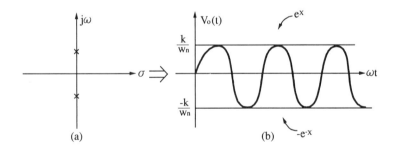

(a)　　　　　　　　　　　(b)

(4)系統經負回授，更加穩定。（以極點在左半面為例）

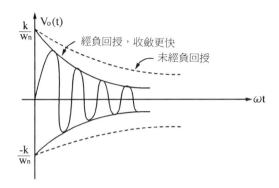

6.上述第(4)項內的三種情形，以下列極點的根軌跡（Root Locus）說明，
　（註：公式證明，詳見研究所題庫大全）

(1)**單極點電路（一階 RC 電路）**

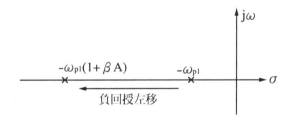

故單極點經負回授後的穩定為 " 無條件穩定 "。

(2)**雙極點放大器（一級放大器）**

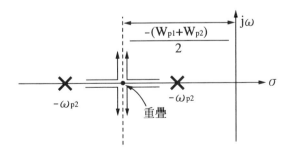

故知雙極點放大器經負回授，亦為 " 無條件穩定 " 。

(3)三極點放大器（二級放大器）

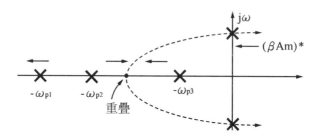

有條件穩定：

①$\beta A_M < (\beta A_M)^*$→穩定系統

②$\beta A_M = (\beta A_M)^*$→振盪系統

③$\beta A_M = (\beta A_M)^*$→不穩定系統

(4)結論

①高頻：有極點：可能有不穩定情形。

②中頻：必然穩定。

③一級放大器→二個極點→必穩定。

④二級放大器→除頻寬減小外，更可能產生不穩定情形。

⑤不穩定時，需以頻率補償方式，以獲較低的 βA 值，來達到穩定狀態。

考型189 以迴路增益判斷穩定性

1.$\because A_f = \dfrac{A}{1 + \beta A} = \dfrac{A}{1 + L}$

2.迴路增益 $L = \beta A$

(1)$L > 0$　負回授

(2)$L < 0$　正回授

3.特性方程式：

$$1 + \beta A = 0 \Rightarrow \beta A = -1 \rightarrow -\beta A = -L = 1$$

4.判斷法

(1) $\left| -\beta A\,(\,j\omega\,) \right| < 1$ ：穩定

(2) $\left| -\beta A\,(\,j\omega\,) \right| = 1$ ：振盪

(3) $\left| -\beta A\,(\,j\omega\,) \right| > 1$ ：不穩定

5.計算迴路增益的快速法

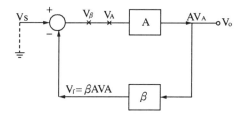

步驟：

(1)令 $V_s = 0$

(2)在 A 的輸入端切開，定 V_A 及 V_β

(3) $\because V_\beta = -\beta A V_A$

(4) $\therefore L = \beta A = -\dfrac{V_\beta}{V_A}$

考型190 以波德圖判斷穩定性

由 βA 之波德圖求 GM，PM

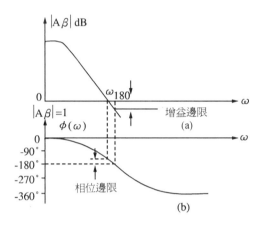

(a)

(b)

1. GM：**增益邊限**（gain margin）。其物理意義是指能維持系統穩定的最大迴路增益大小的增加值。

2. PM：**相位邊限**（phase margin）。其物理意義是指能維持系統穩定的最大迴路增益相角的增加值。

3. $GM = 1 - \left| \beta A \right|_{\angle \beta A - 180°}$

若 GM 以分貝（dB）表示時，則 $GM_{dB} = -20\log \left| \beta A \right|_{\angle \beta A = -180°}$

4.

　(1) $PM = \angle \beta A$（負）$-$（$-180°$）

　(2) $PM = \angle \beta A$（正）$-$（$180°$）

　　① PM > 0代表系統穩定

　　② PM = 0代表系統振盪

　　③ PM < 0代表系統不穩定

　　　PM = 45°時為最佳穩定系統

5. GM > 0dB，穩定系統

GM = 0dB，振盪系統

GM < 0dB，不穩定系統

6.一般穩定系統之 PM 為30°～60°，而以45°為最佳穩定角度。

7.相位邊限（Phase Margin）：

$\left| \beta A \right|$ dB = 0dB（$\left| \beta A \right|$ = 1）時的迴路相位與180°間之差距。

(1)此差距必須在180°之內（＜180°）

(2)如果在 $\left| \beta A \right|$ = 1（0dB）時，相位落後已經大於180°，則系統將會不穩定。

8.此法的缺點，需先求 βA。出如何以 A 的波德圖來判斷，會較便利些（詳見「研究所題庫大全」）。

考型191 以尼奎斯圖（Nyquist plot）判斷穩定性

1.尼奎斯圖是迴路增益的極座標圖。

2.徑距離是 $\left| \beta A \right|$

3.角度是相角 θ

4.實線代表正頻率

5.虛線代表負頻率

6.兩線在負實軸相交之點，則為 ω_π

7.判斷法：

(1)ω_π 之點，若在（−1，0）的左側，代表 $\left| \beta A \right|$ ＞1，不穩定。

(2)ω_π 之點，若在（−1，0）的右側，代表 $\left| \beta A \right|$ ＜1，穩定。

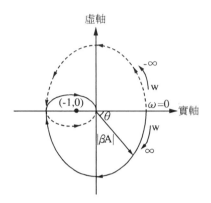

§12-7〔題型七十九〕：頻率補償

主極點補償法

一、改善頻率：A，β，皆不能變→改變極點→頻率補償

二、補償方式：

　1.**主極點補償：（加上 R 和 C）**

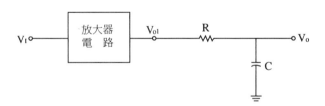

　2.補償後

$$A' = \frac{V_o}{V_I} = \frac{V_o}{V_{01}} \times \frac{V_{01}}{V_I} = A \times \frac{\frac{1}{j\omega_C}}{R + \frac{1}{j\omega_C}} = \frac{A}{1 + j\omega RC} = \frac{A}{1 + j\frac{f}{f_d}}$$

$$f_d = \frac{1}{2\pi RC} \quad (\ f_d : 主極點\ )$$

3.結果：頻寬↓，穩定度↑

考型193 極點—零點補償法

1.補償方式（加上 R_1，R_2和 C）

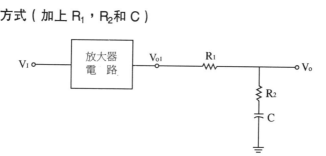

2.補償後

$$A'' = \frac{V_o}{V_I} = \frac{V_o}{V_{01}} \times \frac{V_{01}}{V_I} = A \frac{R_2 + \frac{1}{j\omega C}}{R_1 + R_2 + \frac{1}{j\omega C}} = \frac{A\ (\ 1 + j\omega R_2 C\ )}{1 + j\omega\ (\ R_1 + R_2\ )\ C}$$

$$= \frac{A\ (\ 1 + j\frac{f}{f_z}\ )}{(\ 1 + j\frac{f}{f_P}\ )}$$

$$f_z = \frac{1}{2\pi R_2 C}\ ,\ f_P = \frac{1}{2\pi\ (\ R_1 + R_2\ )\ C}\ ,\ \therefore f_P < f_z$$

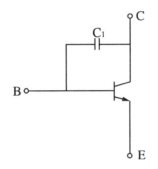

考型194 密勒（millar）效應補償法

1. 於 B.C 端處，加電容，影響高三分貝頻率 f_H，使 f_H 降低。另對 b'，C 間之電容 C_T 增加至 $C_T = C_\mu + C_M \approx C_M \rightarrow$ 犧牲頻寬以增加穩定性，使電路不致震盪。

2. **補償方式：（加上密勒電容 C_1）**

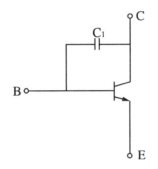

3. **特色：**

  (1)電容 C_1，可在 IC 中實現。

  (2)密勒電容 C_1，會使極點分裂（密勒效應），除能增加穩定度之外。其頻寬比上述二法較大。

歷屆試題

1. 考慮一負迴授放大器，其開路轉換函數 $A(S) = \left[\dfrac{10}{1+S/10^3}\right]^3$，假設負回授因子 β 與頻率無關，求使此放大器變成不穩定之臨界 β 值(A)0.008　(B)0.007　(C)0.006　(D)0.005。（**題型：波德圖的增益邊限及相位邊限**）

【86年二技電機】

解☞：(A)

  1.不穩定的臨界，指的是開始發生振盪的條件。

2. 當相位邊限 PM = − 180°時，發生振盪

$$\because A (S) = \left[\frac{10}{1 + S / 10^3} \right]^3$$

$$\therefore A (j\omega) = \left[\frac{10}{1 + j\frac{\omega}{10^3}} \right]^3$$

$$\therefore \angle \beta A (j\omega) = - 3\tan^{-1} \left[\frac{\omega}{10^3} \right] = - 180°$$

$$\therefore \omega = (\sqrt{3}) (10^3)$$

3. 又增益邊限，GM = 0時，即 $\left| \beta A (j\omega) \right| = 1$發生振盪

$$\because GM = 1 - \left| \beta A \right|_{\angle - 180°}$$

$$\therefore \left| \beta A (j\omega) \right| = \beta \left[\frac{10^3}{(\sqrt{1+3})^3} \right] = 1$$

（將 $\omega = (\sqrt{3}) (10^3)$ 代入上式）

故 $\beta = 0.008$

---

2. 下圖為一回授放大器之迴路增益及相位與頻率的關係圖，則增益邊限（gain margin）為(A) $- 20\log \left| \beta A (f_A) \right|$　(B) $- 20\log \left| \beta A (f_B) \right|$　(C) $- 20\log \left| \beta A (f_C) \right|$　(D) $- 20\log \left| \beta A (f_A) \right| - 20\log \left| \beta A (f_C) \right|$（**題型：以波德圖判斷穩定度**）

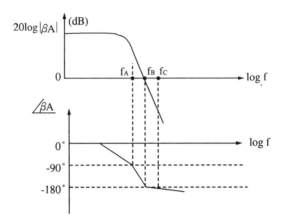

解☞：(C)

$$\because GM = 1 - \left| \beta A \right|_{\angle -180°}$$

∴ GM 以分貝表示則

$$GM_{dB} = 20log1 - 20log \left| \beta A \left(f_C \right) \right| = -20log \left| \beta A \left(f_C \right) \right|$$

（在 f_c 時，∅ = $-180°$）

---

3. 上題中，相位邊限（phase margin）為：

(A)$180° + \angle \beta A \left(f_A \right)$ (B)$180° + \angle \beta A \left(f_B \right)$

(C)$180° + \angle \beta A \left(f_C \right)$ (D)$\angle \beta A \left(f_C \right) - \angle \beta A \left(f_C \right)$。

解☞：(B)

$$\because PM = 180° + \angle \beta A \Big|_{\beta A| = 1}$$

$$\therefore PM = 180° + \angle \beta A \left(fg \right)$$

註：$\left| \beta A \right| = 1 \rightarrow$ 即 $\left| \beta A \right| = 0dB$ 時

---

4. 如下圖所示放大器所接的相位電路，若 $R_1 = 1k\Omega$，$R_2 = 1k\Omega$，$C = 0.1\mu F$，則轉移函數（transfer function）V_3 / V_2 的極點（pole）頻率 f_p 為 (A)16kHz　(B)0.796kHz　(C)10.0kHz　(D)5.0kHz。（**題型：OP 的（極點—零點）頻率補償**）

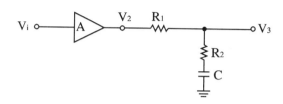

【82年二技電子】

解 ☞ ： (B)

用 STC 法知

$$f_p = \frac{\omega_p}{2\pi} = \frac{1}{2\pi \left(R_1 + R_2 \right) C} = 0.796kHz$$

---

5. ①某回授放大器之閉迴路增益為 $A \left(j\omega_C \right) / \left[1 + \beta A \left(j\omega_C \right) \right]$，正實數，$A \left(j\omega_C \right) = 80 / \left(1 + j\omega / \omega_C \right)^3$ 為實數。若 ω_C 選得適當，則此電路可作弦波（sinusoid）振盪 $\omega =$

(A)$\sqrt{3}\omega_C$　(B)$\sqrt{2}\omega_C$　(C)$0.86\omega_C$　(D)$0.707\omega_C$。　　【82年二技】

②上題發生正弦波振盪時，$\beta =$ (A)1　(B)2　(C)10　(D)0.1。（**題型：以波德圖的 GM 及 PM 判斷穩定度**）

【82年二技】

解 ☞ ： (1)(A)，(2)(D)

1. 已知 $A \left(j\omega_C \right) = \dfrac{80}{\left(1 + j\dfrac{\omega}{\omega_C} \right)^3}$

∵ PM $= -180°$ 時，發生振盪

∴ $\angle \beta A \left(j\omega \right) = -3\tan^{-1}\dfrac{\omega}{\omega_C} = -180°$

$$\therefore \omega = \sqrt{3}\omega_C$$

2. $\because GM = 0dB$ 時，即 $\left| \beta A(j\omega) \right| = 1$

$\because GM = 1 - \left| \beta A(j\omega) \right| = 0$

$\therefore \left| \beta A(j\omega) \right| = \beta \left| \dfrac{80}{(1 + j\sqrt{3})^3} \right| = 1$

〔將 $\omega = \sqrt{3}\omega_C$ 代入 $A(j\omega)$〕

$\therefore \beta = \dfrac{(\sqrt{1+3})^3}{80} = 0.1$

---

6. 一放大器的尼奎（Nyquist）曲線示於下圖。若以 $T(S)$ 表示返迴比（return ratio），則在右半複數（S）平面上 $1 + T(S)$ 的極點數目是：

(A)1　(B)2　(C)3　(D)0個。**（題型：尼奎斯（Nyquist）圖）**

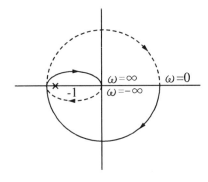

【81年二技電子】

解☞：(B)

---

7. 下圖(1)為一運算放大器之等效電路圖，在此放大器施以回授如下圖
   (2)。其中 $R_s = 1k\Omega$，$R_i = 100k\Omega$，$R_o = 100\Omega$，$R_1 = 10k\Omega$，$R_2 = 90k\Omega$，
   開路增益 A 可表示成

   $$A(j\omega) = \frac{A_o}{(1 + j\omega / \omega_1)(1 + j\omega / \omega_2)^2}$$

   $A_o = 10^5$，$f_1 = \omega_1 / 2\pi = 10Hz$，$f_2 = \omega_2 / 2\pi = 10^6Hz$

   試就此回授電路回答下列問題：

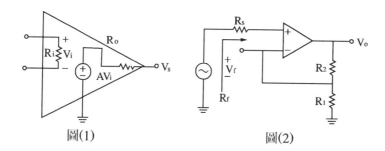

圖(1)   圖(2)

(1) 低頻輸入阻抗 R_{if}（不含 R_s）約為

   (A)100kΩ   (B)110kΩ   (C)1MΩ   (D)1GΩ

(2) 迴路係數 $\beta \triangle V_f / V_o$ 為

   (A)9   (B)10   (C)0.1   (D)9.9。

(3) 其閉路3dB 高頻截止頻率約為多少（Hz）？

   (A)10^6 (B)10^5 (C)10^4 (D)10。

(4) 其增益邊限（gain magin）約為多少（dB）？

   (A)13   (B)20   (C)23   (D)26。

(5) 若運算放大器之 A_o 改為10^6，其餘不變，下列何組 R_1，R_2值造成
   造成振盪：

   (A)$R_1 = 10k\Omega$，$R_2 = 10k\Omega$

   (B)$R_1 = 1k\Omega$，$R_2 = 100k\Omega$

   (C)$R_1 = 10k\Omega$，$R_2 = 1M\Omega$

   (D)$R_1 = 1k\Omega$，$R_2 = 1M\Omega$ 【80年二技】

【註】爲求題目電路中參數與理論一致性，將

$R_i \rightarrow r_i$，$R_o \rightarrow r_o$，$R_{if} \rightarrow R'_{if}$（題型：OPA 的串並聯回授（含穩定度分析））

解 ☞：(1)(D)，(2)(C)，(3)(D)，(4)(D)。(5)(A)

(1)①此爲串—並回授

$$\therefore X_s = V_s，X_f = V_f，X_o = V_o$$

②開回路等效圖

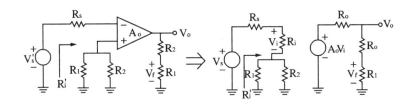

③$A_v = \dfrac{V_o}{V_s} = \dfrac{V_o}{V_i} \cdot \dfrac{V_i}{V_s} = \left[\dfrac{(R_1 + R_2) A_o}{R_o + R_1 + R_2} \right] \left[\dfrac{R_i}{R_i + R_s + R_1 /\!/ R_2} \right]$

$\qquad = \left[\dfrac{(10k + 90k)(10^5)}{100 + 10k + 90k} \right] \left[\dfrac{100k}{100k + 1k + 10k /\!/ 90k} \right]$

$\qquad = 0.91 \times 10^5$

④$\beta = \dfrac{R_1}{R_1 + R_2} = \dfrac{10k}{10k + 90k} = 0.1$

$\qquad \therefore D = 1 + \beta A_v = 1 + (0.1)(0.91 \times 10^5) = 9101$

⑤$R_i' = R_i + R_1 /\!/ R_2 = 100k + 10k /\!/ 90k = 109k$

$\qquad \therefore R_{if}' = (1 + \beta A_v) R_i' = DR_i = (9101)(109k)$

$\qquad\qquad = 0.99 \times 10^9 \cong 1G\Omega$

(2)由上題知 $\beta = 0.1$

(3) $\because A(j\omega) = \dfrac{A_o}{(1 + j\dfrac{\omega}{\omega_1})(1 + j\dfrac{\omega}{\omega_2})^2} = \dfrac{10^5}{(1 + j\dfrac{f}{10})(1 + j\dfrac{f}{10^6})}$

$\therefore f_{3dB} = 10Hz$

(4) $\because \angle \beta A = -\tan^{-1}\dfrac{\omega}{\omega_1} - 2\tan^{-1}\dfrac{\omega}{\omega_2} = -180°$

求得 $\omega \approx \omega_2 = \omega_{180°} = 2\pi \times 10^6 \Rightarrow f = f_2 = 10^6$ 代入上式

$\therefore \left| A \right| \approx \dfrac{10^5}{(\dfrac{10^6}{10})(\sqrt{2})^2} = \dfrac{1}{2}$

$\therefore GM = 0 - 20\log\left| \beta A \right| = 0 - 20\log\left[(0.1)(\dfrac{1}{2})\right] = 26dB$

(5) $\because \left| \beta A \right| \geq 0dB$ 會振盪

因除 $A_o = 10^6$，其餘條件不變，

$\therefore \left| A \right| = \left| \dfrac{A_o}{(1 + j\dfrac{\omega}{\omega_1})(1 + j\dfrac{\omega}{\omega_2})} \right| = \dfrac{10^6}{(10^5)(\sqrt{2})^2} = 5$

故 $20\log\left| A\beta \right| \geq 0dB \rightarrow \beta A \geq 1$

即 $5\beta \geq 1$ 時會振盪，故

$\beta = \dfrac{R_1}{R_1 + R_2} \geq 0.2$ 會振盪，

所以選(A)

8.有一電路 $\beta A_v = \dfrac{1}{2 + j\,(\,\omega RC - 1\diagup \omega RC\,)}$ 此電路會不會振盪

(A)不會 (B)會 (C)不一定 (D)視 RC 數值而定。（**題型：以迴路增益判斷穩定性**）

【72年二技】

解☞：(A)

$\quad$ 1.L $= \beta A = \dfrac{1}{2 + j\,(\,\omega RC - \dfrac{1}{\omega RC}\,)}$

$\quad \therefore \left|\,\beta A\,\right| = \dfrac{1}{\sqrt{4 + (\,\omega RC - \dfrac{1}{\omega RC}\,)^2}} = \dfrac{1}{\sqrt{4 + (\,a - \dfrac{1}{a}\,)^2}}$

$\qquad\qquad = \dfrac{1}{\sqrt{2 + a^2 - \dfrac{1}{a^2}}} \approx \dfrac{1}{\sqrt{2 + (\,\omega RC\,)^2}} \leq \dfrac{1}{\sqrt{2}}$

$\quad$ 故 $\left|\,L\,\right| = \left|\,\beta A\,\right| \leq \dfrac{1}{\sqrt{2}}$ 即 $\left|\,\beta A\,\right| < 1$

$\quad \therefore$ 不會振盪

$\quad$ 註：①令 $a = \omega RC$（較好計算）

$\qquad\quad$ ②ωRC 均為正實數

9.如上題，其原因為何：

$\quad$ (A)迴路增益 $\beta A \geq 1$ (B)迴路增益 $\beta A \leq 1$

$\quad$ (C)回授網路未定 (D)振盪頻率可求出。 【72年二技】

解☞：(B)

10.一個負回授放大器，若迴路增益為0dB，剛好位於第二個極點之頻率，則此放大器的相位邊限為？　(A)0°　(B)45°　(C)90°　(D)135° **（題型：波德圖的 GM 及 PM）**

解☞：(B)

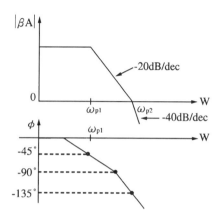

$$\therefore PM = \angle \beta A - (-180°)$$
$$= -135° + 180° = 45°$$

11.一個單一極點放大器開迴路增益 $A_o = 10^5$，$f_p = 10Hz$，其它特性均為理想（$R_{in} = \infty$，$R_o = 0$等），如果將之接成非反相放大器型式，使其低頻增益（閉迴路）成為100，試求：(1) $\left| A\beta \right| = 1$時之頻率；(2)此電路之相位邊限。**（題型：波德圖的 PM）**

解☞：

由題知

$$(1)A(S) = \frac{A_o}{1 + j\dfrac{f}{f_p}} = \frac{10^5}{1 + j\left(\dfrac{f}{10}\right)}$$

$$(2)A_f = \frac{A}{1 + \beta A} \approx \frac{A}{\beta A} = \frac{1}{\beta} = 100 \Rightarrow \beta = 0.01$$

(1) $\left| A\beta \right| = 1$時

① $\beta A = \dfrac{10^5 \beta}{1 + j\left(\dfrac{f}{10}\right)} = \dfrac{(10^5)(0.01)}{1 + j\dfrac{f}{10}} = \dfrac{10^3}{1 + j\dfrac{f}{10}}$

② $\left| \beta A \right| = 1$，即

$$\dfrac{10^6}{\sqrt{1 + \left(\dfrac{f}{10}\right)^2}} = 1 \Rightarrow f = 10\text{KHz}$$

(2) $\angle \beta A = -\tan^{-1}\dfrac{f}{10} = -\tan^{-1}\dfrac{10k}{10} \approx -90°$

$\therefore \text{PM} = \angle \beta A - (-180°) = 90°$

12.一個 OPA 電路，具有單一極點 $\omega_p = 100\text{Hz}$，低頻增益 $A_o = 10^5$。

(1)若施加一回授因素 $\beta = 0.01$，試求此回授量，將極點移到何處？

(2)如果改良 β 量，使閉造路增益為 +1，則極點移到何處？（**題型：以極點位置判斷穩定性**）

解☞：

1.觀念：系統經負回授後，會增加頻寬

$\text{BW}_f \cong \omega_{pf} = (1 + \beta A_o)\omega_p = [1 + (0.01)(10^5)](100) \cong 0.1\text{MHz}$

2.$\because A_f = \dfrac{A_o}{1 + \beta A_o} = 1$，即

$1 + \beta A_o = A_o = 10^5$

$\therefore \text{BW}'_f = \omega'_{pf} = (1 + \beta A_o)\omega_p = (10^5)(100) = 10\text{MHz}$

13.一個負回授放大器，迴路增益有 n 個極點，沒有零點，則下列項目何者可能不穩定？

(A)n = 1； (B)n = 2； (C)n = 3； (D)n = 0。（題型：極點對穩定性的影響）

解☞ :

    1.n = 0，1，2皆為無條件穩定

    2.n = 3則為有條件穩定

14.如圖所示，若 A = 10^4倍，且 R_{in} = ∞大，R_o = 0Ω，求

(1)β

(2)若 A_{vf} = 10倍，則 R_2 / R_1 = ?

(3)D，若以分貝表示。

(4)若 V_s = 1V，則 V_o，V_f，V_i。

(5)若 A = 10^4 ± 20%之變動，則 A_f 為若干？

(6)若 A 降低20%，則 A_f 降低多少？（題型：OPA 的串—並型負回授）

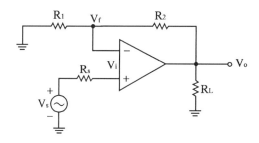

解☞ :

    1.此為串—並型負回授

        ∴ X_s = V_s，X_f = V_f，X_o = V_o

2.繪開回路等效圖

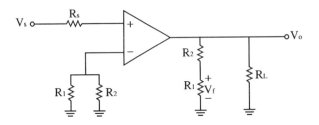

3.分析電路

$(1)\beta = \dfrac{X_f}{X_o} = \dfrac{V_f}{V_o} = \dfrac{R_1}{R_1 + R_2}$

$(2)A_{vf} = \dfrac{A}{1 + \beta A} = \dfrac{10^4}{1 + \beta\,(\,10^4\,)} = 10$

$\therefore \beta = \dfrac{R_1}{R_1 + R_2} = 0.0999$

$\Rightarrow \dfrac{R_1 + R_2}{R_1} = 1 + \dfrac{R_2}{R_1} = \dfrac{1}{0.0999}$

$\therefore \dfrac{R_2}{R_1} = 9.01$

$(3)D = 1 + \beta A = 1 + (\,0.0999\,)\,(\,10^4\,) \cong 10^3$

$\therefore D_{dB} = 20\log D = 60dB$

$(4)\because A_{vf} = \dfrac{V_o}{V_s}$

$\therefore V_o = V_s A_{vf} = (\,1\,)\,(\,10\,) = 10$

$\because \beta = \dfrac{V_f}{V_o}$

$$\therefore V_f = \beta V_o = （0.0999）（10） = 0.999v$$

$$V_i = V_s - V_f = 1 - 0.999 = 0.001V$$

(5) $\left| \dfrac{dA_{vf}}{A_{vf}} \right| = \dfrac{1}{1 + \beta A_v} \left| \dfrac{dA_v}{A_v} \right| = \dfrac{1}{10^3}（\pm 20\%） = \pm 0.02\%$

$$\therefore A_{vf} = 10 \pm 0.02\%$$

(6)方法一：利用靈敏度變動率計算：

$$S_A^{Avf} = \dfrac{dA_{vf}}{dA} \cdot \dfrac{A}{A_{vf}} = \left\lbrack \dfrac{d}{dA}\left(\dfrac{A}{1 + \beta A}\right) \right\rbrack \cdot \left\lbrack \dfrac{A}{\dfrac{A}{1 + \beta A}} \right\rbrack = \dfrac{1}{1 + \beta A}$$

$$= \dfrac{1}{1 + （0.0999）（0.8 \times 10^4）} \cong 0.125\%$$

方法二：直接計算法：

$$A_{vf} = \dfrac{A}{1 + \beta A} = \dfrac{0.8 \times 10^4}{1 + （0.0999）（0.8 \times 10^4）} = 9.9975$$

$$A_{vf}降低比率 = \dfrac{9.9975}{0.8 \times 10^4} \times 100\% = 0.125\%$$

CH13　濾波器（Filter）

引讀

1. 被動性濾波器〔題型八十〕，雖然出題機率不高，但文中所叙述的內容，對解題卻有相當的重要性。例如用觀察法研判濾波器的型別等。

2. 〔題型八十三〕是相當重要的題型，尤其是考型202及考型203。

3. 其他型式的濾波器，只要稍爲注意各自的特性，對解題綽綽有餘。例如 GIC 如何等效成電感，SCF 濾波器如何等效成電阻等。

4. 本章出題著重於求品質因素 Q，諧振頻率 ω_o，或截止頻率（又稱三分貝頻率）ω_c。及帶通濾波器的頻寬。而艱深的轉移函數計算，對二技而言，較少出題。但對插大、甄試、普特考則仍需注意。

13-1〔題型八十〕：被動性濾波器

考型195 被動性一階濾波器

一、低通濾波器

　　1.電路

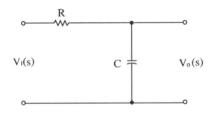

2.振幅響應圖

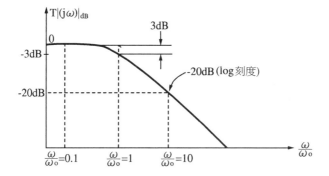

3.相位響應圖

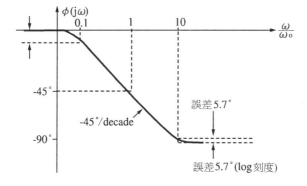

4.低通濾波器轉移函數的標準式

(1) $T(S) = \dfrac{K\omega_0}{S + \omega_0} = \dfrac{K}{1 + \dfrac{S}{\omega_0}}$ ……與高頻響應的標準式相同

(2) $T(j\omega) = \dfrac{K}{1 + j\dfrac{\omega}{\omega_0}}$

(3) $T(jf) = \dfrac{K}{1 + j\dfrac{f}{f_0}}$

二、高通濾波器

1.電路

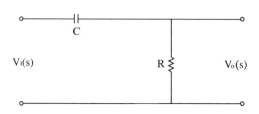

2.振幅響應圖

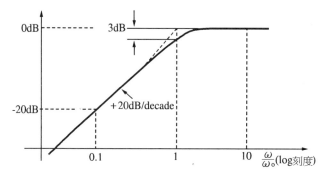

3.相位響應圖

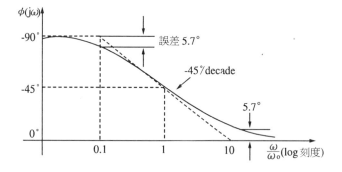

4.高通濾波器轉移函數的標準式

(1)$T(S) = \dfrac{KS}{S + \omega_o} = \dfrac{K}{1 + \dfrac{\omega_o}{S}}$ ‥‥‥與低頻響應的標準式相同

(2)$T(j\omega) = \dfrac{K}{1 - j\dfrac{\omega}{\omega_o}}$

(3)$T(jf) = \dfrac{K}{1 - j\dfrac{f_o}{f}}$

三、全通濾波器

1.全通濾波器轉移函數的標準式

(1)$T(S) = \dfrac{K(-S + \omega_o)}{S + \omega_o}$

(2)$T(j\omega) = \dfrac{K(\omega_o - j\omega)}{\omega_o + j\omega}$

(3)$|T(j\omega)| = K\dfrac{\sqrt{\omega_o{}^2 + \omega^2}}{\sqrt{\omega_o{}^2 + \omega^2}} = K$

(4)$\angle T(j\omega) = -2\tan^{-1}\dfrac{\omega}{\omega_o}$

2.由振幅及相位響應知，全通濾波器，無濾波功能，但能當移相器
（ phase – shifter ）

考型196　被動性二階低通濾波器

一、二階濾波器轉移濾波器之標準型式

$$T(s) = \dfrac{n_2 S^2 + n_1 S + n_o}{S^2 + S\dfrac{\omega_o}{Q} + \omega_o{}^2}$$

其中 n_0，n_1，n_2是代表零點的位置及濾波器的形式：

1. 當 $n_2 = n_1 = 0$ 時，此時為低通濾波器的轉移函數標準式。

2. 當 $n_1 = n_0 = 0$ 時，此時為高通濾波器的轉移函數標準式。

3. 當 $n_2 = n_0 = 0$ 時，此時為帶通濾波器的轉移函數標準式。

4. 當 $n_1 = 0$ 時，此時為帶拒濾波器的轉移函數標準式。

5. 全通濾波器的標準式：

$$T(s) = n_2 \frac{S^2 - S\left(\dfrac{\omega_o}{Q}\right) + \omega_o^2}{S^2 + S\left(\dfrac{\omega_o}{Q}\right) + \omega_o^2}$$

其中

$\begin{cases} \omega_o：諧振頻率（Resonant\ Frequency） \\ \qquad 在帶通濾波器中，\omega_o 又稱為中央頻率。 \\ Q：品質因素（Quality\ factor） \end{cases}$

二、二階濾波器的極點的求法

1. 令 $T(s) = \infty$，即 $T(s)$ 的分母為零

2. 取特性方程

$$S_P^2 + S_P \frac{\omega_o}{Q} + \omega_o = 0$$

$$\Rightarrow S_P = \frac{-\dfrac{\omega_o}{Q} \pm \sqrt{\left(\dfrac{\omega_o}{Q}\right)^2 - 4\omega_o^2}}{2}$$

$$= -\frac{\omega_o}{2Q} \pm j\frac{\omega_o}{2Q}\sqrt{4Q^2 - 1}$$

三、品質因數的影響

$\begin{cases} (1)Q < 0.5：二極點在負實軸上。 \\ (2)Q = 0.5：二極點重合 \left(-\dfrac{\omega_o}{2Q}\right) \\ (3)Q > 0.5：二極點為共軛複數。 \end{cases}$

$\begin{cases} (4)Q < \dfrac{1}{\sqrt{2}}: 平坦。 \\[2mm] (5)Q = \dfrac{1}{\sqrt{2}}: 轉移函數之振幅具有最大平坦響應。 \\[2mm] (6)Q > \dfrac{1}{\sqrt{2}}: 轉移函數之振幅響應具有峰值。 \\[2mm] (7)Q = \infty: 爲振盪器,二極點於 j\omega 軸上。 \\[2mm] (8)在座標軸上,\omega_o 代表與原點的距離,Q 代表距虛軸的距離。 \end{cases}$

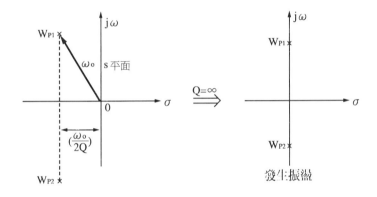

四、極點位置對響應的影響

1.取特性方程式

$$S^2 + S\frac{\omega_o}{Q} + \omega_o^2 = 0$$

令爲

$$S^2 + 2\alpha\omega_o S + \omega_o^2 = 0$$

所以

$(1)Q = \dfrac{1}{2\alpha}$

$(2)\alpha:$ 阻尼比 (damping ratio)

2.推導公式

$$p(s) = s^2 + 2\alpha\omega_o s + \omega_o^2 = 0$$

$$s = \frac{-2\alpha \pm \sqrt{(2\alpha)^2 - 4\omega_o^2}}{2} = -\alpha \pm \sqrt{\alpha^2 - \omega_o^2}$$

令 $s_1 = -\alpha + \sqrt{\alpha^2 - \omega_o^2}$，$s_2 = -\alpha - \sqrt{\alpha^2 - \omega_o^2}$，$s_1$ 和 s_2 稱為電路的自然頻率（natural frequency）。或諧振頻率。

(1)**穩定響應**（stable response）：

若 s_1 和 s_2 位於複數平面不包含虛軸的左半平面，則對於零輸入響應，稱為穩定響應。其情形有三：

①**過阻尼響應**（overdamped response）：

若 $\alpha > \omega_o > 0$，則 s_1 和 s_2 為負實數

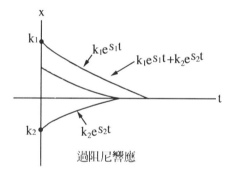

過阻尼響應

②**臨界阻尼響應**（criticaldamped response）：

若 $\alpha = \omega_o > 0$，則 $s_1 = s_2 = -\alpha$ 為負實數重根

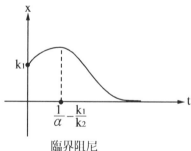

臨界阻尼

③**欠阻尼響應**（ underdamped response ）：

若 $\omega_o > \alpha > 0$，則 $s = -\alpha \pm \sqrt{\alpha^2 - \omega_o^2} = -\alpha + j\sqrt{\omega_o^2 - \alpha^2}$

$= -\alpha \pm j\omega_d$

其中 $\omega_d = \sqrt{\omega_o^2 - \alpha^2}$，$s_1 = -\alpha + j\omega_d$，$s_2 = -\alpha - j\omega_d$

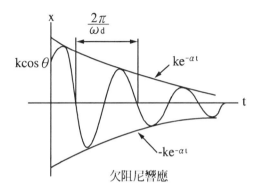

欠阻尼響應

(2)**無損耗響應**（ lossless response ）：

若 $\alpha = 0$，$\omega_o > 0$，則 $s_1 = j\omega_o$，$s_2 = -j\omega_o$

(3)**不穩定響應**（ unstable response ）：

若 s_1 和 s_2 有一個以上位於複數平面的右半平面，則對於零輸入響應稱為不穩定響應。

其情形有三：

①不穩定節點響應

②鞍部點響應

③不穩定焦點響應

①**不穩定節點響應**（ unstable node response ）：

若 $\alpha < \omega_0 < 0$，則 s_1 和 s_2 為正實數

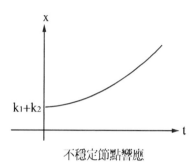

不穩定節點響應

②**鞍部點響應**（ saddle point response ）：

若 $\alpha > 0$，$\omega_0^2 < 0$，則 s_1 為正實數，s_2 為負實數

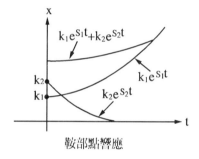

鞍部點響應

③**不穩定焦點響應**（ unstable focus response ）：

若 $\alpha < 0$ 且 $\alpha^2 < \omega_o^2$，則 $s_1 = -\alpha + j\omega_d$，$s_2 = -\alpha - j\omega_d$

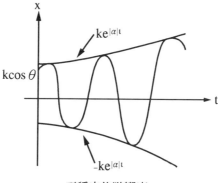

不穩定焦點響應

五、低通濾波器（L.P.F.）

1.電路

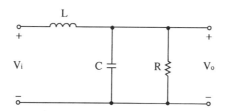

2.求轉移函數

$$T\,(\,s\,) = \frac{V_o\,(\,S\,)}{V_I\,(\,S\,)} = \frac{R /\!/ \dfrac{1}{SC}}{SL + R /\!/ \dfrac{1}{SC}} = \frac{\dfrac{1}{LC}}{S^2 + S\dfrac{1}{RC} + \dfrac{1}{LC}} = \frac{n_2S^2 + n_1S + n_0}{S^2 + S\dfrac{\omega_o}{Q} + \omega_o^2}$$

故知

(1)$n_2 = n_1 = 0$為低通濾波器

(2)$\omega_o = \dfrac{1}{\sqrt{LC}}$，$n_o = \dfrac{1}{LC} = \omega_o^2$

$(3)\ Q = \omega_o RC = R\sqrt{\dfrac{L}{C}}$

3. 求振幅響應

$(1)\ |T(j\omega)| = \dfrac{\omega_o^2}{\sqrt{(\omega_o - \omega)^2 + (\dfrac{\omega\omega_o}{Q})^2}}$

(2)振幅響應圖

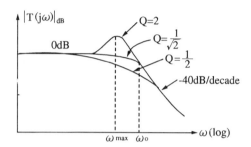

① $Q = \dfrac{1}{\sqrt{2}}$：最大平滑

② $Q < \dfrac{1}{\sqrt{2}}$：無尖峰出現

③ $Q > \dfrac{1}{\sqrt{2}}$：有尖峰出現

④ 求尖峰（ω_{max}）的頻率

$\dfrac{d}{d\omega}|T(j\omega)| = 0 \Rightarrow \omega_{max} = \omega_o\sqrt{1 - \dfrac{1}{2Q^2}}$

⑤ $\omega_o \Rightarrow$ 轉折頻率（不一定為3分貝，由 Q 決定），當電路為一階電路，則為3分貝低頻。

二階比一階好，因為：ⓐ斜率較大，濾波效果好。

　　　　　　　　　　　　　ⓑ Q 可改變。可改變濾波特性。

⑥ 若 ω_o 即為3分貝頻率，需符合在 $\omega_o = \omega_{3dB}$ 時

$$Q = \frac{1}{\sqrt{2}}\text{這個條件}$$

4. **題型出法**

(1)判斷濾波器的型式

(2)求品質因數 Q

　①求 Q 值

　②判斷有無尖峰

　③尖峰 ω_{max} 值

(3)求轉折頻率 ω_o

(4)以極點位置判斷穩定性

其中(1)、(2)、(3)項題型，皆可與 T (s) 的標準式比較，即可求解。

5. **以觀察法判斷濾波器的型式：**

(1)代換電路中的 $C \rightarrow X_c = \frac{1}{SC}$ ，$R \rightarrow R$ ，$L \rightarrow X_L = SL$

(2)將 S = 0 ，代入電路觀察，若有 V_o 輸出，則為低通濾波器

(3)將 S = ∞ ，代入電路觀察，若有 V_o 輸出，則為高通濾波器

(4)若輸出部為 LC 並聯，則為帶通濾波器

(5)若輸入部串聯有 LC 並聯電路，則為帶拒濾波器

例：

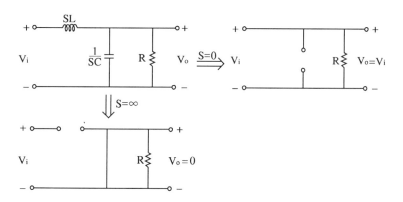

故知此為低通濾波器。

考型197 被動性二階高通濾波器

一、電路

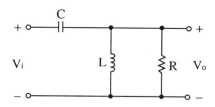

二、轉移函數的標準式

$$T(s) = \frac{n_2 S^2}{S^2 + S\left(\frac{\omega_o}{Q}\right) + \omega_o^2} = \frac{SL /\!/ R}{\frac{1}{SC} + SL /\!/ R} = \frac{S^2}{S^2 + S\frac{1}{RC} + \frac{1}{LC}}$$

三、振幅響應圖

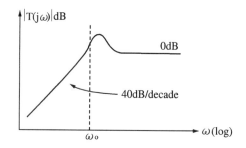

四、觀察法

　　1.$S = \infty \rightarrow C$短路，L斷路，有 V_o 輸出。

　　2.$S = 0 \rightarrow C$斷路，L短路，無 V_o 輸出。

　　3.所以為高通濾波器

考型198 被動性二階帶通濾波器

一、電路

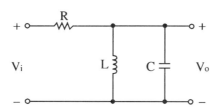

二、轉移函數的標準式

$$T(s) = \frac{n_1 S}{S^2 + S\left(\dfrac{\omega_o}{Q}\right) + \omega_o^2} = \frac{SL//\dfrac{1}{SC}}{R + SL//\dfrac{1}{SC}} = \frac{S\dfrac{1}{RC}}{S^2 + S\dfrac{1}{RC} + \dfrac{1}{LC}}$$

三、振幅響應圖

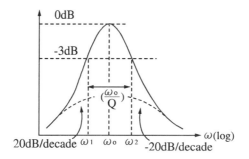

1. ω_o 稱為中央頻率。

2. 3dB 頻寬為 $BW = \omega_2 - \omega_1 = \dfrac{\omega_o}{Q}$

3. 故知 $Q\uparrow \Rightarrow BW\downarrow \Rightarrow$ 靈敏度$\uparrow$

4. $\omega_o = \dfrac{1}{\sqrt{LC}}$

四、觀察法

　　1. $S = 0 \Rightarrow C$ 斷路，L 短路，所以 V_o 無輸出。

　　2. $S = \infty \Rightarrow C$ 短路，L 斷路，所以 V_o 無輸出。

　　3. 只有在中頻，LC 電路才有較大的阻抗此時有 V_o 輸出。

　　4. 故爲帶通濾波器。

考型199 被動性二階帶拒濾波器

一、低通型帶拒濾波器

　　1. 電路

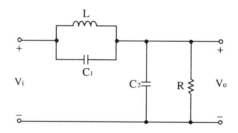

　　2. 轉移函數

$$T(s) = \frac{n_2 S^2 + n_o}{S^2 + S\left(\dfrac{\omega_o}{Q}\right) + \omega_o^2} = \frac{\dfrac{1}{SC_2} /\!/ R}{\left(SL /\!/ \dfrac{1}{SC_1}\right) + \left(\dfrac{1}{SC_2} /\!/ R\right)}$$

$$= \frac{\dfrac{C_1}{C_1 + C_2}\left(S^2 + \dfrac{1}{LC_1}\right)}{S^2 + S\dfrac{1}{R(C_1 + C_2)} + \dfrac{1}{L(C_1 + C_2)}}$$

3.振幅響應圖（$\omega_o \ll \omega_n$）

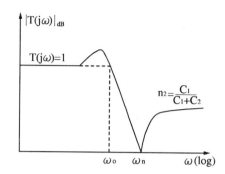

$$\begin{cases} \omega_o = \dfrac{1}{\sqrt{LC}} = \dfrac{1}{\sqrt{L(C_1+C_2)}} \\[4mm] \omega_n = \dfrac{1}{\sqrt{LC_1}} \end{cases}$$

4.T 及 n_2 的直接觀察法

⑴當 S = 0時

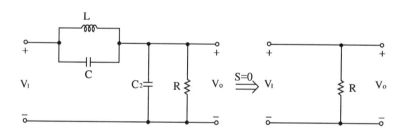

$$\therefore \left| T(s) \right| = \left| \frac{V_o(S)}{V_I(S)} \right| = 1$$

(2)當 S→∞ 時

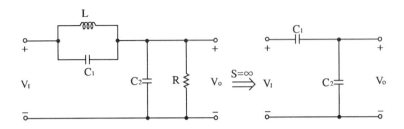

①此時因 $X_C = \dfrac{1}{SC}$ 值極小（近似短路），所以 R 已無效用

②$T(s) = \dfrac{V_o(S)}{V_s(S)} = \dfrac{\dfrac{1}{SC_2}}{\dfrac{1}{SC_1} + \dfrac{1}{SC_2}} = \dfrac{C_1}{C_1 + C_2}$

即 $n_2 = \dfrac{C_1}{C_1 + C_2}$

二、正規型帶拒濾波器

1.電路

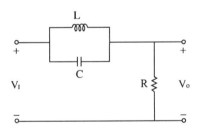

2.轉移函數

$$T(s) = \dfrac{n_2 S^2 + n_o}{S^2 + S\left(\dfrac{\omega_o}{Q}\right) + \omega_o^2} = \dfrac{R}{\left(SL/\!/\dfrac{1}{SC}\right) + R} = \dfrac{S^2 + \dfrac{1}{LC}}{S^2 + S\dfrac{1}{RC} + \dfrac{1}{LC}}$$

3.振幅響應圖（$\omega_o = \omega_n$）

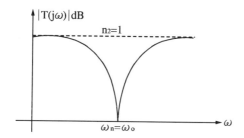

$$\omega_o = \omega_n = \frac{1}{\sqrt{LC}}$$

4.T 及 n_2 的直接觀察法

(1)當 S = 0

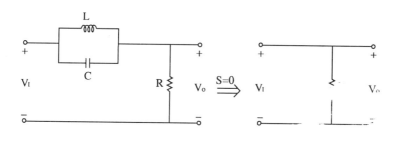

$$\therefore \left| T(j\omega) \right| = \left| \frac{V_o(S)}{V_I(S)} \right|$$

(2)當 S → ∞

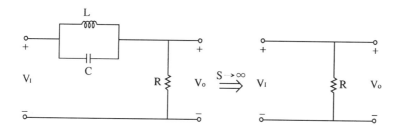

$$\therefore T(s) = \frac{V_o(S)}{V_I(S)} = 1 = n_2$$

三、高通型帶拒濾波器（$\omega_o \gg \omega_n$）

1.電路

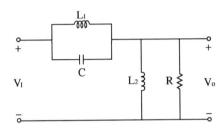

2.轉移函數

$$T(s) = \frac{n_2 S^2 + n_o}{S^2 + S\left(\dfrac{\omega_o}{Q}\right) + \omega_o^2} = \frac{SL_2 /\!/ R}{\left(SL_1 /\!/ \dfrac{1}{SC}\right) + (SL_2 /\!/ R)}$$

$$= \frac{S^2 + \dfrac{1}{L_1 C}}{S^2 + S\dfrac{1}{RC} + \dfrac{1}{(L_1 /\!/ L_2) C}}$$

3.振幅響應圖（$\omega_o \gg \omega_n$）

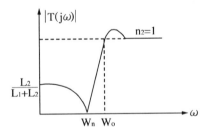

$$\begin{cases} \omega_o = \dfrac{1}{\sqrt{LC}} = \dfrac{1}{\sqrt{(\,L_1/\!/L_2\,)\,C}} \\[4mm] \omega_n = \dfrac{1}{\sqrt{L_1 C}} \end{cases}$$

4. T 及 n_2 的直接觀察法

(1)當 S = 0 時

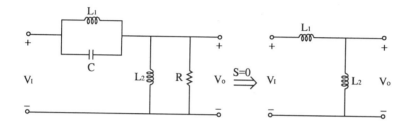

此時電感 L 的感抗值極小（近似短路），所以 R 無作用。

$$\therefore |T\,(\,j\omega\,)\,| = |\frac{V_o\,(\,S\,)}{V_I\,(\,S\,)}| = \frac{SL_2}{SL_1 + SL_2} = \frac{L_2}{L_1 + L_2}$$

(2)當 S→∞ 時

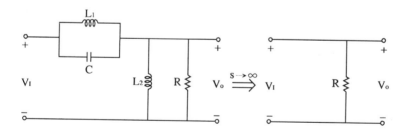

$$\therefore |T\,(\,j\omega\,)\,| = |\frac{V_o\,(\,S\,)}{V_I\,(\,S\,)}| = 1 = n_2$$

四、結論

$$T(s) = \frac{n_2 S^2 + n_o}{S^2 + S\frac{\omega_o}{Q} + \omega_o^2} = \frac{n_2\left(S^2 + \frac{n_o}{n_2}\right)}{S^2 + S\frac{\omega_o}{Q} + \omega_o^2}$$

令 $\omega_o^2 = \frac{n_o}{n_2} \Rightarrow T(s) = \frac{n_2(S^2 + \omega)^2}{S^2 + S\frac{\omega_o}{Q} + \omega_o^2} = \frac{n_2(\omega^2 - \omega_o)^2}{(\omega_o^2 - \omega^2) + j\frac{\omega\omega_o}{Q}}$

(1) $\omega = \omega_o$，$T(s) = 0$，$T(\omega)\Big|_{dB} = -\infty$

(2) $\omega \gg \omega_o$，$T(s) = \dfrac{n_2 S^2}{S^2 + S\frac{\omega_o}{Q} + \omega_o^2}$ ……高通型

(3) $\omega \ll \omega_o$，$T(s) = \dfrac{n_0}{S^2 + S\frac{\omega_o}{Q} + \omega_o^2}$ ……低通型

(4) $\omega_o > \omega_n$，則 ω_o 為 HP 型部份之轉折頻率。

(5) $\omega_o < \omega_n$，則 ω_o 為 LP 型部份之轉折頻率。

考型200　被動性二階全通濾波器

一、電路

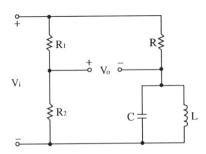

二、轉移函數的標準式

$$T(s) = \frac{S^2 - S\left(\frac{\omega_o}{Q}\right) + \omega_o^2}{S^2 + S\left(\frac{\omega_o}{Q}\right) + \omega_o^2} = 1 - \frac{2S\left(\frac{\omega_o}{Q}\right)}{S^2 + S\left(\frac{\omega_o}{Q}\right) + \omega_o^2}$$

∴ $|T(s)| = 1 - 2|$帶通 BPF$|$

即

1. 全通濾波器的增益 = 1 - 2倍的帶通增益
2. 當 Q 值極大時，全通濾波器變為帶通濾波器

歷屆試題

1. (1)一電路的轉移函數為 $\dfrac{10^4}{(1 + i\,f/10^5)(1 + i\,f/10^6)(1 + i\,f/10^7)}$，

   其中 $j = \sqrt{-1}$，f 代表頻率，則其3分貝頻率（3 – dB frequency）

   約等於(A)$10^7\,Hz$　(B)$10^6\,Hz$　(C)$10^5\,Hz$　(D)$10^4\,Hz$

   (2)接上題，該電路可視為

   (A)凹陷濾波器　(B)帶通濾波器

   (C)低通濾波器　(D)高通濾波器（**題型：濾波器型式的判斷**）

   【84年二技電機】

   解☞：(1)(C)，(2)(C)

   (1)有三個極點：$10^5\,Hz$，$10^6\,Hz$，$10^7\,Hz$

   ∵當 $4 \times 10^5 < 10^6\,Hz < 10^7\,Hz$

   ∴3分貝頻率 $\omega_H = 10^5\,Hz$

   (2)∵當 $f = 0 \Rightarrow T(s) = 10^4$

   當 $f = \infty \Rightarrow T(s) = 0$

   故知為低通濾波器

2.下圖電路為一二階的

　(A)高通濾波器

　(B)低通濾波器

　(C)帶通濾波器

　(D)凹陷濾波器（**題型：濾波器型式的判斷**）

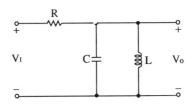

【84年二技電機】

解☞：(C)

　方法一：求轉移函數

$$T(s) = \frac{V_o}{V_1} = \frac{\frac{1}{RC}S}{S^2 + \frac{1}{RC}S + \frac{1}{LC}} = \frac{n_2S^2 + n_1S + n_0}{S^2 + S_1(\frac{\omega_o}{Q}) + \omega_o^2}$$

　∵ $n_2 = n_0 = 0$

　∴為帶通濾波器

　方法二：觀察法

　直接觀察電路

　①當 S = 0 ⇒ C 為斷路，L 趨於短路

　　∴ $V_o \approx 0$

　②當 S→∞ ⇒ C 趨於短路，L 為斷路

　　∴ $V_o \approx 0$

　故知為帶通濾波器

3.(1)一濾波器的網路函數為 H（s）$= \dfrac{2S^2}{S^2 + 4S + 8}$，此濾波器為

　　(A)低通濾波器　(B)帶通濾波器

　　(C)高通濾波器　(D)帶拒濾波器

(2)接上題，濾波器之 ω_c 應為

　　(A)2　(B)$2\sqrt{2}$　(C)4　(D)8（**題型：濾波器型式的判斷**）

解☞：(1)(C)，(2)(B)

(1)∵ H（S）$= \dfrac{2S^2}{S^2 + 4S + 8} = \dfrac{n_2 S^2 + n_1 s + n_0}{S^2 + S\left(\dfrac{\omega_0}{Q}\right) + \omega_0^2}$

　　$n_1 = n_0 = 0$

　　∴為高通濾波器

(2)a.此題若是求諧振頻率 ω_0

　　　則可直接由上式比較得知

　　　$\omega_0 = \sqrt{8} = 2\sqrt{2}$

　b.若是求截止頻率，即3分貝頻率，

　　　則要留意，ω_c 不一定等於 ω_0，而 ω_c 正確求法如下：

　　　∵在三分貝頻率下

　　　$\left| \dfrac{2（j\omega_c）^2}{（j\omega_c）^2 + 4（j\omega_c） + 8} \right| = \dfrac{2}{\sqrt{2}}$，其中 A_0（s）$= 2$

　　　∴$\omega_c^4 = 64$　故 $\omega_c = \sqrt[4]{64} = 2\sqrt{2}$

　c.何時可用比較法？需滿足 $Q = \dfrac{1}{\sqrt{2}}$ 時，$\omega_0 = \omega_c$（三分貝頻率）此題用比較法知 $\omega_0 = \sqrt{8}$ 時

　　　$Q = \dfrac{\sqrt{8}}{4} = \dfrac{1}{\sqrt{2}}$，故可直接用比較法，得知

4.(1)某濾波器的轉移函數 $T(s) = \dfrac{S^2}{S^2 + 2\omega_p S + \omega_p^2}$ ，則此濾波器為

(A)低通濾波器　(B)高通濾波器

(C)帶通濾波器　(D)帶拒濾波器

(2)上題之濾波器的3dB 折斷（Cut – off）頻率為

(A)ω_p　(B)$\omega_p \sqrt{2}$

(C)$\omega_p(\sqrt{2}+1)$　(D)$\omega_p\sqrt{\sqrt{2}+1}$ **（ 題型：濾波器型式的判斷 ）**

解 ☞ ：(1)(B)，(2)(D)

(1)$T(s) = \dfrac{S^2}{S^2 + 2\omega_p S + \omega_p^2} = \dfrac{n_2 S^2 + n_1 S + n_0}{S^2 + S\left(\dfrac{\omega_o}{Q}\right) + \omega_o^2}$

∵ $n_1 = n_0 = 0$

∴為高通濾波器

(2)在3dB 頻率 ω_c

$|T(s)| = \left|\dfrac{(j\omega_c)^2}{(j\omega_c)^2 + 2\omega_p\omega_c + \omega_p^2}\right| = \dfrac{1}{\sqrt{2}}$ ，其中 $A_o(s) = 1$

∴ $2\omega_c^4 - (\omega_p^2 - \omega_c^2)^2 - 4\omega_c^2\omega_p^2 = 0$

∴ $\omega_c^2 = (1 + \sqrt{2})\omega_p^2$

即

$\omega_c = \sqrt{1 + \sqrt{2}}\,\omega_p$

(3)此題不能用比較法，因為用比較法時，所得的 $\omega_o = \omega_p$ 而

$Q = \dfrac{\omega_p}{2\omega_p} = \dfrac{1}{2} \neq \dfrac{1}{\sqrt{2}}$

所以不能用比較法

5. 某一線性二階系統,其轉移函數為

$$T(s) = \frac{10000}{S^2 + 141.42S + 10000}$$

則此系統的頻寬為

(A)20 (B)60 (C)100 (D)140 弳/秒 (**題型:二階濾波器的轉移函數標準式之應用**)

解 ☞ : (C)

1. $T(s) = \dfrac{10000}{S^2 + 141.42S + 10000} = \dfrac{n_o}{S^2 + S(\frac{\omega_o}{Q}) + \omega_o^2}$

2. 比較得知

$\omega_o = 100$,此時

3. $Q = \dfrac{\omega_o}{141.42} = \dfrac{100}{141.42} = \dfrac{1}{\sqrt{2}}$

所以

$\omega_o = \omega_{3dB} = \omega_H \approx BW = 100$弳/秒

(1) 有一網路由 RLC 組成,其轉移函數為

$$\frac{V_o}{V_s} = \frac{1}{1 + S\dfrac{L}{R} + S^2LC}$$,已知 L = 0.2mH,C = 0.5μF 及 R = 100Ω

試求此網路的諧振頻率 (Resonant frequency) ω_o ?

(A)1.59×10^4 (B)10^5 (C)10^{10} (D)1.59×10^9

(2) 如上題之網路,其阻尼比 (Damping ratio) 為何 ?

(A)0.1 (B)10 (C)0.5 (D)0.2

(3) 如上題之網路,此網路的品質因數 (Q) 為多少 ?

(A)1 (B)20 (C)10 (D)5

(4) 如上題之網路,此網路為何種濾波器 ?

(A)高通　(B)低通　(C)帶通　(D)全通　濾波器（**題型：轉移函數的特性方程式之應用**）

【83年二技電子】

解☞：(1)$\underline{(B)}$，(2)$\underline{(A)}$，(3)$\underline{(D)}$，(4)$\underline{(B)}$

(1) 1. $T(s) = \dfrac{V_o}{V_s} = \dfrac{1}{1 + S\dfrac{L}{R} + S^2 LC} = \dfrac{\dfrac{1}{LC}}{S^2 + S\dfrac{1}{RC} + \dfrac{1}{LC}}$

$\quad = \dfrac{n_2 S^2 + n_1 S + n_o}{S^2 + S\left(\dfrac{\omega_o}{Q}\right) + \omega_o^2} = \dfrac{n_2 S^2 + n_1 S + n_o}{S^2 + 2\alpha\omega_o S + \omega_o^2}$

2. 由上式比較得

$\omega_o = \dfrac{1}{\sqrt{LC}} = \dfrac{1}{\sqrt{(0.2m)(0.5\mu)}} = 10^5\,\text{rad}/\text{sec}$

(2)亦由上式知

$2\alpha\omega_o = \dfrac{1}{RC}$

∴阻尼比 $\alpha = \dfrac{1}{2\omega_o RC} = \dfrac{1}{(2)(10^5)(100)(0.5\mu)} = 0.1$

(3)∵ $2\alpha\omega_o = \dfrac{\omega_o}{Q}$

∴ $Q = \dfrac{1}{2\alpha} = \dfrac{1}{(2)(0.1)} = 5$

(4)∵ $n_2 = n_1 = 0$，∴為低通濾波器

6.經測試知一單極點（One Pole）RC 低通濾波器的時間常數為 0.159ms，則其三分貝頻帶寬度應為

(A)159KHz　(B)1KHz　(C)10KHz　(D)477KHz（**題型：低通濾波器的特性**）

【81年二技電子】

解☞：$\underline{(B)}$

已知 $\omega_H = \dfrac{1}{RC} = \dfrac{1}{0.159\text{ms}}$

$\therefore BW = f_H = \dfrac{\omega_H}{2\pi} = \dfrac{1}{(2\pi)(0.159\text{m})} = 1\text{KHz}$

7.將一電感與一電容互相並聯後串接於一線性電路中。若此並聯
電路的一端接輸入端,另一接輸出端,輸入端與輸出端的接地
點並通,則此並聯電路對頻率響應的影響為

(A)低通(low pass)　　(B)帶通(band pass)

(C)高通(high pass)　　(D)帶拒(band stop)。(**題型:被動性濾
波器的判斷**)

【80年二技電機】

解☞:(D)

1.電路

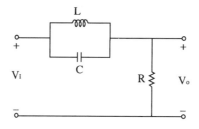

2.方法一:直接觀察法

(1)當 $\omega = 0 \Rightarrow V_o \approx V_I$

(2)當 $\omega = \infty \Rightarrow V_o \approx V_I$

(3)當 $\omega = \dfrac{1}{\sqrt{LC}} \Rightarrow$ 具有極大的諧振阻抗 $\Rightarrow V_o \approx 0$

所以為帶拒濾波器

3.方法二:轉移函數標準式判斷法

$$T(s) = \frac{V_o(S)}{V_I(S)} = \frac{S^2 + \frac{1}{LC}}{S^2 + S\frac{1}{RC} + \frac{1}{LC}} = \frac{n_2 S^2 + n_1 S + n_o}{S^2 + S\left(\frac{\omega_o}{Q}\right) + \omega_o^2}$$

$\because n_1 = 0$

$\therefore$ 為帶拒濾波器

8. 如圖所示的並聯電路，若其諧振角頻率 $\omega_o = 1/\sqrt{LC}$，則其品質因數（quality factor）Q 用下列敘述何者較為適合：

(A) $Q = \omega_o L / R$　(B) $Q = \omega_o C / R$

(C) $Q = R/(\omega_o L)$　(D) $Q = R/(\omega_o C)$。**（題型：調諧放大器）**

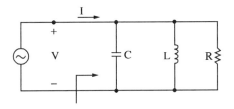

【80年二技】

解 ☞ ：(C)

$$Q = \frac{\frac{V^2}{\omega_o L}}{\frac{V^2}{R}} = \frac{R}{\omega_o L} \text{ 或}$$

$$Q = \frac{V^2 / \frac{1}{\omega_o C}}{\frac{V^2}{R}} = \omega_o RC$$

9. 圖為一濾波器之波德曲線（Bode plot）的近似圖，根據此曲線，此濾波器之轉換函數（Transfer function）應為

(A)$H(s) = \dfrac{(S+10)(S+10^6)}{(S+10^2)(S+10^5)}$

(B)$H(s) = \dfrac{2(S+10)(S+10^6)}{(S+10^2)(S+10^5)}$

(C)$H(s) = \dfrac{10(S+10)(S+10^6)}{(S+10^2)(S+10^5)}$

(D)$H(s) = \dfrac{20(S+10)(S+10^6)}{(S+10^2)(S+10^5)}$ （題型：濾波器型的轉移函
數）

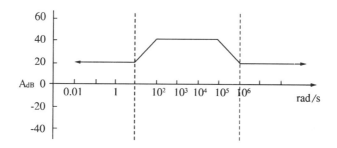

【80年二技電機】

解☞：(C)

1.由圖知，$\omega_{Z1} = 10$，$\omega_{Z2} \doteq 10^6$，$\omega_{P1} = 10^2$，$\omega_{P2} = 10^5$在低頻
時：（$S = 0$）

K = 20dB = 20log|K| ⇒ K = 10

$$H(s) = \dfrac{K(S+\omega_{Z1})(S+\omega_{Z2})}{(S+\omega_{P1})(S+\omega_{P2})} = \dfrac{10(S+10)(S+10^6)}{(S+10^2)(S+10^5)}$$

10.下圖由電阻、電容所構成的電路，其負3分貝的頻率 f_L 為
(A)10.12Hz (B)15.92Hz (C)120Hz (D)151Hz。（題型：被動性
濾波器）

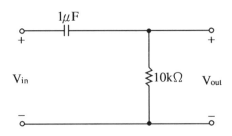

【77年二技電機】

解☞：(B)

方法一：觀察法

(1)當 $S = 0 \Rightarrow V_o = 0$

(2)當 $S = \infty \Rightarrow V_o = V_I$

所以為高通濾波器。

故 $f_L = \dfrac{\omega_L}{2\pi} = \dfrac{1}{2\pi RC} = \dfrac{1}{(2\pi)(10k)(1\mu)} = 15.92\,Hz$

方法二：轉移函數

$\because T(s) = \dfrac{SRC}{1 + SRC} = \dfrac{S}{1 + \dfrac{1}{RC}} = \dfrac{KS}{1 + \dfrac{S}{\omega_L}}$

$\therefore \omega_L = \dfrac{1}{RC}$

故 $f_L = \dfrac{\omega_L}{2\pi} = 15.92\,Hz$

11.於下圖中，(1)V_1 與 V_2 相位差為何？(2)若欲使相位差相差90°，則應滿足何種條件？（**題型：被動性濾波器**）

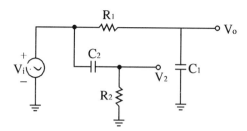

【 75年二技電機 】

解☞：

(1) $T_1(s) = \dfrac{V_1(S)}{V_i(S)} = \dfrac{\dfrac{1}{SC_1}}{\dfrac{1}{SC_1} + R_1} = \dfrac{1}{1 + SR_1C_1}$

∴ $\angle T_1(S) = -\tan^{-1}\omega R_1 C_1$

$T_2(s) = \dfrac{V_2(S)}{V_i(S)} = \dfrac{R_2}{\dfrac{1}{SC_2} + R_2} = \dfrac{SC_2R_2}{1 + SC_2R_2}$

∴ $\angle T_2(s) = \dfrac{\pi}{2} - \tan^{-1}\omega R_2 C_2$

故 $\angle T_2(s) - \angle T_1(s) = \dfrac{\pi}{2} - \tan^{-1}\omega R_2 C_2 + \tan^{-1}\omega R_1 C_1$

(2) ∵ $\angle T_2(s) - \angle T_1(s) = \dfrac{\pi}{2}$

∴ $\dfrac{\pi}{2} - \tan^{-1}\omega R_2 C_2 + \tan^{-1}\omega R_1 C_1 = \dfrac{\pi}{2}$

即 $\tan^{-1}\omega R_2 C_2 = \tan^{-1}\omega R_1 C_1$

故條件為

$R_2 C_2 = R_1 C_1$

題型變化

1. 試設計一帶通濾波器由 RLC 組成，當 $R = 10k\Omega$ 時求 L 及 C，$\omega_0 = 10^4 \, rad/s$，$BW = 10^3 \, rad/s$。（題型：被動性濾波器）

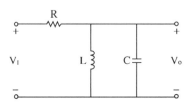

解☞：

$$\because T(s) = \frac{SL // \frac{1}{SC}}{R + SL // \frac{1}{SC}} = \frac{\frac{1}{RC}S}{S^2 + \frac{1}{RC}S + \frac{1}{LC}} = \frac{n_1 S}{S^2 + S\frac{\omega_0}{Q} + \omega_0^2}$$

$$\therefore \omega_0 = \frac{1}{\sqrt{LC}} = 10^4 \cdots\cdots ①$$

又帶通濾波器 $BW = \frac{\omega_0}{Q}$，即

$$10^3 = \frac{\omega_0}{Q}$$

$$= \frac{1}{RC}$$

$$= \frac{1}{(10K)C}$$

$$\therefore C = 0.1 \mu F$$

故由①知

$$L = 0.1H$$

13 – 2〔題型八十一〕：調諧放大器

考型201 調諧放大器

一、調諧放大器可分為 RLC 串聯諧振與 RLC 並聯諧振如圖指示：

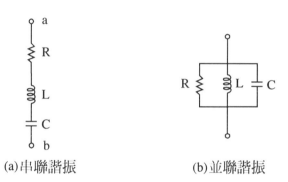

(a)串聯諧振　　　　　　(b)並聯諧振

1.不論串聯或並聯諧振其諧振頻率均為

$$\boxed{\omega_o = \frac{1}{\sqrt{LC}}}$$

2.串並聯的品質因數，則不同：

(1)**並聯時**　$Q = \dfrac{R}{X_L}$　$(= \dfrac{R}{\omega_o L})$

　　　　　　$= \dfrac{R}{X_C}$　$(= \omega_o RC)$

(2)**串聯時**　$Q = \dfrac{X_L}{R}$　$(= \dfrac{\omega_o L}{R})$

　　　　　　$= \dfrac{X_C}{R}$　$(= \dfrac{1}{\omega_o RC})$

(3)**Q 值的意義：**

　$Q = (\dfrac{L \text{ 或 } C \text{ 最大儲存能量}}{\text{平均消耗功率}})$

　①在串聯中：（電流值相同）

$$\therefore Q = \frac{I^2 \omega_o L}{I^2 R} = \frac{\omega_o L}{R} \text{ , 或}$$

$$Q = \frac{I^2 \dfrac{1}{\omega_o C}}{I^2 R} = \frac{1}{\omega_o RC}$$

②在並聯中：（電壓值相同）

$$\therefore Q = \frac{\dfrac{V^2}{\omega_o L}}{\dfrac{V^2}{R}} = \frac{R}{\omega_o L} \text{ , 或}$$

$$Q = \frac{V^2 \Big/ \dfrac{1}{\omega_o C}}{\dfrac{V^2}{R}} = \omega_o RC$$

3.頻寬 BW：BW $= \dfrac{\omega_o}{Q}$ （rad／sec）

二、小信號調諧放大器之應用

1.電路

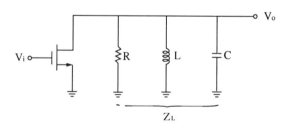

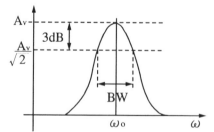

2.電路分析

$$Z_L = \cfrac{1}{\cfrac{1}{R_L} + \cfrac{1}{SL} + SC} = \cfrac{S／C}{S^2 + S\left(\cfrac{1}{R_LC}\right) + \cfrac{1}{LC}}$$

$$A_v\ (\ S\ ) = \cfrac{V_o}{V_i} = -g_m Z_L = -\left(\cfrac{g_m}{C}\right)\left(\cfrac{S}{S^2 + S\left(\cfrac{1}{R_LC}\right) + \cfrac{1}{LC}}\right) = T\ (\ s\ )$$

由上式可知此調諧放大器為帶通濾波器

(1)$\omega_o = \cfrac{1}{\sqrt{LC}}$

(2)$Q = \omega_o RC$

(3)$BW = \cfrac{\omega_o}{Q_o} = \cfrac{1}{RC}$

(4)中頻增益 $A_v = -g_m R_L$

(5)$T\ (\ s\ ) = \cfrac{n_1 S}{S^2 + S\left(\cfrac{\omega_o}{Q}\right) + \omega_o^2}$

由上圖知

$|T\ (\ j\omega_o\ )\ | = |A_v|$

$\therefore |T\ (\ j\omega_o\ )\ | = \left|\cfrac{j\omega_o n_1}{j\omega_o\left(\cfrac{\omega_o}{Q}\right)}\right| = \cfrac{n_1}{\cfrac{\omega_o}{Q}} = \cfrac{n_1}{BW} = A_v$

$\therefore n_1 = (\ A_v\ )\ (\ BW\ )$

歷屆試題

1. 考慮下圖的調諧（tuned）放大器，設計此放大器使之具有中心頻率 f_o = 1MHz，3dB 頻寬 = 10kHz 和中心頻率增益 = – 10V／V，其中 FET 的特性為 g_m = 5mA／V 和 r_o = 10kΩ 在 V_o 處的等效輸出電阻為

(A)16kΩ　(B)8kΩ　(C)4kΩ　(D)2kΩ。（**題型：調諧放大器**）

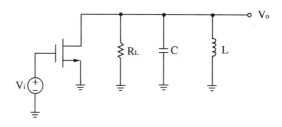

【80年二技電子】

解 ☞ ：(D)

FET 的中頻增益

$$A_M = – g_m (R_L /\!/ r_o) = – 10$$

而 $R_{out} = R_L /\!/ r_o = \dfrac{A_M}{– g_m} = \dfrac{– 10}{– (5m)} = 2kΩ$

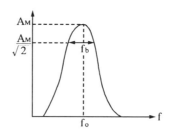

2.上題中，所需電感 L 值為

(A)$3.18\mu H$　(B)$12.5\mu H$　(C)$20.2\mu H$　(D)$50.66\mu H$。

【80年二技電子】

解 ☞ ：(A)

$\because R_{out} = r_o \mathbin{/\mkern-5mu/} R_L$

$\therefore R_L = \dfrac{R_{out}r_o}{r_o - R_{out}} = \dfrac{(2k)(10k)}{10k - 2k} = 2.5k\Omega$

$\because f_H = 10\,KHz = \dfrac{1}{2\pi R_{out}C}$

$\therefore C = \dfrac{1}{2\pi f_H R_{out}} = \dfrac{1}{(2\pi)(10k)(2k)} = 7.98nF$

$\omega_o = \dfrac{1}{\sqrt{LC}}$

$\therefore f_o = \dfrac{1}{2\pi\sqrt{LC}} = 1\,MHz$

$\therefore L = \dfrac{1}{(2\pi)^2 f_o^2 C} = \dfrac{1}{(2\pi)^2 (1M)^2 (7.98n)} = 3.18\mu H$

3.上題中，所需電容 C 值為

(A)$3.98nF$　(B)$7.96nF$　(C)$13.78nF$　(D)$15.92nF$。

【80年二技電子】

解 ☞ ：(B)

4.上題中，所需 R_L 值為

(A)$2.5k\Omega$　(B)$5k\Omega$　(C)$7.5k\Omega$　(D)$10k\Omega$。　【80年二技電子】

解 ☞ ：(A)

---

5. 如圖所示電路之半功率頻帶寬度（–3dB Bandwidth）為
   (A)4.8MHz (B)1.6MHz (C)2.4MHz (D)0.8MHz。（題型：調諧放大器）

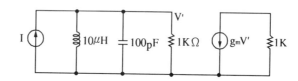

【74年二技電子】

解☞：(B)

$$f_o = \frac{\omega_o}{2\pi} = \frac{1}{2\pi} \frac{1}{\sqrt{LC}} \approx 5MHz$$

$$Q = \frac{R}{\omega_o L} = \frac{R}{2\pi f_o L} = \frac{1K}{(2\pi)(5M)(10\mu)} = 3.18$$

$$\therefore BW = \frac{f_o}{Q} = \frac{5M}{3.18} \approx 1.6MHz$$

題型變化

1. 如下圖所示電路中，電晶體參數值 Q：$r_o = 100k\Omega$，$g_m = 1mA/V$，$R_L = 100k\Omega$，$C = 1\mu F$，$L = 10mH$：

   (1)試求：$H(S) \equiv \dfrac{V_o(S)}{V_i(S)}$

   (2)試求：ω_o，BW，$|H(j\omega_o)|$，Q（題型：調諧放大器）

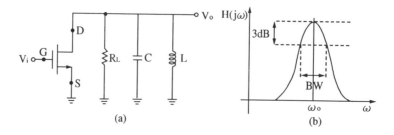

(a)   (b)

解☞ :

1. FET 的中頻增益

$A_M = -g_m R'_D = -g_m (R_L /\!/ r_o) = - (1m) (100k /\!/ 100k)$

$= -50$

2. $| H (j\omega_o) | = A_M$

(1) $\omega_o = \dfrac{1}{\sqrt{LC}} = \dfrac{1}{\sqrt{(10m) (1\mu)}} = 10^4$

(2) $BW = \dfrac{\omega_o}{Q} = 20$

(3) $Q = \omega_o R'_D C = \omega_o C (R_L /\!/ r_o) = 500$

(4) 此為帶通濾波器，所以

$$H (s) = \dfrac{n_1 S}{S^2 + S (\dfrac{\omega_o}{Q}) + \omega_o^2}$$

$\therefore | H (j\omega_o) | = -50$，即

$$\left| \dfrac{jn_1\omega_o}{-\omega_o^2 + j\omega_o (\dfrac{\omega_o}{Q}) + \omega_o^2} \right| = \left| \dfrac{j10^4 n_1}{(j10^4) (20)} \right| = \dfrac{n_1}{20} = -50$$

（即 $A_M = \dfrac{n_1}{\dfrac{\omega_o}{Q}} = \dfrac{n_1}{BW}$ ）

$\therefore n_1 = -1000$

故

$$H (S) = \dfrac{n_1 S}{S^2 + S (\dfrac{\omega_o}{Q}) + \omega_o^2} = \dfrac{-1000S}{S^2 + 20S + 10^8}$$

2.試決定一二階帶通濾波器的轉換函數，使中央頻率為10^4 rad／sec，3dB 頻寬為10^3 rad／sec，中央頻率的增益為10。（題型：被動性二階濾波器）

解☞：

　1.帶通濾波器的轉移函數為

$$T(s) = \frac{n_1 S}{S^2 + S\left(\frac{\omega_o}{Q}\right) + \omega_o^2}$$

　2.已知

$$\omega_o = 10^4 \text{ rad／sec}$$

$$BW = \frac{\omega_o}{Q} = 10^3 \text{ rad／sec}$$

$$A_M = \frac{n_1}{BW}$$

$$\therefore n_1 = A_M BW = (10)(10^3) = 10^4$$

　3. $\therefore T(s) = \dfrac{10^4 S}{S^2 + 10^3 S + 10^8}$

13-3〔題型八十二〕：主動性 RC 濾波器

考型202 主動性一階 RC 濾波器（SAB）

一、基本觀念

　1.電感 L 不易 IC 化。所以被動性濾波器，逐漸被時代淘汰。

　2.主動性濾波器，是利用運算放大器來完成。

⑴用 OPA 組成 GIC（一般阻抗轉換器）替代電感 L。

⑵用一個 OPA 與 RC 網路組成濾波器，稱為「單一放大器濾波器」（SAB）

⑶用二個 OPA 組成的濾波器，稱為「**雙二次電路濾波器**」

⑷主動性 RC 濾波器，是將 RC 網路的極點，由負實軸上經 OPA 移至共軛複數上。因此具有較佳的濾波效應。

⑸若要組成高階濾波器，可用巴特沃斯（Butter Worth）的規格化原理完成。

⑹**主動濾波器的優點：**

　①體積小

　②重量輕

　③消耗功率低

　④無雜散磁場

　⑤輸入阻抗高

　⑥輸出阻抗低

⑺**實際的濾波器頻率響應**

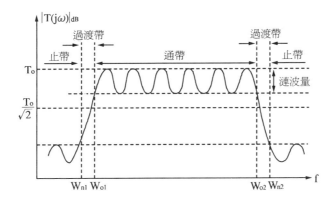

　①ω_{o1}，ω_{o2}：截止頻率

　②ω_{n1}，ω_{n2}：止帶頻率

二、低通濾波器：（積分器）

1.基本電路

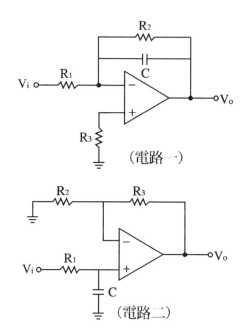

（電路一）

（電路二）

2.振幅響應圖

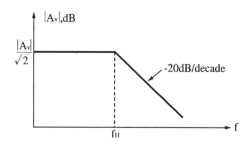

3.截止頻率與低頻增益

	電路（一）	電路（二）
截止頻率	$\dfrac{1}{2\pi R_2 C}$	$\dfrac{1}{2\pi R_1 C}$
低頻增益	$-\dfrac{R_2}{R_1}$	$1+\dfrac{R_3}{R_2}$

三、高通濾波器：（微分器）

1.基本電路

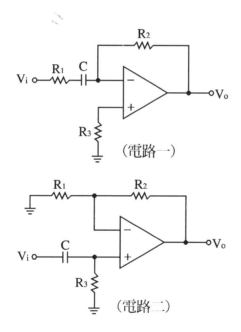

（電路一）

（電路二）

2.振幅響應圖

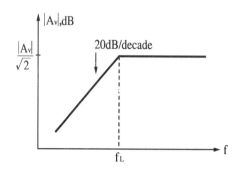

3.截止頻率與高頻增益

	電路（一）	電路（二）
截止頻率	$\dfrac{1}{2\pi R_1 C}$	$\dfrac{1}{2\pi R_3 C}$
高頻增益	$-\dfrac{R_2}{R_1}$	$1+\dfrac{R}{R}$

四、以高、低通濾波器，形成帶通與帶拒濾波器：

(a)以低通串接高通形成帶通

(b)以低通並接高通形成帶拒

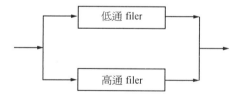

五、全通濾波器

1.基本電路

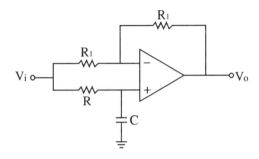

2.轉移函數

$$T(s) = \frac{1 - SRC}{1 + SRC}$$

(1) $|T(j\omega)| = 1$

(2) $\angle T(j\omega) = \angle - 2\tan^{-1}\omega RC$

六、其他形式的主動性一階 RC 濾波器

〔例〕

1.求轉移函數 $T(s)$

2.是何種型式的濾波器？

3.求自然頻率 ω_o 及品質因數 Q

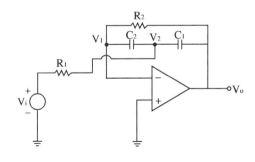

解：

  1.用節點分析法（分析 V_1 及 V_2 點）

$$\left(\frac{1}{R_2} + SC_2\right) V_1 = SC_2 V_2 + \frac{V_o}{R_2} \cdots\cdots ①$$

$$\left(SC_2 + SC_1 + \frac{1}{R_1}\right) V_2 = \frac{V_1}{R_1} + SC_1 V_o + SC_2 V_1 \cdots\cdots ②$$

  2.解聯立方程式①②得

$$T(s) = \frac{V_o(S)}{V_1(S)} = \frac{S\left(\dfrac{-1}{C_1 R_1}\right)}{S^2 + S\left(\dfrac{1}{C_2} + \dfrac{1}{C_1}\right)\dfrac{1}{R_2} + \dfrac{1}{C_1 C_2 R_1 R_2}}$$

  3.與轉移函數標準式比較

$$T(s) = \frac{n_2 S^2 + n_1 S + n_o}{S^2 + \dfrac{\omega_o}{Q} S + \omega_o^2}$$

所以

(1) $n_2 = n_o = 0$，故爲帶通濾波器

(2) $\omega_o = \dfrac{1}{\sqrt{C_1 C_2 R_1 R_2}}$

(3) $\because \dfrac{\omega_o}{Q} = \left(\dfrac{1}{C_1} + \dfrac{1}{C_2}\right)\dfrac{1}{R_2}$

$\quad \therefore Q = \dfrac{1}{C_1 + C_2}\sqrt{\dfrac{C_1 C_2 R_2}{R_1}}$

(4)3分貝頻寬

$$BW = \frac{\omega_o}{Q} = \left(\frac{1}{C_1} + \frac{1}{C_2}\right)\frac{1}{R_2}$$

  4.討論

單一放大器濾波器（SAB）的自然頻率 ω_o，具有調整性。

以本例而言，調整 R_1 即可調變 ω_o

考型203 主動性二階 RC 濾波器

一、低通濾波器：（積分器）

1.基本電路

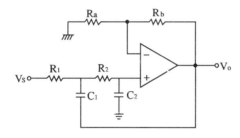

2.振幅響應圖

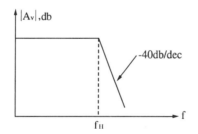

3.低頻增益

$$A_v = 1 + \frac{R_b}{R_a}$$

4.截止頻率

$$f_H = \frac{1}{2\pi \sqrt{R_1 R_2 C_1 C_2}}$$

若 $R_1 = R_2 = R$，$C_1 = C_2 = C$
則

$$f_H = \frac{1}{2\pi RC} \text{（與一階濾波器相同）}$$

二、高通濾波器：（微分器）

1.基本電路

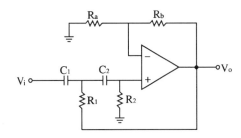

2.振幅響應圖

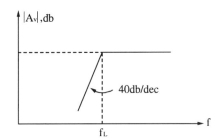

3.高頻增益

$$A_v = 1 + \frac{R_b}{R_a}$$

4.截止頻率

$$f_L = \frac{1}{2\pi \sqrt{R_1 R_2 C_1 C_2}}$$

若 $R_1 = R_2 = R$，$C_1 = C_2 = C$，則

$f_L = \dfrac{1}{2\pi RC}$（與一階濾波器相同）

    5.二階濾波器比一階濾波器，具有更陡的斜率，所以當濾波器，
     具有較佳的濾波效果

考型204　巴特沃斯（Butter Worth）濾波器

一、**觀念**：設計高階濾波器時，可用巴特沃斯的規格化原理，設計出
   所需之高階濾波器

二、巴特沃斯濾波器的基本結構，規格化如下：

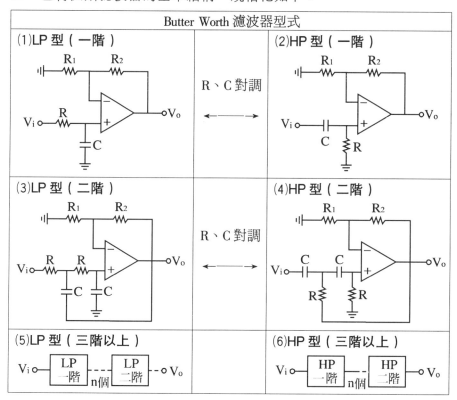

Butter Worth 濾波器型式

(1)LP 型（一階）　　　R、C 對調　　　(2)HP 型（一階）

(3)LP 型（二階）　　　R、C 對調　　　(4)HP 型（二階）

(5)LP 型（三階以上）　　　(6)HP 型（三階以上）

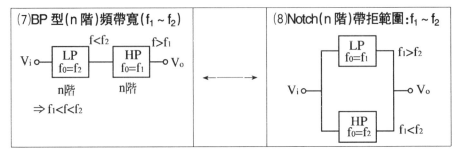

三、巴特沃斯對特性方程式，規格化如下：

1. 一階：（$S + 1$）

2. 二階：（$S + 1.414S + 1$）

3. 三階：（$S + 1$）（$S^2 + S + 1$）

4. 四階：（$S^2 + 0.765S + 1$）（$S^2 + 1.848S + 1$）

5. 三階：（$S + 1$）（$S^2 + 0.618S + 1$）（$S^2 + 0.618S + 1$）

四、參數匹配的規定

1. 一階時→A_{vo} 由整個濾波器中頻增益決定。

$$\omega_o = \frac{1}{RC} \quad , \quad A_{VD} = 1 + \frac{R'_1}{R_1}$$

2. 二階時$\Rightarrow$ S 項係數滿足 $3 - A_{vo} = \frac{1}{Q}$

　　例：設計一個4階（Butter Worth）(1)LP(2)HP 型濾波器，且轉折頻率 $f_o = 5\text{kHz}$。

解：

1.設計4階低通濾波器，需用2個基本的低通濾波器串接而成

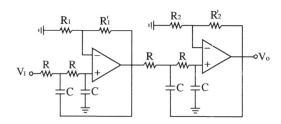

2.設計元件參數，須符合巴特沃斯的特性方程式規格

四階：（ $S^2 + 0.765S + 1$ ）（ $S^2 + 1.848S + 1$ ）

(1)題目要求 $f_o = 5KHz$ ，

$$\because f_o = \frac{1}{2\pi RC}$$

$\therefore$ 令 $C = 0.1\mu F$ ，則 $R = 0.32k\Omega$

(2)設計二階基本濾波器，S 項係數需滿足 $3 - A_{vo} = \frac{1}{Q}$

①第一個濾波器：

$$\therefore 3 - A_{O1} = 0.765$$

故 $A_{O1} = 1 + \frac{R'}{R_1} = 3 - 0.765 = 2.235$

$\therefore$ 令 $R_1 = 10k\Omega$ ，則 $R' = 12.35k\Omega$

②第二個濾波器

$$\because 3 - A_{O2} = 1.848$$

$$\therefore A_{O2} = 1 + \frac{R'_2}{R_2} = 3 - 1.848 = 1.152$$

令 $R_2 = 10k\Omega$ ，則 $R'_2 = 1.52k\Omega$

(3)完成設計四階低通濾波器

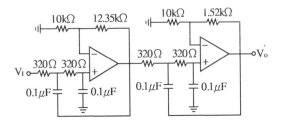

3.設計四階高通濾波器,只需將上述的 RC 位置互換,而元件參數
  值相同。如下

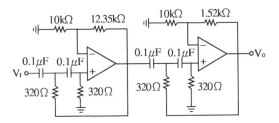

考型205 Sallen – Key 濾波器及 VCVS 濾波器

一、Sallen – Key 濾波器

此型的 OPA 為電壓隨耦器,所以電壓增益 $A_v = 1$

1.低通濾波器

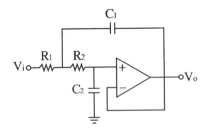

2.高通濾波器

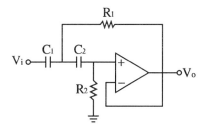

3.帶通濾波器

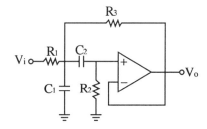

二、VCVS 濾波器

此型為 Sallen – Key 濾波器的改良，其中 OPA 的 $A_v > 1$

1.低通濾波器

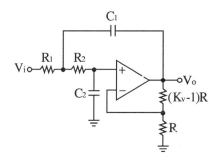

2.高通濾波器

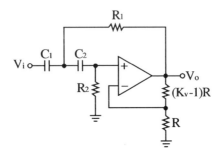

3.帶通濾波器

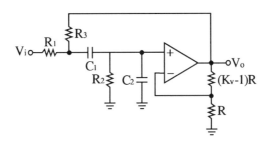

歷屆試題

1.如下圖所示為一階的高通濾波器,圖中 OPA 為理想運算放大器。今欲設計此一濾波器達到下列的規格:高頻增益40dB,負3dB 的頻率為1000Hz,則相關的元件值為:(A) $R_1 = 1k\Omega$, $R_2 = 100k\Omega$, $C = 1\mu F$ (B) $R_1 = 1k\Omega$, $R_2 = 100k\Omega$, $C = 1\mu F$ (C) $R_1 = 1k\Omega$, $R_2 = 100k\Omega$, $C = 0.159\mu F$ (D) $R_1 = 1k\Omega$, $R_2 = 500k\Omega$, $C = 1\mu F$。(題型:主動性一階 RC 濾波器)

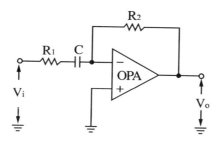

【87年二技電機】

解☞：(C)

1. $\because A_v = 40dB = 20\log|A_v|$

   $\therefore |A_v| = 40dB = 100$

   故 $|A_v| = |-\dfrac{R_2}{R_1}| = 100$……①

2. $f_{3dB} = 1000 = \dfrac{1}{2\pi R_1 C}$

   $\therefore R_1 C = \dfrac{1}{(2\pi)(1000)} = 0.159 \times 10^{-3}$……②

3. 若選 $R_1 = 1k\Omega$，則 $C = 0.159\mu F$，$R_2 = 100k\Omega$

---

2. 同上題，若輸入電壓 V_i 爲峰值1V 的正弦波，則在以下何種頻率時，輸出電壓 V_o 與輸入電壓 V_i 的振幅會相同：(A)1Hz　(B)10Hz　(C)100Hz　(D)1000Hz。 【87年二技電機】

解☞：(B)

$$T(s) = \dfrac{V_o(S)}{V_i(S)} = 1 = -\dfrac{R_2}{R_1 + \dfrac{1}{SC}}$$

即

$$-R_2 = R_1 + \dfrac{1}{SC} \Rightarrow R_1 + R_2 + \dfrac{1}{SC} = 0$$

$$\therefore SC（R_1 + R_2）= -1$$

$$故 \ S = -\omega_o = \frac{-1}{C（R_1 + R_2）}$$

即

$$f = \frac{\omega_o}{2\pi} = \frac{1}{2\pi C（R_1 + R_2）} = \frac{1}{（2\pi）（0.159\mu）（101K）} \approx 10Hz$$

3.下圖為一低通放大濾波器，若其電壓增益 A = − 10且高頻截止頻率（upper 3 − dB frequency）f_h = 15.9Hz，試設計電容 C_F 值。
(A)0.01μF　(B)0.1μF　(C)1μF　(D)10μF（**題型：主動性 RC 濾波器**）

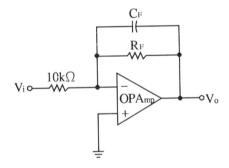

【86年二技】

解 ☞ ：(B)

$$\because A_v = -\frac{R_F}{10K} = -10$$

$$\therefore R_F = 100k\Omega$$

$$又 \ \omega_c = 2\pi f_H = \frac{1}{R_F C_F}$$

$$C_F = \frac{1}{2\pi f_H R_F} = \frac{1}{（2\pi）（15.9）（100K）} = 0.1\mu F$$

4. 下圖中 R = 10kΩ 且 C = 0.001μF，求出此低通濾波器之截止頻率（cutoff frequency）。（題型：主動性 RC 濾波器）

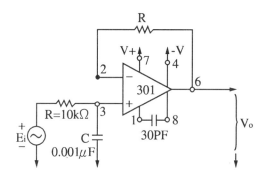

解☞：

$$A_v(S) = \frac{V_o(S)}{E_i(S)} = \frac{\dfrac{1}{SC}}{R + \dfrac{1}{SC}} = \frac{1}{1 + SRC} = \frac{K}{1 + \dfrac{S}{\omega_L}}$$

$$\therefore \omega_L = \frac{1}{RC}$$

$$\text{故 } f_L = \frac{\omega_L}{2\pi} = \frac{1}{2\pi RC} = \frac{1}{(2\pi)(10K)(0.001\mu)} = 15.91\,KHz$$

5. 下圖中，運算放大器為理想特性，若 $R_1 = 2kΩ$，$R_2 = 200kΩ$，C = 2nf，則直流電壓增益 V_o / V_i 為

(A) – 100　(B) – 0.01　(C)100　(D)101（題型：主動性 RC 濾波器）

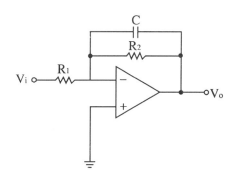

解 ☞ : (A)

直流增益 $A_v = -\dfrac{R_2}{R_1} = -\dfrac{200K}{2K} = -100$

6.同上題，試求轉移函數（transfer function）$V_o(S)／V_I(S)$為

(A) $\dfrac{-100}{1 + 4 \times 10^{-6}S}$　　(B) $\dfrac{-100}{1 + 4 \times 10^{-4}S}$

(C) $\dfrac{100}{1 + 4 \times 10^{-6}S}$　　(D) $\dfrac{0.01}{1 + 4 \times 10^{-4}S}$。　　【82年二技電機】

解 ☞ : (B)

$T(s) = K\dfrac{\omega_o}{S + \omega_o}$

其中

$\omega_o = \dfrac{1}{R_2C} = \dfrac{1}{(200K)(2n)} = \dfrac{1}{4} \times 10^4\,\text{rad}／\text{s}$

$\therefore T(s) = \dfrac{V_o(S)}{V_I(S)} = K\dfrac{\omega_o}{S + \omega_o} = (-100)\dfrac{\dfrac{1}{4} \times 10^4}{S + \dfrac{1}{4} \times 10^4}$

$= \dfrac{-100}{1 + 4 \times 10^{-4}S}$

7.如下圖所示的二階濾波器，其截止頻率下列何者較為適當？

(A) 1 kHz　(B) 500 Hz　(C) 550 Hz　(D) 1125 Hz。 **（題型：Sallen – Key 二階低通濾波器）**

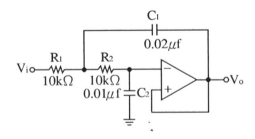

【 80年二技電子 】

解 ☞ ：(D)

1. $T(s) = \dfrac{V_o(S)}{V_I(S)}$

$= \dfrac{A_v}{S^2 R_1 R_2 C_1 C_2 + S\left[C_2(R_1+R_2)+R_1 C_1(1-A_v)\right]+1}$

$= \dfrac{1}{2\times 10^{-8}S^2 + 2\times 10^{-4} + 1} = \dfrac{5\times 10^7}{S^2 + 10^4 S + 5\times 10^7}$

$= \dfrac{1}{S^2 + \dfrac{\omega_o}{Q}S + \omega_o^2}$

其中 $A_v = 1$（電壓隨耦器）

2. 由上式比較得

$\omega_o = \sqrt{5\times 10^7} = 7071\,\text{rad}/\text{sec}$

$\dfrac{\omega_o}{Q} = 10^4 \Rightarrow Q = \dfrac{\omega_o}{10^4} = \dfrac{7071}{10^4} = \dfrac{1}{\sqrt{2}}$

∴ 截止頻率 $\omega_c = \omega_o = 7071\,\text{rad}/\text{sec}$

故 $f_c = \dfrac{\omega_c}{2\pi} = 1.125\,\text{KHz}$

---

8. 如圖為一濾波器，$R_3 = 1k\Omega$，$C = 10\mu F$，試求：

(1)當電壓增益降至 -3dB 時的角頻率 $\omega_1 = $ ___①___ （rad／sec）

(2)若要使 $|\dfrac{V_o}{V_s}|$ 在 $\omega = \omega_1$ 時仍有20倍的關係，此時 $R_1／R_2$ 的比值

應為 ___②___ 。（題型：主動性 RC 濾波器）

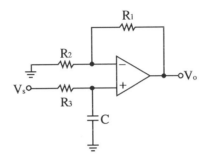

【78年二技電子】

解☞：

(1) $\omega_l = \dfrac{1}{R_3 C} = \dfrac{1}{(1K)(10\mu)} = 100\,\text{rad}\diagup\text{sec}$

(2) 當 $\omega = \omega_l$ 時，$\left| \dfrac{V_o}{V_s} \right| = 20$，此意即為

$A\left| \omega_l \right| = \dfrac{1}{\sqrt{2}} \left| \dfrac{V_o}{V_s} \right|_{\omega=\omega_l} = \dfrac{1}{\sqrt{2}} \left(1 + \dfrac{R_1}{R_2} \right) = 20$

$\therefore \dfrac{R_1}{R_2} = 27.28$

註：ω_l 為三分貝頻率，此時的增益 $A(\omega_l) = \dfrac{A}{\sqrt{2}}$

題型變化

1. 如下圖之濾波器，截止頻率為1KHz，已知 $R_2 = 2R_1$，試求各電阻之值。（題型：主動性二階濾波器）

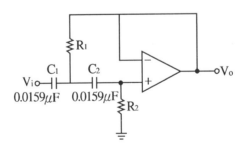

解☞ :

題目的條件 $f_L = 1\,KHz$，$R_2 = 2R_1$且知 $C_1 = C_2 = C = 0.0159\mu F$

$$\therefore f_L = \frac{1}{2\pi\sqrt{R_1R_2C_1C_2}} = \frac{1}{2\sqrt{2}\pi R_1 C} = 1\,KHz$$

$$\therefore R_1 = \frac{1}{2\sqrt{2}\pi f_L C} = \frac{1}{(2\sqrt{2}\pi)(1K)(0.0159\mu)} = 7.07\,k\Omega$$

故 $R_2 = 2R_1 = 14.14\,k\Omega$

---

2. 下圖爲帶通濾波器，$R_1 = 10\,k\Omega$，中頻增益大小爲50，截止頻率爲200Hz及5KHz，求 R_2，C_1 及 C_2。（**題型：主動性二階 RC 濾波器**）

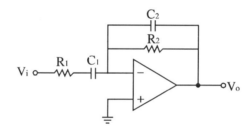

解☞ :

1. $\because \left|A_M\right| = \left|-\dfrac{R_2}{R_1}\right| = 50 = \dfrac{R_2}{10K}$

   $\therefore R_2 = 500\,k\Omega$

2. 又 $f_L = \dfrac{\omega_L}{2\pi} = \dfrac{1}{2\pi R_1 C_1}$

   $\therefore C_1 = \dfrac{1}{2\pi R_1 f_L} = \dfrac{1}{(2\pi)(10K)(200)} = 0.0796\mu F$

3. $f_H = \dfrac{\omega_H}{2\pi} = \dfrac{1}{2\pi R_2 C_2}$

$$\therefore C_2 = \frac{1}{2\pi R_2 f_H} = \frac{1}{(2\pi)(500K)(5K)} = 63.7PF$$

4.說明（觀察法）

   (1)當 $S = 0 \Rightarrow C_1$為斷路，無輸出

     當 $S = \infty \Rightarrow C_1$為短路，有短路

     故知 $R_1 C_1$為高通電路，即有 f_L 存在

   (2)當 $S = 0 \Rightarrow C_2$為斷路，有輸出

     當 $S = \infty \Rightarrow C_2$為短路，$V_o = 0$

     故知 $R_2 C_2$為低通電路，即有 f_H 存在。

13-4〔題型八十三〕：
雙二次電路濾波器（Tow – Thomas）

考型206　雙二次電路濾波器

一、基本結構

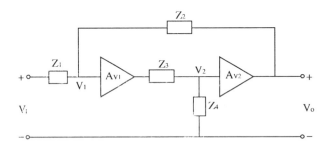

二、轉移函數 T（s）

1. 用節點分析法，分析電路

$$V_1 \left(\frac{1}{Z_1} + \frac{1}{Z_2} \right) = \frac{V_I}{Z_1} + \frac{V_o}{Z_2} \cdots\cdots ①$$

$$V_2 \left(\frac{1}{Z_3} + \frac{1}{Z_4} \right) = \frac{A_{V_1} V_1}{Z_3} \cdots\cdots ②$$

$$A_{V_2} = \frac{V_o}{V_2} \cdots\cdots ③$$

2. 解聯立方程式①②③得

$$T（s）= \frac{V_o（S）}{V_I（S）} = \frac{A_{V1} A_{V2} Z_2 Z_4}{（Z_1 + Z_2）（Z_3 + Z_4）- A_{V1} A_{V2} Z_1 Z_4}$$

3. 與二階濾波器的轉移函數標準式比較

$$T（s）= \frac{n_2 S^2 + n_1 S + n_0}{S^2 + S\left(\dfrac{\omega_o}{Q}\right) + \omega_o^2}$$

可經設計得不同型式的濾波器，如下

型式	Z_1	Z_2	Z_3	Z_4
低通	R_1	$1／C_1 S$	R_2	$1／C_2 S$
高通	$1／C_1 S$	R_1	$1／C_2 S$	R_2
帶通	R_1	$1／C_1 S$	$1／C_2 S$	R_2

考型207 GIC 濾波器

一、觀念

1. 被動性濾波器中的電感 L，無法 IC 化。

2. 一般阻抗轉換器（GIC）可替代電感。如圖

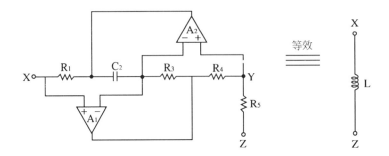

$$L = \frac{C_2 R_1 R_3 R_5}{R_4}$$

二、帶通濾波器

1.被動性帶通濾波器

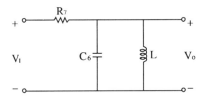

$$T(s) = \frac{V_o(S)}{V_I(S)} = \frac{\dfrac{1}{SC_6} /\!/ SL}{R_7 + \dfrac{1}{SC_6} /\!/ SL}$$

2.帶通 GIC 濾波器

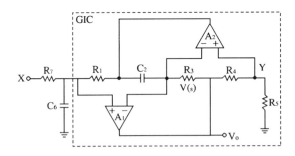

①$T(s) = \dfrac{V_o(S)}{V_I(S)} = \dfrac{\dfrac{1}{SC_6} /\!/ SL}{R_7 + \dfrac{1}{SC_6} /\!/ SL}$

②將 $L = \dfrac{C_2 R_1 R_3 R_5}{R_4}$ 代入上式，得

$$T(s) = \dfrac{n_1 S}{S^2 + S\left(\dfrac{\omega_o}{Q}\right) + \omega_o^2} = \dfrac{\left(\dfrac{1}{C_6 R_7}\right) S}{S^2 + S\left(\dfrac{1}{C_6 R_7}\right) + \dfrac{1}{C_6 L}}$$

3.結論

(1)BP 型

(2)中心頻率：$\omega_o = \sqrt{\dfrac{1}{L_{in} C_6}} = \sqrt{\dfrac{R_4}{C_2 C_6 R_1 R_3 R_5}}$

(3)頻帶寬：$\dfrac{\omega_o}{Q} = \dfrac{1}{R_7 C_6}$

(4)品質因數：$Q = \omega_o R_7 C_6$

三、低通 GIC 濾波器

1.等效電路

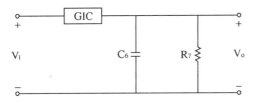

2.結論

(1)轉移函數

$$T(s) = \dfrac{1/LC_6}{S^2 + S\left[\dfrac{1}{R_7 C_6}\right] + 1/LC_6}$$

$$(2)\omega_o = \frac{1}{\sqrt{LC_6}} = \sqrt{\frac{R_4}{R_1 R_3 R_5 C_2 C_6}}$$

$$(3)Q = \omega_o R_7 C_6$$

四、高通 GIC 濾波器

1.等效電路

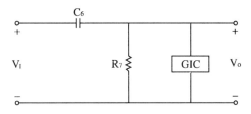

2.結論

(1)轉移函數

$$T(s) = \frac{S^2}{S^2 + S\left[\dfrac{1}{C_6 R_7}\right] + \dfrac{1}{LC_6}}$$

$$(2)\omega_o = \frac{1}{\sqrt{LC_6}} = \sqrt{\frac{R_4}{R_1 R_3 R_5 C_2 C_6}}$$

$$(3)Q = \omega_o R_7 C_6$$

五、具增益的 GIC 濾波器

(1)二階 GIC 高通濾波器

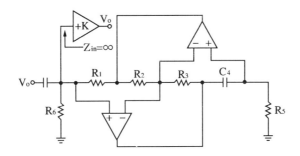

(2)二階 GIC 低通濾波器

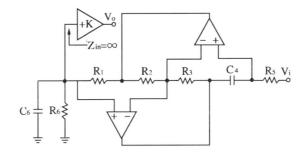

(3)GIC 帶通濾波器

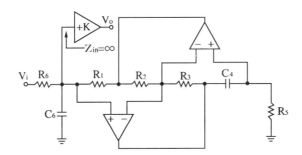

(4)GIC 帶拒濾波器

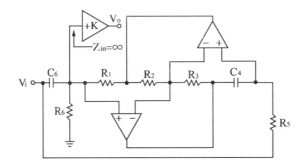

(5)GIC 全通濾波器

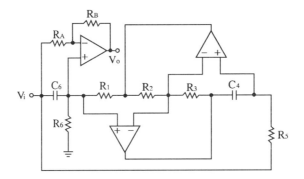

〔例〕(1)如下圖所示電路，導出其轉換函數，並證實此電路為一高
　　　通濾波器。

　　(2)此電路高頻增益為何？

　　(3)設計此電路使其最大平坦響應3分貝頻率為10^4 rad／s，
　　　（假設：$C_2 = C_7 = C$，$R_1 = R_3 = R_4 = R_5 = 10k\Omega$）亦即求 C
　　　與R_6值。（題型：GIC 濾波器）

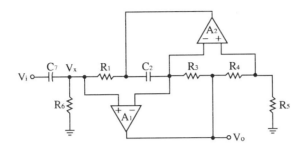

解☞：

(1)①等效電路

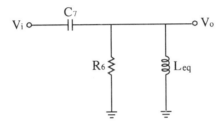

②由 R_1，C_2，R_3，R_4，R_5，A_1，A_2所組成的 GIC，其中之等效
電感爲

$$L_{eq} = \frac{R_1 R_3 R_5 C_2}{R_4} = 10^8 C$$

③$T(s) = \dfrac{V_o(S)}{V_I(S)} = \dfrac{R_6 /\!/ SL_{eq}}{\dfrac{1}{SC} + R_6 /\!/ SL_{eq}} = \dfrac{S^2}{S^2 + S\left[\dfrac{1}{R_6 C}\right] + \dfrac{1}{CL_{eq}}}$$

$$= \frac{n_2 S^2 + n_1 S + n_o}{S^2 + S\left(\dfrac{\omega_o}{Q}\right) + \omega_o^2}$$

④$\because n_1 = n_o = 0$，$n_2 = 1$
故知爲高通濾波器

(2)$\because n_2 = 1$　$\therefore$高頻增益 $A_v = 1$

(3)電路最大平坦響應的條件為

$$Q = \frac{1}{\sqrt{2}}$$

$$\because \omega_o = \frac{1}{\sqrt{CL_{eq}}} = \frac{1}{\sqrt{10^8 C^2}} = 10^4 \, rad \diagup s$$

$$\therefore C = 10^{-8} F = 100nF$$

$$又 \frac{\omega_o}{Q} = \frac{10^4}{1 \diagup \sqrt{2}} = \sqrt{2} \times 10^4 = \frac{1}{R_6 C}$$

$$\therefore R_6 = \frac{1}{(\sqrt{2} \times 10^4) \, C} = \frac{1}{(\sqrt{2} \times 10^4)(100n)} = 7.07k\Omega$$

13－5〔題型八十四〕：狀態變數濾波器（KHN）

考型208 狀態變數濾波器（KHN）

KHN：Kerwin Hueleswan Newton

一、觀念

1.狀態變數濾波器，又稱為通用濾波器

2.可同時提供，高通、帶通及低通濾波器的功能

3.其工作原理是利用雙積分迴路的原理。

二、電路一

1.設計方法：

由高通轉移函數知

$$T(s) = \frac{V_{HP}}{V_I} = \frac{n_2 S^2}{S^2 + S\left(\frac{\omega_o}{Q}\right) + \omega_o^2} = \frac{n_2}{1 + \frac{1}{S}\left(\frac{\omega_o}{Q}\right) + \frac{\omega_o^2}{S^2}}$$

$$\therefore n_2 V_I = V_{HP}\left[\, 1 + \frac{1}{S}\left(\frac{\omega_o}{Q}\right) + \frac{\omega_o^2}{S^2}\,\right]$$

$$= V_{HP} + V_{HP}\left[\,\frac{1}{S}\left(\frac{\omega_o}{Q}\right)\,\right] + V_{HP}\frac{\omega_o^2}{S^2}$$

即

$$V_{HP} = -\frac{1}{Q}\frac{\omega_o}{S}V_{HP} - \frac{\omega_o^2}{S^2}V_{HP} + n_2 V_I$$

2.方塊圖

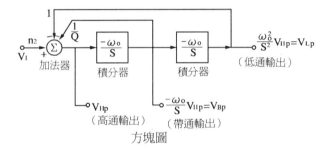

方塊圖

3.電路圖

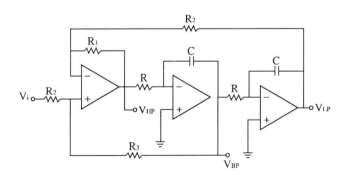

由電路分析知

$$V_{HP} = -\frac{\omega_o^2}{S^2} V_{HP} + \frac{2R_2}{R_2 + R_3} \left[-\frac{\omega_o}{S} V_{HP} \right] + \frac{2R_3}{R_2 + R_3} V_I \quad \text{與上式比較}$$

$$V_{HP} = -\frac{1}{Q} \frac{\omega_o}{S} V_{HP} - \frac{\omega_o^2}{S^2} V_{HP} + n_2 V_I$$

得

$(1) \dfrac{R_3}{R_2} = 2Q - 1$

$(2) n_2 = 2 - \dfrac{1}{Q} = k$

$(3) \omega_o = \dfrac{1}{RC}$

$$(4) \frac{V_{HP}}{V_i} = \frac{kS^2}{S^2 + \dfrac{\omega_o}{Q} S + \omega_o^2} = \frac{\dfrac{R_3 (R + R_2)}{R_2 (R_1 + R_3)} S^2}{S^2 + S \dfrac{R_1 (R + R_2)}{RR_2 C (R_1 + R_3)} + \dfrac{1}{RR_2 C_2}}$$

$$(5) \frac{V_{BP}}{V_i} = \left(\frac{-\omega_o}{S} \right) V_{HP} = \frac{-K\omega_o S}{S^2 + \dfrac{\omega_o}{Q} S + \omega_o^2} = \frac{-\dfrac{R_3 (R + R_2)}{RR_2 C (R_1 + R_3)} S}{S^2 + S \dfrac{R_1 (R + R_2)}{RR_2 C (R_1 + R_3)} + \dfrac{1}{RR_2 C}}$$

$$(6) \frac{V_{LP}}{V_i} = \left(\frac{\omega_o^2}{S^2} \right) V_{HP} = \frac{K\omega_o^2}{S^2 + \dfrac{\omega_o}{Q} + \omega_o^2} = \frac{\dfrac{R_3 (R + R_2)}{R^2 R_2 C^2 (R_1 + R_3)}}{S^2 + S \dfrac{R_1 (R + R_2)}{RR_2 (R_1 + R_3)} + \dfrac{1}{RR_2 C^2}}$$

$(7) Q = \dfrac{1 + \dfrac{R_3}{R_2}}{2}$

三、電路二

1.設計方法：將所有 OPA 以反相式串接。

2.方塊圖

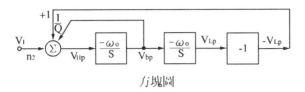

方塊圖

3.電路圖

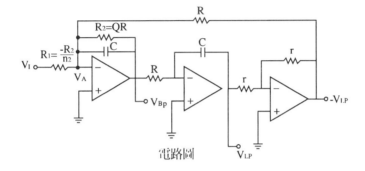

電路圖

4.分析電路：

(1)節點分析法

$$\begin{cases} V_{LP} = -\dfrac{V_{BP}}{SRC} \\ \dfrac{V_I}{R_1} + \dfrac{V_{BP}}{R_2} + SCV_{BP} - \dfrac{V_{LP}}{R} = 0 \end{cases}$$

(2)解聯立方程式，得

$$\frac{V_I}{R_1} = -\left[\frac{1}{SR^2C} + \frac{1}{R_2} + SC\right]V_{BP}$$

故知帶通轉移函數 T_{BP}（S）：

$$T_{BP}（S）= \frac{V_{BP}}{V_I} = \frac{-\dfrac{R}{R_1}\left(\dfrac{1}{R_2C}\right)S}{S^2 + \dfrac{1}{R_2C}S + \dfrac{1}{R^2C^2}} = \frac{-K\left(\dfrac{\omega_o}{Q}\right)S}{S^2 + S\dfrac{\omega_o}{Q} + \omega_o^2}$$

(3)其中

①中心頻率 ω_o 時的電壓增益

$$A(\omega_o) = K = -\frac{R_2}{R_1}$$

②中心角頻率

$$\omega_o = \frac{1}{RC}$$

③品質因數

$$Q = \omega_o R_2 C = \frac{R_2}{R}$$

歷屆試題

1.下圖為二階濾波器電路,假設所有運算放大器均為理想元件,則下列敘述何者正確?

(A)$\frac{V_x}{V_I}$為非反相(noninverting)二階高通濾波器特性

(B)$\frac{V_o}{V_y}$為反相(inverting)微分器波器特性

(C)$\frac{V_y}{V_I}$為非反相二階帶通濾波器特性

(D)此二階濾波器的品質因數(quality factor)Q 與 R_2 有關(**題型:NHK 濾波器**)

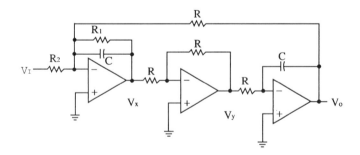

解☞：(C)

用節點分析法知：

$$
\begin{cases}
\dfrac{V_I}{R_2} + \left(SC + \dfrac{1}{R_1} \right) V_x + \dfrac{V_O}{R} = 0 \cdots\cdots ① \\[3mm]
\dfrac{V_x}{R} + \dfrac{V_y}{R} = 0 \Rightarrow V_x = -V_y \cdots\cdots ② \\[3mm]
\dfrac{V_y}{R} + SCV_O = 0 \Rightarrow V_y = -SRCV_O \cdots\cdots ③
\end{cases}
$$

$\therefore V_x = -V_y = SRCV_O$

即 $V_o = \dfrac{V_x}{SRC}$ 代入方程式①

$\therefore \dfrac{V_I}{R_2} + \left(SC + \dfrac{1}{R_1} + \dfrac{1}{SR^2C} \right) V_x = 0$

因此

① $\dfrac{V_x}{V_I} = \dfrac{-S\left(\dfrac{1}{R_2C}\right)}{S^2 + S\dfrac{1}{R_1C} + \dfrac{1}{R^2C^2}}$

② $\dfrac{V_y}{V_I} = \dfrac{S\dfrac{1}{R_2C}}{S^2 + S\dfrac{1}{R_1C} + \dfrac{1}{R^2C^2}}$

③ $\dfrac{V_O}{V_I} = \dfrac{\dfrac{-1}{RR_2C^2}}{S^2 + S\dfrac{1}{R_1C} + \dfrac{1}{R^2C^2}}$

故

$$
\begin{cases}
V_x \text{為反相帶通濾波器的輸出} \\
V_y \text{為非反相帶通濾波器的輸出} \\
V_o \text{為反相低通濾波器的輸出}
\end{cases}
$$

又知

$$\omega_o = \frac{1}{RC}$$

而 $\frac{\omega_o}{Q} = \frac{1}{R_1 C}$

$\therefore Q = R_1 C \ \omega_o = \frac{R_1}{R}$ 與 R_2 無關

---

2. 承上題，若要求 $Q = 20$，極點頻率（pole frequeney）$\omega_o = 5000 \text{rad} / \text{sec}$，假設 $C = 0.01 \mu F$，試求 $R_1 = ?$

(A)400kΩ　(B)63.66kΩ　(C)40kΩ　(D)6.37kΩ 　【88年二技電子】

解☞：(A)

$\because \frac{\omega_o}{Q} = \frac{1}{R_1 C}$

$\therefore \frac{5000}{20} = \frac{1}{R_1 (0.01 \mu)}$

故 $R_1 = 400 \text{k}\Omega$

---

3. 承上題，若低通濾波器的直流增益絕對值爲2，則帶通濾波器的中心頻率增益（center frequency gain）絕對值爲：

(A)10　(B)20　(C)30　(D)40 　　　　　　　【88年二技電子】

解☞：(D)

$\because \omega_o = \frac{1}{RC} \Rightarrow R = \frac{1}{\omega_o C} = \frac{1}{(5000)(0.01 \mu)} = 20 \text{k}\Omega$

$\therefore K = |\frac{V_o}{V_I}|_{S=0} = \frac{R}{R_2} \Rightarrow R_2 = \frac{R}{K} = \frac{20K}{2} = 10K$

$$A_{BP}(\omega_o) = \frac{-j\omega_o (\frac{1}{R_2 C})}{-\omega_o^2 + j\omega_o (\frac{1}{R_1 C}) + \omega_o^2} = \frac{-\frac{1}{R_2 C}}{\frac{1}{R_1 C}} = -\frac{R_1}{R_2}$$

$$= -\frac{400K}{10K} = -40$$

$$\therefore | A_{BP} (\omega_o) | = 40$$

---

4. 下圖為一 KHN 二階濾波器,其極點頻率(Pole frequency)為 10KHz,若 C = 1nF,則 R = (A)16.9kΩ　(B)15.9kΩ　(C)14.9kΩ (D)13.9kΩ (題型:KHN 濾波器)

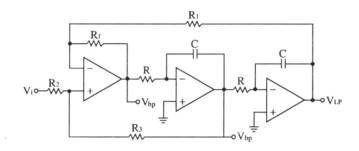

【85年二技電子】

解☞:(B)

$$\because f_o = \frac{1}{2\pi RC}$$

$$\therefore R = \frac{1}{2\pi f_o C} = \frac{1}{(2\pi) (10K) (1n)} = 15.915k\Omega$$

---

5. 下圖使用所示電路設計一二階帶通濾波器(Second – order band-pass filter),其中心頻率(Center – frequency)f_o = 10KHz,極點品質因數(Pole quality factor)Q = 20,中心頻率增益(Center – frequency gain)為,若 R = 10kΩ,則 C 值為

(A)1.19nF　(B)1.39nF　(C)1.59nF　(D)1.79nF (題型:KHN 濾波器)

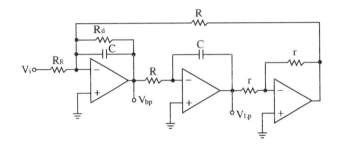

【 84年二技電子 】

解☞ : (C)

$$\because f_o = \frac{1}{2\pi RC}$$

$$\therefore C = \frac{1}{2\pi f_o R} = \frac{1}{(2\pi)(10K)(10K)} = 1.59nF$$

推論

$$\because Q = \frac{R_d}{R} \Rightarrow R_d = QR = (20)(10K) = 200k\Omega$$

$$\because |K| = \left| -\frac{R_d}{R_R} \right| \Rightarrow R_R = \frac{R_d}{K} = R_d = 200k\Omega$$

13-6〔題型八十五〕：交換電容濾波器（S.C.F）

考型209 反相式交換電容濾波器

一、觀念

1.主動性 RC 濾波器，或 GIC 濾波器中的 RC，均無法做到精確的時

間常數 RC 值，（因電阻 R 之故）

  2.上述的缺點，可利用 MOS 來替代大電阻 R

二、反相式交換電容濾波器

  1.工作原理：主動性 RC 高通濾波器

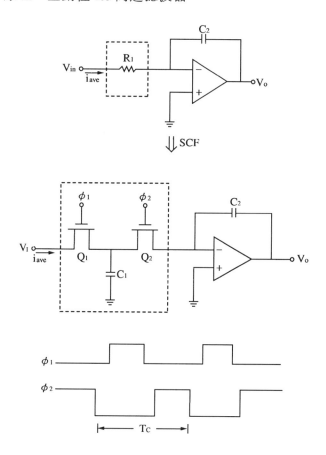

2.電路分析

當輸入訊號的週期 $T \gg T_C$ 時。（適用範圍 .)

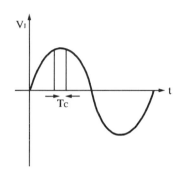

(1) $\phi_1 = V(1)$ ，$\phi_2 = V(0) \Rightarrow Q_1$ ：ON，Q_2 ：OFF，則 V_I 對 C_1 充電

至 $V_{C1} = V_I$

∴ $Q_{C1} = C_1 V_I$

(2) $\phi_1 = V(0)$ ，$\phi_2 = V(1) \Rightarrow Q_1$ ：OFF，Q_2 ：ON，則 V_{C1} 對 C_2 充

電，即 Q_{C1} 流至 C_2 （呈反相輸入 OPA ）

(3) 此時平均電流

$$I_{av} = \frac{Q_{C1}}{T_C} = \frac{C_1 V_1}{T_C} = \frac{V_1}{R_{eq}}$$

$$\therefore R_{eq} = \frac{V_1}{I_{av}} = \frac{V_1}{\dfrac{C_1 V_1}{T_C}} = \frac{T_C}{C_1}$$

故知**等效電阻**

$$\boxed{R_{eq} = \frac{T_c}{C_1}}$$

(4) **時間常數** $\tau = R_{eq} C_2 = T_C \dfrac{C_2}{C_1}$

由此可知可獲精確的時間常數

反相式及非反相式交換電容濾波器

一、電路

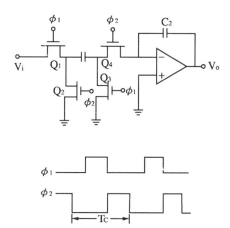

二、電路分析

1. $\left.\begin{array}{l} \phi_1 接至 Q_1 , Q_3 \\ \phi_2 接至 Q_2 , Q_4 \end{array}\right\}$ 形成非反相 SCF

2. $\left.\begin{array}{l} \phi_1 接至 Q_1 , Q_4 \\ \phi_2 接至 Q_2 , Q_3 \end{array}\right\}$ 形成反相 SCF

三、形成非反相的 SCF

1. $\phi_1 = V (1)$ ，則 Q_1 , Q_3：ON，Q_2 , Q_4：OFF

2. $V_I \xrightarrow{\text{充電}} C_1 \rightarrow Q_{C1} = C_1 V_1$

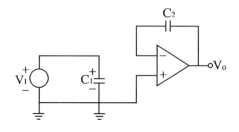

3. $\phi_1 = V(0)$，$\phi_2 = V(1)$，則 Q_1，Q_3：OFF，Q_2，Q_4：ON

$Q_{C2} = C_1 V_1$

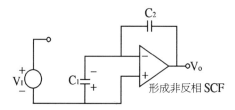

形成非反相SCF

四、形成反相的 SCF

反相 SCF（$\phi_1 \rightarrow Q_1$，Q_4；$\phi_2 \rightarrow Q_2$，Q_3）

1. $\phi_1 = V(1)$，則 Q_1，Q_4：ON，

$\phi_2 = V(0)$，則 Q_2，Q_3：OFF

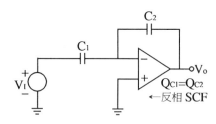

$Q_{C1} = Q_{C2}$
←反相 SCF

2. $\phi_1 = V（0）$，則 Q_1，Q_4：OFF，

$\phi_2 = V（1）$，則 Q_2，Q_3：ON

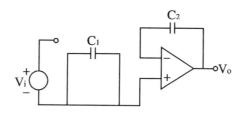

五、SC 濾波器與主動式 RC 濾波器之比較：

1.具有相同功能：

2.SC 濾波器具有下列功能：

(1)適用於 IC 中。

(2)時間常數 τ 之靈敏度更低。$\tau = T_C \times \dfrac{C_2}{C_1}$

(3)功率損耗小。

(4)具有互補功能（反相，非反相）。

歷屆試題

1.下圖中，若 M_1 的 γ_{ds}（ OFF ）$= 3 \times 10^{10}\Omega$，運算放大器輸入端電阻 $R_i = 10^{11}\Omega$，電容器內漏電阻值為 $100M\Omega$，則所取樣的電壓在 C 兩端漏洩到 $0.37V_A$ 需時？

(A)20s　(B)15s　(C)10s　(D)5s。

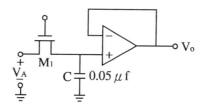

【81年二技電子】

解☞ : (D)

∵ $t = RC = (100M)(0.05\mu) = 5\sec$

---

2. 如圖所示電路中 OPA 為理想的，輸入訊號 v_s 之頻率 f_s 小於控制
開關的時基訊號 ϕ 的頻率 f_ϕ，試求此電路之 v_o 與 v_s 之關係。

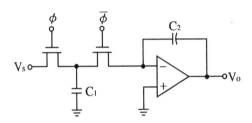

解☞ : 等效圖

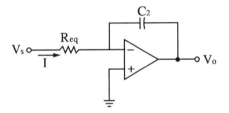

1. $\dfrac{V_S}{R_{eq}} = -C_2 \dfrac{dV_o}{dt}$

2. 又知 $R_{eq} = \dfrac{T_C}{C_1} = \dfrac{1}{f_\phi C_1}$

3. ∴ $V_o(t) = -\dfrac{1}{R_{eq}C_2} \int V_s(t)\, dt = -\dfrac{f_\phi C_1}{C_2} \int V_s(t)\, dt$

---

3. 與主動 RC 濾波器比較而言，開關電容式濾波器具有之優點
   為：

   解☞：

       1.在頻率響應方面具有較佳之精確度。

       2.可以與 CMOS 數位電路整合在一起。

       3.較適合大量之製造。

CH14　弦波振盪器(Sin. Wave Oscillator)

引讀

1. 本章重要考型為212，213，220。

2. 弦波振盪器可分為低頻（聲頻）振盪器及高頻（射頻）振盪器，
   其中於考型上而言，低頻振盪器以維恩電橋振盪器（考型213）
   為重要。而高頻振盪器以考型220，221，224為重要。

3. 關於高頻振盪器，本文有簡單而公式化的解題方式，同學多注意
   考型220的叙述。

4. 綜論：本章的出題重點在於(1)巴克豪生準則的應用，(2)振盪條件
   (3)振盪頻率。但礙於振盪器種類繁多，所以同學最好將文中叙述
   的各類振盪器的結果(1)振盪條件(2)振盪頻率，公式化背起來，對
   考試相當有助益。

14－1〔題型八十六〕：振盪器的基本概念

考型211　振盪器的基本概念

一、振盪器的定義

1. 能夠產生連續且重覆的交流輸出訊號或增減起伏的直流輸出訊
   號。

2. 無需外加訊號（ V_s ）的輸入，而藉著直流電源輸入中的雜訊，經
   振盪放大而產生週期性的波形輸出。

二、振盪條件

1. 必須具有正回授的電路，或相當於正回授的等效意義。即若是負
   回授，則在電路中需具有移相特性，而令其產生振盪。如圖

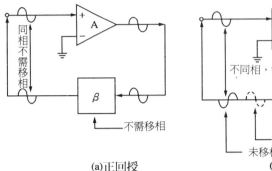
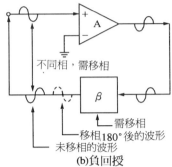

(a)正回授　　　　　　　　　　　　　(b)負回授

2.需回授量 $D = 1 - \beta A = 0$

　因為 $A_f = \dfrac{A}{1 - \beta A} = \dfrac{A}{D}$

　若回授量 $D = 1 - \beta A = 0$，則 $A_f = \infty$，即電路產生振盪

3.需有穩定的直流電源輸入。

　直流電源提供二項目標：

　(1)維持電路工作。

　(2)提供雜訊 V_N 輸入，藉由振盪而產生波形輸出

4.需有頻率控制電路。如 RC，LC，晶體等電路

三、振盪器可分為兩大類

1.正弦波振盪器：正弦波振盪器產生正弦波信號輸出。

2.非正弦波振盪器：以正弦波以外的波形信號輸出：如三角波、鋸
　齒波、脈波……等信號輸出。

四、振盪器與濾波器之比較

1.相同點：

　均為回授網路，且可表示成基本回授組態。

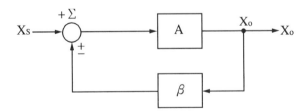

2. 相異點：

    (1)濾波器需要輸入訊號，而振盪器不須輸入訊號。

    (2)濾波器的極點位 S 平面的左半邊，而振盪器之極點在 S 平面之 $j\omega$ 軸上或右半面。

考型212　巴克豪生（Barkhausen）準則

一、理論推導

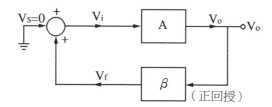

1. $A_f(S) = \dfrac{A(S)}{1 - \beta(S)A(S)} = \dfrac{A(S)}{1 - L(S)}$

2. $D(S) = 1 + \beta(S) \cdot A(S) = 1 - L(S) = 0$

    $\Rightarrow L(S) = \beta(S)A(S) = 1$

3. 振盪條件

    $\beta(j\omega)A(j\omega) = 1$

4. 若 $\omega = \omega_o$，使 $|\beta(j\omega)A(j\omega)| = 1$，則 ω_o 爲振盪頻率。

二、實際設計振盪的法則

  1. 振盪條件

    $\beta(j\omega)A(j\omega) > 1$　約爲（$1.02 \sim 1.05$）

    目標：將微小的雜訊 V_N，因不穩定而放大。如圖

(1)$\beta(j\omega)A(j\omega) = 0$時

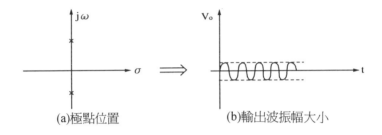

(a)極點位置　　　　　　(b)輸出波振幅大小

(2)$\beta(j\omega)A(j\omega) > 1$時（電路再接限壓器時）

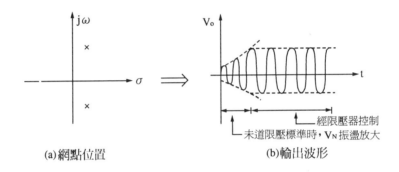

經限壓器控制

未達限壓標準時，V_N振盪放大

(a)網點位置　　　　　　(b)輸出波形

2.振盪頻率

令$\angle\beta(j\omega)A(j\omega) = 0°$

即特性方程式中，令虛部為零

三、弦波振盪器分析要領

1.在電路中找出參考點 V'_f

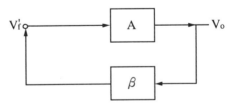

2.將 β（jω）A（jω）表示成標準式

(1)$A(j\omega) = \dfrac{V_o}{V'_f}$

(2)$\beta(j\omega) = \dfrac{V'_f}{V_o}$

(3)$\beta(j\omega)A(j\omega) = \dfrac{C}{a \pm jb}$

3.求振盪頻率

令$\dfrac{c}{a \pm jb}$中的 b = 0→求得振盪頻率。

4.求振盪條件（此時 b = 0）

令$\dfrac{c}{a} \geq 1$→維持振盪的條件

註：不穩定的臨界值

1. $\left| \beta(j\omega)A(j\omega) \right| = 1$

2. $\angle\beta(j\omega)A(j\omega) = \begin{cases} 超前型\angle A(j\omega) = 0°，\angle\beta(j\omega) = 180° \\ 落後型\angle A(j\omega) = 0°，\angle\beta(j\omega) = -180° \end{cases}$

歷屆試題

1. 考慮一負回授放大器，其開路轉換函數 A（S）= $\left[\dfrac{10}{1 + s/10^3}\right]^3$，假設負回授因子 β 與頻率無關，求使此放大器變成不穩定之臨界 β 值。

(A)0.008　(B)0.007　(C)0.006　(D)0.005（**題型：巴克豪生準則**）

【86年二技電機】

解☞：(A)

1.不穩定的臨界角度∠βA（jω）= 0或 – 180°或180°

2. $\because -\beta A\ (\ S\ )\ =\ -\beta\ (\dfrac{10}{1+\dfrac{S}{10^3}})^3$

$\therefore \angle \beta A\ (\ j\omega\ )\ =\ -3\tan^{-1}\dfrac{\omega}{10^3}\ =\ -180°$

故 $\tan^{-1}\dfrac{\omega}{10^3}\ \doteqdot\ 60°$

$\therefore \omega = \sqrt{3}\times 10^3$

3. 又不穩定的臨界值為 $\left|\ \beta A\ (\ j\omega\ )\ \right|\ =\ 1$

故

$$\left|\ \beta A\ (\ j\omega\ )\ \right|\ =\ \beta\left|\dfrac{10}{1+j\dfrac{\sqrt{3}\times 10^3}{10^3}}\right|\ =\ \beta\ (\dfrac{10}{\sqrt{1+3}})^3\ =\ 125\beta\ =\ 1$$

$\therefore \beta = 0.008$

---

2. 如圖中放大器具無限大輸入阻抗及零輸出阻抗，則 K 超過何值時，此電路開始不穩定？(A)1　(B)2　(C)3　(D)4（**題型：巴克豪生準則**）

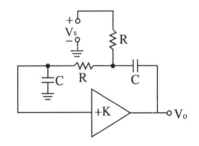

【84年二技電子】

解 ☞：(C)

1. 令 $V_s = 0$，則電路如下：（令 $X_C = \dfrac{1}{SC} = \dfrac{1}{j\omega C} = -j\dfrac{1}{\omega_C}$
   $= -jX$ ）

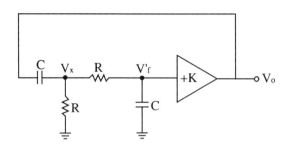

2. $\beta = \dfrac{V'_f}{V_o} = \dfrac{V'_f}{V_x} \cdot \dfrac{V_x}{V_o} = \dfrac{-jX}{R-jX} \cdot \dfrac{R /\!/ (R-jX)}{-jX + R /\!/ (R-jX)}$

   $= \dfrac{XR}{3XR + j(R^2 - X^2)}$

3. $A = K$

4. $\therefore \beta A = \dfrac{XRK}{3XR + j(R^2 - X^2)} = \dfrac{C}{a \pm jb}$

5. 令 $b = 0$，所以 $R = X$

6. 振盪條件 $\dfrac{c}{a} \geq 1$

   $\therefore$ 開始不穩定為

   $\dfrac{c}{a} = 1$ 即 $\dfrac{XRK}{3XR} = \dfrac{K}{3} = 1$

   故 $k = 3$

---

3. (1)某回授放大器之閉迴路增益為 $A(j\omega) / [1 + \beta A(j\omega)]$，
   β 為正實數，$A(j\omega) = 80 / (1 + j\omega / \omega_C)^3$，$\omega_C$ 為實數。若 β
   選得適當，則此電路可作弦波（Sinusoid）振盪於 $\omega =$

   (A)$\sqrt{3}\,\omega_C$　(B)$\sqrt{2}\,\omega_C$　(C)$0.866\omega_C$　(D)$0.707\omega_C$

(2)上題中，在弦波振盪時，$\beta =$

(A)0.5　(B)2　(C)10　(D)0.1（題型：巴克豪生準則）

【82年二技電子】

解 ☞：(1)(A)，(2)(D)

(1) $\because \beta A(j\omega) = \dfrac{(\beta)(80)}{(1+j\dfrac{\omega}{\omega_C})^3}$

$\therefore \angle \beta A(j\omega) = -3\tan^{-1}\dfrac{\omega}{\omega_C} = -180°$

故 $\dfrac{\omega}{\omega_C} = \sqrt{3}$

故 $\omega = \omega_o = \sqrt{3}\,\omega_C$

(2) $\because \left|\beta A\right| = 1$

$\therefore \left|\beta A\right| = \left|\dfrac{80\beta}{(1+j\dfrac{\sqrt{3}\omega_C}{\omega_C})^3}\right| = \dfrac{80\beta}{(\sqrt{1+3})^3} = 1$

即 $10\beta = 1$

$\therefore \beta = 0.1$

4.巴克毫生（Barkhausen）振盪器準則為

(A) $\beta A = 1 < 45°$

(B) $\beta A = 1 < 180°$

(C) $\beta A = -1 < 90°$

(D) $\beta A = 1 < 90°$，βA 表示迴路增益。（題型：巴克豪生準則）

【80年二技】

解 ☞：(B)

5.使電路振盪時，βA 之條件為何？（題型：基本觀念）

【80年普考】

解 ☞：

1. $\left|\beta A\right| = 1$

2. $\angle \beta A = 0°$

6.下圖中，在穩態時，V_o 為？

(A)0V (B)接近 V_{CC} (C)接近 $- V_{CC}$ (D)(B)或(C)（**題型：基本觀念**）

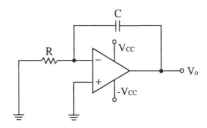

【 77年二技電子 】

解 ☞：(D)

此為正回授，只要輸入端稍有雜訊訊號輸入，將使 OP 進入飽和，故 $V_o \approx + V_{CC}$ 或 $V_o \approx - V_{CC}$

7.維恩電橋(Wien – Bridge)振盪器如圖所示。試問其振盪之條件為

$\dfrac{R_3}{R_4} \geq 2$，其振盪頻率 $\omega_o = \dfrac{1}{\sqrt{R_1 R_2 C_1 C_2}}$。（**題型：維恩電橋振盪器**）

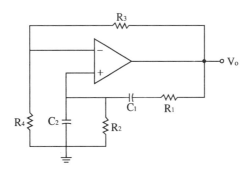

【76年二技】

解☞ :

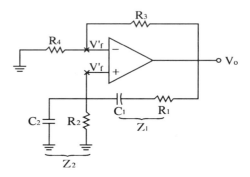

1.定 V'_f，計算 A

$$A = \frac{V_o}{V'_f} = 1 + \frac{R_3}{R_4}$$

2.計算 β

$$\beta = \frac{V'_f}{V_o} = \frac{Z_2}{Z_1 + Z_2} = \frac{\frac{1}{j\omega C_2} /\!/ R_2}{(R_1 + \frac{1}{j\omega C_1}) + (\frac{1}{j\omega C_2} /\!/ R_2)}$$

$$= \frac{1}{(\frac{R_1}{R_2} + \frac{C_2}{C_1} + 1) + j(\omega C_2 R - \frac{1}{\omega C_1 R_2})}$$

3.計算 βA（jω），並化成標準式

$$\beta A(j\omega) = \frac{1 + \frac{R_3}{R_4}}{(\frac{R_1}{R_2} + \frac{C_2}{C_1} + 1) + j(\omega C_2 R_1 - \frac{1}{\omega C_1 R_2})} = \frac{C}{a \pm jb}$$

4.求振盪頻率（ω_o）

令 b = 0，即

$$\omega C_2 R_1 - \frac{1}{\omega C_1 R_2} = 0$$

$$\therefore \omega = \omega_o = \frac{1}{\sqrt{R_1 R_2 C_1 C_2}}$$

5.求振盪條件

令 $\frac{c}{a} \geq 1$，即

$$\frac{1 + \dfrac{R_3}{R_4}}{\dfrac{R_1}{R_2} + \dfrac{C_2}{C_1} + 1} \geq 1 \Rightarrow 1 + \frac{R_3}{R_4} \geq \frac{R_1}{R_2} + \frac{C_2}{C_1} + 1$$

所以振盪條件：

$$\frac{R_3}{R_4} \geq \frac{R_1}{R_2} + \frac{C_2}{C_1}$$

6.討論

若 $R_1 = R_2 = R$，$C_1 = C_2 = C$，則

(1)振盪頻率　$\omega_o = \dfrac{1}{RC}$

(2)振盪條件　$\dfrac{R_3}{R_4} \geq 2$

即 OPA 的中頻增益 $A_v = 1 + \dfrac{R_3}{R_4}$

$A_v \geq 3$時，方能產生振盪。

8.下圖在穩態情況下（ steady – state ），$V_i = 0$但 V_o 為持續之振盪，則 A 與 β 之關係為 A = ＿＿＿。（**題型：巴克豪生準則**）

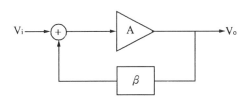

解☞：

$$|\beta A| = 1$$

$$\therefore A = \frac{1}{\beta}$$

9.(1)有一電路 $\beta A_v = \dfrac{1}{2+j\left(\omega RC - \dfrac{1}{\omega RC}\right)}$ ，此電路會不會振盪？

　(A)不會　(B)會　(C)不一定　(D)視 RC 數值而定

(2)接上題，其原因為何？

　(A)迴路增益 $\beta A \geq 1$　(B)迴路增益 $\beta A < 1$

　(C)回授網路未定　(D)振盪頻率可求出 **（ 題型：巴克豪生準則 ）**

解☞：(1)(A)，(2)(B)

$$\because \beta A_v = \frac{1}{2+j\left(\omega RC - \dfrac{1}{\omega RC}\right)} = \frac{c}{a+jb}$$

振盪條件 $\dfrac{c}{a} \geq 1$

但此題 $\beta A_v = \dfrac{c}{a} = \dfrac{1}{2} < 1$

所以不會振盪

10.振盪巴克毫森準則是

　(A)$\beta A \leq 1\angle 0°$　(B)$\beta A \geq 1\angle 0°$

　(C)$\beta A \leq 1\angle 0°$　(D)$\beta A \leq 1\angle 180°$ **（ 題型：巴克豪生準則 ）**

解☞：(B)

11.(1)振盪巴克毫生準則是(A)$\beta A \leq 1 \angle 0°$　(B)$\beta A \geq 2 \angle 0°$

(C)$\beta A \geq 1 \angle 0°$　(D)$\beta A \geq 1 \angle 180°$。　　　　　【72年二技】

(2)在調整一個實用的振盪器時，必須令迴路增益 $|\beta A|$ (A)確實等於1　(B)正回授而大小不拘　(C)略大於1　(D)符合臨界振盪（critical osillation）。

(3)若回授放大器的增益是 $A_f = \dfrac{A}{1+\beta A}$。則自激振盪的條件是 βA 等於(A)$1 \angle 180°$　(B)$1 \angle 0°$　(C)$-1 \angle 180°$　(D)$1 \angle 90°$（**題型：巴克豪生準則**）

解 ☞：(1)(C)，(2)(C)，(3)(B)

14−2〔題型八十七〕： 低頻振盪器—維恩（Wien）電橋振盪器

考型213 低（聲）頻振盪器──維恩（Wien）電橋振盪器

一、基本電路組態

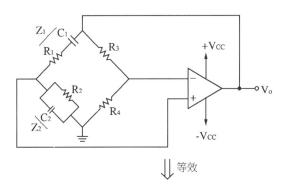

$\Downarrow$ 等效

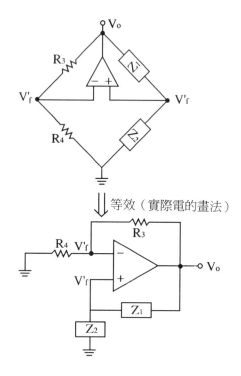

等效（實際電的畫法）

二、電路說明

　　1.維恩電橋振盪器，是由一個電橋電路與正相放大器所組成。

　　2.維恩振盪器的回授電路不必移相。

　　3.由 $R_1 R_2 C_1 C_2$ 網路組成正回授，由此決定振盪頻率及回授率。

　　4.由 $R_3 R_4$ 組合負回授，並決定了振盪增益 $A_V = 1 + \dfrac{R_3}{R_4}$。

三、電路分析

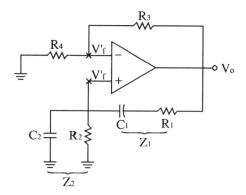

1. 定 V'_f 點，計算 A

$$A = \frac{V_o}{V'_f} = 1 + \frac{R_3}{R_4}$$

2. 計算 β

$$\beta = \frac{V'_f}{V_o} = \frac{Z_2}{Z_1 + Z_2} = \frac{\frac{1}{j\omega C_2} /\!/ R_2}{\left(R_1 + \frac{1}{j\omega C_1} \right) + \left(\frac{1}{j\omega C_2} /\!/ R_2 \right)}$$

$$= \frac{1}{\left(\frac{R_1}{R_2} + \frac{C_2}{C_1} + 1 \right) + j \left(\omega C_2 R - \frac{1}{\omega C_1 R_2} \right)}$$

3. 計算 βA（jω），並化成標準式

$$\beta A（j\omega）= \frac{1 + \frac{R_3}{R_4}}{\left(\frac{R_1}{R_2} + \frac{C_2}{C_1} + 1 \right) + j \left(\omega C_2 R_1 - \frac{1}{\omega C_1 R_2} \right)} = \frac{c}{a \pm jb}$$

4. 求振盪頻率（ω_o）

令 b = 0，即

$$\omega C_2 R_1 - \frac{1}{\omega C_1 R_2} = 0$$

$$\therefore \omega = \omega_0 = \frac{1}{\sqrt{R_1 R_2 C_1 C_2}}$$

5. 求振盪條件

令 $\dfrac{c}{a} \geq 1$，即

$$\frac{1 + \dfrac{R_3}{R_4}}{\dfrac{R_1}{R_2} + \dfrac{C_2}{C_1} + 1} \geq 1 \Rightarrow 1 + \frac{R_3}{R_4} \geq \frac{R_1}{R_2} + \frac{C_2}{C_1} + 1$$

所以振盪條件：

$$\frac{R_3}{R_4} \geq \frac{R_1}{R_2} + \frac{C_2}{C_1}$$

6. 討論

若 $R_1 = R_2 = R$，$C_1 = C_2 = C$，則

(1)振盪頻率　　$\omega_0 = \dfrac{1}{RC}$

(2)振盪條件　　$\dfrac{R_3}{R_4} \geq 2$

即 OPA 的中頻增益 $A_v = 1 + \dfrac{R_3}{R_4}$

$A_V \geq 3$時，方能產生振盪。

一、電路

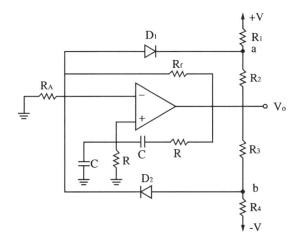

二、工作說明

1. 限壓器是由 R_1，R_2，R_3，R_4，D_1，D_2所組成的
2. 限壓器的作用，是控制輸出的振幅

三、限壓器電路分析

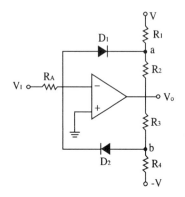

1. 當 $V_I > 0$，D_1：ON，D_2：OFF

   由 a 點作節點分析

   $$\frac{V_I}{R_A} + \frac{V}{R_1} + \frac{V_o}{R_2} = 0$$

   $$\therefore V_o = -\frac{R_2}{R_1}V - \frac{R_2}{R_A}V_I$$

2. 當 $V_I < 0$，D_1：OFF，D_2：ON

   由 b 點作節點分析

   $$\frac{-V_I}{R_A} + \frac{V}{R_4} - \frac{V_o}{R_3} = 0$$

   $$\therefore V_o = \frac{R_3}{R_4}V - \frac{R_3}{R_A}V_I$$

3.輸出／輸入的轉移特性曲線

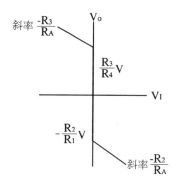

四、使振幅穩定的維恩電橋振盪器

〈 電路一 〉

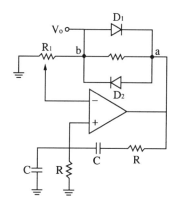

工作說明

(1)輸出由 b 點拉出,而不由 a 點輸出,是因如此則波形失真較小。

(2)b 點具有高阻抗,因此 V_o 若要接上負載,則需先接緩衝器。

〈 電路二 〉

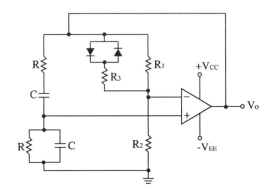

工作說明

　(1)當輸出波的振幅達到限定值時，二極體輪流在正負半週導通，
　　　使得 R_1 與 R_3 並聯，而降低振幅。

　(2)在輸出波的振幅未達限定值時，二極體無作用。

 T 型電橋振盪器

一、電路

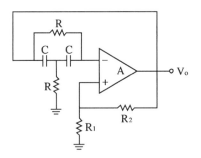

二、電路分析

　1.振盪頻率

$$\omega_o = \frac{1}{RC}$$

2. 振盪條件

$$\frac{R_2}{R_1} > 2$$

歷屆試題

1. 如圖為韋恩電橋（ Wien – bridge ）振盪器，請問達到穩定振盪時，下列敘述何者有誤？(A)振盪頻率約為1KHz　(B)RC 並聯阻抗的實部為5kΩ　(C)V_p 與 V_o 之間無相角差　(D)V_o 的振幅為 V_p 的兩倍。（ **題型：維恩電橋振盪器** ）

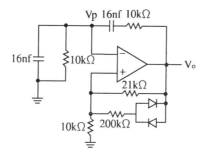

【 87年二技電子 】

解☞：(D)

(A)$f_o = \dfrac{\omega_o}{2\pi} = \dfrac{1}{2\pi RC} = \dfrac{1}{（ 2\pi ）（ 10k ）（ 16n ）} \approx 1\,\mathrm{KHz}$

(B)$R /\!/ \dfrac{1}{SC} = \dfrac{\dfrac{R}{SC}}{R + \dfrac{1}{SC}} = \dfrac{R}{1 + SRC} = \dfrac{R}{1 + j\omega RC} = \dfrac{R（ 1 - j\omega RC ）}{1^2 + \omega^2 R^2 C^2}$

∴在實部之電阻為

$$\dfrac{R}{1^2 + \omega^2 R^2 C^2} = \dfrac{R}{2} = 5\mathrm{k}\Omega \quad （ \because \omega = \dfrac{1}{RC} ）$$

(C)共振時，無相角差

(D) $\because \beta = \dfrac{V_p}{V_o} = \dfrac{Z_2}{Z_1 + Z_2} = \dfrac{1}{3}$

$\therefore V_o = 3V_p$

其中：

$Z_1 = R + \dfrac{1}{SC}$, $Z_2 = R /\!/ \dfrac{1}{SC}$

---

2. 如圖爲韋恩電橋振盪器（ Wien – bridge oscillator ），假設該電路中所有元件皆爲理想元件，且運算放大器操作在線性區（ 未進入飽和區或截止區 ），則該振盪器能持續振盪的條件爲 $\dfrac{R_2}{R_1}$ 等於 (A)0.5 (B)1.0 (C)1.5 (D)2.0。 **（ 題型：維恩電橋振盪器 ）**

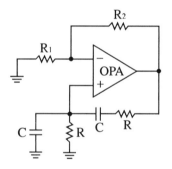

解 ☞ ：(D)

1. $\because A = 1 + \dfrac{R_2}{R_1}$

2. $\beta = \dfrac{V'_f}{V_o} = \dfrac{(\dfrac{1}{SC} /\!/ R)}{\dfrac{1}{SC} + R + \dfrac{1}{SC} /\!/ R} = \dfrac{1}{3 + j (\omega RC - \dfrac{1}{\omega RC})}$

3. $\therefore \beta A = \dfrac{1 + \dfrac{R_2}{R_1}}{3 + j\left(\omega RC - \dfrac{1}{\omega RC}\right)} = \dfrac{c}{a \pm jb}$

4.振盪條件

$\dfrac{c}{a} \geq 1$，即

$\dfrac{1}{3}\left(1 + \dfrac{R_2}{R_1}\right) \geq 1 \Rightarrow \dfrac{R_2}{R_1} \geq 2$

3.同第 2.題，該振盪器的振盪頻率 ω_o 為：(A)$\dfrac{1}{(R_1 + R_2 + R)C}$ (B)$\dfrac{1}{(R_1 + R)C}$ (C)$\dfrac{1}{(R_2 + R)C}$ (D)$\dfrac{1}{RC}$。

解☞：(D)

$\because \omega_o = \dfrac{1}{\sqrt{RRCC}} = \dfrac{1}{RC}$

4.圖為一韋氏電橋（ Wien – bridge ）振盪器，其振盪頻率為

(A)10kHz (B)5kHz (C)1kHz (D)2kHz。**(題型：維恩電橋振盪器)**

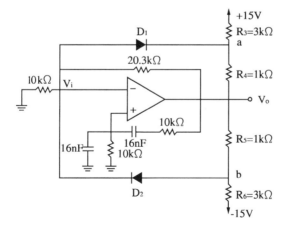

【 85年二技電子 】

解☞：(C)

$$\omega_o = \frac{1}{\sqrt{R_1R_2C_1C_2}} = \frac{1}{RC} = \frac{1}{(16n)(10k)} \approx 1kHz$$

其中

$R_1 = R_2 = R = 10k\Omega$

$C_1 = C_2 = C = 16nF$

---

5. 下圖為一振盪器 $R_3 = 5k\Omega$，$R_4 = 100k\Omega$，$L = 4\mu H$，

$C = 0，01\mu F$，試求

(1)振盪頻率 $f_o = \underline{\qquad}$ Hz。

(2)能夠振盪的條件：$\dfrac{R_1}{R_2} \leq \underline{\qquad}$。（題型：LC 振盪器（維恩電橋振盪器））

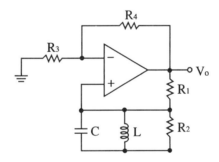

【79年二技電子】

解☞：

(1) 1.將電路改畫成下圖，則知此為維恩電橋振盪器

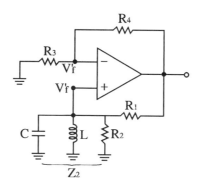

2.$\beta = \dfrac{V'_f}{V_o}$

$\quad = \dfrac{Z_2}{Z_2 + R_1}$

$\quad = \dfrac{R_2}{R_1 + R_2}$

（∵在振盪時 C 及 L 可視為不存在）

$A = 1 + \dfrac{R_4}{R_3} = 21$

3. ∴ $\beta A = \dfrac{21R_2}{R_1 + R_2} \geq 1$

即 $\dfrac{R_2}{R_1 + R_2} \geq \dfrac{1}{21} \Rightarrow \dfrac{R_1 + R_2}{R_2} \leq 21$

∴ $\dfrac{R_1}{R_2} \leq 20$

4.此具有 LC 振盪器

∴ $f_o = \dfrac{\omega_o}{2\pi} = \dfrac{1}{2\pi \sqrt{LC}}$

弦波振盪器　497

題型變化

1. 如圖所示電路，其振盪頻率及 R_{min}。（**題型：維恩電橋振盪器（LC 振盪器）**）

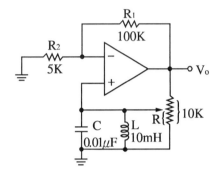

解 ☞ :

1. 此具 LC 振盪器

$$\therefore f_o = \frac{1}{2\pi \sqrt{LC}} = \frac{1}{2\pi \sqrt{(10m)(0.01\mu)}} = 15.9 \text{KHz}$$

2. 在振盪時，求其振盪條件，可視 LC 不存在（$\because jb = 0$）
所以電路可改為

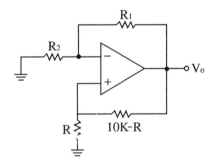

$$\therefore \beta = \frac{R}{R + (10k - R)} = \frac{R}{10k}$$

3. 又 $A = 1 + \dfrac{R_1}{R_2} = 1 + \dfrac{100k}{5k} = 21$

4. $\because \beta A = \dfrac{21R}{10k} \geq 1$

$\therefore R_{min} = 476\Omega$

14 – 3〔題型八十八〕：
低頻振盪器—RC 移相振盪器

考型216 由 β 網路相移的振盪器

一、基本觀念

1.振盪器若是負回授，則需相移180°。如圖

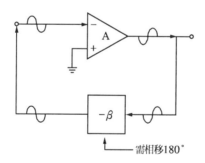

2.若相移電路是由 RC 組成，其等效阻抗為

$Z = R + jZ_c$，即 $\angle Z(\omega) \leq 90°$，故知每一節的 RC 網路的相移均無法大於90°，為達移相180°目標，所以至少需三節的 RC 網路

二、由 β 網路相移的振盪器

1.電路

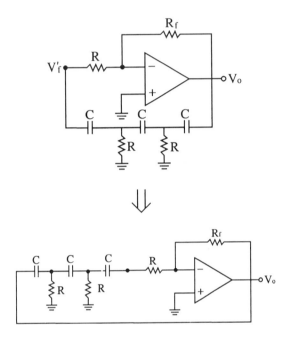

2.電路分析

(1) β 網路的等效圖

(2) 網目分析法 ⇒ 求出 I_3

① 令 $-jX = j\dfrac{1}{\omega_C}$, $\alpha = \dfrac{X}{R} = \dfrac{1}{\omega CR}$

② 解聯立方程式：

$$\begin{cases} I_1 (R - jX) - I_2R = V_o \\ - I_1R + I_2 (2R - jX) - I_3R = 0 \\ - I_2R + I_3 (2R - X) = 0 \end{cases}$$

$$I_3 = \frac{\begin{vmatrix} R - jx & -R & V_o \\ -R & 2R - jx & 0 \\ 0 & -R & 0 \end{vmatrix}}{\begin{vmatrix} R - jx & -R & 0 \\ -R & 2R - jx & -R \\ 0 & -R & 2R - jx \end{vmatrix}} = \frac{R\begin{vmatrix} 1 - j\alpha & -1 & V_o/R \\ -1 & 2 - j\alpha & 0 \\ 0 & -1 & 0 \end{vmatrix}}{R\begin{vmatrix} 1 - j\alpha & -1 & 0 \\ -1 & 2 - j\alpha & -1 \\ 0 & -1 & 2 - j\alpha \end{vmatrix}}$$

$$= \frac{V_o}{R\left[1 - 5\alpha^2 + j\alpha (\alpha^2 - 6) \right]}$$

(3)求 A

$$A = \frac{V_o}{V'_f} = - \frac{R_f}{R}$$

(4)求 β

$$\beta = \frac{V'_f}{V_o} = \frac{I_3R}{V_o}$$

$$\therefore \beta = \frac{1}{1 - 5\alpha^2 + j\alpha (\alpha^2 - 6)}$$

(5)求 βA

$$\beta A = \frac{- R_f/R}{1 - 5\alpha^2 + j\alpha (\alpha^2 - 6)} = \frac{C}{a \pm jb}$$

(6)求振盪頻率（ω_o）

令 $b = 0 \Rightarrow \alpha^2 - 6 = 0$

$$\therefore \alpha = \frac{1}{\omega RC} = \sqrt{6}$$

故 $\omega = \omega_o = \dfrac{1}{\sqrt{6}RC}$

(7)求振盪條件

令 $\dfrac{c}{a} \geq 1$ ，即

$\dfrac{-R_f / R}{1 - 5\alpha^2} \geq 1$ 即 $\dfrac{R_f / R}{29} \geq 1$

所以振盪條件為

$\dfrac{R_f}{R} \geq 29$

(8) **整理**

①β 網路負責移相180°

②每節 RC 網路移相60°，三節共180°

③不同型的移相180°的振盪器比較：

(a)180°之移相振盪器：

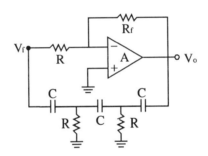

ⓐ $\omega_o = \dfrac{1}{\sqrt{6}RC}$

ⓑ $\dfrac{R_f}{R} \geq 29$（振盪條件）

ⓒ此電路為超前型振盪，

即 $\angle \beta\,(\,j\omega_o\,) = 180°$

(b)180°之移相振盪器：

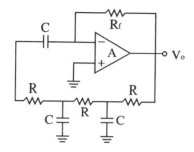

ⓐ $\omega_o = \dfrac{\sqrt{6}}{RC}$

ⓑ $\dfrac{R_f}{R} \geq 29$（振盪條件）

ⓒ此電路為落後型振盪，

　　即 $\angle \beta (j\omega_o) = -180°$

 由 β 網路及 A 網路相移的振盪器

一、電路

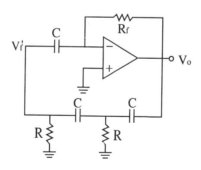

二、電路分析

(1)β 網路的等效圖

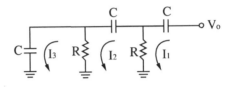

(2)網目分析法⇒求出 I_3

①令 $-jX = j\dfrac{1}{\omega C}$，$\alpha = \dfrac{X}{R} = \dfrac{1}{\omega CR}$

②解聯立方程式：

$$\begin{cases} I_1(R - jX) - I_2 R = V_o \\ -I_1 R + I_2(2R - jX) - I_3 R = 0 \\ -I_2 R + I_3(R - jX) = 0 \end{cases}$$

$$I_3 = \frac{\begin{vmatrix} R - jX & -R & V_o \\ -R & 2R - jX & 0 \\ 0 & -R & 0 \end{vmatrix}}{\begin{vmatrix} R - jX & -R & 0 \\ -R & 2R - jX & -R \\ 0 & -R & 2R - jX \end{vmatrix}} = \frac{R\begin{vmatrix} 1 - j\alpha & -1 & V_o/R \\ -1 & 2 - j\alpha & 0 \\ 0 & -1 & 0 \end{vmatrix}}{R\begin{vmatrix} 1 - j\alpha & -1 & 0 \\ -1 & 2 - j\alpha & -1 \\ 0 & -1 & 1 - j\alpha \end{vmatrix}}$$

$$= \frac{V_o}{R\left[\, -4\alpha^2 + j\alpha(\alpha^2 - 3)\,\right]}$$

(3)求 A

$$A = \frac{V_o}{V'_f} = -\frac{R_f}{1/j\omega C} = -j\omega R_f C$$

意即：A 網路負責移相 $-90°$，另 $-90°$由 β 網路負責

(4)求 β

$$\beta = \frac{V'_f}{V_o} = \frac{I_3 \left(1 \diagup j\omega C \right)}{V_o}$$

$$\therefore \beta = \frac{1}{\left[-4\alpha^2 + j\alpha \left(\alpha^2 - 3 \right) \right] j\omega C}$$

(5)求 βA

$$\beta A = \frac{-R_f \diagup R}{-4\alpha^2 + j\alpha \left(\alpha^2 - 3 \right)} = \frac{c}{a \pm jb}$$

(6)求振盪頻率（ω_o）

令 $b = 0 \Rightarrow \alpha^3 - 3$

$$\therefore \alpha = \frac{1}{\omega RC} = \sqrt{3}$$

故 $\omega = \omega_o = \dfrac{1}{\sqrt{3}RC}$

(7)求振盪條件

令 $\dfrac{c}{a} \geq 1$ 即

$\dfrac{-R_f \diagup R}{-4\alpha^2} \geq 1$ ，即 $\dfrac{R_f \diagup R}{12} \geq 1$

所以振盪條件爲

$$\frac{R_f}{R} \geq 12$$

(8)**整理**

①β 網路及 A 網路各負責移相90°

②不同型的 $-\beta$ 移相90°的振盪器比較：

(a)90°之移相振盪器：

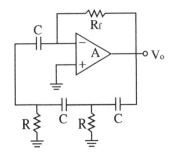

ⓐ $\omega_o = \dfrac{1}{\sqrt{3}RC}$

ⓑ $\dfrac{R_f}{R_1} \geq 12$（振盪條件）

(b)90°之移相振盪器：

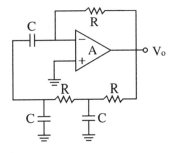

ⓐ $\omega_o = \dfrac{\sqrt{3}}{RC}$

ⓑ $\dfrac{R_f}{R_1} \geq 12$（振盪條件）

考型218 BJT 電晶體的 RC 移相振盪器

一、基本電路

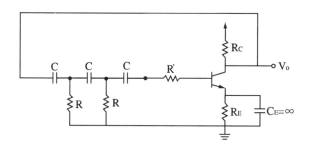

1.等效電路

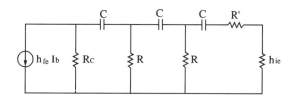

(1)R′的條件

$$R = R' + h_{ie} \Rightarrow R' = R - h_{ie}$$

(2)將上圖等效如下

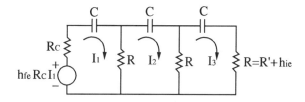

2.同理可分析得出

(1)振盪條件

$$\omega_o = \frac{1}{C\sqrt{4RR_C + 6R^2}}$$

(2)振盪條件

$$h_{fe} \geq 23 + \frac{29R}{R_C} + \frac{4R_C}{R}$$

(3)若 $R = R_C$ 則

振盪頻率 $\omega_o = \dfrac{1}{\sqrt{10}RC}$

振盪條件 $h_{fe} \geq 56$

(4)常見同型的電路接法

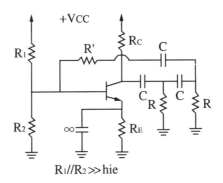

$R_1 // R_2 \gg hie$

 考型219 FET 電晶體的 RC 移相振盪器

一、電路

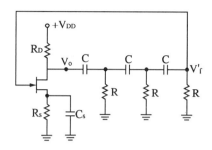

二、電路分析

分析方法與前述同,其等效圖如下:(求出 I_3 ,即可求解)

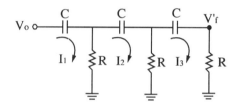

1.振盪頻率 $= \dfrac{1}{\sqrt{6}RC}$

2.振盪條件

$| g_m (r_o /\!/ R_D) | \geq 29$

歷屆試題

1.下圖為移相(phase shift)振盪器,假設所有運算放大器均為理想元件,$C = 0.1\mu F$,試問若振盪頻率為1000rad／sec,則 R 的值為:

(A)5.77kΩ (B)7.07kΩ (C)10kΩ (D)17.32kΩ(**題型:移相振盪器**)

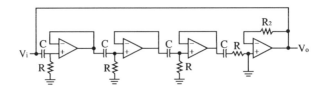

解☞：(C)

$$\omega_o = \frac{1}{RC}$$

$$\therefore R = \frac{1}{\omega_o C} = \frac{1}{(1000)(0.1\mu)} = 10k\Omega$$

2.承上題，若要使得振盪器正常工作，請問 R_2的最小值為：

(A)$10k\Omega$　(B)$28.28k\Omega$　(C)$40k\Omega$　(D)$80k\Omega$

解☞：送分

1.依電路而言 $V_o = V_i = 1$為電壓隨耦器之特性。

2.R_2不影響振盪

3.此題若在 V_i 輸入處，另接電阻方有意義。

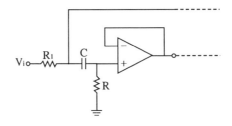

3.設計電阻值 R，使下圖電路，能輸出10kHz 之振盪波形。

(A)$99.1k\Omega$　(B)$47.3k\Omega$　(C)$12.8k\Omega$　(D)$6.5k\Omega$（**題型：由 $-\beta$ 網路相移的振盪器**）

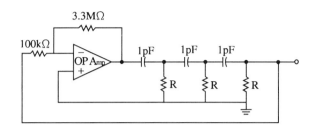

【86年二技電子】

解☞：(D)

$$\because \omega_o = \frac{1}{\sqrt{6}RC}$$

$$\therefore f_o = \frac{\omega_o}{2\pi} = \frac{1}{(2\pi)\sqrt{6}RC}$$

$$即 10k = \frac{1}{(2\pi)\sqrt{6}(1P)R}$$

$$故\ R \approx 6.5k\Omega$$

4.一般 RC 相移振盪器所產生之輸出波形為：(A)方波　(B)正弦波　(C)三角波　(D)脈衝波。（**題型：RC 相移振盪器**）

【85年南台】【84年二技電子】

解☞：(B)

5.相移振盪器的 RC 相移網路至少需要幾節，才可振盪：(A)二節　(B)三節　(C)四節　(D)五節。（**題型：基本觀念**）

【84年二技電機】

解☞：(B)

6.一 RC 相移振盪器正進行穩定振盪，若放大器的轉移（transfer）

函數是 $10\angle 173°$，則 RC 相移網路的轉移函數是 (A)$2\pi\angle - 173°$
(B)$0.1\angle 187°$ (C)$-1\angle 360°$ (D)$2\pi 360°$（**題型：RC 相移振盪器**）

【81年二技電子】

解 ☞ ：(B)

1. ∵ $A(j\omega) = 10\angle 173°$

2. 又 $|\beta A| = 1$

   ∴ $\beta = \dfrac{1}{A} = \dfrac{1}{10\angle 173°} = 0.1\angle - 173° = 0.1\angle 187°$

7.如下圖所示是電晶體 RC 相移振盪器，$R_C \ll R$ 如振盪頻率 $\omega = 4 \times 10^5$，電容 $C = 100pF$，電阻 $R =$
(A)$10k\Omega$ (B)$100k\Omega$ (C)10Ω (D)1Ω（**題型：BJT 電晶體的 RC 移相振盪器**）

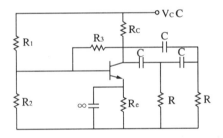

【72年二技電子】

解 ☞ ：(A)

1.BJT 電晶體 RC 相移振盪器條件：

   (1)$R_3 = R - h_{ie}$

   (2)$R_1 /\!/ R_2 \gg h_{ie}$

則電路可等效成為

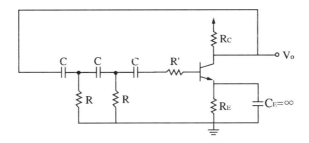

將上圖等效如下

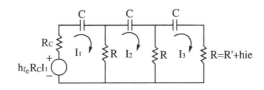

2.經分析得

振盪頻率

$$\omega_o = \frac{1}{C\sqrt{4RR_C + 6R^2}} = \frac{1}{RC\sqrt{4\frac{R_C}{R} + 6}} \approx \frac{1}{RC\sqrt{6}}$$

（ ∵ $R_C \ll R$ ）

3.故

$$R = \frac{1}{\omega_o C\sqrt{6}} = \frac{1}{(4\times 10^5)(100P)(\sqrt{6})} = 10k\Omega$$

8.上題中，若電晶體 $h_{ie} = 1k\Omega$，$R_1 = 50K$，$R_2 = 100K$，則第三節

上電阻 $R_3 \cong$

(A)9k　(B)11k　(C)101k　(D)99kΩ。　　　　【72年二技電子】

解☞ : (A)

$R_3 = R - h_{ie} = 10k - 1k = 9k$

---

9. RC 相移振盪器為何類放大

(A)甲類　(B)乙類　(C)丙類　(D)丁類。　　　　　【72年二技電子】

解 ☞ ：(A)

因為偏壓模式之故

---

10. 下圖所示為一移相器，試求其轉移增益 $A(j\omega) = \dfrac{V_o(j\omega)}{V_i(j\omega)}$ ，

若 R 由0變化至 ∞ ，則其相角 ϕ 之變化範圍為何？（**題型：全通濾波器**）

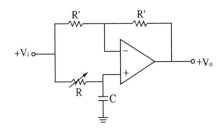

【70年二技】

解 ☞ ：

用重疊法求 V_o

1. $V_o(S) = \dfrac{-R'}{R'}V_I + \dfrac{\frac{1}{SC}}{R+\frac{1}{SC}}\left(1+\dfrac{R'}{R'}\right)V_I = -V_I + \dfrac{2}{1+SRC}V_I$

$= \dfrac{1-SRC}{1+SRC}V_I(S)$

$\therefore A(j\omega) = \dfrac{V_o(S)}{V_I(S)} = \dfrac{1-SRC}{1+SRC} = \dfrac{1-j\omega RC}{1+j\omega RC}$

2. 若 $R = 0$

$A(j\omega) = 1 \Rightarrow \angle A(j\omega) = \tan^{-1}1 = 45°$

若 $R = \infty$

$A(j\omega) = -1 \Rightarrow \angle A(j\omega) = \tan^{-1}(-1) = -45°$

1.請求出圖示電路的振盪頻率及維持振盪的 R_2 值（**題型：由 β 網路相移的振盪器**）

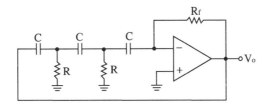

解☞ ：

1.β 網路的等效圖

V'f ──┤├── C ──┤├── C ──○ Vo

2.網目分析法→求出 I_3

①令 $-jX = j\dfrac{1}{\omega C}$ ， $\alpha = \dfrac{X}{R} = \dfrac{1}{\omega CR}$

②解聯立方程式：

$$\begin{cases} I_1(R - jX) - I_2R = V_o \\ -I_1R + I_2(2R - jX) - I_3R = 0 \\ -I_2R + I_3(R - jX) = 0 \end{cases}$$

$$I_3 = \frac{\begin{vmatrix} R - jX & -R & V_o \\ -R & 2R - jX & 0 \\ 0 & -R & 0 \end{vmatrix}}{\begin{vmatrix} R - jX & -R & 0 \\ -R & 2R - jX & -R \\ 0 & -R & 2R - jX \end{vmatrix}} = \frac{R\begin{vmatrix} 1 - j\alpha & -1 & V_o/R \\ -1 & 2 - j\alpha & 0 \\ 0 & -1 & 0 \end{vmatrix}}{R\begin{vmatrix} 1 - j\alpha & -1 & 0 \\ -1 & 2 - j\alpha & -1 \\ 0 & -1 & 1 - j\alpha \end{vmatrix}}$$

$$= \frac{V_o}{R\left[-4\alpha^2 + j\alpha\,(\,\alpha^2 - 3\,)\,\right]}$$

3.求 A

$$A = \frac{V_o}{V'_f} = -\frac{R_f}{1/j\omega C} = -j\omega R_f C$$

4.求 β

$$\beta = \frac{V'_f}{V_o} = \frac{I_3\,(\,1/j\omega C\,)}{V_o}$$

$$\therefore \beta = \frac{1}{\left[\,-4\alpha^2 + j\alpha\,(\,\alpha^2 - 3\,)\,\right]\,j\omega C}$$

(5)求 βA

$$\beta A = \frac{-R_f/R}{-4\alpha^2 + j\alpha\,(\,\alpha^2 - 3\,)} = \frac{c}{a \pm jb}$$

(6)求振盪頻率（ω_o）

令 $b = 0 \Rightarrow \alpha^3 - 3$

$$\therefore \alpha = \frac{1}{\omega RC} = \sqrt{3}$$

$$\therefore \omega = \omega'_o = \frac{1}{\sqrt{3}RC}$$

即 $f_o = \dfrac{1}{2\pi\sqrt{3}RC}$

(7)求振盪條件

令 $\dfrac{c}{a} \geq 1$ 即

$$\dfrac{-R_f\big/R}{-4\alpha^2} \geq 1 \text{，即} \dfrac{R_f\big/R}{12} \geq 1$$

所以振盪條件為

$$\dfrac{R_f}{R} \geq 12$$

即

$$R_f \geq 12R$$

14－4〔題型八十九〕：
高頻振盪器—哈特萊（Hartely）振盪器

 LC 振盪器的基本電路

一、基本電路

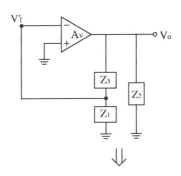

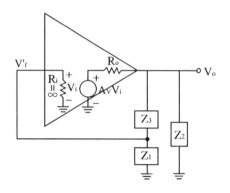

二、電路分析

1.前提

(1)A_v：正值

(2)Z_1，Z_2，Z_3均為電抗

$$Z：jX \begin{cases} X_L = \omega L \\ X_C = -\dfrac{1}{\omega C} \end{cases}$$

2.求 β

$$\beta = \frac{V'_f}{V_o} = \frac{Z_1}{Z_1 + Z_3}$$

3.求 A

$$A = \frac{V_o}{V'_f} = \frac{-A_v V_i [(Z_1 + Z_3) /\!/ Z_2]}{V_i [R_o + (Z_1 + Z_3) /\!/ Z_2]} = -A_v \frac{\dfrac{(Z_1 + Z_3) Z_2}{Z_1 + Z_2 + Z_3}}{R_o + \dfrac{(Z_1 + Z_3) Z_2}{Z_1 + Z_2 + Z_3}}$$

$$= \frac{-A_V (Z_1 + Z_3) Z_2}{R_o (Z_1 + Z_2 + Z_3) + (Z_1 + Z_3) Z_2}$$

4.求 βA

$$\beta A = \frac{-A_v Z_1 Z_2}{R_o (Z_1 + Z_2 + Z_3) + Z_2 (Z_1 + Z_3)}$$

$$= \frac{A_v X_1 X_2}{jR_o \left(X_1 + X_2 + X_3 \right) - X_2 \left(X_1 + X_3 \right)} = \frac{c}{a \pm jb}$$

5. **求振盪頻率（ω_o）的技巧**

令 $b = 0$，即 $X_1 + X_2 + X_3 = 0$時的頻率 $\omega = \omega_o$

6. **求振盪條件的技巧**

$\dfrac{c}{a} \geq 1$，即

$$\frac{A_v X_1 X_2}{-X_2 \left(X_1 + X_3 \right)} = \frac{A_v X_1 X_2}{\left(-X_2 \right) \left(-X_2 \right)} = A_v \frac{X_1}{X_2} \geq 1$$

記憶法

⑴求振盪頻率時$\Rightarrow$三個電抗和 = 0，即 $X_1 + X_2 + X_3 = 0$時的頻率。

⑵求振盪條件時

$$\left(\text{放大器增益絕對值} \times \frac{\text{接地端至輸入端電抗}}{\text{接地端至輸出端電抗}} \geq 1 \right)$$

$$\Rightarrow \left| A_v \right| \frac{X_1}{X_2} \geq 1$$

 BJT 組成的哈特萊振盪器

一、電路

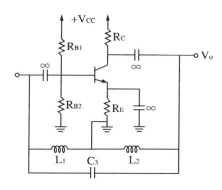

二、電路分析

1.分析 X_1，X_2，X_3

$X_1 = SL_1 = j\omega L_1$

$X_2 = SL_2 = j\omega L_2$

$X_3 = \dfrac{1}{SC_3} = \dfrac{1}{j\omega C_3} = -j\dfrac{1}{\omega C_3}$

2.求振盪頻率

$\because X_1 + X_2 + X_3 = 0$

$\therefore j\omega L_1 + j\omega L_2 - j\dfrac{1}{\omega C_3} = 0$

故 $\omega = \omega_o = \dfrac{1}{\sqrt{C_3\,(\,L_1 + L_2\,)}}$

3.求振盪條件

$\because \left| A_v \right| \dfrac{X_1}{X_2} \geq 1$

又 $\left| A_v \right| = g_m\,(\,r_o \,/\!/\, R_C\,)$

$\therefore g_m\,(\,r_o \,/\!/\, R_C\,) \geq \dfrac{L_2}{L_1}$

 考型222 FET 組成的哈特萊振盪器

一、電路

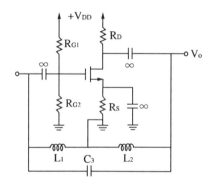

二、電路分析

1. 振盪頻率

$$\omega_o = \frac{1}{\sqrt{C_3\,(\,L_1 + L_2\,)}}$$

2. 振盪條件

$$g_m\,(\,r_o \,/\!/\, R_D\,) \geq \frac{L_2}{L_1}$$

考型223 OPA 組成的哈特萊振盪器

一、電路

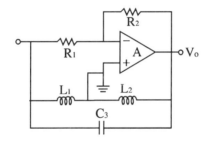

二、電路分析

1. 振盪頻率

$$\omega_o = \frac{1}{\sqrt{3\,(\,L_1 + L_2\,)}}$$

2. 振盪條件

$$\frac{R_2}{R_1} \geq \frac{L_2}{L_1}$$

歷屆試題

1. 在下圖電路中，已知 $L_3 = 0.4\text{mH}$，$L_2 = 0.1\text{mH}$ 且 $C_1 = 0.002\mu\text{F}$

   (1)請問 V_o 之輸出波形為何？

   (2)請決定 R_1 及 R_f 之電阻值，以確保電路永續振盪。

   (3)請求出其振盪波頻率 f。（**題型：哈特萊振盪器**）

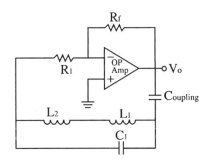

【 86年二技保甄 】

解 ☞ ：

(1)此為哈特萊振盪器，是屬弦波振盪器，

   所以輸出波形為弦波形式。

(2)令 $X_1 = SL_2$ ，$X_2 = SL_3$ ，$X_3 = \dfrac{1}{SC_1}$

   ∴ 振盪條件為

   $\left| A_v \right| \dfrac{X_1}{X_2} \ge 1$ ，即

   $(\dfrac{R_f}{R_1}) \cdot \dfrac{L_2}{L_3} \ge 1 \Rightarrow \dfrac{R_f}{R_1} \ge \dfrac{L_3}{L_2} = \dfrac{0.4\text{mH}}{0.1\text{mH}} = 4$

   ∴ 維持振盪的條件為

   $R_f \ge 4R_1$

(3)令 $X_1 + X_2 + X_3 = 0$ ，即

   $j\omega L_2 + j\omega L_3 + \dfrac{1}{j\omega C_1} = 0$

$$\therefore f_o = \frac{\omega_o}{2\pi} = \frac{1}{2\pi\sqrt{(L_2+L_3)C_1}} = 159.2\text{KHz}$$

2. 圖示電路為

(A)石英振盪器

(B)韋氏電橋（Wien bridge）振盪器

(C)柯畢子（Colpitts）振盪器

(D)哈特里（Hartley）振盪器**（題型：高頻振盪器的判斷）**

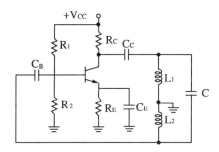

【84年二技電子】

解 ☞ ：(D)

(1)哈特萊（Hartley）振盪器是由二個電感及一個電容，組成 $-\beta$ 網路。

(2)考畢子（Colpitts）振盪器是由二個電容及一個電感，組成 $-\beta$ 網路。

(3)皮爾斯（Pierce）振盪器是用石英振盪器替代電感振盪器。

3. 對圖所示的哈特利振盪器（Hartley oscillator）而言，其振盪頻率為

(A) $1/\sqrt{(L_1+L_2)C}$ rad／sec

(B) $C/\sqrt{(L_1+L_2)}$ rad／sec

(C) $\sqrt{(L_1 + L_2)/C}$ rad／sec

(D) $1／\sqrt{(L_1 + L_2)/C}$ rad／sec（**題型：哈特萊振盪器**）

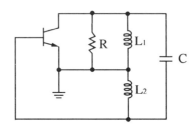

【84年二技電機】

解 ☞ ： (A)

令：$X_1 = SL_1$ ，$X_2 = SL_2$ ，$X_3 = \dfrac{1}{SC}$

∵ $X_1 + X_2 + X_3 = 0$

即 $j\omega L_2 + j\omega L_1 + \dfrac{1}{j\omega C} = 0$

∴ $\omega = \omega_o = \dfrac{1}{\sqrt{(L_1 + L_2)\,C}}$ ＝ rad／sec

---

4. 下圖之電路中，元件 K 之模式（model）可表示如圖，其中 K 值可自由設定。於 t = 0 時，將一直流電壓源 V_{dc} 加入此電路中，若欲使輸出電壓 V_o 為一正弦波，則應設定 K 為何值？（**題型：LC 振盪器**）

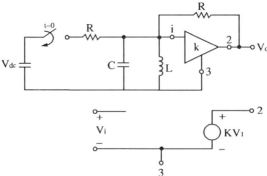

☞ :

∵ 維持振盪的條件

∵ |βA| ≥ 1

∴ k ≥ 2

14−5〔題型九十〕：
高頻振盪器—考畢子（Colpitts）振盪器

考型224 BJT 組成的考畢子振盪器

一、電路

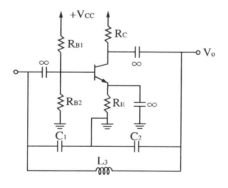

二、電路分析

$1. X_1 = \dfrac{1}{SC_1} = \dfrac{1}{j\omega C_1} = -j\dfrac{1}{\omega C_1}$

$2. X_2 = \dfrac{1}{SC_2} = \dfrac{1}{j\omega C_2} = -j\dfrac{1}{\omega C_2}$

$3. X_3 = SL_3 = j\omega L_3$

三、求振盪頻率（ω_o）

$\because X_1 + X_2 + X_3 = 0$

$\therefore -j\dfrac{1}{\omega C_1} - j\dfrac{1}{\omega C_2} + j\omega L_3 = 0$

故 $\omega_o = \sqrt{\dfrac{C_1 + C_2}{L_3\,(\,C_1 C_2\,)}} = \sqrt{\dfrac{1}{L_3}\left(\dfrac{1}{C_1} + \dfrac{1}{C_2}\right)}$

四、求振盪條件

$\because \left| A_v \right| \dfrac{X_1}{X_2} \geq 1$

$\therefore g_m\,(\,r_o /\!/ R_C\,) \geq \dfrac{C_1}{C_2}$

考型225 FET 組成的考畢子振盪器

一、電路

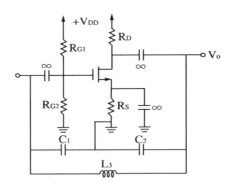

二、電路分析

1.振盪頻率

$$\omega_o = \sqrt{\frac{1}{L_3}\left(\frac{1}{C_1} + \frac{1}{C_2}\right)}$$

2.振盪條件

$$g_m\left(r_o /\!/ R_D\right) > \frac{C_1}{C_2}$$

考型226 OPA 組成的考畢子振盪器

一、電路

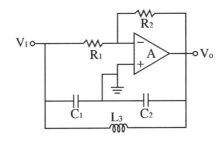

二、電路分析

1.振盪頻率

$$\omega_o = \sqrt{\frac{1}{L_3}\left(\frac{1}{C_1} + \frac{1}{C_2}\right)}$$

2.振盪條件

$$\frac{R_2}{R_1} \geq \frac{C_1}{C_2}$$

題型變化

1. 如下圖爲 CE 與 CB 式考畢子振盪器，求振盪條件？（**題型：考畢子振盪器**）

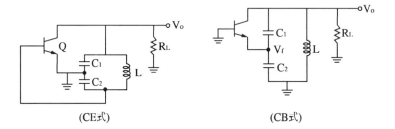

(CE式)　　　　　　　　(CB式)

解 ☞ ：

< CE 式 >

令 $X_1 = \dfrac{1}{SC_2}$ ， $X_2 = \dfrac{1}{SC_1}$

振盪條件

$\left| A_v \right| \left(\dfrac{X_1}{X_2} \right) \geq 1$

$\therefore \left(g_m R_L \right) \left(\dfrac{\dfrac{1}{SC_2}}{\dfrac{1}{SC_1}} \right) \geq 1 \Rightarrow \left(g_m R_L \right) \left(\dfrac{SC_1}{SC_2} \right) \geq 1$

故 $g_m R_L \geq \dfrac{C_2}{C_1}$

< CB 式 >

令 $X_1 = \dfrac{1}{SC_2}$ ， $X_2 = \dfrac{1}{SC_1} + \dfrac{1}{SC_2}$

振盪條件

$$|A_v|\left(\frac{X_1}{X_2}\right)\geq 1$$

$$\therefore g_m R_L\left(\frac{\frac{1}{SC_2}}{\frac{1}{SC_1}+\frac{1}{SC_2}}\right)\geq 1\rightarrow g_m R_L\left(\frac{C_1}{(C_1+C_2)}\right)\geq 1$$

$$故\ g_m R_L\geq\frac{C_1+C_2}{C_1}$$

$$即\ g_m R_L\geq 1+\frac{C_2}{C_1}$$

---

2. 如圖所示柯畢茲振盪器，試求 f_o 與振盪條件。（**題型：考畢子振盪器**）

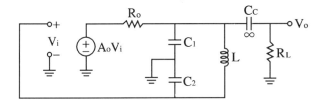

解☞ ：

令 $X_1=\frac{1}{SC_2}$ ，$X_2=\frac{1}{SC_1}$ ，$X_3=SL$

1. 求振盪條件

$$\because\left|A_v\right|\frac{X_1}{X_2}\geq 1$$

$$A_v=\frac{A_o R_L}{R_o+R_L}$$

$$故\ (\ \frac{A_oR_L}{R_o+R_L}\ )\ (\ \frac{\frac{1}{SC_2}}{\frac{1}{SC_1}}\ )\ =\ \frac{A_oR_L}{R_o+R_L}\ (\ \frac{C_1}{C_2}\ )\ \geq 1$$

∴振盪條件為：

$$|\,A_o\,|\geq (\ \frac{R_o+R_L}{R_L}\ )\ (\ \frac{C_2}{C_1}\ )$$

$$\Rightarrow |\,A_o\,|\geq (\ 1+\frac{R_o}{R_L}\ )\ (\ \frac{C_2}{C_1}\ )$$

2.振盪頻率

令 $X_1 + X_2 + X_3 = 0$，即

$$\frac{1}{j\omega C_2}+\frac{1}{j\omega C_1}+j\omega L=0$$

$$\therefore f=f_o=\frac{\omega_o}{2\pi}=\frac{1}{2\pi\sqrt{\frac{1}{L_3}\ (\ \frac{1}{C_1}+\frac{1}{C_2}\ )}}$$

14−6〔題型九十一〕：晶體振盪器（Crystal Oscillator）

 晶體振盪器

一、基本觀念

1.石英是常用的壓電晶體。

2.石英晶體具有機電共振（壓電效應）之特性。

若加上交流電時，則會隨外加電壓的頻率而振盪。

3. 石英晶體具有極高的品質因數 Q，可替代 L，穩定性極高。

4. 石英晶體的等效圖及電抗效應，如下圖

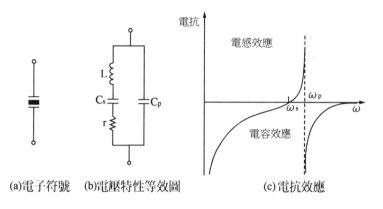

(a)電子符號　(b)電壓特性等效圖　　　　　　(c)電抗效應

5. 石英晶體因品質因數 Q 值極高，故內部電阻 r 可忽略。

6. 石英晶體有二種振盪頻率：ω_s 為串聯共振頻率。

　ω_p 為並聯共振頻率

7. C_s 串聯電容（約0.0005PF）

8. C_p：並聯電容

二、電路分析

1. $Z(S) = \dfrac{1}{SC_p} /\!/ (SL + \dfrac{1}{SC_s})$

$$= \frac{\dfrac{1}{SC_p}(SL + \dfrac{1}{SC_s})}{\dfrac{1}{SC_p} + SL + \dfrac{1}{SC_s}}$$

$$= \frac{1}{SC_p}\left[\frac{S^2LC_p + \dfrac{C_p}{C_s}}{1 + S^2LC_p + \dfrac{C_p}{C_s}}\right] = \frac{1}{SC_p}\left[\frac{S^2 + \dfrac{1}{LC_s}}{S^2 + (\dfrac{1}{LC_p} + \dfrac{1}{LC_s})}\right]$$

$$= \frac{1}{SC_p} \left[\frac{S^2 + \omega_s^2}{S^2 + \omega_p^2} \right]$$

2. **串聯共振頻率**

$$\omega_s = \frac{1}{\sqrt{LC_s}}$$

3. **並聯共振頻率**

$$\omega_p = \sqrt{\frac{1}{LC_p} + \frac{1}{LC_s}} = \sqrt{\frac{1}{L} \left(\frac{1}{C_p} + \frac{1}{C_s} \right)}$$

(1) $\omega_p = \sqrt{\frac{1}{L} \left(\frac{1}{C_p} + \frac{1}{C_s} \right)} = \frac{1}{\sqrt{LC_s}} \sqrt{1 + \frac{C_s}{C_p}} = \omega_s \sqrt{1 + \frac{C}{C_o}}$

(2) $\dfrac{\omega_p}{\omega_s} > 1$

4. **討論**

(1) 若 $\omega_p > \omega > \omega_s$ →為電感效應

(2) 若 $\omega_s > \omega > \omega_p$ →為電容效應

(3) $\omega_p > \omega_s$

(4) ω_s 不受 C_p 的影響

(5) ω_p 因多了 C_p 的介質損失，所以振幅較小。如下圖

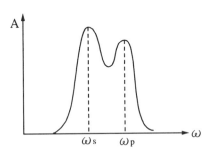

石英振盪器之頻率響應圖

考型228 皮爾斯（Pierce）振盪器

1. 以石英晶體替代電感的振盪器，即爲皮爾斯振盪器
2. 皮爾斯振盪器的振盪頻率必在石英振盪器的 $f_s \sim f_p$ 之間
   即約爲1.59MHz ~ 1.67MHz

一、電路

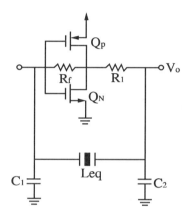

二、電路分析

1. 振盪頻率 $\omega_o = \sqrt{\dfrac{1}{Leq}\left(\dfrac{1}{C_1} + \dfrac{1}{C_2}\right)}$

2. 其振盪頻率介於 ω_s 及 ω_p 之間

三、串聯式皮爾斯振盪器

1. BJT 型

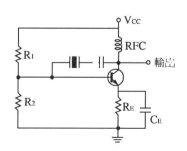

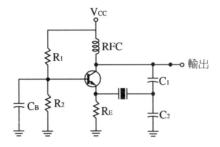

2. FET 型

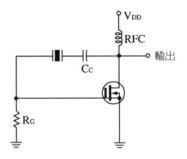

四、並聯式皮爾斯振盪器

1. BJT 型

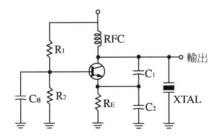

2. FET 型

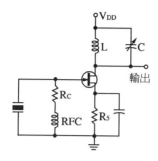

歷屆試題

1.一石英晶體之等效如圖有兩個共振頻率，試問下列何者是共振頻率之一？

(A)15.9MHz　(B)10.5MHz　(C)4.35MHz　(D)1.67MHz（題型：石英晶體振盪器）

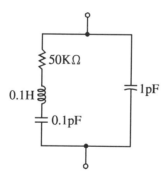

【 86年二技電子 】

解☞：(D)

1.串聯共振頻率 f_s：

$$f_s = \frac{\omega_s}{2\pi} = \frac{1}{2\pi \sqrt{LC_s}} = \frac{1}{2\pi \sqrt{(0.1)(0.1p)}} = 1.59 MHz$$

2.並聯共振頻率 f_p

$$f_p = \frac{\omega_p}{2\pi} = \frac{1}{2\pi\sqrt{\dfrac{1}{L}\left(\dfrac{1}{C_p}+\dfrac{1}{C_s}\right)}} = \frac{1}{(2\pi)\sqrt{\dfrac{1}{0.1}\left(\dfrac{1}{1p}+\dfrac{1}{0.1p}\right)}}$$

$$= 1.67\,\text{MHz}$$

2.下圖為一皮爾思（Pierce）振盪，其石英晶體之等效電如下圖所示，試求整個電路之振盪頻率？

(A)8300kHz　(B)980kHz　(C)1600kHz　(D)3710（**題型：皮爾思振盪器**）

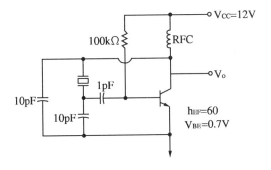

【86年二技電子】

解☞：(C)

　　觀念：1.皮爾斯振盪器的振盪頻率，必在石英振盪器的 f_s ~ f_p 之間

　　　　　2.皮爾斯振盪器是以石英振盪器替代電感 L，所以需符合石英振盪器的電感效應，即 $f_p > f > f_s$

　　　　　3.觀念解題知 f_o 介於 $1.59\,\text{MHz}$ ~ $1.67\,\text{MHz}$ 所以選 C，$1.6\,\text{MHz}$

3.圖爲一壓電晶體的特效電路與電抗函數圖，則

　(A)ω_1爲並聯諧振頻率　(B)當 $\omega_1 < \omega < \omega_2$時電抗爲電容性　(C)$\omega_1$爲串聯諧振頻率　(D)$\omega_1$爲無限大阻抗頻率（**題型：石英晶體振盪器**）

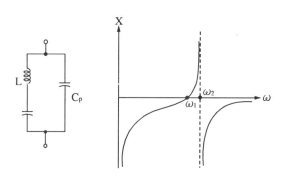

【 76年二技電機 】

解☞：(C)

　1.$\omega_1 = \omega_s = $串聯諧振頻率

　2.$\omega_2 = \omega_p = $並聯諧振頻率

　3.$\omega_p > \omega > \omega_s \Rightarrow \omega_2 > \omega > \omega_1$爲電感效應

　4.$\omega_s > \omega > \omega_p \Rightarrow \omega_1 > \omega > \omega_2$爲電容效應

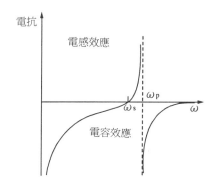

4.晶體振盪是器振盪以：

(A)體積大小　(B)壓電效應　(C)集膚效應　(D)相移作用而引起振

盪。（**題型：石英晶體振盪器**）

【72年二技術科】

解☞：(B)

5.一個2MHz 的石英晶體，其 L = 0.52H，$C_s = 0.012pF$，$C_p = 4pF$，r = 120Ω，試求 f_s、f_p 及 Q。（**題型：石英晶體振盪器**）

解☞：

$$f_s = \frac{1}{2\pi\sqrt{LC_s}} = \frac{1}{(2\pi)\sqrt{(0.52)(0.012p)}} = 2.015\text{MHz}$$

$$f_p = \frac{1}{2\pi\sqrt{\frac{1}{L}\left(\frac{1}{C_p}+\frac{1}{C_s}\right)}} = \frac{1}{(2\pi)\sqrt{\frac{1}{0.52}\left(\frac{1}{4p}+\frac{1}{0.012p}\right)}}$$

$$= 2.018\text{MHz}$$

$$Q = \frac{\omega_o L}{r} \approx \frac{\omega_s L}{r} = \frac{(2\pi)f_s L}{r}$$

$$= \frac{(2\pi)(2.015M)(0.52)}{120} \cong 55000$$

CH15　訊號產生器(Function Generator)

1.同學必須瞭解，比較器與施密特觸發器，無論輸入爲何種波形，其輸出必然爲方波。

2.本章重要考型爲108,109,115。

3.本章有許多不同的訊號產生器，準備應試的最好方法，就是認識電路，熟記公式，否則遇題再推算公式，就太慢了！！

4.本章的考法，若是考二技，則題目都只需代公式，就可解答。若是考插大，則需再瞭解電路的原理。

5.對考二技同學而言，若以題型分析，則以題型九十二，九十五爲重要。但若是對插大的同學而言，則需再注意題型九十四。

15-1〔題型九十二〕：比較器與施密特觸發器（Schmitt Trigger）

考型229 無參考電壓比較器

一、觀念

1.設 OPA 的電壓增益 $A = 10^5$

2.若 OPA 電路爲無回授，且輸入訊號 $V_i = 10V$，則

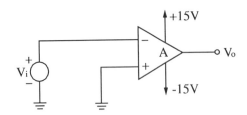

$$V_O = AV_i = (10^5)(10) = 10^6\,V$$

合理嗎？（供應直流電 $+V_{CC} = 15V$，$-V_{CC} = -15V$，得 $V_O = 10^6\,V$？）

3. **討論**

⑴當 OPA 無回授時，輸入訊號 $V_+ > V_-$，則 OPA 為正飽和 $V_O \approx +V_{CC}$

⑵當 OPA 無回授時，輸入訊號 $V_- > V_+$，則 OPA 為負飽和 $V_O \approx -V_{CC}$

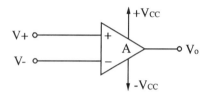

⑶依此特性，則由 V_O 為正飽和或負飽和，即可得知 OPA 的輸入訊號，$V_+ > V_-$ 或 $V_- > V_+$。

⑷此種特性，即為比較器的由來。

⑸①若 OPA 為負迴授則具放大器的特性。

　②若 OPA 為正迴授時，終將使 OPA 飽和，因此具有比較器的特性。

　③若 OPA 同時存有正、負回授時，則需判斷回授量 β，

　　a.若正回授量 > 負回授量⇒具比較器特性

　　b.若負回授量 > 正回授量⇒具放大器特性

二、無參考電壓比較器

1. 令 V_M 為 OP 的正飽和，且 $-V_m$ 為 OP 的負飽和。

2. 設 OP 之增益為 A。

3. 則 OP 之線性區範為 $\dfrac{-V_m}{A} \leq (V_a - V_b) \leq \dfrac{V_M}{A}$。

4. 如圖：

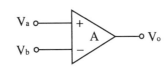

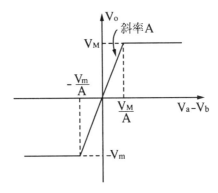

5. ⇒ 此即 OPA 的高低態

 ⇒ 且可由（$V_a - V_b$）而得知

 ⇒ 故稱為比較器

6. 依此特性，則可設計出以下三種比較

 (1)無參考電壓比較器

 (2)正準位比較器

 (3)負準位比較器

7. 設 V_N 為雜訊電壓，且無參考電壓 V_R 存在，則無參考電壓比較器如下：

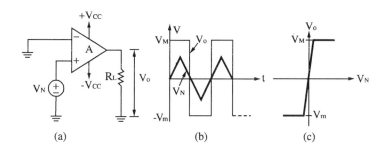

(a)   (b)   (c)

(1)非反相放大器，當 $V_N > 0$，$V_O = V_M = + V_{sat}$

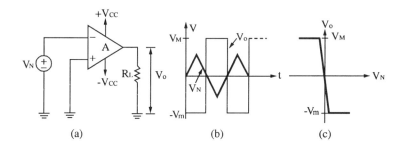

(a)   (b)   (c)

(2)反相放大器，當 $V_N > 0$ 時，$V_O = - V_m = - V_{sat}$

考型230　含參考電壓的比較器

1. 在 OPA 的輸入端中，若加有一個參考電壓 V_R，則形成含參考電壓比較器。

2. 此時，須 $V_N > V_R$，才會使 OPA 飽和。

3. 若 V_R 為正值，則稱為正準位比較器。

4. 若 V_R 為負值，則稱為負準位比較器。

5. 由下列各式比較器得知

⑴在正相器中，若 V_N 較大，則正飽和（比大值），反之，則負飽
　和。

⑵在反相器中，若 V_N 較小，則正飽和（比小值），反之，則負飽
　和。

一、正準位正相比較器

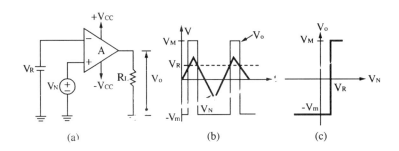

(a)   (b)   (c)

①當 $V_N - V_R > 0$，則正飽和 $V_O = V_M$
②當 $V_N - V_R < 0$，則負飽和，$V_O = -V_m$

$\left.\right\}$ 即 $\begin{cases} V_N > V_R，正飽和，V_O = V_M \\ V_N < V_R，負飽和，V_O = -V_m \end{cases}$

二、正準位反相比較器

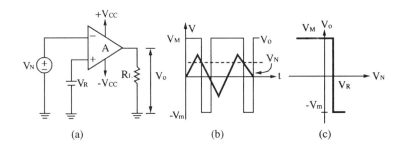

(a)   (b)   (c)

①當 $V_R - V_N > 0$，則正飽和，$V_O = V_M$
②當 $V_R - V_N < 0$，則負飽和，$V_O = -V_m$

$\left.\right\}$ 即 $\begin{cases} V_N < V_R，正飽和，V_O = V_M \\ V_N > V_R，負飽和，V_O = -V_m \end{cases}$

三、負準位正相比較器

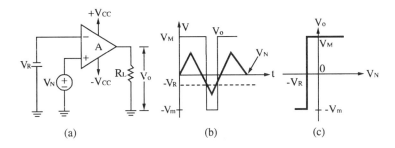

(a)　　　　　(b)　　　　　(c)

①當 $V_N - (-V_R) > 0$，則正飽和，$V_O = V_M$
②當 $V_N - (-V_R) < 0$，則負飽和，$V_O = -V_m$ ┤ 即

$\begin{cases} V_N > -V_R，則正飽和，V_O = V_M \\ V_N < -V_R，則負飽和，V_O = -V_m \end{cases}$

四、負準位反相比較器

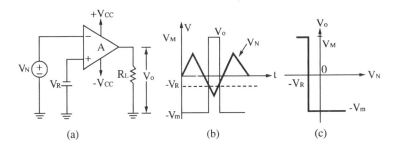

(a)　　　　　(b)　　　　　(c)

①當 $-V_R - V_N > 0$，則正飽和，$V_O = V_M$
②當 $-V_R - V_N < 0$，則負飽和，$V_O = -V_m$ ┤ 即

$\begin{cases} V_N < -V_R，則正飽和，V_O = V_M \\ V_N > -V_R，則負飽和，V_O = -V_m \end{cases}$

簡單言之，以 V_N 而言
1.在正相比較器中比 V_R 大，為正飽和，反之則為負飽和。
2.在反相比較器中比 V_R 小，為負飽和，反之則為正飽和。

五、窗形比較器

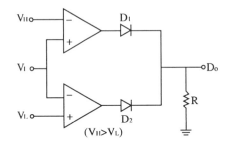

V_O 輸出情形

$$V_O = \begin{cases} V_M，在 V_I > V_H 時，D_1：ON，D_2：OFF \\ 0，在 V_H > V_I > V_L 時，D_1及 D_2：OFF \\ V_m，在 V_I < V_L 時，D_1：OFF，D_2：ON \end{cases}$$

考型231 含限壓器的比較器

一、基本限壓器

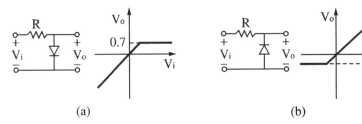

(a)

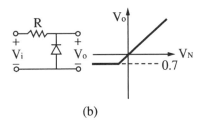

(b)

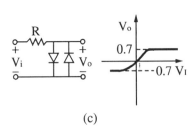

(c)

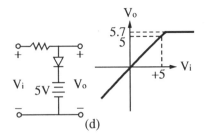

(d)

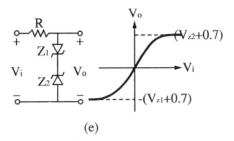

(e)

二、含限壓器的比較器

1. 輸出端含限壓器

(1)電路1

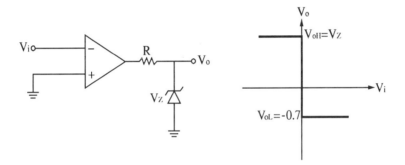

$$\begin{cases} V_i < 0時，D_Z：崩潰（ON），V_O = V_Z \\ V_i > 0時，D_Z：順偏（ON），V_O = -0.7V \end{cases}$$

(2)電路2

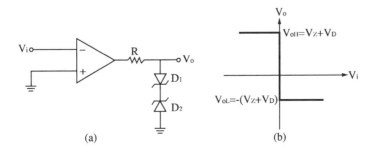

<table>
<tr><td>(a)</td><td>(b)</td></tr>
</table>

$\begin{cases} V_i > 0時，D_1：崩潰（ON），D_2：順偏（ON），V_O = -（V_{Z1} + V_{D2}） \\ V_i < 0時，D_1：順偏（ON），D_2：崩潰（ON），V_O = V_{Z_2} + V_{D1} \end{cases}$

2. 負回授限壓器

⑴臨界點在原點（不含參考電壓）

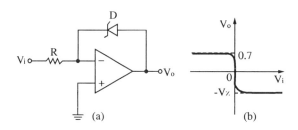

$\begin{cases} V_i > 0時，D：崩潰（ON），V_O = -V_Z \\ V_i < 0時，D：順偏（ON），V_O = V_D \end{cases}$

⑵臨界點移位（含參考電壓）

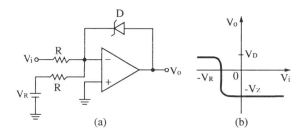

$V_- = V_i／2 + V_R／2$

$\begin{cases} V_- > 0時，即 V_i > -V_R 時，D 崩潰（ON），V_O = -V_Z。 \\ V_- < 0時，即 V_i < -V_R 時，D 順偏（ON），V_O = V_D。 \end{cases}$

(3)不含迴授電阻

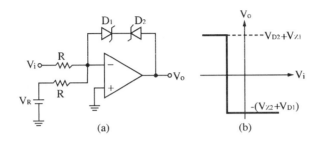

(a)　　　　　　　　(b)

$$\begin{cases} V_- > 0時，D_1：順偏（ON），D_2：崩潰（ON），V_0 = -（V_{Z2} + V_{D1}） \\ V_- < 0時，D_1：崩潰（ON），D_2：順偏（ON），V_0 = V_{D2} + V_{Z1} \end{cases}$$

(4)含迴授電阻

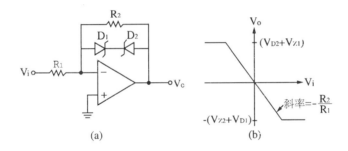

(a)　　　　　　　　(b)

$$若\ D_1，D_2：OFF\ 時，V_0 = -\frac{R_2}{R_1}V_i$$

考型232　施密特觸發器

一、觀念

1.若以比較器當觸發器，易受雜訊亂數的影響，而產生誤動作。

2.改善法：使用施密特觸發器，其特性為：

(1)具有二個臨界值（轉態點）。

(2)具有正回授電路，增益增加，轉態速度快。

(3)具有遲滯特性（ Hysteresis ），因此有較大的雜訊免疫力。

3.施密特觸發器，有反相型，即非反相型

4.施密特觸發器，無論輸入波形如何，其輸出必爲方波。

二、反相型施密特觸發器

1.電路

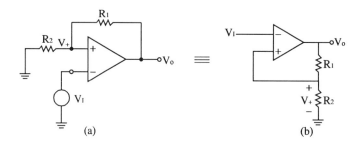

(a)   (b)

2.電路分析

(1)若 $V_0 = + V_{sat} = V_M$，則

$$V_+ = \frac{R_2}{R_1 + R_2} V_M = V_{tH}（ 上臨界電壓 ）$$

即，當 $V_I > V_{tH}$ 時，則發生轉態，$V_0 = - V_{sat} = - V_m$

(2)若 $V_0 = - V_{sat} = - V_m$，則

$$V_+ = \frac{- R_2}{R_1 + R_2} V_m = V_{tL}（ 下臨界電壓 ）$$

即，當 $V_I < V_{tL}$ 時，則發生轉態 $V_0 = + V_{sat} = V_M$

(3)遲滯電壓 $V_H = V_{tH} - V_{tL}$

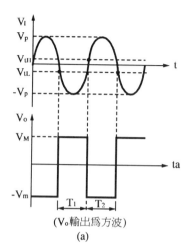

（V_o輸出爲方波）
(a)

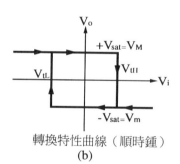

轉換特性曲線（順時鍾）
(b)

轉態點記憶法：

①大要更大（$V_I > V_{tH}$）

②小要更小（$V_I < V_{tL}$）

　（V_o 輸出爲方波）

　轉換特性曲線（順時鐘）

3. **公式整理**

①回授量 $\beta = \dfrac{R_2}{R_1 + R_2}$

②上臨界電壓 $V_{tH} = \beta V_M = \dfrac{R_2}{R_1 + R_2} V_M$

③下臨界電壓 $V_{tL} = -\beta V_m = \dfrac{-R_2}{R_1 + R_2} V_m$

④遲滯電壓 $V_H = V_{tH} - V_{tL}$

⑤工作週期 $D = \dfrac{T_1}{T_1 + T_2} \times 100\%$

若 $V_M = V_m$，則 $D = 50\%$

三、非反相施密特觸發器

1. **電路**

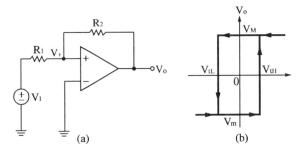

(a)　　　　　　　　　　(b)

2. **電路分析**

用重疊法得

①$V_+ = \dfrac{R_2 V_I + R_1 V_0}{R_1 + R_2} = 0$

∴ $V_I = -\dfrac{R_1}{R_2} V_0$

②當 $V_0 = +V_{sat} = V_M$ 時

$V_I = -\dfrac{R_1}{R_2} V_M = V_{tL}$

③當 $V_O = -V_{sat} = -V_m$ 時

$$V_I = \frac{R_1}{R_2} V_m = V_{tH}$$

四、具參考電壓的施密特觸發器

1.非反相式

(1)電路

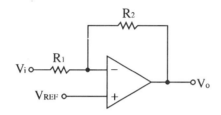

(2)電路分析

① $V_{REF} = \dfrac{R_2 V_I + R_1 V_O}{R_1 + R_2}$

$$\therefore V_I = -\frac{R_1}{R_2} V_O + \left(1 + \frac{R_1}{R_2} \right) V_{REF}$$

②當 $V_O = +V_{sat} = V_M$ 時

$$V_I = -\frac{R_1}{R_2} V_M + \left(1 + \frac{R_1}{R_2} \right) V_{REF} = V_{tL}$$

③當 $V_O = -V_{sat} = -V_m$ 時

$$V_I = \frac{R_1}{R_2} V_m + \left(1 + \frac{R_1}{R_2} \right) V_{REF} = V_{tH}$$

④ $V_H = V_{tH} - V_{tL} = \dfrac{R_1}{R_2} \left(V_m + V_M \right)$

2.反相式

　(1)電路

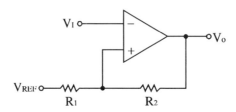

　(2)電路分析

　　①$V_I = \dfrac{R_1 V_O + R_2 V_{REF}}{R_1 + R_2}$

　　②當 $V_O = + V_{sat} = V_M$ 時

　　　$V_I = \dfrac{R_1 V_M + R_2 V_{REF}}{R_1 + R_2} = V_{tH}$

　　③當 $V_O = - V_{sat} = - V_m$ 時

　　　$V_I = \dfrac{- R_1 V_m + R_2 V_{REF}}{R_1 + R_2} = V_{tL}$

　　④$V_H = V_{tH} - V_{tL} = \dfrac{R_1}{R_1 + R_2}\left(V_m + V_M \right)$

3.結論：當施密特觸發器具有參考電壓時，則遲滯曲線會發生移
　位。而其中心點不在原點了。

五、具限壓器的施密特觸發器

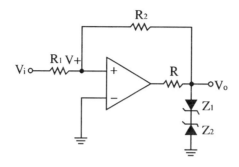

1.當 $V_O = +V_{sat} = V_M$ 時

$V_O = V_D + V_Z$

2.當 $V_O = -V_{sat} = -V_m$ 時

$V_O = -(V_D + V_Z)$

六、綜論

1.反相式的施密特觸發器，遲滯曲線爲順時鐘方向。

2.非反相式的施密特觸發器，遲滯曲線爲逆時鐘方向。

3.施密特觸發器若含參考電壓，則遲滯曲線會移位。

4.施密特觸發器的輸出波形爲方波。

歷屆試題

1.下圖爲穩壓電路，A 爲理想運算放大器，齊納二極體（Zener diode）D_2的崩潰電壓（breakdown voltage）爲5V，D 的順向導通電壓爲0.7V，若 V_O 要穩壓在10V，則$\dfrac{R_2}{R_1}$爲：(A)$\dfrac{1}{5}$ (B)$\dfrac{1}{2}$ (C)1 (D)2。（題型：OPA 含限壓器）

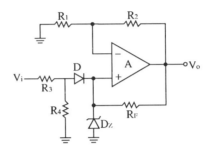

解☞：(C)

$$\because V_Z = V_+ = V_- = \frac{R_1}{R_1 + R_2} V_0 \text{，即}$$

$$5 = \frac{R_1}{R_1 + R_2} （10）$$

$$\therefore （1 + \frac{R_2}{R_1}） = \frac{10}{5} = 2 \text{，故} \frac{R_2}{R_1} = 1$$

---

2. 承上題，若 $R_F = 5k\Omega$，$R_4 = 57k\Omega$，且維持穩壓時齊納二極體 D_Z 的工作電流必須小於 $1.2mA$，試求當 V_i 由0V升至10V 時，可讓此穩壓電路正常動作的 R_3 值為：(A)$50k\Omega$　(B)$20k\Omega$　(C)$10k\Omega$　(D)$1k\Omega$。　　　　　　　【88年二技電子】

解☞：(B)

---

3. 承上題，當 V_0 穩壓於10V 後，若將 V_i 降為0V，則 V_0 將變成：(A)10V　(B)5V　(C)0.7V　(D)0V。　　　　【88年二技電子】

解☞：(A)

---

4. 如下圖所示的電路，若輸入三角波信號 V_i 無直流成份且峰對峰值為16V，A2的飽和電壓為 ±13V，則輸出方波信號 V_0 的振幅為(A)5V　(B)8V　(C)13V　(D)21V。（題型：施密特觸發器）

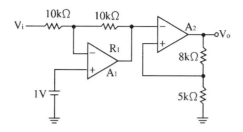

【87年二技電子】

解☞：(C)

1. A_1為放大器，A_2為施密特反相式觸發器，所以輸出為方波。

2. A_1的輸出 $V_{O1}=(1V)(1+\dfrac{10K}{10K})+V_i(-\dfrac{10K}{10K})$

$$=2-V_i$$

$\pm V_{im}=\pm \dfrac{V_{PP}}{2}=\pm 8V$

當 $V_i=V_{im}=8V$ 輸入時，$V_{O1}=2-V_{im}=-6V$

$\because V_{O1}<V_{tL}$ $\therefore V_O=V_{sat}=13V$

其中臨界電壓值如下：

$V_{tH}=(\dfrac{5K}{8K+5K})(13V)=5V$

$V_{tL}=(\dfrac{5K}{8K+5K})(-13V)=-5V$

3. 遲滯曲線

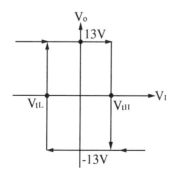

5.承上題，請問輸出方波信號 V_O 的責任週期（duty cycle）爲？(A) 50%　(B)37.5%　(C)25%　(D)2.5%。

解☞：(B)

　1.由上題知 $V_{O1} = 2 - V_i \Rightarrow V_i = 2 - V_{O1}$

　　①若 $V_{O1} \geq V_{tH}$，則 $V_O = -V_{sat} = -13V$

　　②若 $V_{O1} \leq V_{tL}$，則 $V_O = +V_{sat} = +13V$

　　即 $V_{O1} = 2 - V_i \geq 5V$ 時，即 $V_i \leq -3V \Rightarrow V_O = -13V$

　　$V_{O1} = 2 - V_i \leq -5V$ 時，即 $V_i \geq 7V \Rightarrow V_O = +13V$

　2.輸出及輸出波形之關係

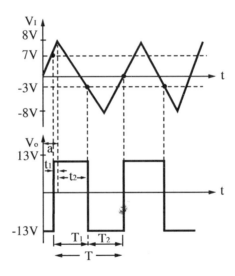

　3.故責任週期 $D = \dfrac{T_1}{T_1 + T_2} \times 100\% = 37.5\%$

　　以幾何觀念解題

　　$\because$ 斜率 $= \dfrac{8}{a} = \dfrac{7}{t}$　$\therefore t = \dfrac{7a}{8}$ 即 $t_1 = a - \dfrac{7}{8}a = \dfrac{1}{8}a$

又 $\dfrac{8}{a} = \dfrac{8-(-3)}{t_2}$ $\therefore t_2 = \dfrac{11a}{8}$

故 $T_1 = t_1 + t_2 = \dfrac{12}{8}a$ $\therefore D = \dfrac{T_1}{T_1+T_2} \times 100\% = \dfrac{\frac{12}{8}a}{4a} \times 100\% =$ 37.5%

6.如下圖中，稽納二極體 V_Z 皆為4.5V，V_{in} 輸入為正弦波，峰對值電壓 V_{P-P} 為6V，則 V_O 為 (A)方波，$V_{P-P} = 10.4V$ (B)正弦波，$V_{P-P} = 10.4V$ (C)方波，$V_{P-P} = 22V$ (D)正弦波，$V_{P-P} = 22V$。（題型：含員回授限壓器的比較器）

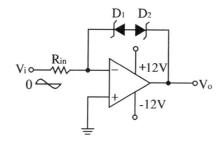

【85年南臺】

解☞：(A)

1. $V_i > 0$時，D_1：崩潰，D_2：順偏

   $\therefore V_{O1} = -(V_{Z2} + V_{D1}) = -(4.5+0.7) = -5.2V$

2. $V_i < 0$時，D_1：順偏，D_2：崩潰

   $\therefore V_{O2} = V_{D2} + V_{Z1} = 0.7+4.5 = 5.2V$

3. $V_{P-P} = |V_{O1} - V_{O2}| = 10.4V$

7.(a)下圖為一施密特觸發器（Schmitt Trigger），當 V_i 從 $-7V$ 變成 4V 時，則 $V_O = ?$ (A) $-15V$ (B)15V   (C)0V   (D)10V。（題型：施密特觸發器）

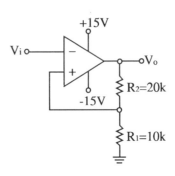

【85年南台二技電子】

解 ☞ : (B)

1.當 $V_i = -7V$ 時，OPA 已飽和，

   $\therefore V_0 = -15V$

2.故 $V_{tL} = \beta V_m = \dfrac{R_1}{R_1 + R_2}\ (-15V) = -5V$

   $\therefore V_i = 4V$ 時，$V_0 = 15V$

3.$V_{tH} = \beta V_M = \dfrac{R_1}{R_1 + R_2}\ (+15) = 5V$

4.遲滯曲線如下：

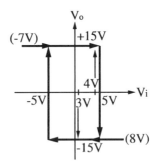

8.(b)上題(a)中，當 V_i 從8V 變成 – 3V 時，則 V_0 = ？(A) – 15V　(B) 15V　(C)0V　(D)10V。

解☞：(A)

由上題遲滯曲線知：

V_i = 8V 時，V_0 = – 15V

9.施密特電路可說是波形整形電路之一，不論其輸入波形為何，該電路之輸出波形皆為？(A)正弦波　(B)梯弦波　(C)方波　(D)鋸齒波。（**題型：施密特觸發器特性**）

【**84年二技電子專業實務**】

解☞：(C)

10.下圖所示的電路中，OPA 為理想運算放大器，R_1 = 5仟歐姆，R_2 = 10仟歐姆，Z_1 及 Z_2分別為5.1伏特及8.2伏特的稽納二極體（zener diode），其順向導通之壓降約為0.7伏特，如果 V_2 = 0伏特，V_1 分別為 – 6伏特，1.3伏特，5伏特的直流電壓時，則相對應的 V_0 最接近下列何者？

(A)15伏特、 – 2.6伏特、 – 15伏特

(B)5.8伏特、 – 2.6伏特、 – 8.9伏特

(C) – 5.8伏特、2.6伏特、8.9伏特

(D)8.9伏特、 – 2.6伏特、 – 5.8伏特。（**題型：含迴授電阻限壓器的反相比較器**）

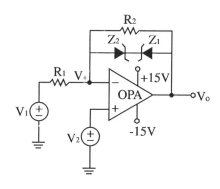

解☞：(D)

1.電路特性：

①若 $V_I > V_A$，而使 Z_2：順偏，Z_1：崩潰，則

$V_O = - （ V_{Z1} + V_{D2} ） = - 5.8V$

②若 $V_I < V_B$，而使 Z_2：崩潰，Z_1：順偏，則

$V_O = （ V_{D1} + V_{Z2} ） = 8.9V$

③若 $V_B < V_I < V_A$，Z_1，Z_2：OFF 時，$V_O = - \dfrac{R_2}{R_1} V_I = - 2V_I$

2.轉移曲線的斜率 $= - \dfrac{R_2}{R_1} = - 2$

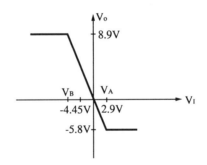

故知 $\dfrac{8.9}{V_B} = - 2$，$\therefore V_B = - 4.45V$

$\dfrac{- 5.8}{V_A} = - 2$，$\therefore V_A = 2.9V$

3.當 $V_I = - 6V$ 時，$\because V_I < V_B$，$\therefore V_O = 8.9V$

當 $V_I = 1.3V$ 時，$\because V_B < V_I < V_A$，$\therefore V_O = - 2V_I = - 2.6V$

當 $V_I = 5V$ 時，$\because V_I > V_A$，$\therefore V_O = - 5.8V$

11.同上題，如果 $V_1 = 0$ 伏特，$V_2 = 1$ 伏特，V_0 約為(A)3伏特　(B) – 15伏特　(C) – 5.8伏特　(D)8.9伏特。（**題型：含迴授電阻限壓器的非反相比較器**）

【83年二技電機】

解 ☞ ：(A)

　1.轉移特性曲線如下

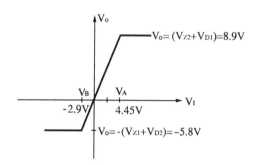

$$斜率 = 1 + \frac{R_2}{R_1} = 2 \Rightarrow V_0 = \left(1 + \frac{R_2}{R_1} \right) V_I = 3V_I$$

$$故知：\frac{-5.8}{V_B} = 2 \quad \therefore V_B = -2.9V$$

$$\frac{8.9}{V_A} = 2 \qquad \therefore V_A = 4.45V$$

　2.當 $V_2 = 1V$ 時，即 $-2.9 < V_2 < 4.45V$

　　$\therefore V_0 = 3V_I = 3V$

12.如圖(a)所示的施密特（Schmitt）觸發電路及圖(b)所示的輸入關係曲線，則 V_1 與 V_2 之值，下列何者最為適當？(A)$V_1 = 1.04$ 伏，$V_2 = 0.94$ 伏　(B)$V_1 = 0.94$ 伏，$V_2 = 0.8$ 伏　(C)$V_1 = 1.04$ 伏，$V_2 = 0.8$ 伏　(D)$V_1 = 4.0$ 伏，$V_2 = 1.0$ 伏。（**題型：施密特觸發電**

路)

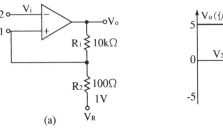

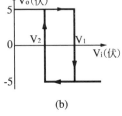

(a)   (b)

【82年二技電子】

解 ☞ ：(A)

1. 用重疊法知

$$V_{tH} = V_1 = \frac{R_1 V_R + R_2 V_M}{R_1 + R_2} = \frac{(10K)(1) + (0.1K)(5)}{10K + 0.1K}$$

$$= 1.04V$$

$$V_{tL} = V_2 = \frac{R_1 V_R + R_2 V_m}{R_1 + R_2} = \frac{(10K)(1) + (0.1K)(-5)}{10K + 0.1K}$$

$$= 0.94V$$

13. 如圖(a)所示之理想放大器零交叉（zero - crossing）比較電路中，
若理想稽納二極體的崩潰電壓分別為 $V_{Z1} = 10V$，$V_{Z2} = 5V$，且
輸入波形如圖(b)所示，則其輸出應為？(A)$0 < t < 1$時，$V_0 = -5V$　(B)$2 < t < 3$時，$V_0 = +5V$　(C)$1 < t < 3$時，$V_0 = 10V$　(D)$2 < t < 4$時，$V_0 = -10V$。（題型：含限壓器的比較器）

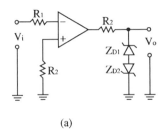

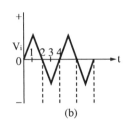

(a)   (b)

564　電子學題庫大全（下）

解☞：(A)

1. $V_i > 0$時：Z_{D2}：崩潰，Z_{D1}：順偏，

   $V_O = -(V_{Z2} + V_{D1}) = -V_{Z2} = -5V$

   $V_i < 0$時：Z_{D2}：順偏，Z_{D1}：崩潰，

   $V_O = V_{Z1} + V_{D2} = V_{Z1} = 10V$

2. 故知$0 < t < 2 \Rightarrow V_O = -5V$

   $2 < t < 4 \Rightarrow V_O = 10V$

---

14. 上題中，若二極體崩潰電壓 $V_{Z1} = 20V$，$V_{Z2} = 5V$，則同樣輸入下的輸出應為？(A)$0 < t < 2 = -5V$　(B)$2 < t < 4$時，$V_O = +20V$　(C)$0 < t < 2$時，$V_O = +5V$　(D)$2 < t < 4$時，$V_O = +15V$。

解☞：(B)

1. $V_i > 0$時，$V_O = -V_{Z2} = -5V$

   $V_i < 0$時，$V_O = V_{Z1} = 20V$

2. 故知$0 < t < 2 \Rightarrow V_O = -5V$

   $2 < t < 4 \Rightarrow V_O = 20V$

---

15. 如圖為 Schmitt trigger circuit，若兩運算放大器均為理想，其電源，$V_S = +15V$，$-V_S = -15V$，回答下列問題。

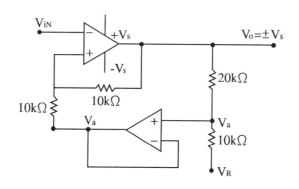

若 $V_R = 0$，輸入 V_{in}的觸發上限電壓爲？(A) – 10V　(B) + 10V
(C) + 7.5V　(D) – 7.5V。(**題型：施密特觸發器**)

【 80年二技電子 】

解☞ : (B)

1. 此電路上面的 OPA 爲施密特觸發器，下面 OPA 爲電壓隨
耦器，故知，當 V_{in}達到觸發上限電壓時，$V_0 = + V_S = 15V$

2. 此時，下面的 OPA 輸出爲

$$V_a = V_0 \times \frac{10K}{10K + 20K} = 5V$$

3. 用重疊法

$$V_{tH} = \frac{(10K) V_a + (10K) V_0}{10K + 10K}$$

$$= \frac{(10K)(5) + (10K)(15)}{20K} = 10V$$

4. 施密特觸發器的遲滯曲線會發生移位。

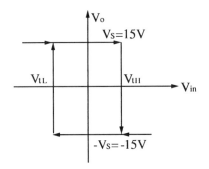

16. 同上題條件，輸入 V_{in}的觸發下限電壓爲？(A) + 7.5V　(B) –
7.5V　(C) + 10V　(D) – 10V。　【 80年二技電子 】

解☞ : (D)

1. 同上題方法知，

   當 V_{in} 達下限觸發電壓時，$V_O = -V_S = -15V$

2. 此時

$$V_a = V_O \times \frac{10K}{10K + 20K} = -5V$$

3. 用重疊法知

$$V_{tL} = \frac{(10K) V_a + (10K) V_O}{10K + 10K}$$

$$= \frac{(10K)(-5) + (10K)(-15)}{10K + 10K} = -10V$$

---

17. 若 $V_R = -9V$，輸入 V_{in} 的觸發上限電壓為？ (A)$+7V$　(B)$+11V$　(C)$+13V$　(D)$+7.5V$。　　　　　　　【80年二技電子】

    解 ☞ : (A)

    1. 觀念：施密特觸發器含有 V_R 時，遲滯曲線會移位。
    2. 當 V_{in} 達觸發上限電壓時，$V_O = +V_S = 15V$，

       用重疊法求 V_a

$$V_a = \frac{(10K) V_O + (20K) V_R}{10K + 20K}$$

$$= \frac{(15)(10K) + (-9)(20K)}{10K + 20K} = -1V$$

    3. $\therefore V_{tH} = \frac{(10K) V_a + (10K) V_O}{10K + 10K} = 7V$

---

18. 同上題條件，上下限間兩觸發臨界電壓的差距為？ (A)10V　(B)15V　(C)20V　(D)6V。　　　　　　　【80年二技電子】

    解 ☞ : (C)

    臨界電壓值 V_H 與 V_R 無關。所以

$$V_H = V_{tH} - V_{tL} = 10 - (-10) = 20V$$

---

19. 下圖中，A 為理想運算放大器，$V_R = 1V$，Z_1 及 Z_2 為理想稽納二極體（Zener diode），$V_{Z1} = 3.6V$，$V_{Z2} = 5.1V$，$R_1 = 10k\Omega$，$R_2 = 20k\Omega$，則當 $V_I = 0V$ 時，V_O 為(A) $-2V$ (B) $-5.1V$ (C) $-3.6V$ (D) $-8.7V$。（題型：含參考電壓及迴授電阻限壓器的比較器）

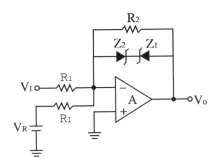

【79年二技電機】

解☞：(A)

1. 因含有限壓器，所以輸出範圍為

$-(V_{D2} + V_{Z1}) \le V_O \le (V_{Z2} + V_{D1})$

∵稽納二極體為理想的，所以 $V_D = 0$

故 $-V_{Z1} \le V_O \le V_{Z2} \Rightarrow$ 即：$-3.6V \le V_O \le 5.1V$

2. 又轉移特性曲線的斜率 $= -\dfrac{R_2}{R_1} = -\dfrac{20K}{10K} = -2$

即：$V_O = -\dfrac{R_2}{R_1} V_I = -2V_I$

故 $\dfrac{5.1}{V_{tL}} = \dfrac{-3.6}{V_{tH}} = -2$　∴ $V_{tL} = -2.55V$，$V_{tH} = 1.8V$

所以 $-2.55V \le V_I \le 1.8V$ 為線性區

3.因此 $V_0 = -\dfrac{R_2}{R_1} V_1 = -2 (1) = -2V$

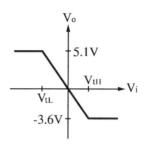

20.續上題，當 $V_I = -4V$ 時，V_0 為：(A)3.6V　(B)5.1V　(C)8.7V
(D)0V。　　　　　　　　　　　　　　　　【79年二技電機】

解☞：(B)

1.暫不考慮限壓器作用時，此成為加法器

$\therefore V_0 = -\dfrac{R_2}{R_1} (V_I + V_0) = -\dfrac{20K}{10K} (1 - 4) = 6V$

2.故知 $V_0 = 6V$，已超出 $V_{0,max}$，

$\therefore V_0 = 5.1V$

21.圖示 Schmitt Tigger 電路中之 OP.AMP 為理想的，其飽和電壓

$0.9 \times V_{CC}$，求

(1)輸出電壓 V_0 之穩定狀態有那幾種？

(2)若 $V_i > 4V \Rightarrow V_0 = ?$ 理由？

(3)求 V_i，V_0 轉換時之特性曲線。

(4)若 $V_i = 10_{sin\omega t} Volt$，繪出 V_0，V_i 之關係。

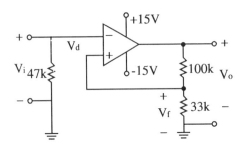

【 78年基層特考 】

解☞：施密特觸發器（反相式）

(1)V_O 輸出穩定值有二，即

$V_O = \pm 0.9 V_{CC} = \pm 13.5V$

(2)$\because V_{tH} = -V_{tL} = \beta V_M = \left(\dfrac{33K}{100K + 33K} \right) (13.5V) = 3.349V$

$\therefore V_i > 4V$ 時，V_O 已轉態（由高變低）

故為 $V_O = -13.5V$

(3)

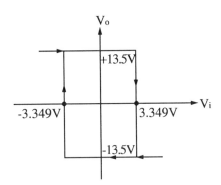

(4)

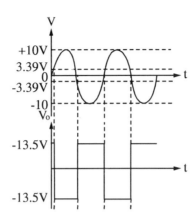

---

22. 下圖(a)所示的電路欲具有下圖的遲滯曲線轉移特性，則電阻 R
為(A)100歐姆　(B)500歐姆　(C)1000歐姆　(D)1500歐姆。（**題
型：施密特反相式觸發器**）

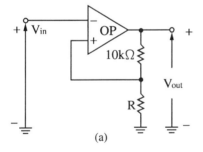 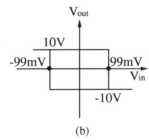

(a)　　　　　　　　　　(b)

解 ☞ ： (A)

$$\because V_{tH} = - V_{tL} = \beta V_M = \frac{R}{10K + R}（10V）= 99mV$$

$$\therefore R = 100\Omega$$

23. 有一理想運算放大器電路，如下圖所示，兩個齊納（Zener）二極體之齊納崩潰電壓，分別為 V_{Z1} 和 V_{Z2} 順向電壓均為 V_D 圖中之 R 值，可以使齊納二極體在齊納崩潰區工作，若 $V_i > 0$，則 V_0 應為 (A) $-$ ($V_{Z2} + V_D$)　(B) ($V_{Z2} + V_D$)　(C) $-$ ($V_{Z1} + V_D$)

(D) $-$ ($V_{Z1} + V_D$)。（**題型：含限壓器的比較器**）

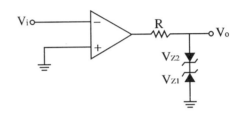

【73年電機】

解 ☞ ：(A)

$V_i > 0 \Rightarrow V_0$ 為負值

$\therefore D_{Z2}$：崩潰，D_{Z1}：順偏

故 $V_0 = -$ ($V_{Z2} + V_D$)

題型變化

1. 如下圖所示電路，OPA 輸出飽和電壓為 $\pm 9V$，二極體採0.7V 定電壓模型，繪 V_0 與 V_i 圖。（**題型：反相式施密特觸發電路**）

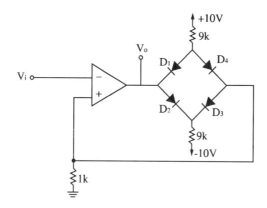

解☞：

(1)當 $V_O = +V_{sat} = 9V$ 時，D_2 及 D_4：ON

$$V_i = \frac{(10 - V_{D4})(1K)}{1K + 9K} = 0.93V = V_{tH}$$

(2)當 $V_O = -V_{sat} = -9V$ 時，D_1 及 D_3：ON

$$V_i = \frac{[-10 - (-0.7)](1K)}{1K + 9K} = -0.93V = V_{tL}$$

(3)遲滯曲線

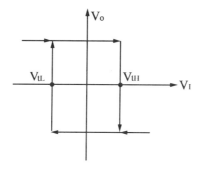

2.如下圖中，稽納二極體 V_Z 皆爲4.5V，V_{in} 輸入爲正弦波，峰對峰值電壓 V_{P-P} 爲6V，則 V_O 爲？(A)方波，$V_{P-P} = 10.4V$　(B)正弦波，$V_{P-P} = 10.4V$　(C)方波，$V_{P-P} = 22V$　(D)正弦波，$V_{P-P} = 22V$。（題型：含限壓器的比較器）

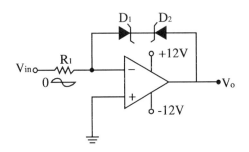

解☞：(A)

1. $V_{in} > 0$時，$V_O = -(V_{Z2} + V_{D1}) = -5.2V$

2. $V_{in} < 0$時，$V_O = V_{Z1} + V_{D2} = 5.2V$

∴ $V_{P-P} = 5.2 - (-5.2) = 10.4$

且比較器的輸出爲方波

3.若 OPA 輸出飽和極限電壓爲 ±10V，試繪出下圖之轉移曲線。（題型：施密特觸發器）

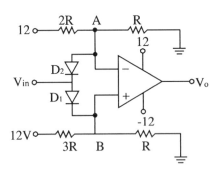

解☞：

因（正回授量 $\dfrac{R}{2R+R}$）＞（負回授量 $\dfrac{R_1}{3R+R}$），所以此電路

爲比較器

1. 考慮 D_1，D_2 的動作（V_i 由小至大輸入）

	D_1	D_2	V_{in}	V_0
①	OFF	ON	$3.3V \geq V_{IN}$	10V
②	OFF	OFF	$3.3V < V_{IN} \leq 3.7V$	10V
③	ON	OFF	$3.7V < V_{IN}$	$-10V$

2. CASE①

　①V_{in} 的範圍

$$\because V_A = \frac{R}{2R+R}\,(\,12V\,) = 4V$$

$$V_B = \frac{R}{3R+R}\,(\,12V\,) = 3V$$

$$\therefore V_{in} \leq V_A - 0.7V = 3.3V$$

　②此時 $V_+ > V_-$　$\therefore$ OPA 正飽和

　　故 $V_O = +10V$

3. CASE②

　$V_{in} \leq V_B + 0.7V = 3.7V$

　此時（$V_A = V_+$）＞（$V_- = V_B$）　$\therefore$ OPA 正飽和

4. CASE③

　$V_{in} > 3.7V$

　此時 $V_- > V_+$　$\therefore$ OPA 負飽和　$\therefore V_O = -10V$

5.轉移曲線

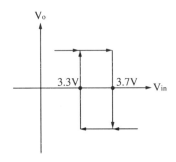

4.(1)如下圖所示電路，繪出 V_O 對 V_i 之轉換曲線（二極體採用 0.7V 定電壓模型）

(2)若 $R_1 = 10k\Omega$ 時之 V_O 對 V_i 之轉換曲線爲何？

(3)若 $R_1 < 10k\Omega$ 時又如何？（**題型：施密特觸發器**）

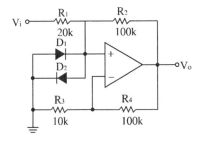

解 ☞ ：

(1)①正 $\beta = \dfrac{R_1}{R_1 + R_2} = \dfrac{20K}{20K + 100K} = 0.167$

負 $\beta = \dfrac{R_3}{R_3 + R_4} = \dfrac{10K}{10K + 100K} = 0.091$

∵ 正 $\beta >$ 負 β

∴ 此爲非反相施密特觸發器

②當 D_2：ON 時，

　　$\therefore V_+ = V_{D2} = 0.7V \Rightarrow V_O = + V_{sat}$

　　故 $V_O = V_+ \left(1 + \dfrac{R_4}{R_3} \right) = (0.7)\left(1 + \dfrac{100K}{10K} \right) = 7.7V$

③當 D_1：ON 時，

　　$\therefore V_+ = V_{D1} = -0.7V \Rightarrow V_O = - V_{sat}$

　　故 $V_O = V_+ \left(1 + \dfrac{R_4}{R_3} \right) = (-0.7)\left(1 + \dfrac{100K}{10K} \right) = -7.7V$

④轉移曲線

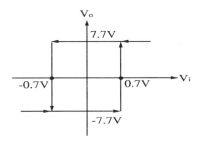

(2)①當 $R_1 = 10K$ 時

　　正 $\beta = \dfrac{R_1}{R_1 + R_2} = \dfrac{10K}{10K + 100K} = $ 負 β

　　$\therefore$ 只有一個臨界轉換點（仍爲比較器）

②求臨界點

　　$V_+ = \dfrac{V_I R_2 + R_1 V_M}{R_1 + R_2} = V_- = \dfrac{R_3 V_M}{R_3 + R_4}$

　　$\therefore V_I = 0V$，即轉態點爲0V

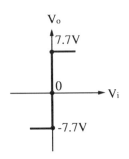

(3)若 $R_1 < 10k\Omega$，則

正 $\beta <$ 負 β，故具放大器特性（即具有線性區）

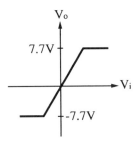

5.如下圖所示電路，求 V_O 與 V_{IN} 關係曲線，及臨界電壓 V_{tH}，V_{tL}。（題型：施密特觸發器（非反相式））

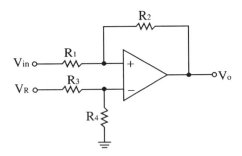

解☞ :

1. $\because V_+ = V_-$

$$\therefore \frac{R_2 V_{IN} + R_1 V_0}{R_1 + R_2} = \frac{R_4 V_R}{R_3 + R_4}$$

故 $V_{IN} = -\frac{R_1}{R_2} V_0 + \frac{R_4}{R_3 + R_4} \left(1 + \frac{R_1}{R_2}\right) V_R$

2. 當 $V_0 = +V_{sat}$ 時

$$V_{tL} = -\frac{R_1}{R_2} V_{sat} + \frac{R_4}{R_3 + R_4} \left(1 + \frac{R_1}{R_2}\right) V_R$$

3. 當 $V_0 = -V_{sat}$ 時

$$V_{tH} = -\frac{R_1}{R_2} \left(-V_{sat}\right) + \frac{R_4}{R_3 + R_4} \left(1 + \frac{R_1}{R_2}\right) V_R$$

4. $V_C = \dfrac{V_{tH} + V_{tL}}{2} = \dfrac{R_4}{R_3 + R_4} \left(1 + \dfrac{R_1}{R_2}\right) V_R$

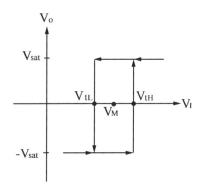

15−2〔題型九十三〕：方波產生器

考型233 OPA 的方波產生器

一、觀念

1. 振盪器是訊號產生器的基本結構。

2. **振盪器型式可分**：

   (1)**回授振盪器**：如應用巴克豪生準則的方式。

   (2)**切換振盪器**：利用切換元件所構成的。（如：施密特觸發器）。

   (3)**諧振振盪器**：利用諧振電路所構成的。

   (4)**動態員電阻振盪器**：利用 GIC 或 NIC 等電路所組成的。

3. **多諧振盪器可分為**：

   (1)**雙穩態多諧振盪器**（ bistable multivibrator ）：其輸出為方波。

   (2)**單穩態多諧振盪器**（ monostable multivibrator ）：其輸出為脈波。

   (3)**無穩態多諧振盪器**（ astable multivibrator ）

4. **雙穩態多諧振盪器**

   該電路有兩個穩定狀態。當輸入端收到觸發信號時，則將輸出波形反轉，並維持此狀態，直到再收到另一個觸發信號時才又反轉。

5. **單穩態多諧振盪器**

   該電路只在輸入端每次接收到一個觸發脈衝時，才會產生一個輸出脈波，其寬度由電路元件（ RC ）決定。

6. **無穩態多諧振盪器**

   此種振盪器不需外加激發信號，即可產生一定頻率的波形。

二、OPA 的方波產生器（輸出爲對稱方波）

1. 無穩態電路

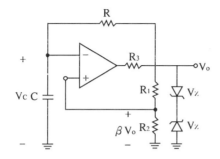

2. 工作說明

(1)此電路是由施密特觸發器及 RC 電路所組成，並含限壓器。

(2)此電路無需外加激發訊號，即可產生方波輸出，故屬無穩態多諧振盪器。

(3)V_O 輸出方波，V_C 爲近似三角波。

(4)輸出方波的週期，與 V_O 的大小無關。

3. 波形

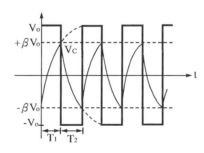

4. 公式整理

(1)回授量 $\beta = \dfrac{R_2}{R_1 + R_2}$

$(2) T_1 = T_2 = RC \ln \dfrac{1 + \beta}{1 - \beta}$

$(3) T = T_1 + T_2 = 2RC \ln \dfrac{1 + \beta}{1 - \beta}$

$(4) f = \dfrac{1}{T} = \dfrac{1}{2RC \ln \left(1 + \dfrac{2R_2}{R_1} \right)}$

(5)若 $R_1 = R_2$，則 $T = 2.2RC$

(6)此爲對稱的方波輸出。

三、OPA 的方波產生器（輸出爲不對稱方波）

1. 電路

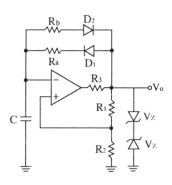

2. 公式整理

(1)回授量 $\beta = \dfrac{R_2}{R_1 + R_2}$

$(2) T_1 = R_a C \ln \dfrac{1 + \beta}{1 - \beta}$

$(3) T_2 = R_b C \ln \dfrac{1 + \beta}{1 - \beta}$

$(4) T = T_1 + T_2 = \left(R_a + R_b \right) C \ln \dfrac{1 + \beta}{1 - \beta}$

考型234 BJT 的方波產生器

一、由 BJT 所組成之無穩態的方波產生器

1. 電路

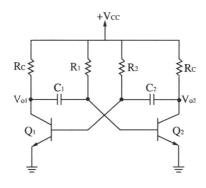

2. 工作流程

(1)若 Q_1：ON，Q_2：OFF，則有二條充電路徑：

a. $V_{CC} \rightarrow R_C \rightarrow C_2 \rightarrow Q_1$

b. $V_{CC} \rightarrow R_1 \rightarrow C_1 \rightarrow Q_1$

$\because R_C \ll R_2$，$\therefore$ 選 a 路徑先充電至 Q_1 飽和。此時 $V_{O2} = V_{CC}$，

$V_{B1} = V_{BE(sat)}$，$V_{C2} = V_{CC} - V_{BE(sat)}$，並向 C_1 反向充電 $\Rightarrow$

$V_{C1} = V_{CE(sat)} - V_{BE(sat)} \Rightarrow Q_2 = ON$

(2)若 Q_1：OFF，Q_2：ON，充電路徑亦有二條：

a. $V_{CC} \rightarrow R_C \rightarrow C_1 \rightarrow Q_2$

b. $V_{CC} \rightarrow R_2 \rightarrow C_2 \rightarrow Q_2$

$Q_2 = $ 飽和時，

$V_{O2} = V_{CE(sat)}$，$V_{C2} = V_{BE(sat)}$，

$V_{C1} = V_{CC} - V_{BE(sat)}$，此時向 C_2 反向充電至

$V_{C2} = V_{CE(sat)} - V_{BE(sat)} \Rightarrow Q_1$：ON

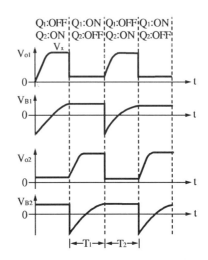

Q₁:OFF | Q₁:ON | Q₁:OFF | Q₁:ON
Q₂:ON | Q₂:OFF | Q₂:ON | Q₂:OFF

3. 公式整理

$$(1) T_1 = R_2 C_2 \ln \frac{2V_{CC} - V_{BE(sat)} - V_{CE(sat)}}{V_{CC} - V_{BE(sat)}}$$

$$(2) T_2 = R_1 C_1 \ln \frac{2V_{CC} - V_{BE(sat)} - V_{CE(sat)}}{V_{CC} - V_{BE(sat)}}$$

$$(3) T = T_1 + T_2 \approx (R_1 C_1 + R_2 C_2) \ln 2$$

二、由 BJT 所組成之雙穩態的方波產生器

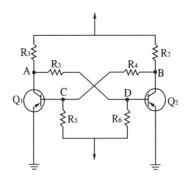

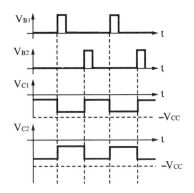

TR$_1$	飽和	截止	飽和	截止	飽和
TR$_2$	截止	飽和	截止	飽和	截止

考型235 CMOS 的方波產生器

一、無穩態的方波產生器

1. 電路

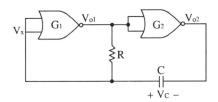

2. 公式整理

(1)G_1，G_2 邏輯閘是由 CMOS NOR 所組成的

(2)週期：

①$T_1 = RC \ln \left(\dfrac{V_{DD}}{V_T} \right)$

②$T_2 = RC \ln \left(\dfrac{V_{DD}}{V_{DD} - V_T} \right)$

③$T = T_1 + T_2 = RC \ln \left(\dfrac{V_{DD}}{V_{DD} - V_T} \cdot \dfrac{V_{DD}}{V_T} \right)$

④若 $V_T = \dfrac{1}{2} V_{DD}$，則 $T = 2RC \ln 2$

⑤V_T：臨界電壓值

(3)振盪頻率 $f = \dfrac{1}{T}$

(4)各點波形如下：（設 $V_T = \dfrac{1}{2} V_{DD}$）

3. 各點波形

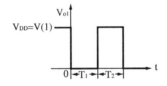 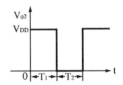

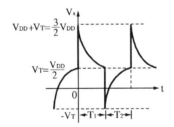 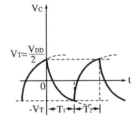

4. 工作過程

電容 C	V_C	V_{O1}	V_{O2}
充電	$-\dfrac{V_{DD}}{2} \rightarrow \dfrac{V_{DD}}{2}$	V_{DD}	0
反向充電	$\dfrac{V_{DD}}{2} \rightarrow -\dfrac{V_{DD}}{2}$	0	V_{DD}

二、含定位器的方波產生器

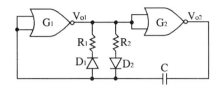

1. D_1，D_2可保護 CMOS 邏輯閘
2. 欲得不對稱輸出方波，方法有二：

   (1) $V_T \neq \dfrac{1}{2} V_{DD}$

   (2) $R_1 \neq R_2$

考型236　555計時器的方波產生器

一、555計時器的內部電路

1. 電路

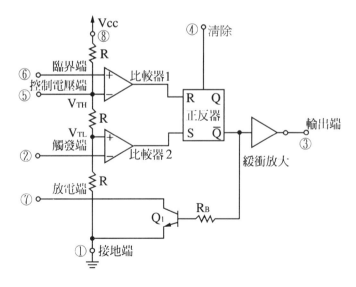

$$(1) V_{tH} = \frac{2}{3} V_{CC}$$

$$(2) V_{tL} = \frac{1}{3} V_{CC}$$

2. RS 正反器的眞値表

R	S	Q_{n+1}
0	0	Q_n
0	1	1
1	0	0
1	1	不容許狀態

二、無穩態方波產生器

1. 電路

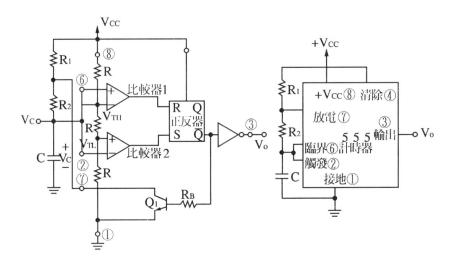

2.輸出波形

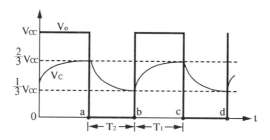

3.工作過程

電容 C	V_C	R	S	$\overline{Q}$	Q_1	V_O	輸出區間
充電	$\frac{1}{3}V_{CC} \rightarrow \frac{2}{3}V_{CC}$	L	L	L	OFF	H	bc
$V_{C,max}$	$V_{C,max} = \frac{2}{3}V_{CC}$	H	L	H	ON	L	C 點
放電	$\frac{2}{3}V_{CC} \rightarrow \frac{1}{3}V_{CC}$	L	L	H	ON	L	cd
$V_{C,min}$	$V_{C,min} = \frac{1}{3}V_{CC}$	L	H	L	OFF	H	d

4.公式整理

(1)充電時間 $T_1 = (R_1 + R_2) C \ln2$

(2)放電時間 $T_2 = R_2 C \ln2$

(3)$T = T_1 + T_2 = C(R_1 + 2R_2) \ln2$

(4)$f = \frac{1}{T}$

(5)工作週期 $D = \frac{T_1}{T_1 + T_2} \times 100\% = \frac{R_1 + R_2}{R_1 + 2R_2} \times 100\%$

(6)若 $R_2 \gg R_1$，則 $D \approx 50\%$

三、另型電路：可調整週期的電路

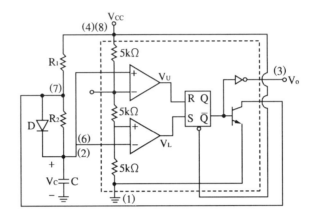

工作週期 $D = \dfrac{T_1}{T_1 + T_2} \times 100\%$

歷屆試題

1. 下圖為一振盪電路，圖中 OPA 為理想運算放大器，已知運算放大器的輸出飽和電壓為 $\pm 10V$，則該振盪電路的振盪週期與下列何者具有線性的正比關係？(A) RC　(B)（$R_1 + R$）C　(C)（$R_2 + R$）C　(D)（$R_1 + R_2$）C。（題型：OPA 的方波產生器）

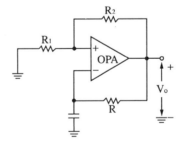

【87年二技電機】

解☞：(A)

$\because \text{T} = 2\text{RC} \ln \dfrac{1 + \beta}{1 - \beta} \Rightarrow \text{T} \propto \text{RC}$

其中

$\beta = \dfrac{\text{R}_1}{\text{R}_1 + \text{R}_2}$

2.圖為一方波振盪電路，試求其輸出 V_0 之振盪頻率？（ ln3 = 1.098 ）(A)10KHz　(B)7.2KHz　(C)4.5KHz　(D)3.3KHz。**（題型：OPA 的方波產生器）**

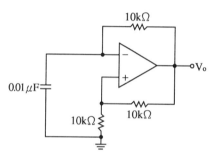

【86年二技電子電路】

解 ☞：(C)

1.$\beta = \dfrac{10K}{10K + 10K} = \dfrac{1}{2}$

2.$\text{T} = 2\text{RC} \ln \dfrac{1 + \beta}{1 - \beta} = （ 2 ）（ 10K ）（ 0.01\mu ） \ln \dfrac{1 + \dfrac{1}{2}}{1 - \dfrac{1}{2}}$

$= 0.00022$

3.$\text{f} = \dfrac{1}{\text{T}} = 4.5\text{KHz}$

3.(1)圖為一雙穩態多諧振盪器（ Astable multivibrator ）電路，則 V_0 電壓波形為(A)正弦波　(B)三角波　(C)方波　(D)梯形波。

(2)上題中，V_ 電壓波形近似(A)正弦波　(B)三角波　(C)方波
(D)梯形波

(3)第(1)題中，V_+ 電壓波形爲(A)正弦波　(B)三角波　(C)方波
(D)梯形波。（題型：OPA 的方波產生器）

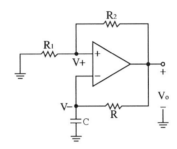

【85年二技】

解☞：(1)(C)　(2)(B)　(3)(C)

(1)：此爲 OPA 的方波產生器，故 V_0 爲方波。

(2) V_- 爲電容充放電，故爲近似三角波。

(3) V_+ 經 V_0 正迴授，故爲方波。

4.圖中爲一非穩態振盪器，欲使其輸出端 E_0 產生一連串脈波
（Pulse），脈波頻率爲20KHz，脈波寬度爲10μs，試計算下列
C_1，C_2，R_1，R_2 之值，何者正確？（RC 充電時間 T =
0.693RC）(A)C_2 = 1235pF　(B)C_1 = 1924pF　(C)R_1 = 20kΩ　(D)R_2
= 40kΩ。（題型：BJT 的方波產生器）

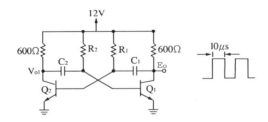

Q_1，Q_2：

$\beta = 50$

$V_{BE(ON)} = 0V$

$V_{CE(ON)} = 0V$

$I_{C(ON)} = 20mA$

解 ☞：(B)

1. 設 Q_1：OFF，Q_2：ON，則充電路徑：

   ① $V_{CC} \rightarrow R_2 \rightarrow C_2 \rightarrow Q_2$

   ② $V_{CC} \rightarrow 600\Omega \rightarrow C_1 \rightarrow Q_2$

   $$I_B = \frac{I_C}{\beta} = \frac{20mA}{50} = 0.4mA$$

   又 $I_B = \dfrac{V_{CC} - V_{BE2}}{R_1} = \dfrac{12 - 0}{R_1} = 0.4mA$

   $$\therefore R_1 = 30K$$

2. $T = \dfrac{1}{f} = \dfrac{1}{20K} = 50\mu sec$

   $$\therefore T_1 = (50 - 10)\mu = 0.693R_1C_1$$

   故 $C_1 = \dfrac{T_1}{0.693R_1} = 1924pF$

3. 同理，若設 Q_1：ON（飽和），則因飽和條件

   $$\beta \geq \frac{I_{C1}}{I_{B1}} = \frac{\dfrac{V_{CC} - V_{CE1}}{600}}{\dfrac{V_{CC} - V_{BE1}}{R_2}} = \frac{R_2}{600}$$

   $$\therefore R_{2,max} = 600\beta = 30k\Omega$$

   $$T_2 = 0.693R_2C_2 = 10\mu sec$$

$$\therefore C_2 = 481\,\text{pF}$$

---

5. 如圖為一無穩態振盪器，$R_A = 6.8\text{k}\Omega$，$R_B = 3.3\text{k}\Omega$，$C = 0.1\mu\text{F}$，則振盪輸出工作週期（Duty cycle）為 (A)75％　(B)60％　(C)50％　(D)40％。（**題型：555計時器的方波產生器**）

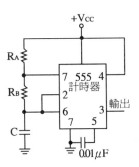

【84年二技電機】

解 ☞ ：(A)

1. 充電時間 $T_1 = (R_A + R_B)\,C\,\ln 2$

   放電時間 $T_2 = R_B C\,\ln 2$

2. $D = \dfrac{T_1}{T_1 + T_2} \times 100\% = \dfrac{R_A + R_B}{R_A + 2R_B} \times 100\% = 75.4\%$

---

6. (1)圖中為一非穩態多諧振盪器，試求此電路之振盪頻率 $f = ?$

   (A)$[\,RC\,\ln 2\,]^{-1}$　(B)$[\,2RC\,\ln 2\,]^{-1}$　(C)$[\,2RC\,\ln 3\,]^{-1}$　(D)$[\,RC\,\ln 3\,]^{-1}$。

   (2)如上題之電路，若 $R = 3.3\text{k}\Omega$，且所需之振盪頻率為 $f = 2\text{KHz}$，則電容值 C 應為多少？（$\ln 2 = 0.693$，$\ln 3 = 1.099$，$\ln 5 = 1.609$）(A)138nF　(B)220nF　(C)110nF　(D)69nF。（**題型：OPA 的方波產生器**）

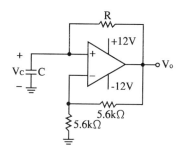

【83年二技電子】

解☞ ： (1)(C)　(2)(D)

(1)① $\beta = \dfrac{5.6K}{5.6K + 5.6K} = \dfrac{1}{2}$

② $T_1 = T_2 = RC \ \ln \dfrac{1+\beta}{1-\beta} = RC \ \ln \dfrac{\frac{3}{2}}{\frac{1}{2}} = RC \ \ln 3$

③ $\therefore T = T_1 + T_2 = 2RC \ \ln 3$

④故 $f = \dfrac{1}{T} = (\ 2RC \ \ln 3\ )^{-1}$

(2) $\because f = \dfrac{1}{2RC \ \ln 3}$

$\therefore C = \dfrac{1}{2Rf \ \ln 3} = \dfrac{1}{(\ 2\ )(\ 3.3K\ )(\ 2K\ )(\ 1.099\ )} = 69nF$

7.(1)如圖為波形產生電路，V_0 的波形為 (A)三角波　(B)鋸齒波　(C)正弦波　(D)方波。

(2)上題運算放大器為理想特性，且飽和限制電壓為 ±10伏特，若 $R_1 = 100k\Omega$、$R_2 = 1M\Omega$、$R = 1M\Omega$、$C = 0.01\mu F$，則 V_0 之波形週期為 (A)$0.02\ln1.2$　(B)$0.01\ln1.2$　(C)$0.002\ln1.2$　(D)$0.002\ln2$秒。 (題型：OPA 的方波產生器)

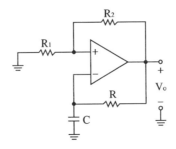

【82年二技電機】

解☞：(1)(D)　(2)(A)

(2) ∵ $\beta = \dfrac{R_1}{R_1 + R_2} = \dfrac{100K}{100K + 1M} = 0.091$

$T_1 = T_2 = RC \ \ln \dfrac{1 + \beta}{1 - \beta} = RC \ \ln 1.2$

∴ $T = T_1 + T_2 = 2RC \ \ln 1.2 = (2)(1M)(0.01\mu) \ \ln 1.2$
　　　 $= 0.02 \ln 1.2$

---

8. (1)圖所示555IC 振盪器接線的有關實驗，下列何者為真？(A)為一單穩多諧振盪器，週期為0.825mS　(B)為一單穩多諧振盪器，週期為1.575mS　(C)為一非穩多諧振盪器，週期為1.5755mS　(D)為一雙穩多諧振盪器，週期為0.825mS。

(2)上題中之振盪頻率為(A)1212Hz　(B)635Hz　(C)952Hz　(D)433Hz。（題型：555計時器的方波產生器）

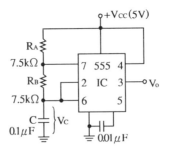

解☞：(1)(C)　(2)(B)

(1)T = （ R_A + 2R_B ）C ln2 = （ 7.5K + 15K ）（ 0.1μ ）ln2

　　 = 1.57msec

　　此電路並無觸發電路，故為無穩態振盪器。

(2)f = $\frac{1}{T}$ = 635Hz

---

9. 電源電壓為 V_ss = 10V 的兩個 CMOS NOR 閘接成振盪器如下圖。
則所產生的信號頻率 f = ？(A)3.8Hz　(B)7.6Hz　(C)13.8Hz　(D)
17.6Hz。（題型：CMOS 的方波產生器）

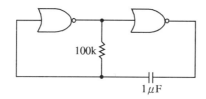

解☞：(B)

　　∵ T = 2RC ln2

　　∴ f = $\frac{1}{T}$ = $\frac{1}{2RC\ ln2}$ = $\frac{1}{（2）（100K）（1μ）ln2}$ = 7.2Hz

---

10. 下圖所示為 CMOS 數位邏輯閘與電阻 R 及電容 C 組成之振盪電
路，則輸出 V_0 之穩態週期性的電壓波形為(A)方波　(B)三角波
(C)正弦波　(D)鋸齒波。（題型：CMOS 的方波產生器）

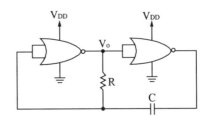

【 79年二技電機 】

解 ☞ ：(A)

此為 CMOS 的方波產生器，所以輸出為方波。

---

11. 同上題，若數位邏輯閘供給電源 $V_{DD} = 5V$，且邏輯閘之臨界電壓（ threshold voltage ） $V_T = 2.5V$，則此波形的週期時間 T 為多少秒？(A)$RC \cdot \ln 2$　(B)$RC \cdot \ln 3$　(C)$RC \cdot \ln 4$　(D)$RC \cdot \ln 5$。

【 79年二技電機 】

解 ☞ ：(C)

$$T = RC \ln \left[\frac{V_{DD}}{V_{DD} - V_T} \cdot \frac{V_{DD}}{V_T} \right]$$

$$= RC \ln \left[\frac{5}{2.5} \cdot \frac{5}{2.5} \right] = RC \ln \left[4 \right]$$

---

12. (1)這是什麼電路？

(2)利用電路上的元件代號求出此電路的工作週期 T = ＿＿＿ sec。

(3)若 R = 1kΩ，C = 1μF，R_1 = 10kΩ，R_2 = 2kΩ，V_Z = 10V，其工作頻率應為 f = ＿＿＿ Hz（ ln19 = 2.944，ln20 = 2.966，ln21 = 3.045，ln22 = 3.091 ）。 **(題型：OPA 的方波產生器)**

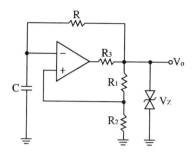

【79年二技電子】

解 ☞ ：

(1)方波產生器

(2) ∵ $\beta = \dfrac{R_2}{R_1 + R_2}$

　　∴ $T = 2RC \ln \dfrac{1+\beta}{1-\beta} = 2RC \ln \left(1 + \dfrac{2R_2}{R_1}\right)$

(3) $f = \dfrac{1}{T} = \dfrac{1}{(2)(1K)(1\mu)\ln\left(1 + \dfrac{(2)(1K)}{10K}\right)} = 2742Hz$

13.圖(a)之電路可作為定時器（timer），亦可作為方波產生器。

　(1)作為定時器：令 $R_B = 0$，觸發訊號如圖(b)所示。已知在 $t = 0$ 之前，SR 鎖定器（latch）之輸出 Q 為 " 0 " （0V），若欲使電容 C 在放電時能充分放電，則 V_t 必須大於① （ V ），並求在此條件下，欲作$50\mu S$ 之定時，C = ② （ pF ）。

　(2)作為方波產生器：令 $R_B = 50k\Omega$，C = 10pF，不加觸發訊號，且將 V_t 接腳連接至 V_x，試求輸出方波訊號之頻率 f_0 = ③ （ MHz ），及 duty cycle = ④ 。（ **題型：555定時器的方波** ）

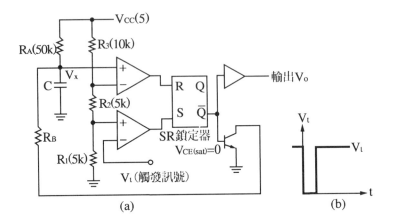

(a)

(b)

【78年二技】

解☞ :

(1)① $V_t > \dfrac{R_1 V_{CC}}{R_1 + R_2 + R_3}$ 即 $V_t > \left(\dfrac{5K\,(\,5\,)}{5K + 5K + 10K} = 1.25V \right)$

② 放電時間

$T_2 = R_A C \ln 2$

$\therefore C = \dfrac{T_2}{R_A \ln 2} = \dfrac{50 \times 10^{-6}}{(\,50K\,)\,(\,\ln 2\,)} = 1443 pF$

(2) 充電時間

$T_1 = (\,R_A + R_B\,)\,C \ln 2 = (\,100K\,)\,(\,10P\,)\ln 2 = 0.693 \mu sec$

$T_2 = R_B C \ln 2 = (\,50K\,)\,(\,10P\,)\ln 2 = 0.347 \mu sec$

$\therefore D = \dfrac{T_1}{T_1 + T_2} \times 100\% = 66.6\%$

$T = T_1 + T_2 = 1.04 \mu sec$

$\therefore f = \dfrac{1}{T} = \dfrac{1}{1.04 \mu} \approx 1 MHz$

14. 下圖中，B 點之鋸齒波的週期為(A)（$R_3 + R_4$）C　(B) $R_3 C$　(C) $R_4 C$　(D)以上皆非。（**題型：OPA 的方波產生器**）

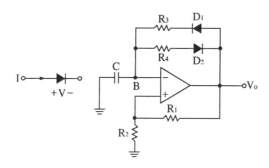

【 77年二技 】

解 ☞ ：(D)

　　1.此為不對稱的輸出方波

　　2.$T = （R_3 + R_4）C \ln \dfrac{1 + \beta}{1 - \beta}$

　　　其中 $\beta = \dfrac{R_2}{R_1 + R_2}$

15.使用一個680歐姆的電阻，一個68仟歐的電阻，一個0.01微法拉的電容，一個555定時器，一個5伏電源，試設計一電路，使其輸出電壓為近似對稱的方波。

　(1)試繪所設計電路的接線圖。

　(2)計算輸出方波電壓的頻率。（**題型：555計時器的方波產生器**）

【 76年電機 】

解 ☞ ：

(1)電路

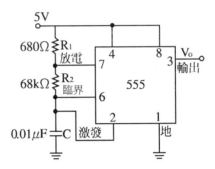

(2)充電時間

$T_1 = (R_1 + R_2) C \ln2$

$\quad = (680 + 68K)(0.01\mu) \ln2 = 0.476\text{msec}$

$T_2 = R_2 C \ln2$

$\quad = (68K)(0.01\mu) \ln2 = 0.471\text{msec}$

$T = T_1 + T_2 = 0.947\text{msec}$

$\therefore f = \dfrac{1}{T} = \dfrac{1}{0.947\text{m}} = 1056\text{Hz}$

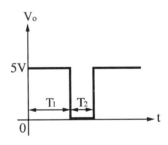

16. 利用555及電阻、電容組成的振盪器，其輸出端電壓為(A)正弦
波　(B)三角波　(C)完全對稱的方波　(D)不完全對稱的方波。
（題型：555計時器振盪器）

【75年二技】

解 ☞ ：(D)

觀念：555計時器輸出為矩形波，即隨週期調變，而形成脈
波，或方波。

15－3〔題型九十四〕：三角波產生器

 OPA 的三角波產生器

一、電路

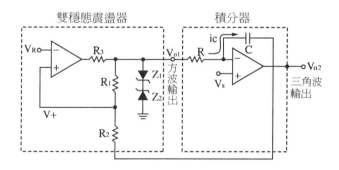

二、V_{O1} 及 V_{02} 的輸出波形

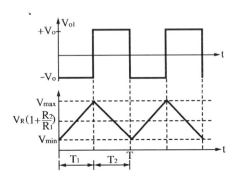

三、公式整理

1. $V_{max} = V_R \left(1 + \dfrac{R_2}{R_1} \right) + V_0 \dfrac{R_2}{R_1}$

2. $V_{min} = V_R \left(1 + \dfrac{R_2}{R_1} \right) - V_0 \dfrac{R_2}{R_1}$

3. 擺幅 V_{swing} 為

$$V_{swing} = V_{max} - V_{min} = \dfrac{2R_2}{R_1} V_0$$

4. 直流位準（平均值）V_{ave} 為

$$V_{ave} = \dfrac{V_{max} + V_{min}}{2} = \dfrac{R_1 + R_2}{R_1} V_R$$

5. $T_2 = \dfrac{V_{max} - V_{min}}{(V_0 - V_S) / RC} = \dfrac{2R_2 RC V_0}{R_1 (V_0 - V_S)}$ （負斜率）

6. $T_1 = \dfrac{V_{max} - V_{min}}{(-V_0 - V_S) / RC} = \dfrac{2R_2 RC V_0}{R_1 (V_0 + V_S)}$ （正斜率）

7. $T = T_1 + T_2 = \dfrac{4R_2}{R_1} RC \left[\dfrac{1}{1 - (V_S / V_0)^2} \right]$

8. $f = \dfrac{1}{T_1 + T_2} = \dfrac{R_1}{4R_2RC} \left[1 - \left(\dfrac{V_S}{V_O} \right)^2 \right]$

9. 工作週期 $D = \dfrac{T_1}{T_1 + T_2} \times 100\% = \dfrac{1}{2} \left(1 - \dfrac{V_S}{V_O} \right) \times 100\%$

10. 當 $V_S = 0$ 時，

  (1) $T_1 = T_2 = \dfrac{2R_2RC}{R_1}$

  (2) $T = T_1 + T_2 = 4RC \dfrac{R_2}{R_1}$

  (3) $f = \dfrac{R_1}{4R_2RC}$

  (4) $D = 50\%$

11. V_R 的作用——「控制三角波的直流位準」。

12. V_S 的作用——「控制三角波的上升及下降時間」。

13. V_{O1} 為方波輸出。

14. V_{O2} 為三角波輸出。

考型238 壓控振盪器

一、電路〔又稱：電壓至頻率轉換器（VCO）〕

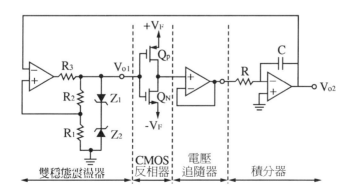

二、輸出波形

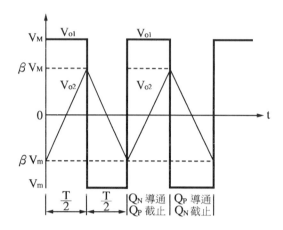

三、公式整理

1.$\beta\,(\,V_M - V_m\,) = \dfrac{V_F}{R_C} \cdot \dfrac{T}{2}$

2.$\because V_M = V_D + V_Z = -V_m$

3.$\therefore \dfrac{V_F}{R_C} \cdot \dfrac{T}{2} = 2\beta V_M = 2\dfrac{R_1}{R_1 + R_2} V_M$

4.故 $T = \dfrac{4R_1 R_C}{R_1 + R_2} \left(\dfrac{V_M}{V_F} \right)$

5.V_{O1}為方波輸出

6.V_{O2}為三角波輸出

7.調變 V_F 可改變頻率

歷屆試題

1.(a)如圖所示爲三角波產生器，若振盪頻率爲1KHz，試問電阻 R
為(A)20kΩ　(B)15kΩ　(C)10kΩ　(D)5kΩ。（**題型：OPA 的三角波產生器**）

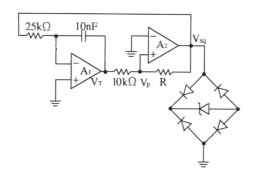

【87年二技電子】

解☞：(C)

觀念：

(1)OPA₂爲施密特非反相觸發器

　　OPA₁爲積分器

(2)故 V_T 輸出為三角波

　1.設 V_T 輸出爲對稱三角波，則 $T_1 = T_2$

　又 $T = \dfrac{1}{f} = \dfrac{1}{1K} = 1\,\text{ms} = T_1 + T_2$

　$\therefore T_1 = T_2 = 0.5\,\text{msec} = RC\,\dfrac{V_{tH} - V_{tL}}{V_{OH}}$

　　　$= (25K)\,(10n)\,\dfrac{V_{tH} - V_{tL}}{V_{OH}} = 0.5\,\text{msec}$

　即$2 = \dfrac{V_{tH} - V_{tL}}{V_{OH}} = \dfrac{2V_{tH}}{V_{OH}}$ （$\because V_{tH} = -V_{tL}$）

$$\therefore V_{OH} = V_{tH}$$

$$\because V_{OH} = \frac{R}{10K} V_{tH} \quad \therefore R = 10k\Omega$$

2.(b)承上題，試問 V_P 的波形為

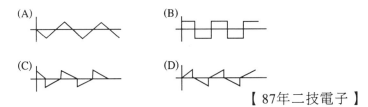

(A)　(B)　(C)　(D)

【 87年二技電子 】

解 ☞ ：(C)

因 A_1 是反相積分器。

3.承上題，若 V_T 波形之峰對峰值為10V，A_2 的飽和電壓為 ± 12V，二極體導通電壓為0.7V，試問此時齊納二極體的崩潰電壓（ breakdown voltage ）為(A)0.9V　(B)3.6V　(C)8.6V　(D)10.6V。

【 87年二技電子 】

解 ☞ ：(B)

1. $\because V_{P-P} = 10V$

　$\therefore V_m = \dfrac{V_{P-P}}{2} = 5V$

2. $\because$ 橋式整流器，同時會有二個二極體導通

　$\therefore V_{ZK} = V_m - V_D - V_D = 5 - 1.4 = 3.6V$

4.在下圖電路中，輸入端 $V_i = 2V$ 時，輸出端 V_O 最後之輸出電壓為多少？(A) – 6V　(B) – 4V　(C) – 2V　(D) – 1V。

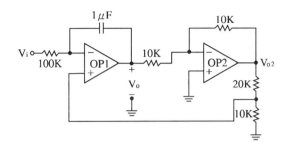

【 84年二技 】

解☞：(A)

$$\because V_{O2} = -\frac{10K}{10K}V_O = -V_O$$

$$又 \frac{V_{O2}（10K）}{10K + 20K} = V_i = 2$$

$$\therefore V_{O2} = 6V$$

故 $V_O = -V_{O2} = -6V$

15-4〔題型九十五〕：脈波產生器及鋸齒波產生器

考型239 OPA 的脈波產生器

一、觀念

　　脈波產生器的特性是：「電路一直維持在穩定狀態，直到觸發訊號進來後，才會轉態，經過一段時間 T 後，又回到穩定狀態」，因此又稱為單擊電路（ one-shot ）或單穩態振盪器。

二、OPA 的脈波產生器

1.單穩態電路

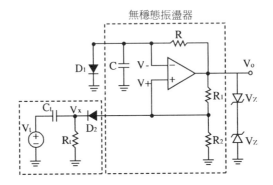

無穩態振盪器

(1)$C_t R_t$ 為微分電路

(2)$R_t \gg R_2$

(3)D_1 為定位器

2.各點波形

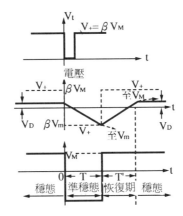

3.公式整理

(1)$V_C(t) = V_M - (V_M - V_D)e^{-t/RC}$

(2)準穩態 $T = RC \ln \dfrac{1 + \dfrac{V_D}{V_M}}{1 - \beta} \approx RC \ln \left(\dfrac{1}{1 - \beta} \right)$

(3)恢復時間 $T' = RC \ln \dfrac{1 + \beta}{1 - \dfrac{V_D}{V_M}}$

(4)輸入兩脈衝間之最短時間差為 $T + T'$

(5)其中 $V_O = V_Z + V_D$，$\beta = \dfrac{R_2}{R_1 + R_2}$，$V_M = + V_{sat}$

4. 工作說明

(1)由電路知，$\beta = \dfrac{R_2}{R_1 + R_2}$，設 $\beta V_M > V_D$，（ V_D 為二極體導通電壓）

(2)在電路穩態時，$V_O = V_M$，此時 D_1：ON，所以 $V_C = V_{D1}$

(3)當 V_t 負脈波輸入時，則（ $V_- = V_D$ ）$> V_+$，故 $V_O = V_m$

(4)此時 V_m 對 C 充電，直至 $V_C = \beta V_m$ 時，$V_O = V_M$，故 D_1：ON，

$V_C = V_D$

(5)其中 $V_M \approx + V_{sat}$，$V_m = - V_{sat}$

考型240　BJT 的脈波產生器

一、單穩態電路一

1. 電路

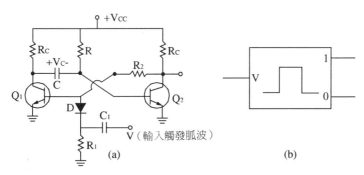

(a)　　　　　　　　　　　　(b)

2. **工作流程**

(1)**穩態時**：Q_2：ON，Q_1：OFF，$V_0 = V_{CE(ON)}$

　　充電路徑：① $V_{CC} \to R_C \to C \to Q_2$

　　　　　　　② $V_C = V_{CC} - V_{BE(sat)}$

(2)**觸發狀態**：D：ON，Q_2：OFF，$Q_1 = $ sat（ON）

　　　　　　　$V_0 = V（1）$

　　　　　　　$V_{B2} = -V_C + V_{CE1} = V_{CE(sat)} - V_{CC} + V_{BE(sat)}$

(3)**觸發後**

　　反向充電：① $V_{CC} \to R \to C \to Q_1 \Rightarrow V_{B2} \uparrow$，

　　　　　　　　② $V_{B2} = V_{BE(sat)} \Rightarrow Q_2$：sat

　　此時電路回至穩態。

3. **公式整理**

　　脈波寬度 $T = RC \ln \dfrac{2V_{CC} - V_{BE(sat)} - V_{CE(sat)}}{V_{CC} - V_{BE(sat)}}$

二、單穩態電路二

1. **電路**

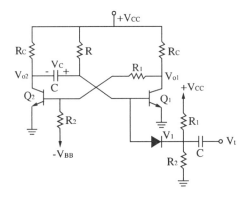

2. 各點波形

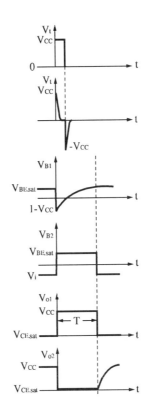

3. 公式整理

$$(1)\,V_1 = V_{CE1,sat}\frac{R_2}{R_1 + R_2} - V_{BB}\frac{R_1}{R_1 + R_2}$$

$$(2)\,T = RC\,\ln\frac{2V_{CC} - 1}{V_{CC} - V_t} \approx RC\,\ln 2$$

考型241 CMOS 的脈波產生器

1.單穩態電路

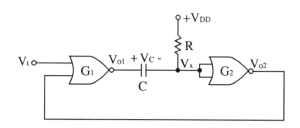

2.各點波形

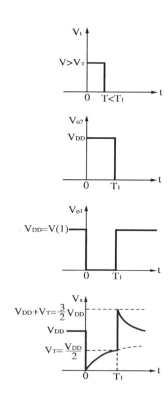

3. 公式整理

求脈寬（T）

$$V_C（T_1）= V_t = V_{DD} -（V_{DD} - 0）e^{-T_1/RC}$$

$$\Rightarrow T_1 = RC \ln \frac{V_{DD}}{V_{DD} - V_t}$$

(1) $V_t = \frac{1}{2} V_{DD}$ 時，$T_1 = RC \ln 2$

(2) $V_t = \frac{2}{3} V_{DD}$ 時，$T_1 = RC \ln 3$

考型242　555計時器的脈波產生器

一、單穩態電路

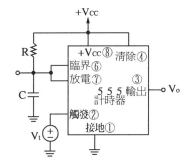

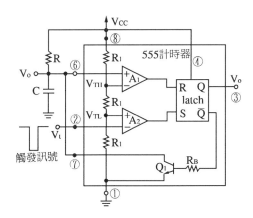

二、波形

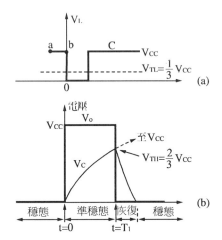

$V_{TL} = \frac{1}{3} V_{CC}$ (a)

$V_{TH} = \frac{2}{3} V_{CC}$ 至 V_{CC} (b)

三、公式整理

因為

$$V_C(T) = V_{tH} = \frac{2}{3} V_{CC} = V_{CC}(1 - e^{-T/RC})$$

所以

脈波的脈寬 $T = RC \ln 3$

四、工作過程

觸發訊號	V_t	電容 C	R	S	$\overline{Q}$	Q_1	V_0
a 點	H	$V_C = 0$	L	L	H	ON	L
b 點	小於 $\frac{1}{3} V_{CC}$	充電	L	H	L	OFF	H
c 點	H	$V_C = \frac{2}{3} V_{CC}$	H	L	H	ON	L

考型243 電容式的鋸齒波產生器

基本電路

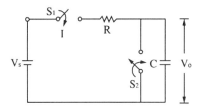

 考型244 電晶體的鋸齒波產生器

1.基本電路

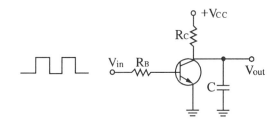

2.輸出及輸入波形

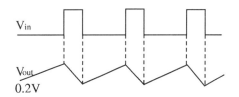

3. **實際電路**

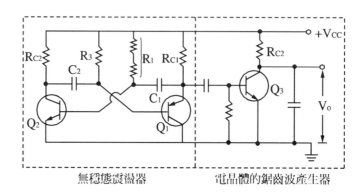

無穩態震盪器　　　　　電晶體的鋸齒波產生器

考型245　密勒積分式的鋸齒波產生器

1. **基本電路**

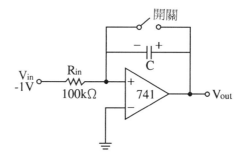

欲得一個線性鋸齒波,需使用定電流向電容器充電。

2.實際電路

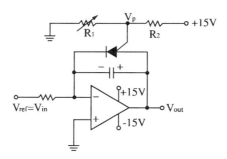

利用 PUT 取代手控開關

歷屆試題

1.下圖為單穩態（ monostable ）元件，假設所有二極體的順向導通電壓均可忽略不計，且 $R \gg R_1$，A 為理想運算放大器，飽和電壓為 ± 12V，則此元件所產生的脈波寬度為： (A) $CRln2$　(B) $C_X R_X ln2$　(C) $CRln1.5$　(D) $C_X R_X ln1.5$。（ 題型：OPA 的脈波產生器 ）

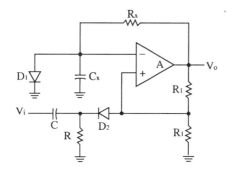

【 88年二技電子 】

解☞ ：(B)

$$\beta = \frac{R_1}{R_1 + R_1} = \frac{1}{2}$$

$$\therefore T = R_X C_X \ln \left(\frac{1}{1 - \beta} \right) = R_X C_X \ln 2$$

2. 承上題，此單穩態元件的回復時間（ recovery time ）爲： (A) $CR\ln 1.5$　(B) $C_X R_X \ln 1.5$　(C) $CR\ln 2$　(D) $C_X R_X \ln 2$。

【 88年二技電子 】

解☞：(B)

$$T' \approx R_X C_X \ln (1 + \beta) = R_X C_X \ln (1.5)$$

3. 利用555定時 IC 接成如圖之單穩態電路，假設555在臨限（ threshold ）時所需之最大電流值爲 $0.25\mu A$，第七腳的最大漏電流爲100nA，則 R_T 之最大值爲多少？ (A) $10M\Omega$　(B) $4.8M\Omega$　(C) $14.3M\Omega$　(D) $2.5M\Omega$。（ 題型：555定時器的脈波產生器 ）

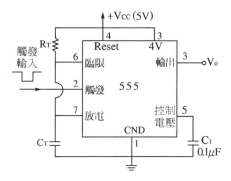

【 84年二技 】

解☞：(B)

$$R_T \leq \frac{\frac{1}{3} V_{CC}}{I_6 + I_7} = \frac{(5) (\frac{1}{3})}{0.25\mu + 100n} \approx 4.8 M\Omega$$

4. 如下圖為一單穩態電路（monostable circuit），其中 $C_1 = 0.1\mu F$，$V_{D1} = 0.7V$，$\beta = R_1 / (R_1 + R_2) = 0.1$，且運算放大器飽和電壓（saturation voltage）為 $\pm 12v$，若欲產生一寬度$100\mu S$之脈波，則 R_3 之值為何？(A) $1 / \ln(1.17)$ (B) $10 / \ln(1.17)$ (C) $100 / \ln(1.17)$ (D) $1000 / \ln(1.17)$。（**題型：OPA 的脈波產生器**）

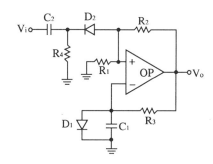

【84年二技電子】

解☞：(D)

$$T = R_3 C_1 \ln \frac{1 + \dfrac{V_D}{V_M}}{1 - \beta} = R_3 (0.1\mu) \ln \frac{1 + \dfrac{0.7}{12}}{1 - 0.1} = 100\mu sec$$

$$\therefore R_3 = \frac{1000}{\ln 1.17}$$

---

5. 圖示電路為(A)單穩態多諧振盪器（monostable multivibrator） (B)非穩態多諧振盪器（astable multivibrator） (C)比較器（comparator） (D)施密特觸發器（schmitt trigger）。（**題型：CMOS 的脈波產生器**）

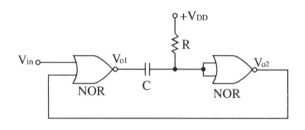

【84年二技電子】

解☞：(A)

---

6. 見圖設 NOR 閘輸入轉態（transition）電壓為 $0.58V_{DD}$，在受 V_t 觸發後，V_{O2} 之脈波寬度 $T = 100\mu\text{sec}$，若 $C = 10\text{nF}$，則 R = ?（註 $\log_e(x) = -0.76 + 0.947x - 0.11x^2$，$1.8 \leq x \leq 2.6$）(A)$14.3\text{k}\Omega$ (B)$10\text{k}\Omega$ (C)$11.5\text{k}\Omega$ (D)$8.7\text{k}\Omega$。（**題型：CMOS 的脈波產生器**）

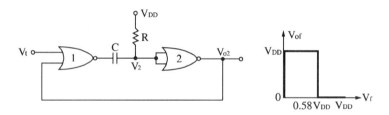

【82年二技電子】

解☞：(C)

$$\because T = RC \ln \frac{V_{DD}}{V_{DD} - V_T}$$

$$= R(10n) \ln \frac{V_{DD}}{V_{DD} - 0.58V_{DD}} = R(10n) \ln 2.38$$

$$= 100\mu\text{sec}$$

$$\therefore R = \frac{100\mu}{(10n)(\ln 2.38)} = 11.5\text{k}\Omega$$

其中

$$\ln 2.38 = -0.76 + (0.947)(2.38) - 0.11(2.38)^2$$
$$= 0.87$$

7.下圖之單穩態複振器（Monostable multivibrator）中，G_1、G_2 均為 CMOS NOR 閘，其 V（1）= V_{DD}，V（0）= 0，臨界電壓（Threshold voltage）$V_T = \frac{1}{2} V_{DD}$。設 v_{in} 在 t = 0時加到 G_1 上，試求單穩態持續時間 $T_1 = $ ①，在 $t = T_1^+$ 時之 $v_c = $ ②，在 $t = T_1^+$ 時之 $v_p = $ ③。（題型：CMOS 的脈波產生器）

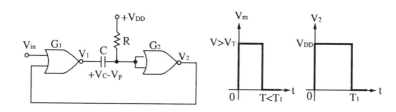

【77年二技電子】

解☞：

1. $T_1 = RC \ln \dfrac{V_{DD}}{V_{DD} - V_T} = RC \ln \dfrac{V_{DD}}{V_{DD} - \frac{1}{2} V_{DD}} = RC \ln 2$

2. $V_C = V_T = \dfrac{1}{2} V_{DD}$

3. $V_P = V_{DD} + V_T = V_{DD} + \dfrac{1}{2} V_{DD} = \dfrac{3}{2} V_{DD}$

CH16　數位邏輯電路(Digital Logic Circuit)

引讀

1. 本章內容雖多，但出題方式簡單。

2. 考型246,248,256,263,265重要。

3. 本章的出題方式，大多爲邏輯功能的判斷。因此要熟記判斷技巧。不論是 BJT 邏輯族，或 MOS 邏輯族，均具有串接爲 NAND 的型式。並接爲 NOR 的型式。

4. 本章邏輯電路的分析，對考二技同學而言，較不重要。對考插大或普考同學，也是稍加留意，即可。

16-1〔題型九十六〕: 數位邏輯的基本元件及基本概念

考型246 數位邏輯的基本概念

一、邏輯族的種類

1. BJT 邏輯族

(1) RTL：電阻－電晶體邏輯（Resistor－Transistor Logic）

(2) DTL：二極體－電晶體邏輯（Diode－Transistor Logic）

(3) TTL：電晶體－電晶體邏輯（Transistor－Transistor Logic）

(4) ECL：射極耦合邏輯（Emitter－Coupled Logic）

(5) I^2L：積體注入邏輯（Integrated－Injection Logic）

(6) ISL：積體蕭特基邏輯（Integrated Schottky Logic）

(7) STL：蕭特基電晶體邏輯（Schottky Transistor Logic）

(8) CML：電流模式邏輯（Current－Mode Logic）

$$2.\text{MOS 邏輯族} \begin{cases} (1)\text{NMOS} \\ (2)\text{PMOS} \\ (3)\text{CMOS} \\ (4)\text{HCMOS} \end{cases}$$

$$3.\text{砷化鎵邏輯族} \begin{cases} (1)\text{DCFL：直接耦合場效體邏輯（ Direct – Couple FET Logic ）} \\ (2)\text{FL：場效體邏輯（ FET Logic ）} \\ (3)\text{SDFL：蕭特基二極體場效體邏輯} \\ (4)\text{BFL：緩衝式場效體邏輯} \end{cases}$$

二、MOS 邏輯族與 BJT 邏輯族的特性比較

〈表1〉

	BJT	MOS
輸入電阻	較小	極大
增益頻寬積（ GB ）	較大	較小
操作速度	較快	較慢
輸出準位 V（0）	V（0）$\neq$0	CMOS 的 V（0）= 0
推動能力	較大	較小
功率消耗	較大	CMOS 較省電

三、BJT 邏輯族特性比較

〈表2〉

	飽和邏輯族	非飽和邏輯族
邏輯族元件	RTL, DTL, TTL	ECL, STTL
高位階 V（1）	在截止區	在截止區
低位階 V（0）	在飽和區	在主動區
雜訊邊界（NM）	較大	較小
功率損失	較小	較大
速度	較慢	較快

四、MOS 邏輯族特性比較

〈表3〉

PMOS	NMOS	CMOS	BiCMOS
速度較慢	1.優點：元件密度高 2.缺點：耗電 3.主要以空乏型負載爲主	1.優點： ①振幅大 ②省電（1μW 以下） 2. 是目前 VLSI 的主要元件。	1.兼俱 CMOS 的省電特性及振幅大 2.亦俱 BJT 的大推動力及速度快 3.速度較 CMOS 快，但較 CMOS 耗電。

1.MOS 邏輯族的工作特性分類

(1)比例型：輸出電壓 V_0 與 MOS 的通道電阻有關者。一般 NMOS 邏輯族皆爲此型。

(2)非比例型：輸出電壓 V_0 與 MOS 的通道電阻無關者。一般 CMOS 邏輯族皆爲此型。

五、積體電路等級

〈 表4 〉

類別	簡稱	閘個數	功能
小型積體電路 （ SSI ）	Small – Scale Integrated	10個閘以下	基本閘
中型積體電路 （ MSI ）	Medium Scale Integrated	10～100個閘	多工器
大型積體電路 （ LSI ）	Large Scale Integrated	100～1000個閘	小型微處理器
超大型積體電路 （ VLSI ）	Very Large Scale Integrated	1000個閘以上	大型微處理器

六、各類 BJT 邏輯族比較

〈 表5 〉

類　別	適　　用　　目　　的
TTL	具各種不同型的數位電路 耗電 電路複雜
ECL	適用於需高速度的電路
MOS	適用於需高密度的電路
CMOS	適用於需耗電低的電路
I^2L	適用於需高密度的電路

七、綜論比較

〈 表6 〉

參數 \ 邏輯	RTL	DTL	HTL	TTL	ECL	MOS	CMOS
基本閘	NOR	NAND	NAND	NAND	OR 或 NOR	NAND	NOR，或 NAND
扇出	（最小）5	8	10	10	25	20	> 50（最大）
扇出數	高	頗高	正常	甚高	高	低	低
每閘功率的散逸（單位：mW）	12	8－12	55	12－22	40－55	0.2－10	靜態時為0.01，1MHz 時，為1
雜訊	正常	好	極好	甚好	好	正常	甚好
每閘的傳送延遲（單位：nS）	12	30	90	12－6	4－1（最快）	300（最慢）	70
頻率（單位：MHz）	8	12－30		15－60	60－400	2	5

八、TTL 系列

〈表7〉

代號	代表意義	扇出	功率消耗（mW）	傳遞延遲（ns）	延遲－功率乘積（pJ）
74	標準74系列	10	10	9	90
74L	L代表：低功率74系列	20	1	33	33
74H	H代表：高速率74系列	10	22	6	132
74S	S代表：蕭特基74系列	10	19	3	57
74LS	LS代表：低功率蕭特基74系列	20	2	9.5	19
74AS	AS代表：高級蕭特基74系列	40	10	1.5	15
74ALS	ALS代表：高級低功率蕭特基74系列	20	1	4	4

考型247 基本邏輯閘及布林函數

一、基本邏輯閘

1. 緩衝器（BUFFER）：

⑴符號

(2)眞値表

A	Y
0	0
1	1

(3)輸出函數

$$Y = A$$

2. 反相器（NOT GATE OR INVERTOR）：

(1)符號

(2)眞値表

A	Y
0	1
1	0

(3)輸出函數

$$Y = \overline{A}$$

3. 及閘（AND GATE）：

(1)符號

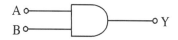

A	B	Y
0	0	0
0	1	0
1	0	0
1	1	1

(3)輸出函數

$$Y = A \cdot B$$

4.或閘（OR GATE）：

(1)符號

(2)眞値表

A	B	Y
0	0	0
0	1	1
1	0	1
1	1	1

(3)輸出函數

$$Y = A + B$$

5. 反或閘（NOR GATE）：

(1)符號

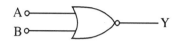

(2)眞值表

A	B	Y
0	0	1
0	1	0
1	0	0
1	1	0

(3)輸出函數

$$Y = \overline{A + B}$$

6. 反及閘（NAND GATE）：

(1)符號

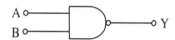

(2)眞值表

A	B	Y
0	0	1
0	1	1
1	0	1
1	1	0

(3)輸出函數

$$Y = \overline{A \cdot B}$$

7.互斥或閘（Exclusive OR GATE，簡稱 XOR GATE）：

(1)符號

(2)眞值表

A	B	Y
0	0	0
0	1	1
1	0	1
1	1	0

(3)輸出函數

$$\boxed{Y = A\overline{B} + \overline{A}B}$$

$$= (\overline{A} + \overline{B})(A + B)$$

$$\boxed{\begin{array}{l} = A \oplus B \\ = A \times B \end{array}}$$

8.互斥反或閘（Exclusive NOR GATE，簡稱 XNOR GATE）：

(1)符號

(2)眞值表

A	B	Y
0	0	1
0	1	0
1	0	0
1	1	1

(3)輸出函數

$$\boxed{Y = \overline{AB} + AB}$$

$$= (A + \overline{B}) (\overline{A} + B)$$

$$\boxed{\begin{aligned} &= A \odot B \\ &= \overline{A \oplus B} \end{aligned}}$$

二、布林函數代數式

1. OR GATE $\begin{cases} A + 0 = A \\ A + A = A \\ A + \overline{A} = 1 \\ A + 1 = 1 \end{cases}$

2. AND GATE $\begin{cases} A0 = 0 \\ A1 = A \\ AA = A \\ A\overline{A} = 0 \end{cases}$

3. NOT $\begin{cases} A + \overline{A} = 1 \\ \overline{A}\ \overline{A} = 0 \\ A = A \end{cases}$

4. $(A + B) + C = A + (B + C)$

5. $(AB) C = A (BC)$

6. $A (B + C) = AB + AC$

7. $A + AB = A$

8. $A + \overline{A}B = A + B$

9. $(A + B) (A + C) = A + BC$

三、德摩根定理（De Morgan's Laws）

1. $\overline{ABCD\cdots} = \overline{A} + \overline{B} + \overline{C} + \overline{D} + \cdots$

2. $\overline{A + B + C + D + \cdots} = \overline{A}\,\overline{B}\,\overline{C}\,\overline{D}\cdots$

歷屆試題

1. 下列何者具有最小的延遲耗能乘積（ delay－power product ）？(A) 74XX 系列　(B) 74SXX 系列　(C) 74ALSXX 系列　(D) 74LSXX 系列。（**題型：TTL 系列**）

【88年二技電子】

解☞：(C)

---

2. 下列代表積體電路的英文縮寫中，何者所含的邏輯閘數目最少？(A)SSI　(B)MSI　(C)LSI　(D)VLSI。（**題型：IC 等級分類**）

解☞：(A)

---

3. 代表低耗能蕭特基（ Schottky ）TTL 的序號為(A) 74XX　(B) 74SXX　(C) 74ASXX　(D) 74LSXX。（**題型：TTL 系列**）

【87年二技電子】

解☞：(D)

---

4. 在正常狀態下，那一系列（ family ）的積體電路具有最小的傳遞延遲（ propagation delay ）時間？(A) 74系列　(B) 74AS 系列　(C) 74ALS 系列　(D)74LS 系列。（**題型：TTL 系列**）

【83年二技電機】

解☞：(B)

---

5. 下列何種邏輯元件最省電，且抗雜訊能力強(A)TTL　(B)CMOS　(C)FCL　(D)DTL。（**題型：各種邏輯元件特性比較**）

【81年二技電子】

解☞：(B)

---

6. 74LS124是某一個 TTL 積體電路之編號，編號中之 L 英文字母代表何意？(A)低雜訊型　(B)低功率型　(C)低電壓型　(D)標準型。（**題型：TTL 系列**）

【80年二技電機】

解☞：(B)

---

7. 下列數位邏輯電路，何者之傳遞延遲（ propagation delay ）最短？(A)電晶體－電晶體邏輯（ TTL ）　(B)二極體－電晶體邏輯（ DTL ）　(C)互補式金屬氧化物半導體邏輯（ CMOS ）　(D)射極耦合邏輯（ ECL ）。（**題型：各種邏輯元件特性比較**）

【75年二技電機】

解☞：(D)

---

8. 一般超大型積體電路中包含＿＿＿個以上的邏輯閘。（**題型：IC 等級分類**）

【75年二技電機】

解☞：1000

16－2〔題型九十七〕：數位邏輯電路設計的因素

 考型248　雜訊邊限（ Noise Margin, NM ）

一、基本觀念

　1. 邏輯系統：可分正邏輯系統及負邏輯系統。本書以正邏輯系統為主。

正邏輯：高電位 = V（1），低電位 = V（0）

負邏輯：高電位 = V（0），低電位 = V（1）

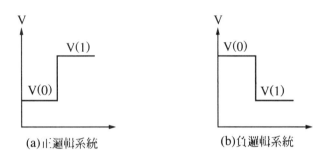

(a)正邏輯系統　　　　　　(b)負邏輯系統

2.設計邏輯電路時，因為所有的元件，均非理想性，所以需考慮

(1)雜訊邊限（ Noise Margin, NM ）

(2)操作速度（ 即傳遞延遲：propagation delay ）

(3)功率損耗（ power disspation ）

(4)邏輯功能（ 即電路的實用性 ）

二、雜訊邊限

以反相器為例：

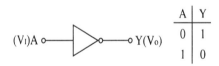

A	Y
0	1
1	0

1.理想反相器的轉移特性曲線

(1)無傳遞延遲時間

(2)無導通電阻存在

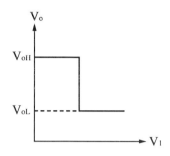

2.實際性的反相器之轉移特性曲線

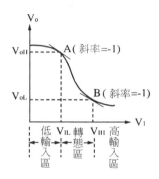

3.V_{OH}，V_{OL}，V_{IH}，V_{IL}的定義：

　⑴V_{OH}⇒輸出為邏輯 V（1）時之最小輸出電壓。

　⑵V_{IH}⇒輸入為邏輯 V（1）時之最小輸入電壓。

　⑶V_{OL}⇒輸出為邏輯 V（0）時之最大輸出電壓。

　⑷V_{IL}⇒輸入為邏輯 V（0）時之最大輸入電壓。

4.雜訊邊限（NM）

　⑴定義：電路不因雜訊存在，而使電路產生錯誤的邏輯輸出時之雜訊的容忍範圍。可分為：

　　①高態雜訊邊限（NM_H）

　　②低態雜訊邊限（NM_L）

　⑵公式：

　　①$NM_H = V_{OH} - V_{IH}$

② $NM_L = V_{IL} - V_{OL}$

③ $NM = \min (NM_H , NM_L)$

註：符號相等：

$NM_H = NM (1) = \triangle 1$

$NM_L = NM (0) = \triangle 0$

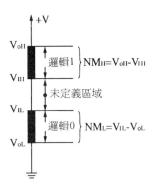

⑶多級邏輯閘正常工作的條件

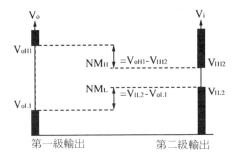

正常工作的條件：

① $V_{OL1} \leq V_{IL2}$

② $V_{OH1} \geq V_{IH2}$

考型249 傳遞延遲（propagation delay）

以反相器爲例：

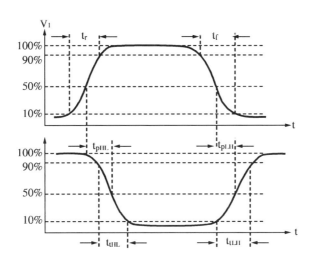

名詞解釋

1. t_{PHL}：輸出 V_0 由 V（1）→V（0）時的傳遞延遲時間。

2. t_{PLH}：輸出 V_0 由 V（0）→V（1）時的傳遞延遲時間。

3. t_{pd}：平均傳遞延遲時間

$$t_{pd} = \frac{t_{PLH} + t_{PHt}}{2}$$

考型250 功率損耗

1. **靜態功率損耗**（static power dissipation）：輸出在 V（1）或 V（0）時
   之功率損耗：

   (1)P（0）⇒輸出在 V（0）時之功率損耗。

   (2)P（1）⇒輸出在 V（1）時之功率損耗。

   (3)t（0）⇒輸出在 V（0）時之時間。

(4)t（1）⇒輸出在 V（1）時之時間。

$$P_{ave}（平均靜態之功率損耗）= \frac{P（0）\cdot t（0）+ P（1）\cdot t（1）}{t（0）+ t（1）}$$

$$= \frac{P（0）+ P（1）}{2}$$

一般而言：t（0）= t（1）

2.**動態功率損耗**（dynamic power dissipation，P_D）：

輸出由 V（1）→V（0）之瞬間或由 V（0）→V（1）令瞬間的功率損耗

①此時，猶如電容充、放電效率，即

$$W_{C充電} + W_{C放電} = C（V^+）^2$$

②所以計算1秒內的動態功率損耗，為

$$P_D = f \cdot CV^{+2}$$

③除了 CMOS 為動態損耗外，其他邏輯電路（NMOS, DTL, TTL, ECL ……）主要為靜態功率損耗。

3.**延遲 – 功率積**（Delay – Power Prodcut, DP）

$$DP = t_{pd}P_D$$

(1)DP 值可代表邏輯電路的基本特性。DP 值愈小，代表特性愈佳。

(2)但若設計延遲時間小，卻會增大功率損耗。兩者難以兼得小值。

4.**扇入**（fan in）（或扇入數）定義為邏輯閘的輸入數目。

5.**扇出**（fan out）（或扇出數）定義為邏輯閘能驅動相同邏輯閘的最大數目。

6.**循環時間**（t_{cyc}）定義為邏輯電路連續轉態兩次所需的時間。

歷屆試題

1.如圖所示為邏輯反相器的邏輯帶圖，其中 $V_{OH} = 2.4V$，$V_{IH} = 2V$，$V_{IL} = 0.8V$，$V_{OL} = 0.4V$，請問此反相器的雜訊邊限（noise margin）為(A) 0.4V (B)1.2V (C)1.6V (D)2V。（**題型：雜訊邊限**）

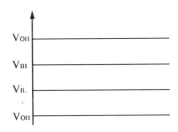

【87年二技電子】

解☞：(A)

$NM_L = V_{IL} - V_{OL} = 0.8 - 0.4 = 0.4V$

$NM_H = V_{OH} - V_{IH} = 2.4 - 2 = 0.4V$

$NM = \min〔NM_H，NM_L〕= 0.4V$

---

2. 設各種閘和倒相器的延遲時間相同，則下圖中及閘的延遲時間 t_{pd} = ？(A)$0.05\mu S$　(B)$0.5\mu S$　(C)$5.3\mu S$　(D)$7.3\mu S$。**（題型：邏輯閘延遲時間觀念）**

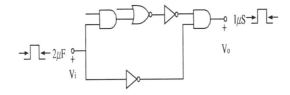

【81年二技電子】

解☞：(B)

V_i 經反相器至 AND 閘，共經二個元件的延遲，（因為上迴路比下迴路多2個元件）

∴ $t_{pd} = 0.5\mu S$

---

3. LS TTL 邏輯系列、ALS TTL 邏輯系列、NMOS 邏輯系列、CMOS 邏輯系列的 V_{OL}（low－level output voltage）、V_{OH}（high－level output voltage）、V_{IL}（low－level input voltage）、V_{IH}（high－level input voltage）如下表所示。

	LS TTL	ALS TTL	NMOS	CMOS
V_{OL}	0.5V	0.4V	0.4V	0.01V
V_{OH}	2.7V	2.7V	2.4V	4.99V
V_{IL}	0.8V	0.8V	0.8V	1.5V
V_{IH}	2.0V	2.0V	2.0V	3.5V

問下列那一叙述爲錯誤？(A)LS TTL 邏輯系列的閘可推動 ALS TTL 邏輯系列的閘　(B)LS TTL 邏輯系列的閘可推動 NMOS 邏輯系列的閘　(C)LS TTL 邏輯系列的閘可推動 CMOS 邏輯系列的閘　(D) CMOS 邏輯系列的閘可推動 ALS TTL 邏輯系列的閘。（**題型：多級邏輯閘**）

【81年二技電子】

解 ☞：(C)

　　1. 多級邏輯閘正常工作條件爲

　　　$V_{OL1} \leq V_{IL2}$

　　　$V_{OH1} \geq V_{IH2}$

　　2. 由上表知

　　　LS TTL：$V_{OL1} = 0.5V$，$V_{OH1} = 2.7V$

　　　CMOS：$V_{IL2} = 1.5V$，$V_{IH2} = 3.5V$

　　　其中 $V_{OH1} < V_{IH2}$ 不符合條件

題型變化

1. 試求出 TTL 族系中，一個74LS 系列的邏輯閘可推動幾個74F 系列的邏輯閘。74LS 與74F 系列的電流特性如下：

   74LS 系列：$I_{OH} = -0.4mA$；$I_{OL} = 8mA$；$I_{IH} = 20\mu A$；
   $$I_{IL} = -0.4mA$$

   74F 系列：$I_{OH} = -0.4mA$；$I_{OL} = 20mA$；$I_{IH} = 20\mu A$；
   $$I_{IL} = -0.6mA（題型：扇出數 N）$$

   解☞：

   1. 正常工作時，推動電流 $I \geq NI_1$，I_1為流入下一級的電流

      $\therefore I_{OH} \geq N_H I_{IH}$

      $I_{OL} \geq N_L I_{IL}$

   2. 故 $N_H \leq \dfrac{I_{OH}}{I_{IH}} = \dfrac{0.4m}{20\mu} = 20$　　　$N_L \leq \dfrac{I_{OL}}{I_{IL}} = \dfrac{8m}{0.6m} \approx 13$

      $\therefore N = \min \left[N_H, N_L \right] = 13$閘

2. 在 CMOS（CD4000系列）中，$V_{IL} = 1.5V$，$V_{IH} = 3.5V$，$V_{OL} = 0.01V$，$V_{OH} = 4.99V$，當兩個相同的反相器串接時，雜音邊界值 NM_L 與 NM_H 之值為多少？（題型：雜訊邊限）

   解☞：

   $NM_H = V_{OH} - V_{IH} = 4.99 - 3.5 = 1.49V$

   $NM_L = V_{IL} - V_{OL} = 1.5 - 0.01 = 1.49V$

16-3〔題型九十八〕：BJT 邏輯族

考型251 DL 邏輯電路

DL：Diode Logic（二極體邏輯閘）

一、電路

1. OR GATE：

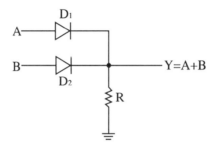

A	B	D_1	D_2	Y
0	0	OFF	OFF	0
0	1	OFF	ON	1
1	0	ON	OFF	1
1	1	ON	ON	1

2. AND GATE：

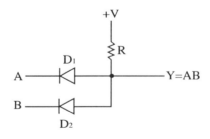

A	B	D_1	D_2	Y
0	0	ON	ON	0
0	1	ON	OFF	0
1	0	OFF	ON	0
1	1	OFF	OFF	1

考型252 TL 邏輯電路

TL：Transistor Logic（電晶體邏輯閘）

一、電路

1. NOT GATE：   2. AND GATE：

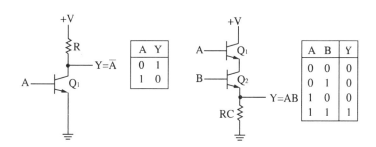

A	Y
0	1
1	0

A	B	Y
0	0	0
0	1	0
1	0	0
1	1	1

二、邏輯電路分析

〔例〕求 BJT 反相器的 V_{OH}，V_{IL}，V_{IH}，V_{OL}，（設 $V_{BE(sat)} = 0.7V$，$V_{CE(sat)} = 0.2V$）

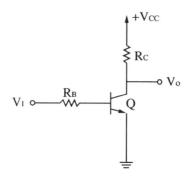

1.此電路為飽和邏輯電路

$$\therefore i_B \geq \frac{i_C}{\beta}$$

2.若 $V_I > V_{IH}$，則 Q 為飽和

$$\therefore V_O = V_{CE(sat)} = 0.2V = V_{OL}$$

3.若 $V_I < V_{BE}$，則 Q 為截止

$$\therefore V_O = V_{CC} = V_{OH}$$

4.轉態斜率

$$M = \frac{V_O}{V_I} = \frac{i_O R_C}{i_B R_B} = \frac{-\beta i_B R_C}{i_B R_B} = -\beta \frac{R_C}{R_B}$$

5.轉移曲線

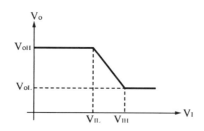

6.結果

(1)$V_{OH} = V_{CC}$

$(2) V_{IL} = V_{BE\,(\,sat\,)} = 0.7V$

$(3) V_{OL} = V_{CE\,(\,sat\,)} = 0.2V$

(4)依斜率分析，可得

$$V_{IH} = \left[\frac{V_{CC} - 0.2V}{\beta R_C} \right] R_B + 0.7V$$

〔例〕設 $\beta = 100$，$V_{CE\,(\,sat\,)} = 0.3V$，$V_{BE\,(\,sat\,)} = 0.7V$，求下圖反相器的

(1)V_{OH}(2)V_{OL}(3)V_{IL}(4)V_{IH}(5)雜訊邊限(6)扇出數

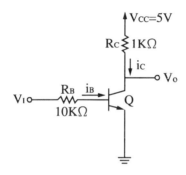

一、當 $V_I < 0.7V$ 時，Q：OFF

∴ $i_B = i_E = i_C = 0 \Rightarrow V_O = V_{CC} = V_{OH} = 5V$，而 $V_{IL} = V_{BE} = 0.7V$

二、當 Q 在作用區，則

$i_C = \beta i_B$

所以 $V_O = V_{CC} - i_C R_C$

由此可知，當 $V_i \uparrow$，$i_B \uparrow$，$i_C \uparrow$，$V_O \downarrow$

∴ $V_O < 0.7V$ 時，Q 在飽和區

三、故知 Q 在飽和區時，

1.$V_{OL} = V_{CE\,(\,sat\,)} = 0.3V$

2.求 V_{IH}〔在飽和邊緣點（the edge of saturation，EOS）〕時

∵ $I_C = \dfrac{V_{CC} - V_{CE\,(\,sat\,)}}{R_C} = \beta I_B$

$$I_B = \frac{V_{IH} - V_{BE}}{R_B}$$

$$I_{C(EOS)} = \beta I_{B(EOS)}$$

$$\therefore V_{IH} = V_{BE} + [R_B] [\frac{V_{CC} - V_{CE(sat)}}{\beta R_C}] \approx 1.2V$$

3.雜訊邊限

$NM_H = V_{OH} - V_{IH} = 5 - 1.2 = 3.8V$

$N_{ML} = V_{IL} - V_{OL} = 0.7 - 0.3 = 0.4$

$\therefore NM = \min [NM_H , NM_L] = 0.4V$

4.邏輯擺幅（logic swing）

$LS = V_{OH} - V_{OL} = 5 - 0.3 = 4.7V$

四、扇出數（fan out，N），（以下用雜訊邊限，求扇出數）

1.若 N = 1，則

$$V_{OH} = V_{BE} + [\frac{R_B}{R_B + R_C}] [V_{CC} - V_{BE}]$$

$$= 0.7 + (\frac{10K}{1K + 10K}) (5 - 0.7)$$

$$= 4.6V$$

$\therefore NM_H = V_{OH} - V_{IH} = 4.6 - 1.2 = 3.4V$

由此可知 NM_H 隨扇出數 N 越多而減小。

2.欲求最大扇出數時，則令 $NM_H = 0$

$\because NM_H = V_{OH} - V_{IH} \Rightarrow V_{OH} = V_{IH}$

3.此時，求 V_{OH}，可由下圖分析得知

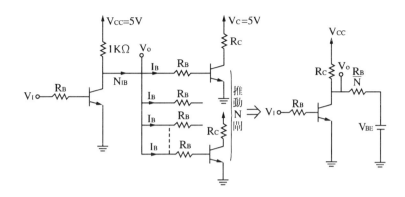

$$\therefore V_{OH} = V_{BE} + \left[\frac{R_B / N}{R_C + R_B / N} \right] \left[V_{CC} - V_{BE\,(sat)} \right]$$

又知 $V_{IH} = V_{BE} + \left(\frac{R_B}{R_C} \right) \left[\frac{V_{CC} - V_{CE\,(sat)}}{\beta} \right]$

$\because$ 令 $NM_H = 0$，$\therefore V_{OH} = V_{IH}$

故 $N \leq \beta \left[\frac{V_{CC} - V_{BE\,(sat)}}{V_{CC} - V_{CE\,(sat)}} \right] - \frac{R_B}{R_C}$

$\therefore N \leq (100) \left[\frac{5 - 0.7}{5 - 0.3} \right] - \frac{10K}{1K} = 81.5$

選 $N = 81$ 個閘

五、轉移曲線

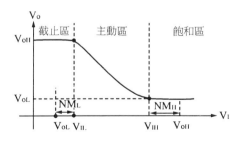

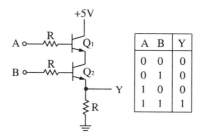

考型253 RTL 邏輯電路

RTL：Resistor Transistor Logic（電阻電晶體邏輯閘）

一、電路

    1. AND GATE：

A	B	Y
0	0	0
0	1	0
1	0	0
1	1	1

$$Y = AB$$

    2. NAND GATE：

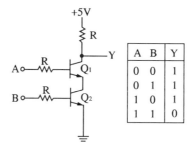

A	B	Y
0	0	1
0	1	1
1	0	1
1	1	0

$$Y = \overline{AB}$$

    3. NOR GATE：（三輸入）

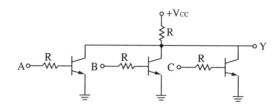

A	B	C	Y
0	0	0	1
0	0	1	0
0	1	0	0
0	1	1	0
1	0	0	0
1	0	1	0
1	1	0	0
1	1	1	0

$$Y = \overline{A + B + C}$$

4. NOR GATE：（二輸入）

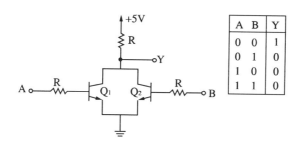

A	B	Y
0	0	1
0	1	0
1	0	0
1	1	0

5. OR GATE：

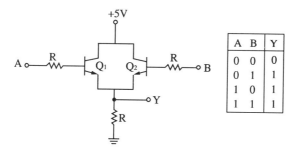

A	B	Y
0	0	0
0	1	1
1	0	1
1	1	1

並聯時，由集極輸出為 NOR，由射極輸出為 OR

6. Wired – AND 邏輯電路

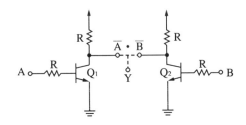

A	B	Q_1	Q_2	Y
0	0	OFF	OFF	1
0	1	OFF	ON	0
1	0	ON	OFF	0
1	1	ON	ON	0

(1) $Y = \overline{A} \cdot \overline{B} = \overline{A + B}$

(2) 例：RTL，I^2L，DTL，TTL 均是此類

7. Wired – OR 邏輯電路

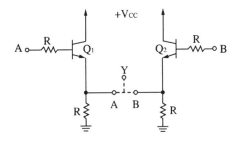

A	B	Q_1	Q_2	Y
0	0	OFF	OFF	0
0	1	OFF	ON	1
1	0	ON	OFF	1
1	1	ON	ON	1

(1) Y = A + B

(2)例：ECL 均是此類

二、判斷邏輯功能的記憶法

1. Q_1，Q_2串聯時，若由正相端（E 極）拉出，則爲 AND，若由反相端（C 極）拉出，則爲 NAND。

2. Q_1，Q_2並聯時，若由正相端（E 極）拉出，則爲 OR，若由反相端拉出，則爲 NOR

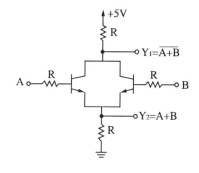

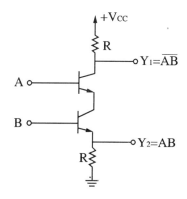

三、RTL 邏輯電路的特性

優點：

1.電路簡單

2.V_{CC}值小

缺點：

1.扇出（fan out）小

2.輸出電壓 V_{OH} 及雜訊邊限 NM_H 會隨扇出數 N 增加而減小

考型254 DTL 邏輯電路

DTL：Diode Transistor Logic（二極體電晶體邏輯閘）

一、電路

(1)NAND GATE：

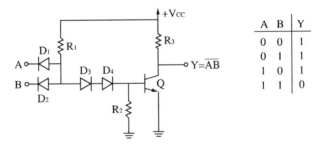

A	B	Y
0	0	1
0	1	1
1	0	1
1	1	0

①D_3，D_4可提高雜訊免疫力

②R_2越小，速度越快，但扇出數變小

③工作狀態

A	B	D_1	D_2	D_3	D_4	Q	Y
0	0	ON	ON	ON	ON	OFF	1
0	1	ON	OFF	ON	ON	OFF	1
1	0	OFF	ON	ON	ON	OFF	1
1	1	OFF	OFF	ON	ON	sat	0

二、改良型的 DTL

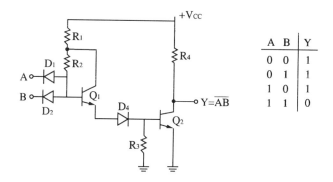

A	B	Y
0	0	1
0	1	1
1	0	1
1	1	0

⑴優點：

　①以 Q_1 代替 D_3，可提高輸出電流，因而增加扇出數

　②雜訊邊限 NM 較高

⑵缺點：操作速度慢

理由：

　①若輸入為低態時，Q_1 及 D_4：OFF，此時儲存在 Q_2 的基極電流須
　　經 R_3 放電。

　②Q_2 輸出具有電容性負載效應。

考型255 HTL 邏輯電路

HTL：High Threshold Logic（高臨界邏輯閘）

一、電路

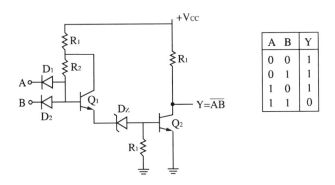

A	B	Y
0	0	1
0	1	1
1	0	1
1	1	0

二、特性

　(1)以 D_Z 替代 D_4，可提高扇出數。（即雜訊邊限 NM，可提高）

　(2)提高 V_{CC} 為15V，所以功率損失為邏輯族中最高的。

考型256 TTL 邏輯電路

TTL：Transistor Transistor Logic

一、電路

　(1)圖騰式：

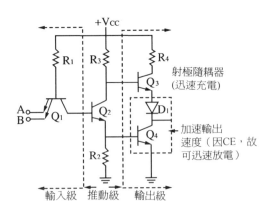

特性：

①Q_1為（多射級電晶體），取代 DTL 之輸入二極體，可提高 IC 之裝填密度。

②Q_2為（分相電晶體），以控制 Q_3、Q_4兩電晶體形成互補動作。

③D_1可提高雜訊邊限，避免將 Q_4燒毀。

④圖騰式

　　優點：

　　a.低功率損耗

　　b.速度快

　　缺點：無法作 Wired AND 功能

⑤開集極式：

　　優點：

　　可作 Wired AND 功能

　　缺點：速度慢

(2)**開集極式：**

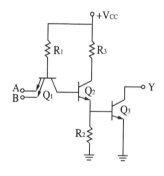

(3)Tri – state 三態輸出式：

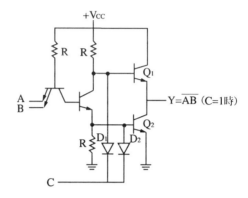

特性：

①C = 0，則 D_1，D_2：ON，使 Q_1、Q_2 均 OFF，故輸出浮接。

②C = 1，則 D_1，D_2：OFF，電路正常工作。

③三態閘可用於匯流排上，控制其兩點間之接通或斷路。

二、三態 NOT 閘及緩衝器

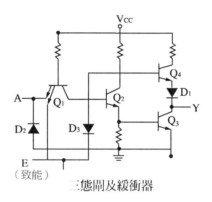

三態閘及緩衝器

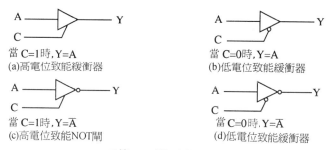

當 C=1時,Y=A
(a)高電位致能緩衝器

當 C=0時,Y=A
(b)低電位致能緩衝器

當 C=1時,Y=$\overline{A}$
(c)高電位致能NOT閘

當 C=0時,Y=$\overline{A}$
(d)低電位致能緩衝器

三態NOT閘及緩衝器

三、三態閘在匯流排上的應用

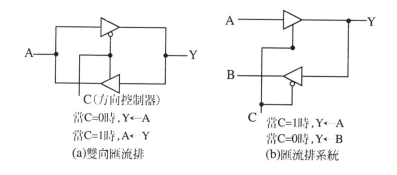

C(方向控制器)
當C=0時,Y←A
當C=1時,A← Y
(a)雙向匯流排

當C=1時,Y←A
當C=0時,Y←B
(b)匯流排系統

四、TTL 邏輯閘電路

1. NAND 閘:

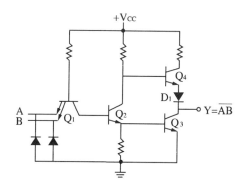

$Y=\overline{AB}$

眞值表

輸	入	輸出
A	B	Y
$A \leq V_{IL}$	$B \leq V_{IL}$	1
$A \leq V_{IL}$	$B \geq V_{IH}$	1
$A \geq V_{IH}$	$B \leq V_{IL}$	1
$A \geq V_{IH}$	$B \geq V_{IH}$	0

2. NOR 閘：

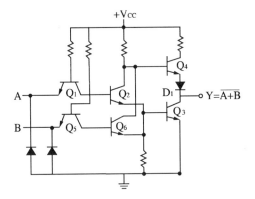

眞值表

輸	入	輸出
A	B	V_{out}
$A \leq V_{IL}$	$B \leq V_{IL}$	1
$A \leq V_{IL}$	$B \geq V_{IH}$	0
$A \geq V_{IH}$	$B \leq V_{IL}$	0
$A \geq V_{IH}$	$B \geq V_{IH}$	0

五、邏輯電路分析

〔例〕設 $V_{D(ON)} = 0.7V$，$V_{BE(sat)} = V_{BE(act)} = 0.7V$，

$V_{CE(sat)} = 0.1V \approx 0.3V$，$\beta_R = 0.02V$

求下圖 TTL 電路的 V_{OH}，V_{IH}，V_{OL}，V_{IL} 及 NM_H，NM_L

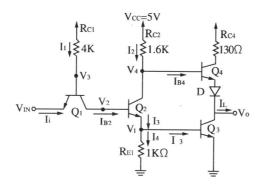

〔解〕

一、各區分析

　　V_I 由 0V 至 5V，分區分析

　　< Ⅰ > $V_{IN} = 0.2V$（此時 Q_1 在飽和區）

　　　　1. $\because V_3 = V_{BE1} + V_I = 0.7 + 0.2 = 0.9V$

　　　　　　$\therefore I_1 = \dfrac{V_{CC} - V_{C3}}{R_{C1}} = \dfrac{5 - 0.9}{4K} = 1.03mA$

　　　　2. 此時 Q_2：OFF（$\because V_3 < V_{BC1} + V_{BE1}$）

　　　　　　$\therefore I_{B2} = 0$，$I_{B3} = 0$，故知 Q_3：OFF

　　　　3. $\because V_2 = V_I + V_{CE1(sat)} = 0.2 + 0.1 = 0.3V$

　　　　　　且 $I_2 = I_{B4}$

　　　　　　故知 Q_4 及 D 為 ON

　　　　　　$\therefore V_0 = V_{CC} - I_2 R_{C2} - V_{BE4} - V_D$

　　　　　　　　$= 5 - (0)(1.6K) - 0.7 - 0.7 = 3.6V$

註：

Q_4：ON 是在主動區或在飽和區，需視 I_L 大小而定。

若 I_L 極小，則 $I_2 \approx 0$，可忽略。

< Ⅱ > 設 $V_{IN} = 0.5V$（由分析可知 $0.5V \leq V_{IN} \leq 1.2V$ 時，Q_1 在飽和區）

1. $\because V_3 = V_{BE1} + V_I = 0.7 + 0.5 = 1.2V$

$$\therefore I_1 = \frac{V_{CC} - V_3}{R_{C1}} = \frac{5 - 1.2}{4K} = 0.95mA$$

又 $V_2 = V_I + V_{CE1(sat)} = 0.5 + 0.2 = 0.7V$

此時 Q_2 順偏在主動區

2. $\because V_2 < V_{BE2} + V_{BE3} \Rightarrow 0.7V < 1.4V$

$\therefore Q_3$：OFF，故 $I_{B3} = 0$，且 I_3 極小，所以 $I_{C2} \approx 0$

故知 $I_2 \approx I_{B4}$ 即 Q_4 及 D 為 ON

但

$V_{in} \uparrow \Rightarrow V_2 \uparrow$，$I_3 \uparrow$，$I_{C2} \uparrow$，$I_2 \uparrow \Rightarrow V_O \downarrow$

（$\because$ D 具有限流作用約 30mA），（此區 V_O 是由 3.6V 開始下降）

< Ⅲ > 設 $V_{IN} = 1.2V$（由分析可知，$1.2V \leq V_{IN} \leq 1.4V$ 時，Q_1 在飽和區）

1. $\because V_3 = V_{BE1} + V_I = 0.7 + 1.2V = 1.9V$

$$\therefore I_1 = \frac{V_{CC} - V_3}{R_{C1}} = \frac{5 - 1.9}{4K} = 0.775mA$$

又 $V_2 = V_I + V_{CE1(sat)} = 1.2 + 0.2 = 1.4V$

$\therefore Q_2$ 及 Q_3 在主動區（$\because V_2 \geq V_{BE2} + V_{BE3}$）

2. 故 $I_{C2} \approx I_{E2} = \frac{V_{BE3}}{R_{E2}} = \frac{0.7}{1K} = 0.7mA$

$$\because I_{C2} \approx I_{B4}$$

$$\therefore V_{C2} \approx V_{CC} - I_{C2}R_{C2} = 5 - (0.7m)(1.6K) = 3.88V$$

又 $I_2 \approx I_{C2}$，故知

$$V_O = V_{CC} - I_2R_{C2} - V_{BE4} - V_D$$
$$= 5 - (0.7m)(1.6K) - 0.7 - 0.7 = 2.48V$$

（此即為 < Ⅱ > 區，V_O 的上限，為 < Ⅲ > 區 V_O 的下限）

< Ⅳ > 若 $V_{in} \geq 1.4V$

此時 Q_1 在反向主動區，（電路分析時，將 E、C 對調視為在順向主動區）。Q_3 在飽和區（$\because V_{IN} + V_{CE1} > V_{BE2} + V_{BE3}$）

1. 設 $V_I = 5V$，此時

$$V_1 = V_{BE3} = 0.7V$$

$$V_2 = V_{BE2} + V_{BE3} = 1.4V$$

$$V_3 = V_{BC1} + V_2 = 2.1V$$

$$\therefore I_1 = \frac{V_{CC} - V_3}{R_{C1}} = \frac{5 - 2.1}{4K} = 0.73mA$$

而 $I_i = \beta_R I_1 = 14.6\mu A$

2. $\because I_{B2} = (1 + \beta_R) I_1 = 0.75mA$

使得 Q_2 飽和

又 $V_4 = V_{CE2(sat)} + V_{BE3} = 0.2 + 0.7 = 0.9V$

$\therefore Q_4：OFF$

3. 而 $I_2 = \frac{V_{CC} - V_4}{R_{C2}} = \frac{5 - 0.9}{1.6K} = 2.6mA$

$$I_3 = I_{B2} + I_2 = 2.6m + 0.75m = 3.35mA$$

$$I_4 = \frac{V_{BE3}}{R_{E2}} = \frac{0.7}{1K} = 0.7mA$$

$$\therefore I_{B3} = I_3 - I_4 = 3.35m - 0.7m = 2.65mA$$

4.故知 Q_3 飽和

$$\therefore V_O = V_{CE3\,(\,sat\,)} = 0.1V$$

即 $V_O = V_{OL}$

二、結果整理

	V_I	Q_1	Q_2	Q_3	Q_4	D	V_O
I	$0 \sim 0.5V$	sat	OFF	OFF	ON	ON	$V_{OH} = 3.6V$
II	$0.5 \sim 1.2V$	sat	act	OFF	ON	ON	$3.6 \sim 2.5V$
III	$1.2 \sim 1.4V$	sat	act	act	ON	ON	$2.5 \sim 0.1V$
IV	$1.4 < V_{in}$	R $-$ act	sat	sat	OFF	OFF	$V_{OL} = 0.1V$

由上分析，可得

1. $V_{IL} = 0.5V$

   $V_{IH} = 1.4V$

   $V_{OH} = 3.6V$

   $V_{OL} = 0.1V$

2. $NM_H = V_{OH} - V_{IH} = 3.6 - 1.4 = 2.2V$

   $NM_L = V_{IL} - V_{OL} = 0.5 - 0.1 = 0.4V$

   $\therefore NM = \min\,[\,NM_H , NM_L\,] = 0.4V$

三、轉移特性曲線

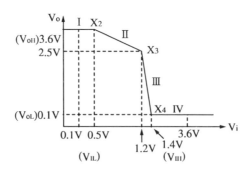

註：注意電晶體在各區的工作狀態

考型257 ECL 邏輯電路

ECL：Emitter Coupled Logic（射極耦合邏輯閘）

一、電路

1. 射極耦合對

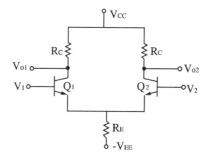

2. ECL 電路

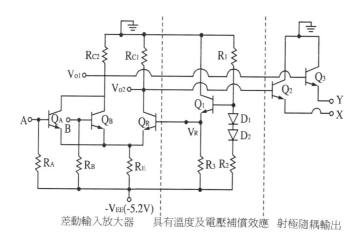

差動輸入放大器　　具有溫度及電壓補償效應　射極隨耦輸出

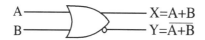

$X = A+B$
$Y = \overline{A+B}$

二、特性

1. 具 Wire – OR 線接之 OR 之特性。
2. 採非飽合方式工作，所以速度為所有邏輯族中最快的。又稱為電流式邏輯閘（Current Mode Logic）簡稱 CML。
3. 採用負電源。
4. 雜訊邊限小（約175mV），易受干擾。
5. 基本閘為 OR 及 NOR 雙端輸出。（即同時進行補數運算）

三、電路說明

1. Q_R 與 Q_A 或 Q_R 與 Q_B 形成差動放大器
2. Q_1，D_1，D_2，R_1，R_2，R_3 形成具有溫度補償的效應
3. Q_2 和 Q_3 形成兩個射極隨耦器

考型258 I²L 邏輯電路

I^2L：Integrated Injection Logic（積體注入式邏輯）

一、電路

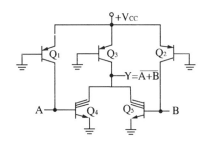

二、符號表示

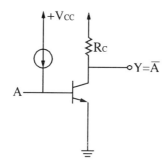

三、特性

1. 被動性電阻都由電晶體取代，製作簡單。密度高，其中 Q_1、Q_2是偏壓電阻，Q_3作爲集極電阻，Q_4與 Q_5是驅動元件。
2. 爲單一輸入多個輸出的結構。
3. 電壓振幅小，雜訊邊限（NM）亦小。
4. 基本閘爲 NOR。

歷屆試題

1. 如圖爲電晶體——電晶體邏輯閘電路，邏輯定義使用正邏輯，則該電路爲？ (A)反或（NOR）閘　(B)或（OR）閘　(C)反及（NAND）閘　(D)及（AMD）閘。（**題型：TTL 邏輯閘**）

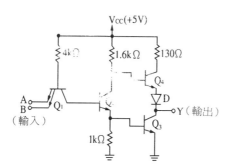

解☞：(C)

輸出情形

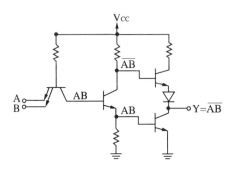

2.下圖為一 NAND 閘，已知二極體導通時的壓降 $V_{on} = 0.7V$，電晶體 Q 的參數為 $V_{BE(sat)} = 0.8V$，$V_{CE(sat)} = 0.2V$，$\beta = 40$。假設低電位輸入電壓 V（0）= 0.2V 及高電位輸入電壓 V（1）= 5V。試求在 $V_0 = 0.2V$ 時此電路的最大扇出值（fan-out）= ？（假設 I_C 沒有超過 Q 的電流規格值）(A)20　(B)16　(C)12　(D)8。（題型：DTL 邏輯閘）

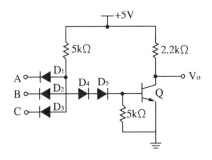

解☞：(B)

1.此爲 NAND Gate

∴ $V_0 = 0.2V = V_0(0) \Rightarrow$ A、B、C 皆爲 V(1)，

故 D_1，D_2，D_3 全部爲 OFF，Q：飽和

2.電路分析

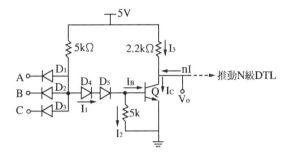

$$I_1 = \frac{V_{CC} - V_{D4} - V_{D5} - V_{BE(sat)}}{5K} = \frac{5 - 0.7 - 0.7 - 0.8}{5K} = 0.56mA$$

$$I_2 = \frac{V_{BE(sat)}}{5K} = \frac{0.8}{5K} = 0.16mA$$

$$\therefore I_B = I_1 - I_2 = 0.56 - 0.16 = 0.4mA$$

$$I_3 = \frac{V_{CC} - V_{CE(sat)}}{2.2K} = 2.18mA$$

故 $I = \frac{V_{CC} - V_O - V_D}{5K} = \frac{5 - 0.2 - 0.7}{5K} = 0.82mA$

∵飽和條件 $\beta \geq \frac{I_C}{I_B}$

$$\therefore \beta \geq \frac{I_3 + nI}{I_B} = \frac{2.18 + N(0.82)}{0.4} \Rightarrow 即 40 \geq 5.45 + 2.05N$$

故 $N \leq 16.8$ 選 N = 16個

3.圖中利用二極體及電阻組成數位正邏輯電路，試問此為何種邏輯閘？(A)OR　(B)NOR　(C)AND　(D)NAND。（**題型：DL**）

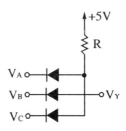

【82年二技電機】

解☞：(C)

V_A	V_B	V_C	D_A	D_B	D_C	V_Y
0	0	0	ON	ON	ON	0
0	0	1	ON	ON	OFF	0
1	0	0	OFF	ON	ON	0
1	0	1	OFF	ON	OFF	0
1	1	0	OFF	OFF	ON	0
1	1	1	OFF	OFF	OFF	1

4. +5V 的電源經由單一電阻 R 同時提供給15個標準 LS TTL 的高電位輸入，問此 R 值最大不可超過多少？（LS 的 $V_{IH, min}$ = 2.0V，$V_{IL, max}$ = 0.8V，$I_{IH, max}$ = 2.0μA，$I_{IL, max}$ = − 0.4μA）(A) 1kΩ　(B)10kΩ　(C)100kΩ　(D)150kΩ。（**題型：邏輯電路設計**）

【82年二技電子】

解☞：(B)

因為多級邏輯電路的條件：$V_{OH1} \geq V_{IH2}$

$$\therefore V_{CC} - NI_{IH,\,max}R \geq V_{IH,\,min}$$

即

$$5 - (15)(20\mu)R \geq 2V$$

$$\therefore R \leq \frac{3V}{(15)(20\mu)} = 10k\Omega$$

---

5. TTL 積體電路所使用的電源電壓為？(A) ± 15伏特　(B)3 ~ 15伏特　(C)15伏特　(D)5伏特。**（題型：TTL 邏輯閘）**

【80年二技電機】

解 ☞ ：(D)

---

6. 開集極之 TTL 邏輯閘，使用時下列何者正確？(A)輸出端需加提升電阻，接至電源 + V_{CC}　(B)輸出端需加提升電阻，接至零電位　(C)輸入端需加提升電阻，接至電源 + V_{CC}　(D)輸入端需加提升電阻，接至零電源。**（題型：TTL 邏輯閘）**

【80年二技電機】

解 ☞ ：(A)

---

7. (1)圖示為電阻及電晶體組成之數位邏輯電路，則輸出 Y 之邏輯函數為(A)Y = A + B　(B)Y = A · B　(C)Y = $\overline{A} + \overline{B}$　(D)Y = $\overline{A} \cdot \overline{B}$。

(2)上圖中，$V_{CC} = 5V$，$R_A \doteq R_B = 5k\Omega$，$R_C = 470\Omega$，若 B 端接地，在 A 端接上2.4V 的電壓，欲使在 Q_A 飽和區工作，試求 Q_A 之順向電流增益 β_F 的最小值約為(A)40　(B)30　(C)20　(D)10（假設電晶體 Q 飽和區工作時，$V_{CE} = 0.2V$，$V_{BE} = 0.8V$，主動區工作時，$V_{BE} = 0.7V$）。**（題型：RTL 邏輯閘）**

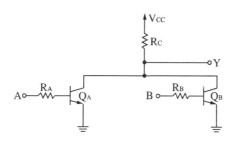

解☞：(1)(D)，(2)(B)

(1) $Y = \overline{A + B} = \overline{\overline{\overline{A} \cdot \overline{B}}} = \overline{A} \cdot \overline{B}$

(2)飽和條件 $\beta \geq \dfrac{I_C}{I_B}$

$$\therefore \beta_F \geq \frac{\dfrac{V_{CC} - V_{CE(sat)}}{R_C}}{\dfrac{V_A - V_{BE(sat)}}{R_A}} = \frac{\dfrac{5 - 0.2}{470}}{\dfrac{2.4 - 0.8}{5}} = 31.9$$

題型變化

1. (1) 假設跨在 D_1、D_2、Q_R 和 Q_1 基極、射極接面的壓降均為 0.75V，忽略 Q_1 的基極電流，試計算 V_R 之值。

   (2) 將輸入端開路，流過 R_E 的電流 I_E 為何？$V_{O2} = ?$ $V_{O1} = ?$
   （假設 Q_R 的 β 值非常高）（**題型：ECL 邏輯閘**）

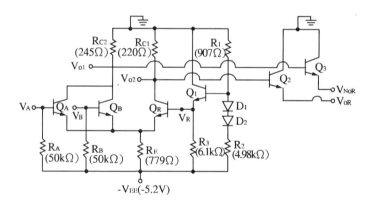

解☞：

(1) $V_{B1} = (-V_{EE} + V_{D1} + V_{D2}) \dfrac{R_1}{R_1 + R_2}$

$$= (-5.2 + 0.75 + 0.75) \frac{907}{907 + 4.98K} = -0.57V$$

$$\therefore V_R = V_{B1} - V_{BE1} = -0.57 - 0.75 = -1.32V$$

(2)輸入端開路，則 Q_A，Q_B：OFF，而 Q_R：ON

故 $I_{CR} \approx I_E = \dfrac{V_R - V_{BER} - (-V_{EE})}{R_E}$

$$= \frac{-1.32 - 0.75 - (-5.2)}{779} = 4mA$$

$$\therefore V_{O2} = 0 - I_{CR}R_{C1} = (-4m)(220) = -0.88V$$

$$V_{O1} = 0V$$

16－4〔題型九十九〕：NMOS 邏輯族

考型259 主動性 NMOS 負載

一、具被動性負載的 NMOS 反相器

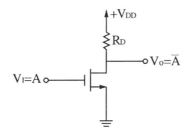

缺點：R_D 浪費 IC 面積

二、具有增強型負載之 NMOS 反相器

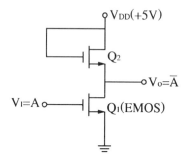

特性：

1. Q_2 永遠在飽和區

2. 缺點：V_{OH} 無法達到 V_{DD}

$$V_{OH} = V_{DD} - V_{t2}$$

三、具線性的增強型負載 NMOS 反相器

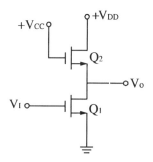

優點：V_{OH} 可達 V_{DD}

缺點：需二種直流電壓器

四、具空乏型負載之 NMOS 反相器

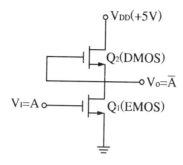

優點：

1. V_{OH} 可達 V_{DD}

2. 不需二個電源

3. 雜訊邊限 NM 較大

4. 目前工業界皆使用此型

考型260　具被動性負載 NMOS 之反相器的分析

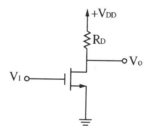

一、繪出直流負載線

$$V_{DD} = I_D R_D + V_{DS}$$

令 $V_{DS} = 0 \Rightarrow I_D = \dfrac{V_{DD}}{R_D}$

令 $I_D = 0 \Rightarrow V_{DD} = V_{DS}$

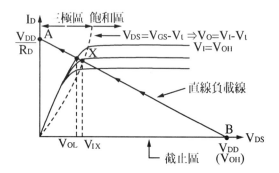

二、各工作區分析

<Ⅰ> 截止區

$\because V_I < V_t \therefore I_D = 0$

故

$V_O = V_{DS} = V_{DD} = V_{OH}$ ——①

<Ⅱ> 飽和區

$\because V_I > V_t$

$\therefore V_O = V_{DD} - I_D R_D$

故知，V_I 與 V_O 之關係公式為

$V_O = V_{DD} - K\left(V_{GS} - V_t\right)^2 R_D$ ——②

（即 V_O 隨 I_D 的增加而減小，即 V_I 增加，V_O 反而下降）

<Ⅲ> 三極體區（$V_I > V_{IX}$）

$I_D = K\left[2\left(V_{GS} - V_t\right)V_{DS} - V_{DS}^2\right]$

$\quad = K\left[2\left(V_I - V_t\right)V_O - V_O^2\right]$

$\because V_{DD} = I_D R_D + V_{DS}$

$\therefore V_O = V_{DD} - I_D R_D$

故知 V_I 與 V_O 之關係公式為：

$V_O = V_{DD} - K R_D\left[2\left(V_I - V_t\right)V_O - V_O^2\right]$ ——③

< IV > 分界點的分析

$$V_{IX} - V_t = V_{DD} - K \left(V_{IX} - V_t \right)^2 = V_{DD} - KV_{IX}^2 + 2KV_{IX}V_t - KV_t^2$$

$$\therefore KV_{IX}^2 - V_{IX} \left(1 - 2KV_t \right) + \left(KV_t^2 - V_t - V_{DD} \right) = 0$$

故知，位於邊界點的輸入電壓 $V_I = V_{IX}$，為：

$$V_{IX} = \frac{\left(1 - 2KV_t \right) \pm \sqrt{\left(1 - 2KV_t \right)^2 - 4K \left(KV_t^2 - V_t - V_{DD} \right)}}{2K}$$

而此分界點的輸出 $V_O = V_{OX}$，為：

$$V_{OX} = V_{IX} - V_t = \left(\frac{1}{2K} - 2V_t \right) \pm \sqrt{\frac{1}{4K^2} + \frac{V_{DD}}{K}}$$

三、轉移特性曲線

由方程式①、②、③可繪出轉移特性曲線

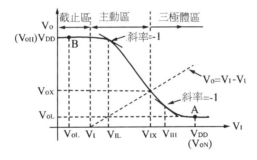

四、整理

	Q	V_O	V_{in}
< I >	截止區	$V_O = V_{OH} = V_{DD}$	$V_I < V_t$
< II >	飽和區	$V_O = V_{DD} - K \left(V_I - V_t \right)^2 R_D$	$V_t < V_I < V_{IX}$
< III >	三極體區	$V_O = V_{DD} - KR_D \left[I \left(V_I - V_t \right) V_O - V_O^2 \right]$	$V_I > V_{IX}$

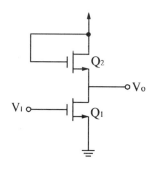

考型261　具增強型負載 NMOS 之反相器的分析

一、繪出直流負載線（Q_1）

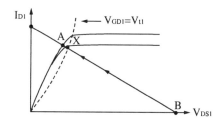

二、各工作區分析

　　< Ⅰ > Q_1在截止區（$I_{D1} = 0$），Q_2在飽和區

　　　　1. ∵ $V_{GD2} = 0V$

　　　　　∴ $V_{GD2} < V_{t2}$故 Q_2在飽和區

　　　　2. ∵ $I_{D1} = I_{D2}$

　　　　　∴ $I_{D1} = K_2 (V_{DD} - V_{t2})^2 = K_2 (V_{DD} - V_O - V_{t2})^2 = 0$

　　　　3. 故 $V_O = V_{DD} - V_{t2}$

　　< Ⅱ > Q_1及 Q_2皆在飽和區

　　　　1. $I_{D1} = I_{D2}$，即

　　　　　$K_1 (V_{GS1} - V_{t1})^2 = K_2 (V_{GS2} - V_{t2})^2$，故

$$K_1 \left(V_I - V_{t1} \right)^2 = K_2 \left(V_{DD} - V_O - V_{t2} \right)^2$$

所以，V_I 與 V_O 之關係公式為：

$$V_O = -\sqrt{\frac{K_1}{K_2}} V_I + \left(V_{DD} - V_{t2} + \sqrt{\frac{K_1}{K_2}} V_{t1} \right)$$

2.關於 $-\sqrt{\dfrac{K_1}{K_2}}$

(1)電壓增益 $A_V = \dfrac{V_O}{V_i} = -\sqrt{\dfrac{K_1}{K_2}} = -\sqrt{\dfrac{\frac{W_1}{L_1}}{\frac{W_2}{L_2}}}$

(2) $-\sqrt{\dfrac{K_1}{K_2}}$ 即為此區轉移曲線的斜率。（即有斜直線，即具放大器特性）

< Ⅲ > Q_1 在三極體區，Q_2 在飽和區

1. ∵ $I_{D1} = I_{D2}$

∴ $K_1 \left[2 \left(V_{GS1} - V_{t1} \right) V_{DS1} - V_{DS1}^2 \right] = K_2 \left(V_{GS2} - V_{t2} \right)^2$

故知，V_I 與 V_O 之關係公式為：

$$K_1 \left[2 \left(V_I - V_{t1} \right) V_O - V_O^2 \right] = K_2 \left(V_{DD} - V_O - V_{t2} \right)^2$$

三、分界點的分析

（即三極體區及飽和區的分界點）

1. ∵ $V_{GD1} = V_{t1}$ 即 $V_I - V_O = V_{t1}$

又知 $V_O = -\sqrt{\dfrac{K_1}{K_2}} V_I + \left(V_{DD} - V_{t2} + \sqrt{\dfrac{K_1}{K_2}} V_{t1} \right)$

故 $\begin{cases} V_{IX} = \dfrac{V_{DD} - V_{t2} + \left(1 + \sqrt{\frac{K_1}{K_2}} \right) V_{t1}}{1 + \sqrt{\frac{K_1}{K_2}}} \\ \\ V_{OX} = V_{IX} - V_{t1} \end{cases}$

四、轉移特性曲線

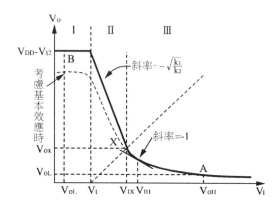

	Q_1	Q_2	V_i
< I >	截止區	飽和區	$V_I < V_{t1}$
< II >	飽和區	飽和區	$V_{t1} < V_I < V_{IX}$
< III >	三極體區	飽和區	$V_I > V_{IX}$

五、解題技巧:

1. 判斷 Q_1 及 Q_2 的工作區域
2. 寫出 I_{D1} 及 I_{D2} 的電流方程式
3. 利用 $I_{D1} = I_{D2}$ 的關係,求出含 V_{GS1},V_{GS2},V_{DS1},V_{DS2} 的方程式
4. 將 V_{GS1},V_{GS2},V_{DS1},V_{DS2} 化為 V_I 及 V_o,即可得到 V_I 與 V_o 的方程式

六、使用增強型負載 NMOS 的特性:

1. Q_2 的工作區,皆在飽和區內。
2. 缺點:V_{OH} 無法達至 V_{DD}。

考型262 具空乏型負載 NMOS 之反相器的分析

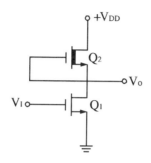

一、各工作區判斷

< I > ∵ $V_I < V_{t1}$，所以 Q_1 在截止區

又 $V_I > V_{t2}$，所以 Q_2 在三極體區

< II > ∵ $V_I > V_{t1}$，所以 Q_1 在飽和區

又 $V_I < V_{th}$，所以 Q_2 在三極體區

< III > ：$V_I = V_{th}$，所以 Q_1 及 Q_2 皆在飽和區

< IV > ：$V_I > V_{th}$，所以 Q_1 在三極體區，Q_2 在飽和區

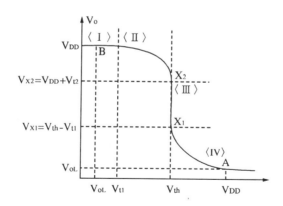

	Q_1	Q_2	V_I
I	截止	三極	$V_I < V_{tl}$
II	飽和	三極	$V_{tl} < V_I < V_{th}$
III	飽和	飽和	$V_I = V_{th}$
IV	三極	飽和	$V_I > V_{th}$

二、各工作區分析

< I > Q_1：截止區，Q_2：三極體區

因為 Q_1 截止，此時 Q_2 在三極體區，故知一通電阻 r_{ds2}，而 V_{DD} 經由 r_{ds2} 至輸出處，$V_O \approx V_{DD} = V_{OH}$

< II > Q_1：飽和區，Q_2：三極體區

∵ $I_{D1} = I_{D2}$

∴ $K_1 \left[V_{GS1} - V_{tl} \right]^2 = K_2 \left[2 \left(V_{GS2} - V_{t2} \right) V_{DS2} - V_{DS2}^2 \right]$

即 V_I 與 V_O 之關係公式為

$K_1 \left(V_I - V_{tl} \right)^2 = K_2 \left[-2V_{t2} \left(V_{DD} - V_O \right) - \left(V_{DD} - V_O \right)^2 \right]$

< III > Q_1 及 Q_2 皆在飽和區

∵ $I_{D1} = I_{D2}$

∴ $K_1 \left(V_{GS1} - V_{tl} \right)^2 = K_2 \left(V_{GS2} - V_{t2} \right)^2$

即

$K_1 \left(V_I - V_{tl} \right)^2 = K_2 \left(-V_{t2} \right)^2$，故知

$V_I = V_{tl} + \sqrt{\dfrac{K_2}{K_1}} \left(\left| -V_{t2} \right| \right) = V_{th}$

此區，具有放大器特性，其電壓增益為

$A_V = \dfrac{V_O}{V_i} = -\infty$（∵ 轉移特性曲線為垂直線）

< IV > Q_1：三極體區，Q_2：飽和區

$$\because \ I_{D1} = I_{D2}$$

$$\therefore \ K_1 \left[\ 2 \ (\ V_{GS1} - V_{t1} \ ) \ V_{DS1} - V_{DS1}{}^2 \ \right] = K_2 \ (\ V_{GS2} - V_{t2} \ )^2$$

故知 V_I 與 V_O 之關係公式為

$$K_1 \left[\ 2 \ (\ V_I - V_{t1} \ ) \ V_O - V_O{}^2 \ \right] = K_2 \ (\ - V_{t2} \ )^2$$

三、分界點的分析

1.分界點位於 < Ⅱ > 區及 < Ⅲ > 區的交界點：

在 < Ⅲ > 區時，知輸入電壓 $V_I = V_{th}$（切換臨界電壓）

$$V_I = V_{t1} + \sqrt{\frac{K_2}{K_1}} \cdot \left(\ \left| \ - V_{t2} \ \right| \ \right) = V_{th}$$

此時輸出 $V_O = V_{X2}$

$$\because \ V_{GD2} = V_{t2}$$

$$\therefore \ V_O - V_{DD} = V_{X2} - V_{DD} = V_{t2}$$

故知

$$V_{X2} = V_{DD} + V_{t2}$$

2.分界點位於 < Ⅲ > 區及 < Ⅳ > 區的交界點：

此時輸出 $V_O = V_{X1}$

$$\because \ V_{GD1} = V_{t1}$$

$$\therefore \ V_I - V_O = V_I - V_{X1} = V_{th} - V_{X1} = V_{t1}$$

故知

$$V_{X1} = V_{th} - V_{t1}$$

四、使用空乏型負載 DMOS 的優點：

1.具有較高的增益

2.具有急劇變化的電壓轉換特性

3.具有較高的雜訊邊限

4.佔較小晶片面積

5.較高的操作速度

6. $V_{OH} = V_{DD}$，可改善前述以增強型負載的缺點

考型263 NMOS 邏輯電路

一、NMOS 邏輯電路

1. NOT GATE：

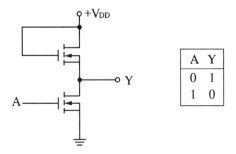

A	Y
0	1
1	0

2. NAND GATE：

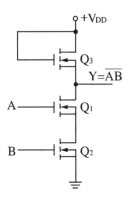

A	B	Q_1	Q_2	Q_3	Y
0	0	OFF	OFF	ON	1
O	1	OFF	ON	ON	1
1	0	ON	OFF	ON	1
1	1	ON	ON	ON	0

3.NOR GATE：

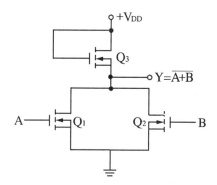

A	B	Q_1	Q_2	Q_3	Y
0	0	OFF	OFF	ON	1
0	1	OFF	ON	ON	0
1	0	ON	OFF	ON	0
1	1	ON	ON	ON	0

二、NMOS 邏輯電路功能的判斷方法

　　1.接 V_{DD} 的 NMOS 是作主動性負載，與邏輯功能無關

　　2.其餘的 NMOS 才是判斷邏輯功能的所在

　　　⑴若 NMOS 彼此串接，則具 NAND 的特性

　　　⑵若 NMOS 彼此並接，則具 NOR 的特性

3.舉例

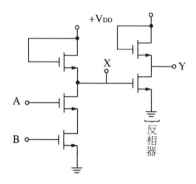

(1)$X = \overline{AB}$

(2)$Y = \overline{\overline{AB}} = AB$

歷屆試題

1.如圖所示為一數位反向器電路,其中 M_1 為增強型 NMOS,M_2 為空乏型 NMOS,其寬度 W 與長度 L 的比值如圖所示,假設 M_1 之臨界電壓(V_t)為1V,M_2 之 $V_t = -2V$,基於此電路之操作,下列敘述何者為非?(A)其最高輸出電壓值為5V (B)當輸入電壓為5V時,M_1 在三極區工作,M_2 在飽和區工作 (C)當輸入電壓為5V時,此電路有穩態功率消耗 (D)當 M_2 的 W 與 L 之比變大時,其最低輸出電壓值將會變小(假設$(W/L)_{M1}$不變)。(**題型:具空乏型負載的反相器**)

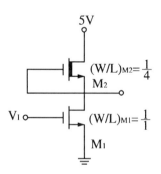

解☞：(D)

(A)$V_{OH} = V_{DD} = 5V$（正確）

(B)$\because V_I = V_{DD} > V_{th} \therefore M_1$：三極體區，$M_2$：飽和區（正確）

(C)除 CMOS 為動態功率損耗，其餘皆為靜（穩）功率損耗

(D)V_{OL}不會隨$\dfrac{W}{L}$變化

2.同上題，假設(1)兩者有相同的移動率 μ 及單位面積電容值 Cox，(2)不考慮基底效應與通道長度調變效應，當輸入電壓為5V時，試求其低電位輸出電壓值 = ？(A)0.3V　(B)0.25V　(C)0.2V　(D)0.13V。

解☞：(D)

$\because V_I = V_{DD} = 5V > V_{th}$

$\therefore M_1$：三極體區，M_2：飽和區

$\because I_{D1} = I_{D2}$

故

$K_1 \left[2\left(V_{GS1} - V_{t1} \right) V_{OL} - V_{OL}{}^2 \right] = K_2 \left[V_{GS2} - V_{t2} \right]^2$

$\Rightarrow \dfrac{1}{2}\mu_n Cox \left(\dfrac{W}{L} \right)_1 \left[2\left(5 - 1 \right) V_{OL} - V_{OL}{}^2 \right]$

$= \dfrac{1}{2}\mu_n Cox \left(\dfrac{W}{L} \right)_2 \left[0 + 2 \right]^2$

即$\left[8V_{OL} - V_{OL}{}^2 \right] = 1$

$\therefore V_{OL} \approx 0.13V$

3.有關金氧半電晶體（MOS）的特性與應用，下列敘述何者為非？(A)為電壓控制的元件　(B)運用於放大器電路時，其通常工作於三極體（tride）區　(C)NMOS 的導電載子為電子　(D)適用於超大型積體電路（VLSI）的設計與製作。　【86年二技電子】

4.圖示爲正邏輯二輸入 NMOS 電路，其輸出 Y = ？(A)AB　(B)$\overline{AB}$　(C)A + B　(D)$\overline{A + B}$。（**題型：NMOS 邏輯族**）

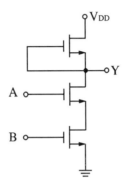

【83年二技電機】

解☞：(B)

　NMOS 串接爲 NAND 型式

5.如圖所示之 MOS 電路，其交換函數 Y 爲：(A)$\overline{AB + CD}$　(B)$\overline{AB} + \overline{CD}$　(C)（A + B）（C + D）　(D)$\overline{（A + B）（C + D）}$。（**題型：NMOS 邏輯族**）

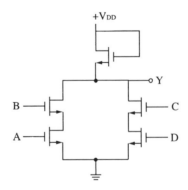

【81年二技電機】

解☞：(A)

A，B 串接 $\Rightarrow V_{AB} = \overline{AB}$

C，D 串接 $\Rightarrow V_{CD} = \overline{CD}$

（AB），（CD）並接 $\Rightarrow Y = \overline{AB + CD}$

6.在下圖(a)及圖(b)之邏輯電路中，試寫出輸出 Y_1 及 Y_2 的邏輯式。（**題型：邏輯功能判斷**）

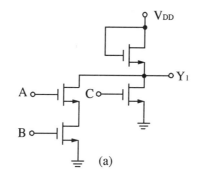

(a)

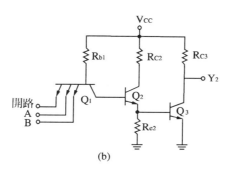

(b)

【79年普考】

解☞ :

(1)NMOS 邏輯族

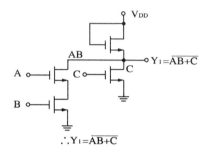

$$\therefore Y_1 = \overline{AB + C}$$

(2)TTL 邏輯電路

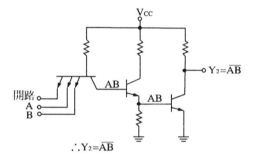

$$\therefore Y_2 = \overline{AB}$$

題型變化

1.如圖所示 NMOS 邏輯電路，試寫出其布林表示式。（**題型：NMOS 邏輯族**）

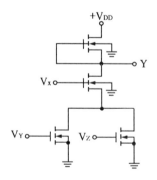

解☞ :

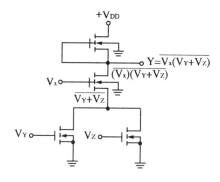

$$Y = \overline{V_X \left(V_Y + V_Z \right)} = \overline{\overline{\overline{V_X}} + \overline{V_Y} + \overline{V_Z}} = \overline{V_X} + \overline{V_Y} + \overline{V_Z}$$

$$= \overline{V_X} + \overline{\overline{\overline{V_Y} \cdot \overline{V_Z}}} = \overline{V_X} + \overline{V_Y} \cdot \overline{V_Z}$$

2.試寫出下圖邏輯電路的布林表示式。（題型：NMOS 邏輯族）

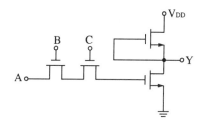

解☞ :

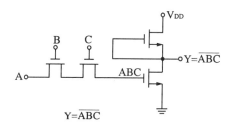

16－5〔題型一○○〕：CMOS 邏輯族

CMOS 反相器的分析

一、CMOS 反相器電路

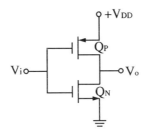

二、CMOS 反相器的電壓轉移曲線

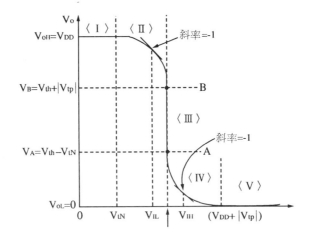

	Q_N	Q_P	V_I
I	截止	三極	$V_I < V_{tN}$
II	飽和	三極	$V_{tN} < V_I < V_{th}$
III	飽和	飽和	$V_I = V_{th}$
IV	三極	飽和	$V_{th} < V_I < V_{DD} - |V_{tp}|$
V	三極	截止	$V_I > V_{DD} - |V_{tp}|$

三、各工作區的分析

< I > Q_N：截止區，Q_P：三極體區

∵ $V_I < V_{tN}$ ∴ Q_N 在截止區

又 $V_I < V_{th}$ ∴ Q_P：在三極體區

故 $V_O = V_{OH} = V_{DD}$

< II > Q_N：飽和區，Q_P：三極體區

∵ $V_I > V_{tN}$，所以 Q_N 在飽和區

又 $V_I < V_{th}$，所以 Q_P 在三極區

∵ $I_{ON} = I_D$

∴ $K_N \left[V_{GSN} - V_{tN} \right]^2 = K_P \left[2 \left(V_{GSP} - V_{tP} \right) V_{DSP} - V_{DSP}^2 \right]$

即 V_I 與 V_O 之關係公式為

$K_N \left(V_I - V_{tN} \right)^2 = K_P \left[-2V_{tP} \left(V_{DD} - V_O \right) - \left(V_{DD} - V_O \right)^2 \right]$

< III > Q_N 及 Q_P 皆在飽和區

1. ∵ $V_I = V_{th}$，所以 Q_N 及 Q_P 皆在飽和區

∵ $I_{DN} = I_{DP}$

故

$K_N \left(V_{GSN} - V_{tN} \right)^2 = K_P \left(V_{SGP} - |V_{tP}| \right)^2$

∴ $V_{GSN} - V_{tN} = \sqrt{\dfrac{K_P}{K_N}} \left(V_{SGP} - |V_{tP}| \right)$

即

$$V_I - V_{tN} = \sqrt{\frac{K_P}{K_N}} \ (\ V_{DD} - V_I - |\ V_{tP}\ |\ )$$

故知

$$V_{th} = V_I = \frac{\sqrt{\dfrac{K_P}{K_N}} \ (\ V_{DD} - |V_{tP}|\ )\ + V_{tN}}{1 + \sqrt{\dfrac{K_P}{K_N}}}$$

2. 求 V_O

此區轉移特性為垂直線，故知具放大器特性

(1)若 $r_{ON} = r_{OP} = \infty$，則

$$A_V = \frac{V_O}{V_i} = -\infty ，即 V_O = -\infty$$

(2)若 r_{ON}，$r_{OP} \neq \infty$ 時，則

$$A_V = \frac{V_O}{V_i} = -(\ g_{mp} + g_{mn}\ )\ (\ r_{ON}\ /\!/\ r_{OP}\ )$$

$$\therefore V_O = -(\ g_{mp} + g_{mn}\ )\ (\ r_{ON}\ /\!/\ r_{OP}\ )\ V_i$$

< IV > Q_N：三極體區，Q_P：飽和區

$\because V_I > V_{th}$，所以 Q_N 在三極體區，Q_P 在飽和區

$\because I_{DN} = I_{DR}$

$\therefore K_N \left[\ 2\ (\ V_{GSN} - V_{tN}\ )\ V_{DSN} - V_{DSN}{}^2\ \right] = K_P\ (\ V_{GSP} - V_{tP}\ )^2$

故知，V_I 與 V_O 之關係公式為

$K_N \left[\ 2\ (\ V_I - V_{tN}\ )\ V_O - V_O{}^2\ \right] = K_P\ (\ -V_{tP}\ )^2$

< V > Q_N：三極體區，Q_P：截止區

$\because V_{DD} = V_{SGP} + V_{GSN} = \left| V_{tP} \right| + (\ V_{DD} - \left| V_{tP} \right|\ )$

$\therefore$ 若 $V_{GSN} > V_{DD} - \left| V_{tP} \right|$ 時，$V_{SGP} < \left| V_{tP} \right|$

此時，Q_N：三極體區，Q_P：截止區

此區，即 $V_I = V_{GSN} > V_{DD} - \left| V_{tP} \right|$

因 Q_P：OFF

所以 $V_O = 0$

四、分界點的分析

1. 在 < Ⅲ > 區時的 $V_I = V_{th}$

$$V_{th} = V_I = \frac{\sqrt{\dfrac{K_P}{K_N}}\left(V_{DD} - \left| V_{tP} \right|\right) + V_{tN}}{1 + \sqrt{\dfrac{K_P}{K_N}}}$$

若 $K_P = K_N$，$\left| V_{tP} \right| = V_{tN}$，則

$$V_{th} = V_I = \frac{V_{DD}}{2}$$

2. 在 < Ⅱ > 區與 < Ⅲ > 區的分界點，$V_O = V_B$

（以 Q_P 在三極體區及飽和區分界點上來分析）

$\because V_{GDP} = V_{tP}$

$\therefore V_I - V_O = V_{th} - V_B = V_{tP}$

故知

$$V_B = V_{th} - V_{tP} = V_{tN} + \left| V_{tP} \right|$$

若 $K_P = K_N$，$\left| V_{tP} \right| = V_{tN}$，則

$$V_B = \frac{V_{DD}}{2} + \left| V_{tP} \right|$$

3. 在 < Ⅲ > 區與 < Ⅳ > 區的分界點，$V_O = V_A$

（以 Q_N 在三極體區及飽和區分界點上來分析）

$\because V_{GDN} = V_{tN}$

$\therefore V_I - V_O = V_{th} - V_A = V_{tN}$

故知

$$V_A = V_{th} - V_{tN}$$

若 $K_P = K_N$，$\left| V_{tP} \right| = V_{tN}$，則

$$V_A = \frac{V_{DD}}{2} - V_{tN}$$

五、V_{DD} 的範圍

V_{DD} 必須滿足 CMOS 反相器在 Q_N 及 Q_P 皆導通時的條件，即

Q_N：ON $\Rightarrow V_{GSN} > V_{tN}$

Q_P：ON $\Rightarrow V_{SGP} > - V_{tP}$

又 $V_{DD} = V_{SGP} + V_{GSN}$

$\therefore V_{DD} > V_{tN} - V_{tP}$ 即

$$V_{DD} > V_{tN} + \left| V_{tP} \right|$$

六、CMOS 反相器的靜態功率損耗

1. 在 $V_0 = V(1)$ 時 $\Rightarrow P = P(1)$

   此區為 < I > 區，即 Q_N：截止區，Q_P：三極體區

   $\therefore I_{DN} = 0A$

   故 $P(1) = V_{DD} \cdot I_{DP} = V_{DD} \cdot I_{DN} = 0W$

2. 在 $V_0 = V(0)$ 時 $\Rightarrow P = P(0)$

   此區為 < V > 區，即 Q_N：三極體區，Q_P：截止區

   $\therefore I_{DP} = 0A$

   故 $P(0) = V_{DD} I_{DP} = 0W$

3. 平均靜態功率損耗

   $$P_{av} = \frac{P(1) + P(0)}{2} = 0W$$

七、CMOS 反相器的動態功率損耗

1. 在 V_I 由 $V(1)$ 變至 $V(0)$ 的瞬間時，Q_N 為截止，而 Q_P 為導通。此時截止的 Q_N，可視為寄生電容（C_L）。因此 V_{DD} 對 C_2 作充電效應，故知 Q_P 的能量損耗即為寄生電容 C_L 的充電能量。所以

   $$E_{QP} = \frac{1}{2} C_L V_{DD}{}^2$$

2. 在 V_I 由 $V(0)$ 變至 $V(1)$ 的瞬間時，Q_P 為截止，而 Q_N 為導

通。此時截止的 Q_P，可視爲寄生電容（C_L）。因此 V_{DD} 對 C_2 作放電效應，故知 Q_N 的能量損耗即爲寄生電容 C_L 的充電能量。所以

$$E_{QN} = \frac{1}{2} C_L V_{DD}^2$$

3. 總消耗能量：$E = E_{QP} + E_{QN} = C_L V_{DD}^2$

4. V_I 訊號由 $V(1) \rightarrow V(0) \rightarrow V(1)$，即爲 1 週期 T，故知平均動態功率損耗：

$$P_D = \frac{C_L V_{DD}^2}{T} = f \cdot C_L \cdot V_{DD}^2$$

註：若 $K_N = K_P$，且 $\left| V_{tN} \right| = \left| V_{tP} \right|$ 時，則 V_O 的上升時間 t_r 等於下降時間 t_f

八、設計 CMOS 反相器 $K_N = K_P$ 的方法

$\because K_N = K_P$

$\therefore \dfrac{1}{2} \mu_n Cox \left(\dfrac{W}{L} \right)_N = \dfrac{1}{2} \mu_P Cox \left(\dfrac{W}{L} \right)_P$

$\Rightarrow \dfrac{\left(\dfrac{W}{L} \right)_P}{\left(\dfrac{W}{L} \right)_N} = \dfrac{\mu_N}{\mu_P} = 約 2 \sim 3 倍$

九、特性

1. 優點

(1) CMOS 製作過程比 TTL 簡單，故可提供較大的封裝密度。

(2) V_{DD} 的範圍增大，約〔（$V_{tN} + \left| V_{tP} \right|$）至 18V〕。

(3) 當 CMOS 在靜態時，功率消耗極低（約 0.1mw），此爲 CMOS 最大的優點。

(4) 輸入阻抗極高。

(5) 雜訊邊限（NM）極高，通常約爲電源 V_{DD} 的 0.4 倍。

(6) 扇出數極高，但與工作頻率成反比。頻率越高，扇出數越少。

(7) 沒有基體效應。

2.缺點

(1)速度較 TTL 慢

(2)若想在高頻率下工作，必須加大輸入直流電壓源（範圍3V ~ 18V）

(3)易受靜電破壞

考型265 CMOS 邏輯電路

一、CMOS 邏輯電路

1. NOR GATE

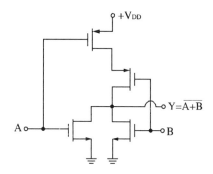

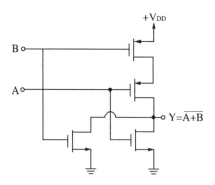

2. NAND GATE

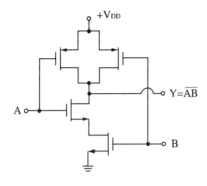

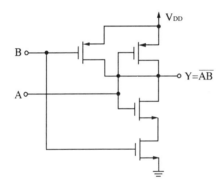

二、CMOS 邏輯功能判斷方法

1. 邏輯功能以 Q_N 為判斷為主。

   (1)若 Q_N 彼此為串接,則邏輯為 AND(或 NAND)功能

   (2)若 Q_N 彼此為並接,則邏輯為 OR(或 NOR)功能

2.舉例：

〔例1〕

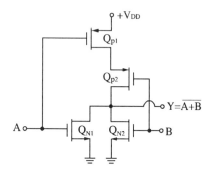

Q_{N1} 及 Q_{N2} 並接，故爲 NOR 的功能

所以 $Y = \overline{A + B}$

〔例2〕

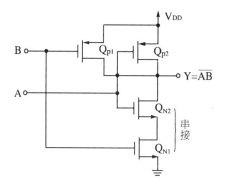

Q_{N1} 及 Q_{N2} 串接，故爲 NAND 的功能

所以 $Y = \overline{AB}$

三、CMOS 邏輯電路的設計方法

1.CMOS 是由 NMOS 及 PMOS 所組成的。所以必須將一個 NMOS 及 PMOS 的閘極並接，才能成爲一個 CMOS

2.若要設計邏輯功能為 NAND，則 NMOS 彼此串接。

3.若要設計邏輯功能為 NOR，則 NMOS 彼此並接。

4.而 PMOS 彼此的接法，恰與 NMOS 相反。即 NMOS 若串接，則 PMOS 要並接。

5.PMOS 在 NMOS 之上方，PMOS 接電源 V_{DD}。

6.輸入訊號則接在 NMOS 的閘極上。

7.舉例

設計 $Y = \overline{AB + CD}$

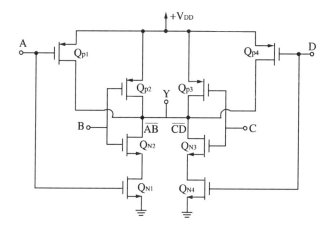

(1)NMOS 的設計

　①Q_{N1} 與 Q_{N2}，Q_{N3} 與 Q_{N4} 串接，形成 $\overline{AB}$ 及 $\overline{CD}$

　②再將（Q_{N1}，Q_{N2}）與（Q_{N3}，Q_{N4}）並接，形成 $Y = \overline{AB + CD}$

(2)PMOS 的設計

　①Q_{P1}，Q_{P2}，Q_{P3}，Q_{P4} 和與 Q_{N1}，Q_{N2}，Q_{N3}，Q_{N4} 閘極並接

　②Q_{P1} 與 Q_{P2}，Q_{P3} 與 Q_{P4} 並接，再接 V_{DD}

考型266 BiCMOS 邏輯電路

一、BiCMOS 邏輯電路的特性

1. BiCMOS 兼具 BJT 邏輯族及 CMOS 邏輯族的優點

2. BJT 邏輯族的優點：

   (1)電流供應能力大

   (2)操作速度快

3. CMOS 邏輯族的優點：

   (1)功率損耗小

   (2)邏輯擺幅大，即（ $V_{OH} - V_{OL}$ ）大

   (3)雜訊邊限（ NM ）大

   (4)成本低

二、BiCMOS 邏輯功能的判斷法

1. 邏輯功能，以 CMOS 為主

2. BJT 的目的，在使操作速度加快

三、BiCMOS 反相器

1. 電路

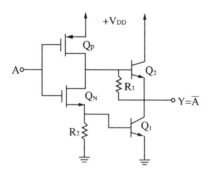

2. 電路說明

   (1)當 $A = V$ （ 0 ），則 Q_P：ON，Q_N：OFF，Q_1：OFF

即 $I_P = I_N = 0$，$\therefore I_{R1} = I_{E2} = 0$

故 $V_O = V_{DD} = V_{OH}$

此意即爲當 V_O 由 V_O（0）達至 V_O（1）時，因 Q_2 爲射極隨耦器，所以對寄生電容 C_L 充電極快。即 t_{PLH} 時間降低。

(2)當 $A = V$（1）時，則 Q_N：ON，Q_P：OFF，Q_2：OFF，
因此 Q_N 對 Q_4 充電，使 Q_1 導通（在主動區），而使 C_L 如同定電流放電效應，因此 t_{PHL} 時間降低。當 C_L 完全放電完後，因 Q_P 及 Q_2 皆 OFF，所以

$V_O = 0 = V_{OL}$

歷屆試題

1.圖爲利用 CMOS 傳輸閘（ transmission gate ）所組成的邏輯電路，
則輸出數位信號 $F =$? (A) $A \oplus B$ \quad (B) AB \quad (C) $\overline{A \oplus B}$ \quad (D) $A + B$。
（ 題型：CMOS 邏輯族 ）

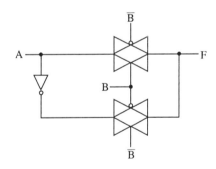

【 88年二技電子 】

解 ☞：(C)

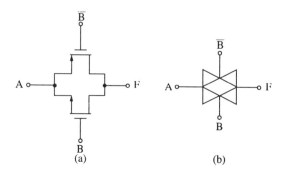

(a)   (b)

1. 當 B = V（1）時，傳輸閘爲雙向閉路。

2. 當 B = V（0）時，傳輸閘爲雙向開路。

---

2. 求電路所示的數位邏輯輸出 Z = ？ (A) $A \oplus B$ (B) $\overline{A \oplus B}$ (C) $A + B$ (D) $A \cdot B$。（題型：CMOS 邏輯族）

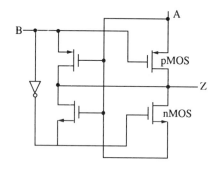

【86年二技電子電路】

解 ☞：(A)

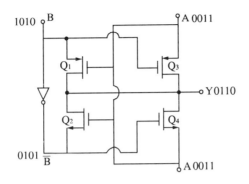

A	B	Q_1	Q_2	Q_3	Q_4	Y
0	0	OFF	OFF	OFF	ON	0
0	1	ON	OFF	OFF	OFF	1
1	0	OFF	OFF	ON	OFF	1
1	1	OFF	ON	OFF	OFF	0

$$Y = \overline{A}B + A\overline{B} = A \oplus B$$

3.圖示電路的輸出數位邏輯 Y = ？(A)$\overline{AB + AC}$　(B)$\overline{A + AC}$　(C)A + BC　(D)AB + AC。（題型：CMOS 邏輯族）

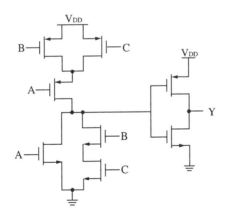

解☞：(C)

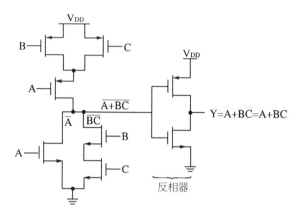

$$\therefore Y = A + BC$$

---

4. 下圖電路為何種邏輯閘？(A) AND 閘　(B) OR 閘　(C) NAND 閘　(D) NOR 閘。（題型：CMOS 邏輯族）

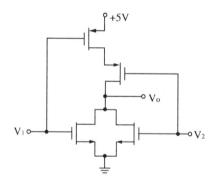

解☞：(D)

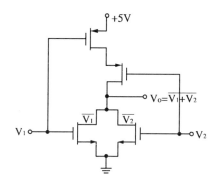

$$\therefore V_0 = \overline{V_1 + V_2}$$

此為 NOR 閘

---

5. TTL 和 CMOS 兩種數位積體電路比較，下列何者正確？(A) CMOS 所耗費的功率較 TTL 少，但速率較慢　(B) CMOS 所耗費的功率較 TTL 少，但速率較快　(C) CMOS 所耗費的功率較 TTL 多，但速率較快　(D) CMOS 所耗費的功率較 TTL 多，但速率較慢。

（題型：CMOS 邏輯之特性）

【80年二技電機】

解☞：(A)

---

6. 圖示為 CMOS 之數位邏輯，則輸出 Y 之邏輯函數為(A) Y = A + B　(B) Y = A · B　(C) Y = $\overline{A}$ + $\overline{B}$　(D) Y = $\overline{A}$ · $\overline{B}$。（題型：CMOS 邏輯族）

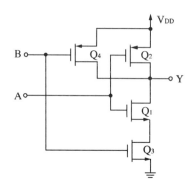

【79年二技電機】

解☞：(C)

Q_1，Q_3串接 $\therefore Y = \overline{AB} = \overline{\overline{\overline{A} + \overline{B}}} = \overline{A} + \overline{B}$

7.關於 CMOS 邏輯的特性，下列何者係錯誤的叙述(A)非常適合於大型積體電路的製作　(B)雜訊免疫力比 TTL 差　(C)密度高，製造容易　(D)平均功率消耗較 TTL 低。（ **題型：CMOS 邏輯族特性** ）

【75年二技電機】

解☞：(B)

附錄 A：歷屆普考題庫

八十二年電子工程科普考電子學試題

1. 如圖所示電路，設 N 通道空乏型 MOSFET 之 $I_{DSS} = 5mA$，$V_{GS(OFF)} = -3V$，若 $V_{DD} = 20V$，$R_L = 10K\Omega$，$R_D = 2K\Omega$，$R_{S1} = 0.1K\Omega$，$R_1 = 4M\Omega$，$R_2 = 1M\Omega$，並設調變 R_{S2} 值使 I_D 工作於飽和區，且 $I_{DQ} = 2.5mA$

   (1)求 MOSFET 之互導值

   (2)求此放大電路之 A_V，R_i 值，設此 MOSFET 之 $r_{ds} \to \infty$，各 $C \to \infty$

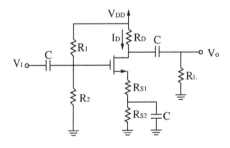

---

2. 求下圖電路之輸入電阻 R_i 及電壓增益 $V_O / V_S = ?$ 設電晶體之 β 很大，$V_T = 25mV$

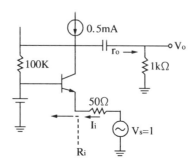

---

3. 試就(1)最大消耗電力　(2)最大破壞電壓　(3)最小飽和電壓，說明
　 FET，V_{DS}之容許變動範圍。

---

4. 試以 D 型正反器及其化標準邏輯閘，設計一數位電路，使兩個輸出
　 信號 Y_1，Y_2 之頻率皆為輸入訊號 X 之 $\frac{1}{2}$，而 Y_1，Y_2 相位相差90°，
　 如圖所示。

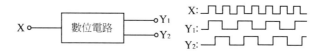

---

5. 如圖，運算放大器 A 為一理想運算放大器，但增益 $\mu \neq \infty$，$V_O = \mu$
　 ($V_+ - V_-$)，V_+ 及 V_- 為正，負輸入端電壓 $\mu = \mu(jf) = \dfrac{10^6}{1 + \dfrac{if}{f_p}}$，

　 其中 $f_p = 10H_Z$
　 (1)求運算放大器的單位增益頻寬 f_T
　 (2)若 $R_2 = 100R_1$，求反相放大器之頻寬

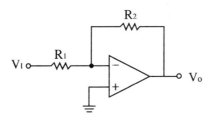

八十二年普考電機工程科電子學試題

1. 如圖所示電路中，二個二極體的飽和電流為 $I_{S1} = 1\mu A$ 及 $I_{S2} = 2\mu A$，
   其崩潰電壓均為100伏特，且均具 $\eta = 2$ 的二極體特徵。若 $V_{in} = 120$
   伏特。

   ⑴試求 V_1 及 V_2 之值？
   ⑵若將此二個10MΩ 電阻移去，試求每一個二極體的電流及電壓值
   為何？

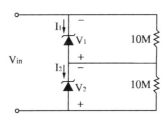

2. 如圖所示之運算放大器為一非理想放大器，$A_V = 10$，若 $A_{vf} = \dfrac{V_O}{V_S} =$
   2，試求 n 值

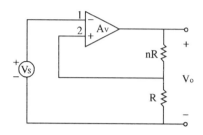

3. 如圖之放大器，其具有高的輸入阻抗及輸出阻抗，並提供 $A_V = +50$
   (1)試計算迴路增益（Loop – Gain）？
   (2)若振盪頻率為2MH$_Z$，試求電感值。
   (3)若 $A_V = +100$，則電容 C_1 之最大值為何？

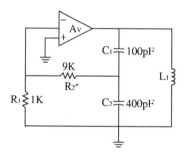

4. (1)試繪圖說明太能電池工作原理。
   (2)若太陽能電池的開路電壓 $V_{O.C} = 0.8$伏特，短路電流 $I_{SC} = 5$mA／cm^2，及轉換為有用的功率效率為10％，試問欲獲得100萬仟瓦的電力需要多大的面積。

5. 設 CMOS 反相器接於10伏電壓，以及 PMOS 與 NMOS 的臨限電壓大小均為1V，而 NMOS 的 $\beta = 0.4$mA／V^2，PMOS 的 $\beta = 0.2$mA／V^2。若輸入訊號在10ns 內由0V 增到100V 的線性斜波。

⑴試求同時流過兩電晶體的電流。

⑵若電流可分為短路電流（Short - circuit）、暫態電流（Transient current）及充電（Charge）電流，則在此反相器的輸出加上一個 0.5pF 電容後，試於此電路上，分別繪出上述三個電流流向。

八十一年普考電機工程科電子學試題

1.如下圖，設 r_e 為二極體及電晶體射極的電阻，又 $R + r_e \geq \triangle R$，$\beta \gg 1$。

⑴求 $\dfrac{I_0}{I_i} = ?$

⑵若 $\dfrac{I_0}{I_i} = 0.5$，則 $\triangle R = ?$

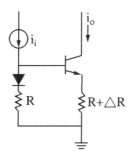

2.如下圖，若 $\left| V_{BE(ON)} \right| = 0.7V$，$\beta = 10$，試求 A，B，C，D 點電壓。

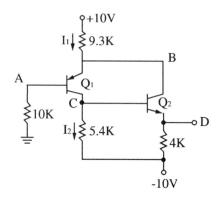

3. 如下圖理想放大器電路,增益為 -100,輸入電阻為 $1M\Omega$,試求不超過 $1M\Omega$ 之 R 值為何?

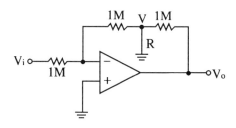

4. 如下圖的增強型 MOSFET 電路,若 $V_{DS} \geq V_{GS} - V_P$,轉移電導(transconductance)$\beta = 0.3$ 及 $V_P = +4$ 伏特,試求 I_D,V_{GS} 及 V_{DS} 之靜態值為何?(β 單位為 mA/V^2)

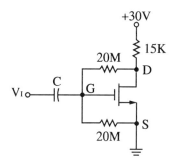

5.從電壓電流、偏壓、能階及電子電洞變化，說明下列工作原理。

 (1)光檢二極體（photodetector）。

 (2)太陽電池（solar cell）。

 (3)雷射二極體（laser diode）。

 (4)霍爾元件（Hall element）。

八十一年普考電子工程科電子學試題

1.圖中輸入電壓為 $V_S(t) = A\sin\dfrac{2\pi t}{T}$，四個二極體皆為理想二極體且 $RC \gg T$。

 (1)求輸出電壓中，峰對峰之漣波大小，V_r 與輸出峰值 V_p 之關係。

 (2)若要求 $V_r \leq 0.01 V_p$ 時，應如何選用 C 值

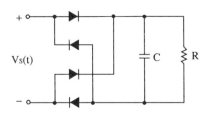

2.設下面電路之迴路增益很大，求 $\dfrac{I_0}{V_S}$ 。

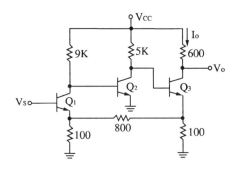

3.有一放大器（見下圖）其輸入電阻 $R_i = 4k\Omega$，輸出電阻 $R_o = 1k\Omega$，
　未加負載之電壓增益 $A_V = +40dB$，若輸入電壓 $V_i = 100mA$，負載電
　阻 $R_L = 1k\Omega$ 時，求

　(1)跨於負載端之輸出電壓 V_0 值。

　(2)輸出功率為若干？

　(3)功率增益為多少 dB？

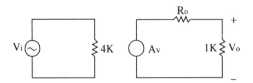

4.三級電壓放大器,其電壓增益別為20,40,60dB,若輸入信號 V_i 為 0.025V,求輸出電壓 V_o,總電壓增益為多少 dB?

5.如圖五之放大器中,電晶體的基極電流可以忽略,$r_o = \infty$。

  (1)求電晶體的 I_C 偏壓電流(電晶體作用區之 $V_{BE} = 0.7V$)

  (2)求 R_{in} 若 $R_S = 2k\Omega$,求小信號增益 $\dfrac{V_o}{V_S}$($V_T = 25mV$)

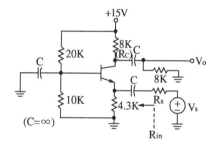

八十年普考

1.就圖⑴中完全相同的二個電晶體,如果 $V_{CC} = 15$ 伏特,欲得 $I_{C2} = 10mA$。

(1)試求 R 之值，並且 $\beta \gg 0$ 和 $R_2 = 0$。

(2)若 R = 10kΩ，試求 I_{C1}。

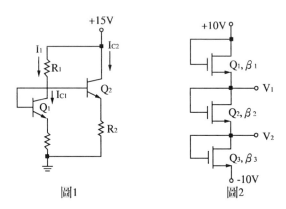

圖1   圖2

2.如圖係由3個 MOSFET 組成的分壓電路，若 Q_1 和 Q_3 之 β 均為70μA／V^2，而 Q_2 之 $\beta = 0.7μA／V^2$，且 V_T 均為1.5V，試求 V_1，V_2 和 I。

3.設二極體的定電壓降均為0.7V，試求下圖電路之轉移特性（ 此即 V_O 對 V_i 大小之關係 ）。

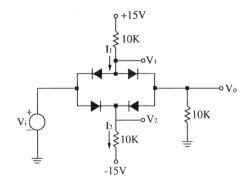

4. 試利用一理想的運算放大器，共有 V_1，V_2 及 V_3 的輸入，設計一個輸出 $V_0 = V_1 + V_2 - 3V_3$ 並且每埠的輸入電阻均為20kΩ 之電路。

5. 簡答題：
　(1)電晶體輸出特性曲線，可分為哪三個工作區域？
　(2)半波整流（I_{in}）後的電流平均值為何？
　(3)在共射極放大器上，使用旁路射極電容之主要作用為何？
　(4)理想的互導放大器之輸入及輸出阻抗為何？
　(5)使電路振盪時，βA 之條件為何？

七十九年普考試題

甲、簡答題

1. 在摻入磷雜質之矽半導體內，常溫下那一種載子比較多？正或負電荷數量比較多？請分別簡述其原因。

2. 在下圖中，三個二極體完全相同，其切入電壓為0.5V，在0.5V 以上二極體導通電阻極小；在0.5V 以下二極體則完全不導通，試求 I_0 及 V_0，當
　(1)$R_L = 10k\Omega$
　(2)$R_L = 1k\Omega$

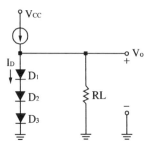

3.在圖(a)及圖(b)之邏輯電路中，試寫出其輸出 Y_1 和 Y_2 之邏輯式。

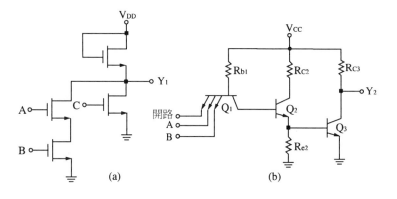

(a)   (b)

4.在圖四中，運算放大器之 V_O – V_i 傳輸特性曲線（transfer characteristics）如圖所示。試求該運算放大器之

(1)增益。

(2)輸入抵補電壓（input offset voltage）的大小。

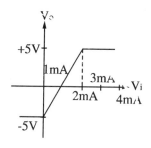

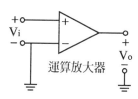

運算放大器

5.(1)試繪出矽控整流器（SCR）之雙載子電晶體（BJT）等效電路，並標明其電極名稱。

(2)當陽極電壓變動率超過額定的 $\dfrac{dV}{dt}$ 值時，不需閘極觸發信號，矽控整流器也會導通。為什麼？請以 (1)之等效電路解釋之。

乙、計算題：

1.在下圖之差動放大器中，差動輸入電阻 $R_{id} = 2h_{ie} = 2M\Omega$，差動增益 $A_d = -\dfrac{h_{fe}R_C}{2h_{ie}} = -250$，共模拒斥比（CMRR）= 250，$A_C = -\dfrac{R_C}{2R_{EE}}$，$\dfrac{k_T}{q} = 25mV$

(1)若 $h_{fe} = 200$，試求 R_C，R_{EE}（電流源輸出電阻）及 I_{EE}。

(2)若 $V_{BE, act} = 0.7V$，$V_{CE, act} = 0.3V$ 且電流源 $I_{EE} = 15\mu A$，最小所需壓降為 $0.5V$ 方能工作。當 $V_{S1} = V_{S2} = 0V$ 時，電晶體 Q_1 及 Q_2 均須在主動區（active region）。試求所需之 V_{CC} 及 V_{EE} 之最小值。在此假設 $R_{EE} \to \infty$。

(3)若 $I_{EE} = 15\mu A$，$R_{EE} \to \infty$，$V_{CC} = V_{EE} = 20V$，試求最大允許共模輸入正直流電壓。

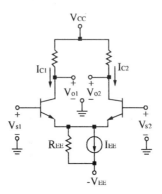

2.在下圖中非線性放大器，其傳輸函數 $V_O = f(V_{in}) = 5\sqrt{V_{in}}$，加上回授網路後，

　(1)試求回授後之 V_O，以 β 及 V_S 表示。

　(2)若 $V_S = 0.2V$，$0.6V$ 及 $1.0V$，試計算回授後之增益 $A_{vf} = \dfrac{V_O}{V_S}$（當 $\beta = 0$ 及 $\beta = 0.2$ 時）

　(3)就(2)之結果，判斷 $\beta = 0$ 或 $\beta = 0.2$ 時具有較好之 A_{vf} 線性度。

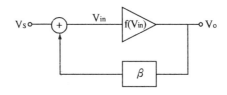

3.在下圖之穩壓電路中，稽納（Zener）二極體的稽納電壓為10伏，最大額定功率為400mW，而最小允許工作電流 $I_{xk} = 6mA$，

　(1)若負載電流 $I_L = 10mA$，而稽納電阻 $R_Z = 0$。試求輸入電壓最大值 $V_{i,\,max}$ 及最小值 $V_{i,\,min}$ 而能使輸出電壓維持10伏。

　(2)若 $V_i = 15V$，$I_L = 10mA$，而 $R_Z = 8\Omega$，當 $V_Z \geq 10V$，$I_Z \geq I_{xk}$，試求 I_Z 及 V_{RL}。

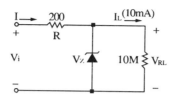

---

4. 在下圖之振盪器中，放大器電壓增益大小為 A，相角在欲振盪之頻率時為 + 180°。

(1)試求環路增益（loop gain）之大小及相角。以 R，C 及角頻率 ω 表示。

(2)此電路會振盪嗎？請加以證明。

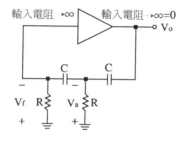

附錄 B：歷屆特考題庫

八十一年基層特考電子學概要試題

1. 下圖電路 D 正反器（Flip – Flop）傳遞延遲時間爲50ns，J – K 正反器
   （Flip – Flop）爲45ns，及閘爲15ns。其內 D 及 J – K 正反器皆爲負向
   激發主 – 僕型，設時脈信號週期爲 T，求 T 的最小值須爲多少此線
   路方可工作？

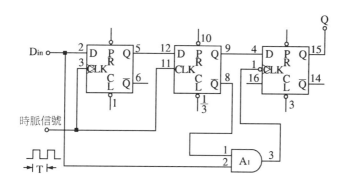

---

2. 請簡述調頻收音機或調幅收音機，其接收機之設計皆採用具有中頻
   放大之超外差接收方式之理由。

---

3. 如圖所示電路中，OP 放大器爲理想放大器，除了 $V_0 = \mu$（V_+ –
   V_-，增益 $\mu = 2$ 不爲 ∞

(1)若 $R_L = R_2$，求 V_O / V_S

(2)若 $R_1 = \infty$，求 V_O / V_S

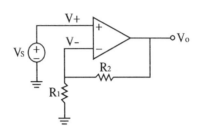

4.如圖所示為由稽納二極體（Ziner Diode）所構成的電路。設此稽納二極體之 $V_Z = 45V$，電流範圍為5mA至50mA。

(1)說明此電路的作用是什麼？

(2)若 $V_1 = 180V$，求能使此電路正常工作的 R 之最小值，及 R_L 之最小值。

(3)若 $R = 3k\Omega$，$R_L = 3k\Omega$，求能使此電路正常工作的 V_1 電壓範圍。

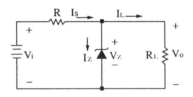

5.如圖所示電路，設電晶體的 $\beta_F = 100$，$V_{CE(飽和)} = 0.2V$，$V_{BE(作用)} = 0.7V$，$V_{BE(飽和)} = 0.8V$。若 $R_C = 5k\Omega$，$R_1 = 10k\Omega$ 求

(1)使 I_C 飽和之最大 R_1 值，及 I_C 之飽和電流 $I_{C(飽和)}$ 值。

(2)使 $I_C = \frac{1}{2} I_{C(飽和)}$ 之 R_1 值。此時之 $V_O = ?$

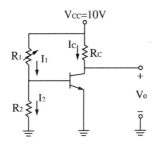

八十一年特考（公平交易人員）乙等電子學試題

1. 如圖所示，若 Zener 二極體的逆向飽和電流可予忽略，試求

   (1)通過 Zener 二極體的最大及最小電流？

   (2)以電流為 Y 軸，輸入電壓為 X 軸，繪出通過 Zener 二極體的電流圖形。

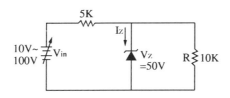

2. 如圖，若 $R_E = 2k\Omega$，$R_S = 500k\Omega$，$h_{ie} = 1.5k\Omega$，$h_{fe} = 100$，試求回授時之電壓增益、輸入及輸出阻抗。

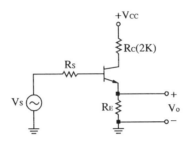

3.如圖所示電路，設 $V_{BE(ON)} = 0.6V$，$h_{FE} = 100$，試求 V_C，V_E 及 V_{CE} 之值。

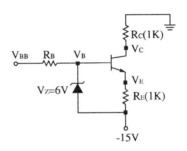

4.如圖之運算放大器電路，試求輸出阻抗 $R_{of} = $?

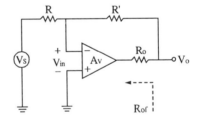

5.如圖所示電路，試求開關分別在(A)①之處及(B)②之處的

　(1)小訊號等效電路圖

(2)小訊號電壓增益

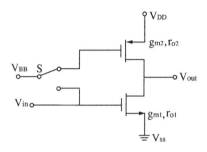

八十一年特考丙等電子工程科電子學試題

1.圖中所示電路二極體之導通電壓 $V_D = 0.7V$。試求輸入電壓在

  (1) $V_1 = V_2 = 0V$

  (2) $V_1 = 5V$, $V_2 = 0V$

  (3) $V_1 = 5V$, $V_2 = 2V$

  (4) $V_1 = V_2 = 5V$

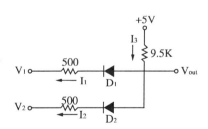

2.若電路中之運算放大器為一理想運算放大器。

　(1)試問理想運算放大器之條件為何？

　(2)如果輸入電壓

$V_1 = 2\sin\left(2\pi \times 440t\right) - 0.2\sin\left(2\pi \times 2000t\right) V$

$V_2 = 2\sin\left(2\pi \times 440t\right) + 0.2\sin\left(2\pi \times 2000t\right) V$

試用重疊定理求輸出電壓 V_{out}

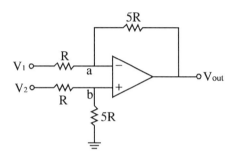

3.在電路中電晶體之 $\beta = 100$，$V_{BE} = 0.7V$，試求電路之

　(1)電流 I_B、I_C 及 I_E

　(2)電壓 V_C 及 V_E

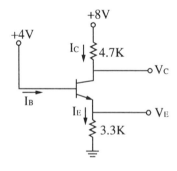

4.圖中電路為 N 通道增強型金氧半（NMOS）場效電晶體所構成之共

閘極放大電路，設此電路中電晶體之 $g_m = 5mA ／ V$，$r_d = \infty$

(1)試繪出此電路之小信號等效電路

(2)求電路之輸入電阻 R_{in} 及電壓增益 $V_{out} ／ V_{in}$

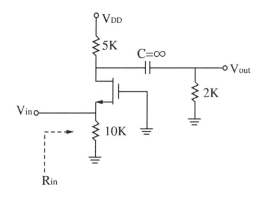

5.試用標準電晶體符號繪出下列各電路

　(1)互補金氧半（CMOS）之 NOT 閘 NAND 閘及 NOR 閘

　(2)標準 TTL 及 NAND 閘

八十一年特考丙等電機工程科電子學試題

1.請繪出下列電晶體之符號，並標明各腳名稱

　(1)PNP 雙極性電晶體（Bipolar Transistor）

　(2)N 通道金氧半電晶體（N－MOSFET）

　(3)P 通道場效電晶體（P－JFET）

2.請繪出下圖(a)、(b)之小信號等效電路。

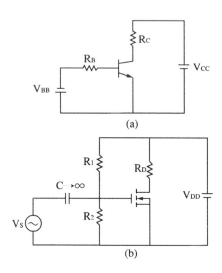

(a)

(b)

3.如圖所示電其及輸入信號,請繪出其輸出波形。假設各二極體為一
理想二極體。

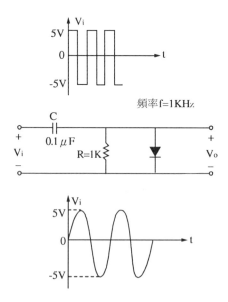

頻率f=1KHz

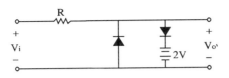

---

4. 圖示為一基本放大器,假設電晶體之電流增益 $\beta = 50$,$V_{BE} = 0.7V$。
請計算其直流偏壓電流 I_C 及電壓 V_{CE} 值。

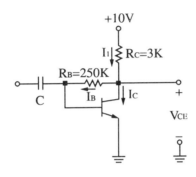

---

5. 電路中所示為一種二分法比較器,有圓圈為一熱敏電阻 R 在25℃時
等於2kΩ,若熱敏電阻的溫度係數等於 -5% ／℃,問溫度等於幾度
後綠色 LED 會亮?

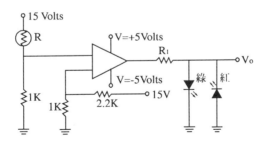

6.所示電路，若 $V_S = 10$ 伏特，訊號源內阻 $R_S = 100\Omega$，如閘極直流內
阻 $R_{GK} = 50\Omega$，且 SCR（矽控整流器）閘極觸發功率為0.5瓦，請問
閘極是否能觸發導電，證明之。

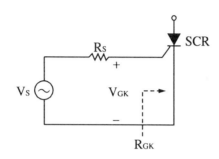

七十八年基層特考電子學試題

1.若圖中的 D 是矽二極體，$e(t) = 10\sin377$伏特，則
　⑴用直流伏特計測量 V_0 的讀值應多少？
　⑵通過二極體 D 的最大電流是多少？
　⑶二極體 D 的峰值逆向電壓是多少？
　⑷用示波器測量 V_0 時，兩個峰值分別是多少？

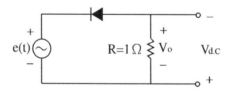

2.圖中的稽納二極體 $V_Z = 10V$，稽納電阻 $R_Z = 5\Omega$，額定功率 $P_{ZM} = \dfrac{1}{2}$ W。

　(1)求最大額定稽納電流 I_{ZM}？

　(2)若 V_0 保持10伏特，求負載 R_L 的範圍？

　(3)稽納二極體動作正常時，求 R_S 的消耗功率 P_{RS}？

　(4)若 R_S 採用額定功率為7.5W，負載 R_L 不慎成為開路狀態，V_0 是否能長久維持10伏特？何故？

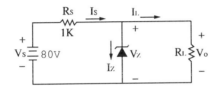

3.圖示為一同步計數器電路：

　(1)完成附表所各脈衝波後 Q_0，Q_1，Q_2的真值表

　(2)這個計數器共有幾個不同的輸出狀態

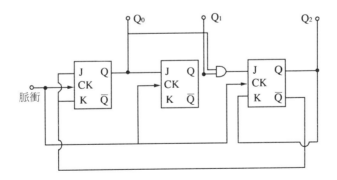

P_N	Q_2	Q_1	Q_0
0	0	0	0
1			
2			
3			
4			
5			
6			
7			

4. 若圖中之運算放大器 O.P.A 是理想的，則

　(1)圖中電流計 A 的正端應接在 X 或 Y 處？理由？

　(2)V_d 值是多少？

　(3)當電流計 A 指於滿刻100μA 時，V_y 是多少？

　(4)當電流計 A 指於滿刻度100μA 時，I_i 是多少？

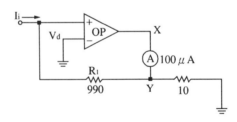

5. 圖示樞密特觸發電路運算放大器 O.P. 是理想的，其飽和輸出電壓為0.9V_{cc}，求

　(1)輸出電壓 V_0 的穩定狀態有哪幾種？

　(2)若 $V_i > 4V$，$V_0 = $ ？理由？

(3)求 V_i，V_0 的轉換之特性曲線，並繪圖標示各重要轉換電壓。

(4)若 $V_i = 10 \sin \omega t$ 伏特，繪圖表示 V_0 和 V_i 的關係。

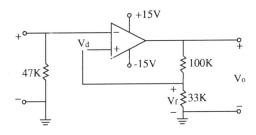

七十七年電機技師

1.(1)試給出 N – channel JFET 之結構圖及特性曲線

(2)簡單說明上述電晶體之製造步驟與方法

2.圖中，h 參數為 h_{11}，h_{12}，h_{21}，h_{22} 求 $h'_{22} = \left. \dfrac{i_2}{V'_2} \right|_{i_1 = 0}$，$h'_{11} = \left. \dfrac{V'_1}{i_1} \right|_{V'_2 = 0}$

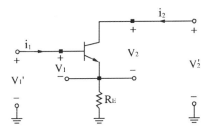

3.如圖右 D_1，D_2爲相同二極體

　　(1)繪 R_L 中電流波形並求平均值

　　(2)繪 D 上之電壓波形並求有效值

　　(3)試求 ripple factor（ r ）

　　(4)求 vlotage regulation（ VR ）

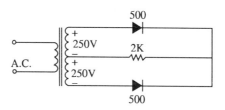

4.下圖電路中 h 參數爲 $h_{ie} = 500\Omega$，$h_{fe} = 50$，$h_{rc} = h_{oc} = 0$，$R_1 = 25k\Omega$，

　　$R_2 = 5k\Omega$，$R_E = 1k\Omega$，$R_L = R_2 = 500\Omega$，求 $A_I = \dfrac{I_0}{I_i}$，$A_V = \dfrac{V_0}{V_i}$

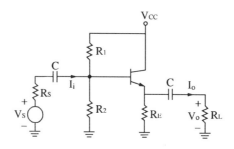

5.(1)繪出 NOR GATE 之負邏輯 DTL 閘電路，並說明？

　　(2)利用數個 NAND GATE 作成 Exclusive gate 之方塊圖，並證明之。

電子學題庫大全 (下冊)

編　　者／賀　升　蔡曜光

出 版 者／揚智文化事業股份有限公司

地　　址／台北縣深坑鄉北深路三段 260 號 8 樓

電　　話／（02）8662-6826

傳　　真／（02）2664-7633

印　　刷／偉勵彩色印刷股份有限公司

初版二刷／2009 年 5 月

Ｉ Ｓ Ｂ Ｎ ／ 957-818-149-3

定　　價／新台幣 700 元

電子信箱／service@ycrc.com.tw

網　　址／http://www.ycrc.com.tw

國家圖書館出版品預行編目資料

電子學題庫大全／賀升，蔡曜光編著. -- 初版.
　-- 臺北市：揚智文化，2000〔民 89〕
　　冊；　　公分

　　ISBN　957-818-131-0（上冊：平裝）. -- ISBN
957-818-149-3（下冊：平裝）

　　1.　電子工程 - 問題集

448.6022　　　　　　　　　　　　89005382